高职高专公共基础课“十一五”规划教材

新编计算机文化基础教程

（Windows XP + Office 2007 版）

第 2 版

主　编　靳　敏　范德会
副主编　宋海峰　张利平　钟玉峰　张秀兰
参　编　靳　朗　孙　芳　于　放

机 械 工 业 出 版 社

本书是严格按照教育部最新制定的《高职高专教育计算机公共基础课程教学基本要求》，并参考《全国计算机等级考试一、二级考试大纲》，针对高职高专院校非计算机专业的学生而组织编写的。

本书全面介绍了计算机操作的使用方法。全书共分八章，主要内容为：计算机基础知识、Windows XP 操作系统基础、文字处理软件 Word 2007、电子表格处理软件 Excel 2007、文稿演示软件 PowerPoint 2007、多媒体技术基础、计算机网络与安全技术以及常用工具软件的应用。为适应教学和便于学生自学，书中配有大量的例题和习题。

本书理论与应用并重，力图反映计算机技术发展的新技术和新成果。本书可作为高职高专院校计算机公共基础课教材，也可作为备考计算机等级考试的参考书。

为方便教学，本书配备电子课件等教学资源。凡选用本书作为教材的教师均可登录机械工业出版社教材服务网 www. cmpedu. com 免费下载。如有问题请致信 cmpgaozhi@ sina. com 或致电 010-88379375 咨询。

图书在版编目（CIP）数据

新编计算机文化基础教程：Windows XP + Office 2007 版/靳敏，范德会主编．—2 版．—北京：机械工业出版社，2010.7（2013.9 重印）

高职高专公共基础课“十一五”规划教材

ISBN 978-7-111-31356-4

Ⅰ.①新…　Ⅱ.①靳…②范…　Ⅲ.①电子计算机—高等学校：技术学校—教材　Ⅳ.①TP3

中国版本图书馆 CIP 数据核字（2010）第 141694 号

机械工业出版社（北京市百万庄大街 22 号　邮政编码 100037）

策划编辑：王玉鑫　责任编辑：张　芳

责任校对：纪　敬　封面设计：王伟光

责任印制：杨　曦

保定市中画美凯印刷有限公司印刷

2013 年 9 月第 2 版第 11 次印刷

184mm×260mm · 19.5 印张 · 480 千字

37001—40000 册

标准书号：ISBN 978-7-111-31356-4

定价：36.00 元

第2版前言

计算机技术是当今世界发展最快和应用最广泛的科学技术。随着计算机应用深入到社会的各个领域，计算机在人们工作、学习和生活的各个方面正发挥着越来越重要的作用。操作和使用计算机已经成为社会各行各业劳动者必备的工作技能。计算机应用的普及加快了社会信息化的进程，计算机应用的基础知识已经成为现代社会人人必修的基本文化知识，并得到社会各界的普遍认同。加强学校的计算机基础教育，在全社会普及计算机应用技术，是一项十分紧迫的任务。

本书第1版自出版以来，得到了各高职高专院校的教师及广大学生的好评和支持，对推动计算机应用基础课程的教学起到了很大的作用。在此，对多年来关心、支持并对本书第1版提出意见和建议的师生表示衷心感谢。

随着计算机技术的不断发展，计算机应用基础知识不断更新，广大师生迫切需要对相关内容进行更新，为此我们对第1版进行了修订。此次修订，继续保持以前版本的内容新颖、层次清楚、通俗易懂、便于教学等特点，同时根据高职高专院校教学的特点，对全书的总体结构进行了精心组织，既考虑到各方面知识的系统性和完整性，又突出了学习的重点和难点；既考虑到基础知识和理论知识，又兼顾了实际操作和应用，力求使本书的读者在计算机基本应用的理论和实践两个层面上有所收获。

此次修订的内容重点包括：将第1版的Office 2003组件的应用更新为目前流行的Office 2007；对计算机网络、计算机安全和多媒体技术的最新技术进行了介绍；常用工具软件也更新为目前流行的版本。同时，在一些章节中加入了针对该部分内容的综合性应用案例，以方便教师教学及读者自学的需要。

本书修订后，全书共分为8章，具体内容为：计算机基础知识、Windows XP操作系统基础、文字处理软件Word 2007、电子表格处理软件Excel 2007、文稿演示软件PowerPoint 2007、多媒体技术基础、计算机网络与安全技术以及常用工具软件的应用。

本书由靳敏、范德会主编，宋海峰、张利平、钟玉峰、张秀兰任副主编。第1章由靳敏、张利平编写，第2、5章由范德会、孙芳编写，第3、4章由钟玉峰、于放编写，第6章由靳朗、张利平编写，第7、8章由宋海峰、张秀兰编写。全书由靳敏负责统稿和审稿。

由于时间仓促及编者水平有限，错误和不当之处在所难免，敬请广大读者批评指正。

编　者

第1版前言

计算机技术的飞速发展，要求计算机基础教育在内容上必须迅速跟进，尤其是“计算机文化基础”课程的内容变化要更新更快。为此，我们按照教育部最新制定的《高职高专教育计算机公共基础课程教学基本要求》，针对高职高专学校的非计算机专业的学生编写了《新编计算机文化基础教程》一书。

参加编写的人员均是长期从事计算机文化基础教学的高校教师，不但具有扎实的计算机理论和应用知识，而且有丰富的教学经验，在本书的编写过程中，较好地把握了内容的广度和深度。由于计算机应用技术发展迅速，本书在内容上力求做到“最新”，即站在当代应用技术的前沿，将最新的技术介绍给学生，使学生一开始就掌握最新的技术，为将来进一步学习打下坚实的基础。本书在形式上采用了图文结合的方式，同时给出了大量的实例，便于学生自学。

全书共分9章，具体内容为：计算机概述、Windows XP操作系统的功能和使用、字处理软件Word 2003、电子表格处理软件Excel 2003、文稿演示软件PowerPoint 2003、多媒体技术、计算机网络简介和Internet的使用方法、计算机安全的基本概念以及常用工具软件的使用方法。为适应教学和便于学生自学，书中配有大量的例题和习题。

本书由靳敏、贾宇任主编，范德会、刘梅任副主编。第1、9章由靳敏编写，第2、5章由范德会编写，第3章由白劲波编写，第4、8章由贾宇编写，第6、7章由刘梅编写，全书由靳敏负责统稿和审编。

在本书的编审过程中，得到了黑龙江工程学院、黑龙江信息技术职业学院和上海应用技术学院许多同行的大力支持，提出了许多宝贵意见，在此表示深深的谢意！

由于时间仓促及编者水平有限，错误和不当之处在所难免，敬请广大读者批评指正。

本书配有电子课件，可登录机械工业出版社教材服务网www.cmpedu.com下载，或发送电子邮件至cmpgaozhi@sina.com索取。咨询电话：010-88379375。

编　者

目　录

第 1 章　计算机基础知识

1.1　计算机概述

计算机是一种按程序控制自动进行信息加工处理的通用工具。它的处理对象和结果都是信息。单从这点来看，计算机与人的大脑有某些相似之处。因为人的大脑和五官也是信息采集、识别、转换、存储、处理的器官，所以人们常把计算机称为“电脑”。

计算机自动工作的基础在于存储程序方式，其通用性的基础在于利用计算机进行信息处理的共性方法。随着信息时代的到来和信息高速公路的兴起，全球信息化进入了一个全新的发展时期。人们越来越认识到计算机强大的信息处理功能，从而使之成为信息产业的基础和支柱。人们在物质需求不断得到满足的同时，对各种信息的需求也将日益增强，计算机终将成为人们生活中必不可少的工具。

1.1.1　计算机的发展简史

1. 计算机的诞生与发展

20 世纪 40 年代中期，正值第二次世界大战进入激烈的决战时期，在新式武器的研究中日益复杂的数字运算问题需要迅速、准确地解决，而手摇或电动式机械计算机、微分分析仪等计算工具已远远不能满足要求。

世界上第一台电子数字式计算机由美国宾夕法尼亚大学、穆尔工学院和美国陆军火炮公司联合研制而成，于 1946 年 2 月 15 日正式投入运行，它的名称叫 ENIAC，是 The Electronic Numerical Integrator and Calculator（电子数值积分计算机）的缩写，其外观如图 1-1 所示。ENIAC 使用了 17468 个真空电子管，耗电 174kW，占地 170m^2，重达 30t，可进行 5000 次加法运算。虽然同今天相比，其功能还不如在掌上使用的每台售价仅几十美元的可编程序计算器，但是，在当时的历史条件下确实是一件了不起的大事。ENIAC 堪称人类伟大的发明之一，从此开创了人类社会的信息时代。

图 1-1　世界上第一台计算机 ENIAC

1945 年，宾夕法尼亚大学数学教授冯·诺依曼（John von Neumann，1903—1957）开始了电子离散可变自动计算机（Electronic Discrete Variable Automatic Computer，EDVAC）的设计。其特点是程序和数据均以相同的格式储存在存储器中，这使得计算机可以在任意点暂停或继续工作。冯·诺依曼结构的核心部分是 CPU，即中央处理器（单元），计算机的所有功能均集中统一于其中。这一体系结构沿用至今，称为冯·诺依曼结构。按这一结构建造的计算机称为存储程序计算机，又称为通用计算机。

从人类第一台电子计算机的诞生到现在已半个多世纪，但它的发展之快，种类之多，用途之广，受益之大，是人类科学技术发展史中任何一门学科或任何一种发明所无法比拟的。

计算机发展年代划分的原则是依据计算机所采用的电子元器件的不同，即人们通常所说的电子管、晶体管、集成电路、超大规模集成电路4个年代。

（1）第一代计算机（1946~1957年） 通常称为电子管计算机年代。其主要特点是：

1）采用电子管作为逻辑开关元器件（见图1-2）。

2）存储器使用水银延迟线、静电存储管、磁鼓等。

3）外部设备采用纸带、卡片、磁带等。

4）使用机器语言，20世纪50年代中期开始使用汇编语言，但还没有操作系统。

（2）第二代计算机（1958~1964年） 通常称为晶体管计算机年代。其主要特点是：

1）使用半导体晶体管作为逻辑开关元器件（见图1-3）。

图1-2 电子管

图1-3 晶体管

2）使用磁芯作为主存储器，辅助存储器采用磁盘和磁带。

3）输入/输出方式有了很大改进。

4）开始使用操作系统，有了各种计算机高级语言。

（3）第三代计算机（1965~1970年） 通常称为集成电路计算机年代。其主要特点是：

1）使用中、小规模集成电路作为逻辑开关元器件（见图1-4）。

2）开始使用半导体存储器。辅助存储器仍以磁盘、磁带为主。

3）外部设备种类和品种增加。

4）开始走向系列化、通用化和标准化。

5）操作系统进一步完善，高级语言数量增多。

（4）第四代计算机（1971年至今） 通常称为大规模或超大规模集成电路计算机年代。其主要特点是：

1）使用大规模、超大规模集成电路作为逻辑开关元器件（见图1-5）。

2）主存储器采用半导体存储器，辅助存储器采用大容量的软、硬磁盘，并开始引入和使用光盘。

3）外部设备有了很大发展，采用光字符阅读器（OCR）、扫描仪、激光打印机和绘图仪。

图 1-4 集成电路

图 1-5 大规模集成电路

4）操作系统不断发展和完善，数据库管理系统有了更新的发展，软件行业已发展成为现代新型的工业产业。

从 20 世纪 80 年代开始，日本、美国以及欧洲共同体都相继开展了新一代计算机（FGCS）的研究。新一代计算机是把信息采集、存储、处理、通信和人工智能结合在一起的计算机系统，它不仅能进行一般信息处理，而且能面向知识处理，具有形式推理、联想、学习和解释能力，能帮助人类开拓未知的领域和获取新的知识。

2. 微型计算机的发展阶段

为叙述简单起见，微型计算机的阶段划分从准 16 位的 IBM-PC 开始。

（1）第一代微型计算机　1981 年 8 月 IBM 公司推出了个人计算机 IBM-PC。1983 年 8 月又推出了 IBM-PC/XT，其中 XT 表示扩展型。它以 Intel8088 芯片为 CPU，内部总线为 16 位，外部总线为 8 位。通常称 IBM-PC/XT 及其兼容机为第一代微型计算机。

（2）第二代微型计算机　1984 年 8 月 IBM 公司又推出了 IBM-PC/AT，其中 AT 表示先进型或高级型。

（3）第三代微型计算机　1986 年由 PC 兼容厂家 Compaq（康柏）公司率先推出了 386/AT，牌号为 Deskpro386，开辟了 386 微型计算机新时代。

（4）第四代微型计算机。1989 年 Intel80486 芯片问世，不久就出现了以它为 CPU 的微型计算机。

（5）第五代微型计算机　1993 年 Intel 公司推出了 Pentium 芯片。它是人们常说的 80586，但出于专利保护的原因，将其命名为 Pentium，中文名称为“奔腾”。

1.1.2 计算机的特点

计算机的发明和发展是 20 世纪最伟大的科学技术成就之一。作为一种通用的智能工具，它具有以下几个特点。

1. 运算速度快

现代的巨型计算机系统的运算速度已达每秒几十亿次乃至几百亿次。

2. 运算精度高

由于计算机内采用二进制数制进行运算，因此可以通过增加表示数字的设备和运用计算技术，使数值计算的精度越来越高。

3. 通用性强

计算机可以将任何复杂的信息处理任务分解成一系列的基本算术和逻辑操作，并反映在计算机的指令操作中，然后按照各种规律执行的先后次序把它们组织成各种不同的程序，存入存储器中。

4. 具有记忆和逻辑判断功能

计算机有内部存储器和外部存储器，可以存储大量的数据，随着存储容量的不断增大，可存储记忆的信息量也越来越大。

5. 具有自动控制能力

计算机内部操作和控制是根据人们事先编制好的程序自动进行的，不需要人工干预。

1.1.3 计算机的分类

根据计算机的性能指标，如运算速度、存储容量、功能强弱、规模大小以及软件系统的丰富程度等，可将计算机分为巨型机、大型机、小型机、微型机、工作站和网络计算机六大类。

1. 巨型机

巨型机也称为超级计算机，是指目前速度最快、处理能力最强的计算机，目前已达到每秒几万甚至十几万亿次浮点运算。巨型机最初用于科学和工程计算，现在已经延伸到事务处理、商业自动化等领域。

近年来，我国巨型机的研发也取得了很大的成绩，推出了“曙光”、“银河”等代表国内最高水平的巨型机系统，并在国民经济的关键领域得到了应用。

2. 大型机

大型机也称为主机，因为这类机器通常都安装在机架内。大型机的特点是大型、通用，具有较快的处理速度和较强的处理能力。大型机一般作为大型“客户机/服务器”系统的服务器，或者“终端/主机”系统中的主机。主要用于银行、大型公司、规模较大的高等学校和科研院、所，用来处理日常大量繁忙的业务。

3. 小型机

小型机规模小，结构简单，设计试制周期短，便于采用先进工艺，用户不必经过长期培训即可使用和维护。因此，小型机比大型机有更大的吸引力，更易推广和普及。小型机应用范围很广，如用于工业自动控制、大型分析仪器、测量仪器、医疗设备中的数据采集、分析计算等，也可作为大型机、巨型机的辅助机，并广泛用于企业管理以及大学和研究所的科学计算等。

近年来，随着微型计算机的迅速发展，小型机遇到了严重的挑战。为了加强竞争能力，小型机普遍采用了两大技术：一是 RISC 技术，即只将比较常用的指令用硬件实现，很少使用的、复杂的指令留给软件去完成，借以降低芯片的制造成本，提高整机的性价比；二是采用多处理机结构，如采用多个 P Ⅱ或 P Ⅲ组成一个计算机，就能显著地提高速度。

4. 微型机

微型计算机又称为个人计算机（Personal Computer，PC）。1971 年 Intel 公司的工程师马西安·霍夫（M. E. Hoff）成功地在一个芯片上实现了中央处理器（Central Processing Unit，CPU）的功能，制成了世界上第一片 4 位微处理器 Intel 4004，组装了世界上第一台 4 位微型计算机——MCS-4，从此揭开了世界微型计算机大发展的帷幕。随后许多公司（如Motorola、Zilog等）也争相研制微处理器，推出了8位、16位、32位、64位的微处理器。每18个月，微处理器的集成度和处理速度提高一倍，价格却下降一半。在目前的市场上，CPU主要有：Intel的Pentium Ⅲ、Celeron Ⅱ以及最新的Pentium 4，AMD的新Athlon、Duron，还有VIA出品的Cyrix HI。

自IBM公司于1981年采用Intel的微处理器推出IBM PC以来，微型计算机因其小、巧、轻、使用方便、价格便宜等优点得到迅速发展，成为计算机的主流。今天，微型计算机的应用已经遍及社会的各个领域，从工厂的生产控制到政府的办公自动化，从商店的数据处理到家庭的信息管理，几乎无所不在。

微型计算机的种类很多，主要分成两类：台式机（Desktop Computer）和便携机（Portable Computer）。目前非常流行的笔记本（Notebook）计算机和个人数字助理（PDA，掌上计算机）属于便携机范畴。

5. 工作站

工作站是一种介于微型机与小型机之间的高档微机系统。自1980年美国Appolo公司推出世界上第一个工作站DN100以来，工作站迅速发展，成为专长处理某类特殊事务的一种独立的计算机类型。

工作站通常配有高分辨率的大屏幕显示器和大容量的内、外存储器，具有较强的数据处理能力与高性能的图形功能。

早期的工作站大都采用Motorola公司的680X0芯片，配置UNIX操作系统。现在的工作站多数采用PIII或P4，配置Windows NT或Windows 2000/XP操作系统。和传统的工作站相比，“NT/Pentium”工作站价格便宜。有人将这类工作站称为“个人工作站”，而传统的、具有高图像性能的工作站称为“技术工作站”。

6. 网络计算机

网络计算机（Network Computer，NC）是在Internet充分普及和Java语言推出的情况下提出的一种全新概念的计算机。根据IBM、Oracle和Sun公司共同制定的网络计算机参考标准（Network Computer Reference Profile），NC是一种使用基于Java技术的瘦客户机系统，它提供了一个混合系统，在这个混合系统中，根据不同的应用建立方式，某些应用在服务器上执行，某些应用在客户机上执行。NC针对Internet/Intranet标准而采用全新设计，开机时会下载Java小应用程序（Java Applet）供本地使用，并与安装在服务器上的应用相连，存取主机上的数据。由于下载频繁，因此NC只适用于高带宽的网络环境。

1.1.4 计算机的应用领域

计算机具有高速度运算、逻辑判断、大容量存储和快速存取等特性，它在现代人类社会的各个活动领域都成为越来越重要的工具。

计算机的应用范围相当广泛，涉及科学研究、军事技术、信息管理、工农业生产、文化教育等各个方面，具体可概括为以下几个方面。

1. 科学计算（数值计算）

科学计算是计算机最重要的应用之一。例如，工程设计、地震预测、气象预报、火箭和卫星发射等，都需要由计算机来承担庞大复杂的计算任务。

2. 数据处理（信息管理）

当前计算机应用最为广泛的是数据处理。人们用计算机收集、记录数据，经过加工产生新的信息形式。

3. 过程控制（实时控制）

计算机是生产自动化的基本技术工具，它对生产自动化的影响有两个方面：一是在自动控制理论上，现代控制理论处理复杂的多变量控制问题，其数学工具是矩阵方程和向量空间，必须使用计算机求解；二是在自动控制系统的组织上，由数字计算机和模拟计算机组成的控制器，是自动控制系统的大脑。计算机按照设计者预先规定的目标和计算程序以及反馈装置提供的信息，指挥执行机构动作。在综合自动化系统中，计算机赋予自动控制系统越来越大的智能性。

4. 计算机通信

现代通信技术与计算机技术相结合，构成联机系统和计算机网络，这是微型机具有广阔前途的一个应用领域。计算机网络的建立，不仅解决了一个地区、一个国家中计算机之间的通信和网络内各种资源的共享，还可以促进和发展国际间的通信和各种数据的传输与处理。

5. 计算机辅助工程

（1）计算机辅助设计（CAD） 利用计算机高速处理、大容量存储和图形处理的功能，辅助设计人员进行产品设计的技术，称为计算机辅助设计。计算机辅助设计技术已广泛应用于电路设计、机械设计、土木建筑设计以及服装设计等各个方面。

（2）计算机辅助制造（CAM） 在机器制造业中，利用计算机及各种数控机床和设备，自动完成离散产品的加工、装配、检测和包装等制造过程的技术，称为计算机辅助制造。

（3）计算机辅助教学（CAI） 学生通过与计算机系统之间的对话实现教学的技术，称为计算机辅助教学。

（4）其他计算机辅助系统 例如，利用计算机辅助产品测试的计算机辅助测试（CAT）；利用计算机对学生的教学、训练和对教学事务进行管理的计算机辅助教育（CAE）；利用计算机对文字、图像等信息进行处理、编辑、排版的计算机辅助出版系统（CAP）等。

6. 人工智能

人工智能是利用计算机模拟人类某些智能行为（如感知、思维、推理、学习等）的理论和技术。它是在计算机科学、控制论等基础上发展起来的边缘学科，包括专家系统、机器翻译、自然语言理解等。

7. 多媒体技术

多媒体计技术是应用计算机技术将文字、图像、图形和声音等信息以数字化的方式进行综合处理，从而使计算机具有表现、处理、存储各种媒体信息的能力。多媒体技术的关键是数据压缩技术。

8. 电子商务

电子商务（E-Business）是指利用计算机和网络进行的商务活动，具体地说，是指综合利用LAN（局域网）、Intranet（企业内部网）和Internet进行商品与服务交易、金融汇兑、网络广告或提供娱乐节目等商业活动。交易的双方可以是企业与企业之间（B to B），也可以是企业与消费者之间（B to C）。电子商务是一种比传统商务更有效的商务方式，旨在通过网络完成核心业务，改善售后服务，缩短周转周期，从有限的资源中获得更大的收益，从而达到销售商品的目的，同时向人们提供新的商业机会、市场需求以及应对各种挑战。

9. 信息高速公路

1993 年 9 月，美国政府推出了一项引起全世界瞩目的高科技系统工程——国家信息基础设施（National Information Infrastructure，NII），俗称“信息高速公路”，实质上就是高速信息电子网络。这项跨世纪的高科技信息基础工程的目标是：用光纤和相应的硬/软件及网络技术，把所有的企业、机关、学校、医院、图书馆以及普通家庭连接起来，使人们拥有更好的信息环境，做到无论何时、何地都能以最好的方式与自己想联系的对象进行信息交流。

1.2　计算机的基本组成及工作原理

1.2.1　计算机系统的组成

一个完整的计算机系统包括硬件系统和软件系统两大部分，如图 1-6 所示。

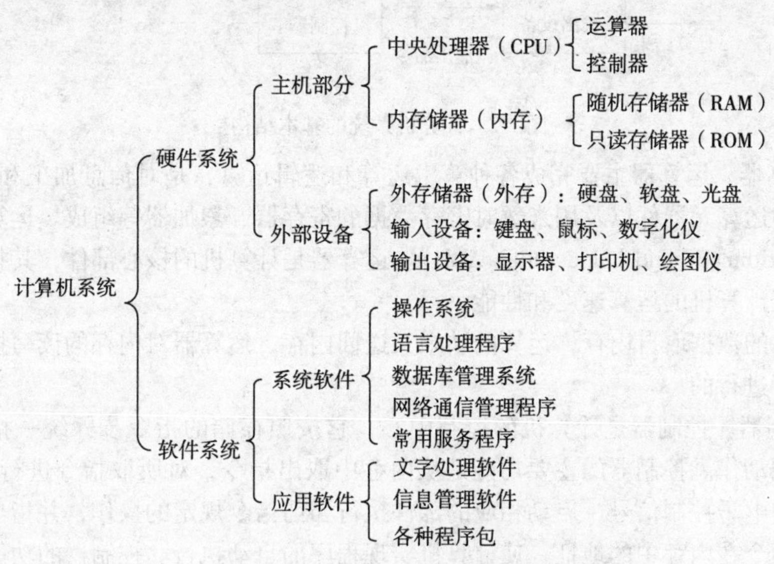

图 1-6　计算机系统的基本组成

计算机硬件系统至少有 5 个基本组成部分：运算器、控制器、存储器、输入设备和输出设备。通常，计算机硬件系统可分为主机和外部设备两大部分。中央处理器（CPU）包含运算器和控制器两部分，它和存储器构成了计算机的主机。外存储器和输入、输出设备统称为外部设备。

软件系统包括系统软件和应用软件两大部分。

1.2.2　计算机硬件系统及工作原理

1. 计算机硬件系统

第一台计算机 ENIAC 的诞生仅仅表明人类发明了计算机，从而进入了“计算”时代。在体系结构和工作原理上具有重大影响的是在同一时期由美籍匈牙利数学家冯·诺依曼和他的同事们研制的EDVAC计算机。在EDVAC中采用了“程序存储”的概念。以此概念为基础的各类计算机统称为冯·诺依曼机。它的主要特点可以归纳为：

1）计算机应由5个基本部分组成：运算器、控制器、存储器、输入设备和输出设备。

2）程序和数据以同等地位存放在存储器中，并要按地址寻访。

3）程序和数据以二进制表示。

60多年来，虽然计算机系统在性能指标、运算速度、工作方式、应用领域和价格等方面与当时的计算机有很大差别，但基本结构没有变，都属于冯·诺依曼计算机，如图1-7所示。图中实线为数据流，虚线为控制流。

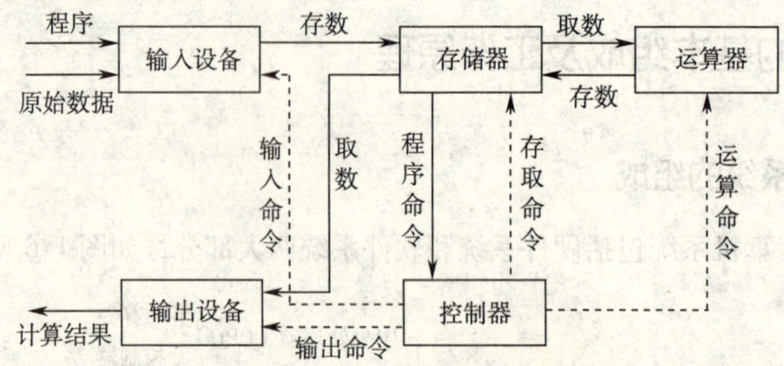

图1-7 计算机系统的基本结构

（1）运算器 运算器主要完成各种算术运算和逻辑运算，是对信息加工和处理的部件，由进行运算的运算元器件以及用来暂时寄存数据的寄存器、累加器等组成。运算器又称算术逻辑单元（Arithmetic and Logic Unit，ALU）。运算器是计算机的核心部件，其技术性能的高低直接影响着计算机的运算速度和性能。

运算器中的数据取自内存，运算的结果又送回内存。运算器对内存的读写操作是在控制器的控制之下进行的。

（2）控制器 控制器是计算机的控制中心，它按照存储的指令步骤统一指挥各部件有条不紊地协调动作。控制器的主要功能是从内存中取出指令，对所取指令进行译码和分析，并产生相应的电子控制信号，启动相应的部件执行当前指令规定的操作，并指出当前所取指令的下一条指令在内存中的地址，使计算机实现程序的自动执行。控制器的功能决定了计算机的自动化程度。

控制器是计算机的神经中枢，只有在它的控制之下整个计算机才能有条不紊地工作，自动执行程序。控制器和运算器一起组成中央处理单元，即CPU（Central Processing Unit）。随着集成电路技术的发展，运算器和控制器通常做在一块半导体芯片上，也称为中央处理器或微处理器。CPU是计算机的核心和关键，计算机的性能主要取决于CPU。

（3）存储器 存储器的主要功能是存放程序和数据。使用时，可以从存储器中取出信息，不破坏原有的内容，这种操作称为存储器的读操作；也可以把信息写入存储器，原来的内容被抹掉，这种操作称为存储器的写操作。

存储器通常分为内存储器和外存储器。

内存储器简称内存（又称主存），是计算机信息交流的中心。用户通过输入设备输入的程序和数据最初送入内存，控制器执行的指令和运算器处理的数据取自内存，运算的中间结果和最终结果保存在内存中，输出设备输出的信息来自内存，内存中的信息如要长期保存应送到外存储器中。总之，内存要与计算机的各个部件打交道，进行数据传送。因此，内存的存取速度直接影响计算机的运算速度。

外存储器设置在主机外部，简称外存（又称辅存），主要用来长期存放“暂时不用”的程序和数据。通常外存不和计算机的其他部件直接交换数据，只和内存交换数据，而且不是按单个数据进行存取，而是成批地进行数据交换。

存储器的有关术语简述如下：

1）位（bit）：存放一位二进制数即 0 或 1。

2）字节（Byte）：8 个二进制位为一个字节。为了便于衡量存储器的大小，统一以字节（Byte 简写为 B）为单位。容量一般用 KB、MB、GB、TB 来表示，它们之间的关系是：

1KB = 1024B，1MB = 1024KB，1GB = 1024MB，1TB = 1024GB（其中 $1024 = 2^{10}$）

（4）输入设备　输入设备用来接受用户输入的原始数据和程序，并将它们转变为计算机可以识别的形式（二进制）存放到内存中。常用的输入设备有键盘、鼠标、扫描仪、光笔、数字化仪、传声器（俗称话筒或麦克风）等。

（5）输出设备　输出设备用于将存放在内存中由计算机处理的结果转变为人们所能接受的形式。常用的输出设备有显示器、打印机、绘图仪、音响等。

2. 计算机基本工作原理

计算机开机后，CPU 首先执行固化在只读存储器（ROM）中的一小部分操作系统程序，这部分程序称为基本输入输出系统（BIOS）。它启动操作系统的装载过程是：先把一部分操作系统程序从磁盘中读入内存，然后再由读入的这部分操作系统装载其他的操作系统程序。装载操作系统的过程称为自举或引导。操作系统被装载到内存后，计算机才能接收用户的命令，执行其他的程序，直到用户关机。

程序是由一系列指令所组成的有序集合，计算机执行程序就是执行这一系列指令。

（1）指令和程序的概念　指令就是让计算机完成某个操作所发出的指令或命令，即计算机完成某个操作的依据。一条指令通常由两个部分组成：操作码和操作数。操作码指明该指令要完成的操作，如加、减、乘、除等；操作数是指参加运算的数或者数所在的单元地址。一台计算机所有指令的集合，称为该计算机的指令系统。

使用者根据解决某一问题的步骤，选用一条条指令进行有序排列。计算机执行了这一指令序列，便可完成预定的任务。这一指令序列就称为程序。显然，程序中的每一条指令必须是所用计算机的指令系统中的指令。因此，指令系统是提供给使用者编制程序的基本依据。指令系统反映了计算机的基本功能，不同的计算机其指令系统也不相同。

（2）计算机执行指令的过程　计算机执行指令一般分为两个阶段。首先，将要执行的指令从内存中取出送入 CPU，然后由 CPU 对指令进行分析译码，判断该条指令要完成的操作，向各部件发出完成该操作的控制信号，完成该指令的功能。当一条指令执行完后就处理下一条指令。一般将第一阶段称为取指周期，第二阶段称为执行周期。

（3）程序的执行过程　计算机在运行时，CPU 从内存中读出一条指令到 CPU 内执行，该指令执行完后，再从内存读出下一条指令到 CPU 内执行。CPU 不断地取出指令、执行指令，这就是程序的执行过程。

总之，计算机的工作就是执行程序，即自动、连续地执行一系列指令，而程序开发人员的工作就是编制程序。

1.2.3 计算机软件系统

软件是指程序、程序运行所需要的数据以及开发、使用和维护这些程序所需要的文档的集合。计算机软件极为丰富，要对软件进行恰当的分类是相当困难的。一种通常的分类方法是将软件分为系统软件和应用软件两大类。实际上，系统软件和应用软件的界限并不十分明显，有些软件既可以认为是系统软件，也可以认为是应用软件，如数据库管理系统。

1. 系统软件

系统软件是指控制计算机的运行、管理计算机的各种资源，并为应用软件提供支持和服务的一类软件。在系统软件的支持下，用户才能运行各种应用软件。系统软件通常包括操作系统、语言处理程序和各种实用程序。

(1) 操作系统（Operating System，OS） 为了使计算机系统的所有软、硬件资源协调一致、有条不紊地工作，就必须有一个软件来进行统一的管理和调度，这种软件就是操作系统。操作系统的主要功能是管理和控制计算机系统的所有资源（包括硬件和软件）。

一般而言，引入操作系统有两个目的。第一，从用户的角度来看，操作系统将裸机改造成一台功能更强，服务质量更高，使用更加灵活方便、更加安全可靠的虚拟机，以使用户能够无需了解许多有关硬件和软件的细节就能使用计算机，从而提高用户的工作效率。第二，为了合理地使用系统内包含的各种软、硬件资源，提高整个系统的使用效率和经济效益。

操作系统的出现是计算机软件发展史上的一个重大转折，也是计算机系统的一个重大转折。

操作系统是最基本的系统软件，是现代计算机必配的软件。操作系统的性能很大程度上直接决定了整个计算机系统的性能。

常用的操作系统有 Windows、UNIX、Linux、OS/2、Novell Netware 等。

(2) 实用程序 实用程序完成一些与管理计算机系统资源及文件有关的任务。通常情况下，计算机能够正常地运行，但有时也会发生各种类型的问题，如硬盘损坏、病毒的感染、运行速度下降等。预防和解决这些问题是一些实用程序的作用之一。另外，有些实用程序是为了用户能更容易、更方便地使用计算机，如压缩磁盘上的文件、提高文件在 Internet 上的传输速度。当今的操作系统都包含一些实用程序，如 Windows XP 中的备份、磁盘清理、磁盘碎片整理程序等，软件开发商也提供了一些独立的实用程序，如 Norton SystemWorks、McAfeeOffice 等。

实用程序有许多，最基本的有下面 5 种：

1) 诊断程序。诊断程序能够识别并且改正计算机系统存在的问题。例如，Windows XP 中控制面板上“系统”图标所表示的程序列出了安装在系统中所有设备的详细情况，如果某个设备安装不正确，就会指出这个问题。还有 ScanDisk，能够彻底检查磁盘，查找磁盘上存在的存储错误，并进行自动修复。

2) 反病毒程序。病毒是一种人为设计的以破坏磁盘上的文件为目的的程序。反病毒程序可以查找并删除计算机上的病毒。因为每一天都有病毒产生，所以反病毒程序必须不断地更新才能保持杀毒效力。例如，国产的金山毒霸、KV3000 等。

3) 卸载程序。利用卸载程序，可以从硬盘上安全和完全地删除一个没有用的程序和相关的文件。例如，Windows XP 中控制面板上“添加/删除程序”图标所表示的程序等。

4）备份程序。备份程序能够把硬盘上的文件复制到其他存储设备上，以便原文件丢失或损坏后能够恢复，如 Windows XP 中的备份程序等。

5）文件压缩程序。文件压缩程序用来压缩磁盘上的文件，减小文件的长度，以便更有效地传输文件，如 ARJ、WinZip 等。

（3）程序设计语言与语言处理程序

1）程序设计语言。人们要利用计算机解决实际问题，一般首先要编制程序。程序设计语言就是用户用来编写程序的语言，它是人们与计算机之间交换信息的工具，实际上也是人们指挥计算机工作的工具。

程序设计语言是软件系统的重要组成部分，一般可分为机器语言、汇编语言和高级语言三类。

① 机器语言。机器语言是第一代计算机语言，它是由 0、1 代码组成的，能被计算机直接理解、执行的指令集合。这种语言编程质量高，所占空间少，执行速度快，是计算机唯一能够执行的语言。但机器语言不易学习和修改，且不同类型计算机的机器语言不同，只适合专业人员使用。现在已经没有人使用机器语言直接编程了。

② 汇编语言。汇编语言采用一定的助记符来代替机器语言中的指令和数据，又称为符号语言。汇编语言一定程度上克服了机器语言难读难改的缺点，同时保持了其编程质量高、占存储空间少、执行速度快的优点。因此在程序设计中，对实时性要求较高的地方，如过程控制等，仍经常采用汇编语言。该语言也依赖于计算机，不同的计算机一般也有着不同的汇编语言。

③ 高级语言。机器语言和汇编语言都是面向计算机的语言，一般称为低级语言。汇编语言再向自然语言方向靠近，便发展到了高级语言阶段。用高级语言编写的程序易学、易读、易修改，通用性好，不依赖于计算机。但计算机不能对其编制的程序直接运行，必须经过语言处理程序的翻译后才可以被计算机接受。高级语言的种类繁多，如面向过程的 FORTRAN、PASCAL、C 等，面向对象的 C + + 、Java、Visual Basic 等。

2）语言处理程序。对于用某种程序设计语言编写的程序，通常要经过编辑处理、语言处理、装配链接处理后，才能够在计算机上运行。

① 汇编程序。汇编程序是将用汇编语言编写的程序（源程序）翻译成机器语言程序（目标程序），这一翻译过程称为汇编。汇编程序的功能如图 1-8 所示。

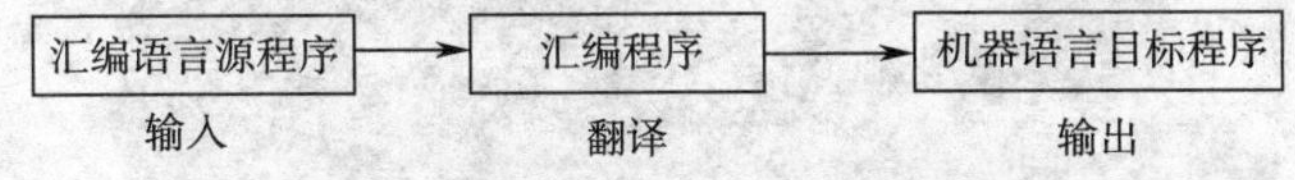

图 1-8　高级语言开发程序过程示意图

② 编译程序。编译程序是将用高级语言编写的程序（源程序）翻译成机器语言程序（目标程序）。这个翻译过程称为编译。

③ 解释程序。解释程序是边扫描、边翻译、边执行的翻译程序，解释过程不产生目标程序。

（4）数据库管理系统　为了有效地利用大量的数据并妥善地保存和管理这些数据，20 世纪 60 年代末产生了数据库系统（Data Base System，DBS）。数据库系统主要由数据库（Data Base，DB）、数据库管理系统（Data Base Management System，DBMS）组成，当然还包括硬件和用户。

数据库是按一定的方式组织起来的数据的集合，它具有数据冗余度小、可共享等特点。

数据库管理系统的作用就是管理数据库，包括：建立数据库以及编辑、修改、增删数据库内容等数据维护功能；对数据的检索、排序、统计等使用数据库的功能；友好的交互式输入/输出能力；使用方便、高效的数据库编程语言；允许多用户同时访问数据库；提供数据独立性、完整性、安全性的保障。比较常用的数据库管理系统有 FoxPro、Oracle、Access 等。

2. 应用软件

应用软件是用户为了解决实际问题而编制的各种程序，如各种工程计算、模拟过程、辅助设计和管理程序、文字处理和各种图形处理软件等。

常用的应用软件有各种 CAD 软件、MIS 软件、文字处理软件、IE 浏览器等。

1.3 微型计算机的组成

微型计算机又称为个人计算机（Personal Computer，PC）。这是计算机领域中发展最快的一类计算机，被广泛地应用在各个方面。微型计算机系统也由硬件和软件两大部分组成。

1.3.1 微型计算机的硬件组成

1969 年 Intel 公司的 M. E. Hoff 设计了第一台微型计算机，使计算机迅速渗透到各个领域，成为企业、机关、军队、学校和家庭的常用工具，它可以帮助人们完成各种工作。在人们使用微型计算机的过程中，也促使微型计算机向高速、微型化发展。目前，微机已达到了 32 位 Pentium 4 和 K8 高速系列。不管是最早的 IBM PC，还是现在的 Pentium 机，它们的基本结构都是由显示器、键盘和主机构成。图 1-9 所示是从外部看到的典型的多媒体微型计算机系统。

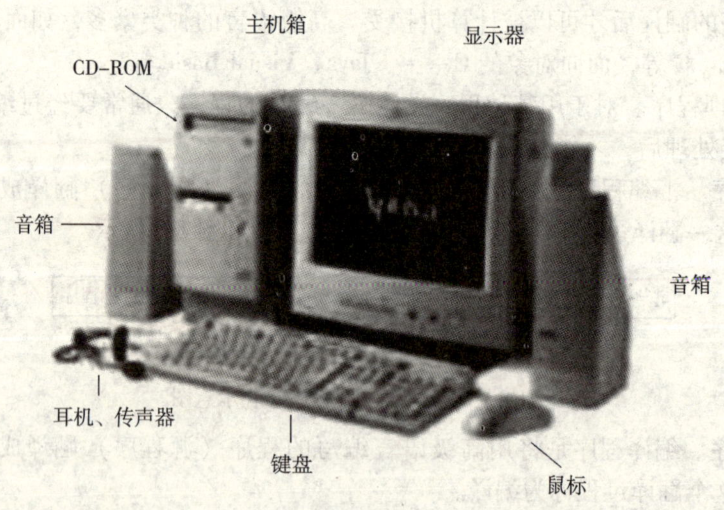

图 1-9 典型的微型计算机系统

1. CPU

在微型计算机中，运算器和控制器被制作在同一块半导体芯片上，称为中央处理单元，简称 CPU，也称中央处理器或微处理器。在近 20 年中，CPU 的技术水平飞速提高，最具代表性的产品是美国 Intel 公司的微处理器系列，先后有 4004、4040、8080、8085、8088、

8086、80286、80386、80486、Pentium 系列等产品，功能越来越强，工作速度越来越快，内部结构越来越复杂，从每秒钟完成几十万次基本运算发展到上亿次，每个微处理器包含的半导体电路元件从 2000 多个发展到数百万个。图 1-10 所示是 Pentium 4 和 Celeron（赛扬）CPU 的外观标志。

图 1-10 Pentium 4 和 Celeron（赛扬）处理器

CPU 的功能是计算机的主要技术指标之一，人们习惯用 CPU 的档次来大体表示微机的规格。例如，使用了 Pentium III CPU 的微型计算机便称为 Pentium III 机型，装有 K8 CPU 的微机称为 K8 机型。

CPU 的产品并非只出于 Intel 公司一家，IBM、Apple、Motorola、AMD、Cyrix 等也是著名的生产微处理器产品的公司。

中国科学院计算技术研究所研制的，并由神州龙芯公司推出的龙芯 1 号 CPU 是兼顾通用及嵌入式 CPU 特点的新一代 32 位 CPU，这标志着我国在现代通用微处理器设计方面实现了“零”的突破，打破了我国长期依赖国外 CPU 产品的无“芯”历史，也标志着国产安全服务器 CPU 和通用的嵌入式微处理器产业化的开始。神州龙芯公司推出的龙芯微处理器，可广泛应用于工业控制、信息家电、通信、网络设备、PDA、网络终端、存储服务器、安全服务器等产品上。图 1-11 所示为神州龙芯 1 号，图 1-12 所示为龙芯 2 号。

图 1-11 神州龙芯 1 号

图 1-12 神州龙芯 2 号

2. 系统主板

系统主板是微型计算机中最大的一块集成电路板，如图 1-13 所示。主板上有控制芯片组、CPU 插座、BIOS 芯片、内存条插槽，系统板上也集成了软盘接口、硬盘接口、一个并行接口、两个串行接口、两个 USB（Universal Serial Bus，通用串行总线）接口、AGP（Accelerated Graphics Port，加速图形端口）总线扩展槽、PCI（Peripheral Component Interconnect，外部设备互联）局部总线扩展槽、ISA（Industry Standard Architecture，工业标准结构）总线扩展槽、键盘和鼠标接口以及一些连接其他部件的接口等。

图 1-13　系统主板

3. 内部存储器（简称内存）

内存是微型计算机的重要部件之一，它是存放程序与数据的装置，一般由记忆元器件和电子线路构成。记忆元器件有磁芯、磁带、磁盘、半导体记忆元器件和光盘等。在计算机里，内存按其功能特征可分为三类：

（1）随机存取存储器（Random Access Memory，RAM）　通常 RAM 指计算机的主存，CPU 对它们既可读出数据又可写入数据。但是，一旦关机断电，RAM 中的信息将全部消失。

目前在微机上广泛采用动态随机存储器 DRAM 作为主存。DRAM 的特点是数据信息以电荷形式保存在小电容器内，由于电容器放电回路的存在，超过一定的时间后，存放在电容器内的电荷就会消失，因此必须对小电容器周期性刷新来保存数据。DRAM 的功耗低，集成度高，成本低。DRAM 中的 SDRAM（Synchronous DRAM，同步动态随机存储器）是目前奔腾计算机系统普遍使用的内存形式，它的刷新周期与系统时钟保持同步，使 RAM 和 CPU 以相同的速度同步工作，取消等待周期，减少了数据存取时间。SDRAM II 是 SDRAM 的更新换代产品，而 RDRAM（Rambus DRAM，存储器总线式动态随机存储器）被广泛地应用于多媒体领域。

微机上使用的动态随机存储器被制作成内存条，内存条需要插在系统主板的内存插槽上。常用的内存条的引脚分为 72 芯和 168 芯，一条内存芯片的容量有 16MB、32MB、64MB 或 128MB 等不同的规格，图 1-14 所示为内存条。

（2）只读存储器（Read Only Memory，ROM）　CPU 对 ROM 只取不存，ROM 存放的信息一般由计算机制造厂写入并经固化处理，用户是无法修改的。即使断电，ROM 中的信息也不会丢失。因此，ROM 中一般存放计算机系统管理程序。

图1-14 内存条

近年来，在微机上常采用称为“电可擦写ROM”（EPROM或EEPROM）的存储元器件，在微机正常工作状态或关机状态下，其功能与普通的ROM相同。运行专门的程序，可以通过微机内专设的电子线路，使其进入像RAM一样的工作状态，改写其中的内容。退出这种状态后，新的内容可被长期保存。电可擦写ROM的采用，可以使计算机在不更换硬件的条件下，升级基本输入输出系统（ROM BIOS），适应新的需要，但同时也为CIH之类的计算机病毒提供了一个新的破坏对象。

基本输入输出系统（Basic Input-Output System，BIOS）保存着计算机系统中最重要的基本输入/输出程序、系统信息设置、自检和系统自举程序，并反馈诸如设备类型、系统环境等信息。现在的主板还在BIOS芯片中加入了电源管理、CPU参数调整、系统监控、PnP（即插即用）、病毒防护等功能，BIOS的功能变得越来越强大，而且对于许多类型的主板来说，厂家还会不定期地对BIOS进行升级。

（3）高速缓冲存储器（Cache） 现今的CPU速度越来越快，它访问数据的周期甚至达到了几纳秒（ns），而RAM访问数据的周期最快也需要50ns。计算机在工作时，CPU频繁地和内存交换信息，当CPU从RAM中读取数据时，就不得不进入等待状态，放慢它的运行速度，因此极大地影响了计算机的整体性能。为了有效地解决这一问题，目前在微机上也采用了高速缓冲存储器（Cache）技术。

Cache是介于CPU和内存之间的一种可高速存取信息的芯片，是CPU和RAM之间的桥梁，用于解决它们之间的速度冲突问题，它的访问速度是DRAM的10倍左右。在Cache内保存了主存中某部分内容的备份，通常是最近曾被CPU使用过的数据。CPU要访问内存中的数据，先在Cache中查找，当Cache中有CPU所需的数据时，CPU直接从Cache中读取，如果没有，就从内存中读取数据，并把与该数据相关的一部分内容复制到Cache，为下一次的访问做好准备，从而提高了工作效率。

通常Cache分为两种：CPU内部的Cache和CPU外部的Cache。CPU内部的Cache称为L1（一级）Cache，而主板上的Cache则称为L2（二级）Cache或外部Cache，主要用于弥补容量过小的CPU内部Cache，一般为256KB或512KB。

4. 外部存储器

一些大型的项目往往涉及几百万个数据，甚至更多。这就需要配置第二类存储器（辅助存储器），如磁盘（磁盘类存储器分为软盘和硬盘两种）、磁带、光盘等，称为外部存储器，简称外存。外存中的数据一般不能直接送到运算器，只能成批地将数据转运到内存，再进行处理。只有配置了大容量、高速存取的外存储器，才能处理大型项目。常用的外存储器有以下几种：

（1）软盘 软盘是用柔软的聚酯材料制成的圆形底片，在表面涂有磁性材料，被封装在护套内。将盘片逻辑地划分成若干个同心圆，每个同心圆称为一个磁道，磁道由外向内顺序编号，最外面的为零磁道，最里面的为末磁道。磁道又等分成若干段，每段称为一个扇区。一个扇区一般可存放512B的数据。磁盘存储容量的计算公式为

磁盘总容量 = 磁道数 × 扇区数 × 磁面数 × 扇区字节数

目前在微机上使用的软盘主要是容量为1.44MB的3.5in软盘，它有2个面，每面分80个磁道，每个磁道分18个扇区，每个扇区容量为512B，如图1-15所示。

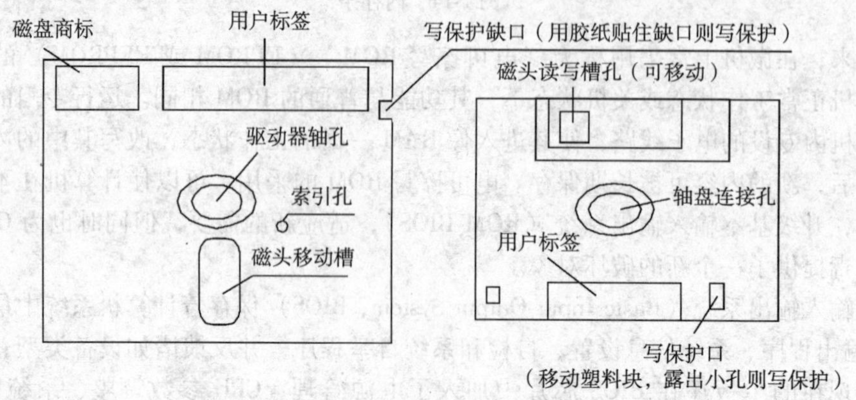

图1-15 软盘结构示意图

磁道和扇区的数量视各类操作系统和磁盘类型的规定而有所不同，图1-16所示为磁盘划分示意图。

（2）硬盘 硬盘由硬盘控制电路板和外壳（铁壳）组成。硬盘控制电路板是由一些电子线路、控制主机和硬盘连接的芯片组组合而成的电路板；外壳是由金属盘片、磁头驱动臂（其上有读/写磁头）、启动电动机、主轴电动机和无尘空气组成，如图1-17所示。

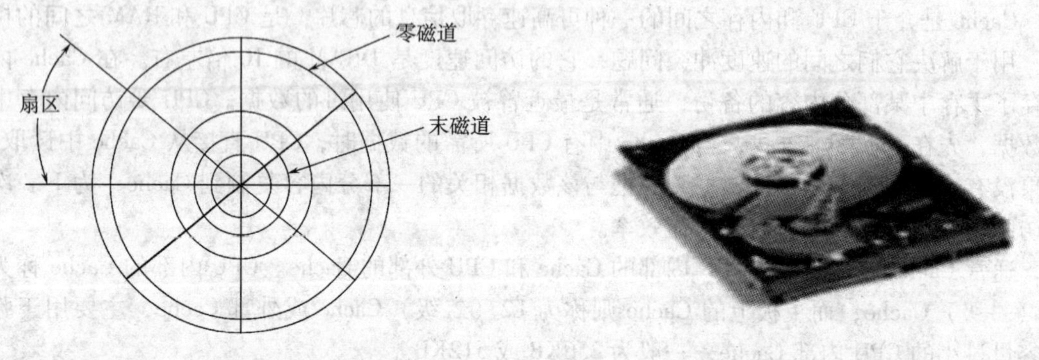

图1-16 磁盘划分示意图

图1-17 硬盘外观

硬盘片是由涂有磁性材料的铝合金构成。硬盘内部结构如图1-18所示。硬盘像软盘一样，也划分成面、磁道和扇区，但二者有以下几点不同：

1）一个硬盘由若干个磁性圆盘组成，每个圆盘有2个面，各个面依次称为0面、1面。每个面各有1个读写磁头。不同规格的硬盘面数不一定相同，各面上磁道号相同的磁道合称为一个柱面。

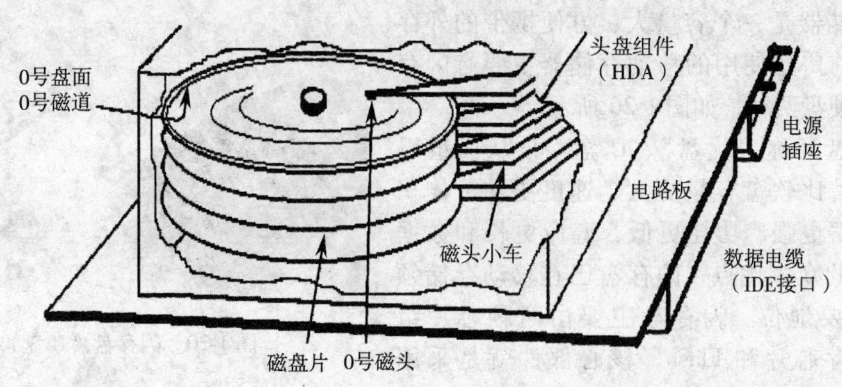

图1-18 硬盘内部结构

2）每个面上的磁道数和每个磁道上的扇区也随硬盘规格的不同而不同。

3）读写硬盘时，由于磁性圆盘高速旋转产生的托力使磁头悬浮在盘面上而不接触盘面。

4）由于硬盘在工作时高速旋转，故一个磁道上的扇区编号按某个数跳跃编排，而非连续编号，这个数称为硬盘的交叉因子。选择适当的交叉因子可使硬盘驱动器读写扇区的速度与硬盘旋转速度相匹配，提高存取数据的速度。

硬盘容量可按下式计算

硬盘容量(MB)=(磁头数×柱面数×每道扇区数×每道扇区字节数)/(1024×1000)

目前硬盘的接口制式主要有IDE（即AT BUS）和SCSI两种。不同制式的硬盘，使用不同的控制卡和不同的安装方式。

(3) 光盘　光盘存储器也是微机上使用较多的存储设备。其中，只读型光盘CD-ROM（Compact Disk-ROM）只能从盘上读取预先存入的数据或程序。图1-19所示为CD-ROM驱动器的外观。在计算机上用于衡量光盘驱动器传输数据速率的指标叫做倍速，1倍速为150KB/s。如果在一个24倍速光驱上读取数据，数据传输速率可达到24×150KB/s=3.6MB/s。

图1-19 CD-ROM

另外，使用得较多的是一次性可写入光盘CD-R（CD-Recordable)，但需要专门的光盘刻录机才能完成数据的写入。常见的一次性可写入光盘的容量为650MB。

一个CD-ROM的容量=扇区数×每扇区字节数=333000×2048B=650MB

CD-ROM的后继产品为DVD-ROM（Digital Versatile Disk-ROM)。DVD-ROM向下兼容，可读音频CD和CD-ROM。DVD-ROM单面单层的容量为4.7GB；单面双层的容量为7.5GB；双面双层的容量可达到17GB。DVD-ROM倍速是1.3MB/s。

它们的工作速度比较是：硬盘大于光盘，光盘大于软盘。

(4) 移动存储器　随着网络和多媒体应用的发展，只适用于小型文件备份和交换的

1.44MB 软盘已经无法满足用户的需求。而硬盘驱动器拆装麻烦，又不易携带。近几年出现的移动存储器是一个容量大、方便携带的外存储器。目前广泛使用的移动存储器主要有闪存盘和移动硬盘两种，如图1-20所示。

图1-20 闪存盘（U盘）

闪存盘又称“优盘”、U 盘。自从面世以来，凭借着比软盘容量更大、速度更快、体积更小、抗振更强、功耗更低、寿命更长和数据加密功能的众多优点，闪存盘已在移动存储领域占有重要地位。闪存盘主要由两颗芯片组成——闪存芯片和 Flash，核心部件就是采用 Flash 的闪存颗粒。利用 USB 接口，闪存盘可以与几乎所有的计算机连接。

作为目前随身数据存储与交流的必要设备，闪存盘已经成为人们日常工作、生活中必不可少的产品之一。然而，闪存盘最大的问题是容量不是非常大，对于影视业、广告业等需要保存图像、声音和视频文件的专业用户来讲是远远不够的，也不适合计算机系统的备份等，因而需要用存储量更大的存储设备，即移动硬盘。

所谓移动硬盘，主要指采用计算机标准接口（USB/IEE1394）的硬盘，其实就是用小巧的笔记本硬盘，加上特制的配套硬盘盒构成的一个便携的大容量存储系统。它的优点很明显：

1）容量大。移动硬盘容量较大，非常适合携带大型图库、数据库、软件库的需要。

2）兼容性好，即插即用。为了确保在“所有”的计算机上都能使用，移动硬盘采用了计算机外设产品的主流接口 USB 与烽线（IEEE1394）接口，通过 USB 线或者 1394 连线能轻松与计算机连接，而且在 Windows Me、Windows 2000 和 Windows XP 系统中完全不用安装任何驱动程序，即插即用，十分方便。

3）速度快。USB 1.1 标准接口传输速率是 12Mbit/s，USB 2.0 标准接口传输速率是 480Mbit/s，IEEE1394 接口的传输速率是 400Mbit/s，当采用 IEEE1394 接 E1 进行数据交换时，保存一个 2GB 的文件只需要 3min 就可轻松完成，远胜过其他移动存储设备，特别适合 DV 这种巨大的视频和音频流的存储与交流。

4）外观时尚，体积小，重量轻。既然硬盘需要经常“移动”使用，自然越轻巧越好。通常的 USB 移动硬盘体积仅仅如商务通般大小，重量只有 200g 左右，无论是放在包中还是口袋内都十分轻巧，不管是出差旅行、邮寄速递等远距离移动，还是在单位与单位、单位与家中的移动均能应付自如。

5）安全可靠性好。通常，笔记本硬盘相对于普通计算机内置硬盘来说具有更出色的防振性能，在振动强烈的情况下盘片会自动停转，磁头处于安全区，确保不会有任何损坏。因此，采用笔记本硬盘作为主体的移动硬盘具备很高的安全性。

5. I/O 总线与扩展槽

总线是计算机中传输数据信号的通道。总线的传输方式是并行的，所以也称并行总线。所谓 I/O（Input-Output，输入/输出）总线，就是 CPU 互联 I/O 设备，并提供外部设备访问系统存储器和 CPU 资源的通道。在 I/O 总线上通常传输数据、地址和控制信号三种信号。传输数据信号的总线称为数据总线，传输地址信号的总线称为地址总线，传输控制信号的总线称为控制总线，所以I/O总线由这三种总线构成。总线就像“高速公路”，总线上传输的信号则被视为高速公路上的“车辆”。显而易见，在单位时间内公路上通过的“车辆”数直接依赖于公路的宽度、质量。因此，I/O总线技术成为微型计算机系统结构的一个重要方面。

微型计算机采用开放体系结构，在系统主板上装有多个扩展槽，扩展槽与板上的I/O总线相连，任何插入扩展槽的电路板（如显示卡、声卡）就可通过I/O总线与CPU连接，这为用户自己组合可选设备提供了方便。

目前可见到的总线结构与扩展槽有以下几种：

（1）ISA（Industry Standard Architecture）总线　ISA总线是工业标准结构总线，ISA的数据传送宽度是16位，工作频率为8 MHz，数据传输率最高可达8MB/s，寻址空间为1MB。

（2）PCI（Peripheral Component Interconnect）总线　PCI（外部设备互联）总线是1991年由Intel公司推出的，用于解决外部设备接口的总线。PCI总线传送数据宽度为32位，可以扩展到64位，工作频率为33MHz，数据传输率可达133MB/s。

（3）AGP（Accelerated Graphics Port）扩展槽　AGP（加速图形端口）扩展槽是AGP图形显示卡的专用插槽。AGP是专门用于高速处理图像，它使用64位图形总线使CPU与内存连接，以提高计算机对图像的处理能力。

（4）通用串行总线USB（Universal Serial Bus）　USB是一种新型的输入输出总线。USB接口提供电源，USB设备可以起集线器作用，通过集线器可同时连接127台输入输出设备，包括显示器、键盘、鼠标、扫描仪、光笔、数字化仪、打印机、绘图仪和调制解调器等外部设备。最大数据传输率为12MB/s。和并行和串行端口一样，USB也要在软件控制下才能正常工作，Windows支持通用串行总线。

6. 输入/输出设备

输入设备将数据、程序等转换成计算机能接受的二进制码，并将它们送入内存。常用输入设备是键盘、鼠标、扫描仪、光笔、触摸屏、数字化仪等，如图1-21所示。

图1-21　键盘和鼠标

输出设备将计算机处理的结果转换成人们能够识别的数字、字符、图像、声音等形式，并显示、打印或播放出来。常用的输出设备是显示器、打印机、绘图仪等，如图1-22所示。其中显示器是微机必要的输出设备。显示器通过电子枪将电子发射到荧光屏上，使屏幕上的磷光体发出某种颜色的光，产生所需要的图像。磷光体颗粒的精细度确定了图像像素的清晰度。

图 1-22 显示器和打印机

通常用像素间距来描述磷光体颗粒的精细度，目前常用的显示器像素间距有 0.28mm、0.26mm、0.25mm、0.24mm 等，间距越小图像越清晰。此外，还用显示器的分辨率来描述显示器在水平方向和垂直方向能显示的像素个数。例如，显示器的分辨率为 1024×768，就表面该显示器在水平方向能显示 1024 个像素，在垂直方向能显示 768 个像素。显示器通过显示卡与主机连接。显示卡是直接决定计算机视觉效果的部件之一，按其功能可分为 2D 应用和 3D 应用。显示卡性能的好坏将直接影响到人们对计算机的感觉。

输入、输出设备是计算机上不可缺少的组成部分，任何输入、输出设备都要向 CPU 发送数据或从 CPU 取得数据。输入输出接口就是 CPU 和输入、输出设备之间传送数据的部件。微机上必不可少的两种输入输出接口是并行端口和串行端口。由于并行端口最常用于连接打印机，所以常被称为打印口或并行打印机适配器。串行端口目前最普遍的用途是连接鼠标和调制解调器。两种端口都是符合一定尺寸规格的梯形插座，一般安装在机箱背面。并行端口插座上有 25 个导电的小孔，串行端口插座分为 9 针或 25 针两种，设备上的插头的结构正好与此相反。

1.3.2 微型计算机的性能指标

衡量微型计算机性能的好坏，有下列几项主要技术指标。

1. 字长

字长是指微机能直接处理的二进制信息的位数。字长越长，微机的运算速度就越快，运算精度就越高，内存容量就越大，微机的性能就越强（支持的指令多）。

2. 内存容量

内存容量是指微机内存储器的容量，它表示内存储器所能容纳信息的字节数。内存容量越大，它所能存储的数据和运行的程序就越多，程序运行的速度就越高，微机的信息处理能力就越强，所以内存容量也是微机的一个重要性能指标。

3. 存取周期

存取周期是指对存储器进行一次完整的存取（即读/写）操作所需的时间，即存储器进行连续存取操作所允许的最短时间间隔。存取周期越短，则存取速度越快。存取周期的大小影响微机运算速度的快慢。

4. 主频

主频是指微机 CPU 的时钟频率。主频的单位是 MHz（兆赫兹）。主频的大小在很大程度上决定了微机运算速度的快慢，主频越高，微机的运算速度就越快。

5. 运算速度

运算速度是指微机每秒钟能执行多少条指令，其单位为 MIPS（百万条指令/s）。由于执行不同的指令所需的时间不同，因此，运算速度有不同的计算方法。

1.4 计算机的数制和信息表示

1.4.1 计算机采用二进制数的原因

计算机是对数据信息进行高速自动化处理的机器。这些数据信息是以数字、字符、符号以及表达式等形式来体现的，并以二进制编码形式与计算机中的电子元器件状态相对应。二进制与计算机之间的密切关系，与二进制本身所具有的特点是分不开的，概括起来有以下几点。

1. 可行性

采用二进制，只有 0 和 1 两种状态，这在物理上是极易实现的。例如，电平的高与低、电流的有与无、开关的接通与断开、晶体管的导通与截止、灯的亮与灭等两个截然不同的对立状态都可用来表示二进制。计算机中通常是采用双稳态触发电路来表示二进制数的，这比用十稳态电路来表示十进制数要容易得多。

2. 简易性

二进制数的运算法则简单。例如，二进制数的求和法则只有三种：

0 + 0 = 0

0 + 1 = 1 + 0 = 1

1 + 1 = 10（逢二进一）

而十进制数的求和法则却有 100 种之多。因此，采用二进制可以使计算机运算器的结构大为简化。

3. 逻辑性

由于二进制数符 1 和 0 正好与逻辑代数中的真（True）和假（False）相对应，所以用二进制数来表示二值逻辑并进行逻辑运算是十分自然的。

4. 可靠性

由于二进制只有 0 和 1 两个符号，因此在存储、传输和处理时不容易出错，这使计算机具有较高的可靠性得到了保障。

1.4.2 计算机中的进制表示

1. 进位计数制

（1）数制　数制也称为计数制，是指用一组固定的符号和统一的规则来表示数值的方法。

（2）进位计数制　按进位的方法进行计数，称为进位计数制。在日常生活和计算机中采用的都是进位计数制。

（3）数位、基数和位权　在进位计数制中有数位、基数和位权三个要素。

1）数位。是指数码在一个数中所处的位置。

2）基数。是指在某种进位计数制中，每个数位上所能使用的数码的个数，例如，在十进位计数制中，每个数位上可以使用的数码为0~9十个数码，即基数为十。

3）位权。是指在某种进位计数制中，每个数位上的数码所代表的数值的大小，等于在这个数位上的数码乘上一个固定的数值，这个固定的数值就是此种进位计数制中该数位上的位权。数码所处的位置不同，代表的数的大小也不同。

2. 常用的进位计数制

进位计数制很多，这里主要介绍与计算机技术有关的几种常用的进位计数制。

（1）十进制　十进位计数制简称十进制。十进制数具有下列特点：

1）有10个不同的数码符号0，1，2，3，4，5，6，7，8，9。

2）每一个数码符号根据它在这个数中所处的位置（数位），按“逢十进一”来决定其实际数值，即各数位的位权是以10为底的幂次方。

例如 $(123.456)_{10}$，以小数点为界，从小数点往左依次为个位、十位、百位，从小数点往右依次为十分位、百分位、千分位。因此，小数点左边第一位数3代表数值3，即 3×10^0；第二位数2代表数值20，即 2×10^1；第三位数1代表数值100，即 1×10^2。小数点右边第一位数4代表数值0.4，即 4×10^{-1}；第二位数5代表数值0.05，即 5×10^{-2}；第三位数6代表数值0.006，即 6×10^{-3}。因而该数可表示为如下形式：

$$(123.456)_{10}=1\times10^2+2\times10^1+3\times10^0+4\times10^{-1}+5\times10^{-2}+6\times10^{-3}$$

由上述分析可归纳出，任意一个十进制数S，均可表示为如下形式

$$(S)_{10}=S_{n-1}\times10^{n-1}+S_{n-2}\times10^{n-2}+\cdots+S_1\times10^1+S_0\times10^0+S_{-1}\times10^{-1}+S_{-2}\times10^{-2}+\cdots+S_{-m}\times10^{-m}$$

式中，S_n为数位上的数码，其取值范围为0~9；n为整数位个数，m为小数位个数，10为基数，10^{n-1}，10^{-2}，10^1，10^0，10^{-1}，…，10^{-m}是十进制数的位权。在计算机中，一般用十进制数作为数据的输入和输出。

（2）二进制　二进位计数制简称二进制。二进制数具有下列特点：

1）有两个不同的数码符号0，1。

2）每个数码符号根据它在这个数中的数位，按“逢二进一”来决定其实际数值。例如：

$$(11011.101)_2=1\times2^4+1\times2^3+0\times2^2+1\times2^1+1\times2^0+1\times2^{-1}+0\times2^{-2}+1\times2^{-3}=(27.625)_{10}$$

任意一个二进制数S，均可以表示为如下形式

$$(S)_2=S_{n-1}\times2^{n-1}+S_{n-2}\times2^{n-2}+S_1\times2^1+S_0\times2^0+S_{-1}\times2^{-1}+S_{-2}\times2^{-2}+\cdots+S_{-m}\times2^{-m}$$

式中，S_n为数位上的数码，其取值范围为0~1；n为整数位个数，m为小数位个数；2为基数。2^{n-1}，2^{n-2}，…，2^1，2^0，2^{-1}，…，2^{-m}是二进制数的位权。

（3）八进制　八进位计数制简称八进制。八进制数具有下列特点：

1）有8个不同的数码符号0，1，2，3，4，5，6，7。

2）每个数码符号根据它在这个数中的数位，按“逢八进一”来决定其实际的数值。例如：

$(123.24)_8 = 1 \times 8^2 + 2 \times 8^1 + 3 \times 8^0 + 2 \times 8^{-1} + 4 \times 8^{-2} = (83.3125)_{10}$

任意一个八进制数 S，均可以表示为如下形式

$(S)_8 = S_{n-1} \times 8^{n-1} + S_{n-2} \times 8^{n-2} + \cdots + S_1 \times 8^1 + S_0 \times 8^0 + S_{-1} \times 8^{-1} + S_{-2} \times 8^{-2} + \cdots + S_{-m} \times 8^{-m}$

式中，S_n为数位上的数码，其取值范围为 0 ~ 7；n 为整数位个数，m 为小数位个数；8 为基数。8^{n-1}，8^{n-2}，…，8^1，8^0，8^{-1}，…，8^{-m}是八进制数的位权。八进制数是计算机中常用的一种计数方法，它可以弥补二进制数书写位数过长的不足。

（4）十六进制　十六进位计数制简称十六进制。十六进制数具有下列特点：

1）它有 16 个不同的数码符号 0，1，2，3，4，5，6，7，8，9，A，B，C，D，E，F。由于数字只有 0 ~ 9 十个，而十六进制要使用 16 个数字，所以用 A ~ F 六个英文字母分别表示数字 10 ~ 15。

2）每个数码符号根据它在这个数中的数位，按"逢十六进一"来决定其实际的数值。例如：

$(3AB.48)_{16} = 3 \times 16^2 + A \times 16^1 + B \times 16^0 + 4 \times 16^{-1} + 8 \times 16^{-2} = (939.28125)_{10}$

任意一个十六进制数 S，均可表示为如下形式

$(S)_{16} = S_{n-1} \times 16^{n-1} + S_{n-2} \times 16^{n-2} + \cdots + S_1 \times 16^1 + S_0 \times 16^0 + S_{-1} \times 16^{-1} + \cdots + S_{-m} \times 16^{-m}$

式中，S_n为数位上的数码，其取值范围为 0 ~ F；n 为整数位个数，m 为小数位个数；16 为基数。16^{n-1}，16^{n-2}，…，16^1，16^0，16^{-1}，…，16^{-m}为十六进制数的位权。

十六进制数是计算机常用的一种计数方法，它可以弥补二进制数书写位数过长的不足。

总结以上 4 种计数制，可将它们的特点概括为：

1）每一种计数制都有一个固定的基数 R（R 为大于 1 的整数），它的每一数位可取 0 ~ R 个不同的数值。

2）每一种计数制都有自己的位权，并且遵循"逢 R 进一"的原则。

对于任一种 R 进位计数制数 S，均可表示为

$$(S)_R = \pm(S_{n-1}R^{n-1} + S_{n-2}R^{n-2} + \cdots + S_1R^1 + S_0R^0 + S_{-1}R^{-1} + \cdots + S_{-m}R^{-m})$$

式中，S_i表示数位上的数码，其取值范围为 0 ~ R^{-1}，R 为计数制的基数，i 为数位的编号（整数位取 $n-1$ ~ 0，小数位取 -1 ~ $-m$）。

表 1-1 中列出了几种常用进位计数制的表示法。

表 1-1　十进制、二进制、八进制、十六进制数的常用表示方法

十进制数	二进制数	八进制数	十六进制数
0	0	0	0
1	1	1	1
2	10	2	2
3	11	3	3
4	100	4	4
5	101	5	5
6	110	6	6
7	111	7	7
8	1000	10	8

（续）

十进制数	二进制数	八进制数	十六进制数
9	1001	11	9
10	1010	12	A
11	1011	13	B
12	1100	14	C
13	1101	15	D
14	1110	16	E
15	1111	17	F
16	10000	20	10

表1-2列出了几种常用进位计数制数位的位权。

表1-2 常用进位计数制数位的位权

数位	十进制权	二进制权	八进制权	十六进制权
S_0	$1=10^0$	$1=2^0$	$1=8^0$	$1=16^0$
S_1	$10=10^1$	$2=2^1$	$8=8^1$	$16=16^1$
S_2	$100=10^2$	$4=2^2$	$64=8^2$	$256=16^2$
S_3	$1000=10^3$	$8=2^3$	$512=8^3$	$4096=16^3$
S_4	$10000=10^4$	$16=2^4$	$4096=8^4$	$65536=16^4$
S_{n-1}	10^{n-1}	2^{n-1}	8^{n-1}	16^{n-1}

1.4.3 不同进制之间的转换

不同进位计数制之间的转换，实质上是基数间的转换。一般转换的原则是：如果两个有理数相等，则两数的整数部分和小数部分一定分别相等。因此，各数制之间进行转换时，通常对整数部分和小数部分分别进行转换，然后将其转换结果合并即可。

1. 非十进制数转换成十进制数

非十进制数转换成十进制数的方法是：把各个非十进制数按求和公式计算

$$(S)_R = \pm \sum_{i=n-1}^{-m} S_i R^i$$

将公式展开求和即可。即把二进制数（或八进制数，或十六进制数）写成2（或8或16）的各次幂之和的形式，然后计算其结果。

例1-1 把下列二进制数转换成十进制数。

（1）$(110101)_2$ （2）$(1101.101)_2$

解：（1）$(110101)_2 = 1\times2^5+1\times2^4+0\times2^3+1\times2^2+0\times2^1+1\times2^0 = 32+16+0+4+0+1 = (53)_{10}$

（2）$(1101.101)_2 = 1\times2^3+1\times2^2+0\times2^1+1\times2^0+1\times2^{-1}+0\times2^{-2}+1\times2^{-3}$

$= 8+4+0+1+0.5+0+0.125 = (13.625)_{10}$

例1-2 把下列八进制数转换成十进制数。

(1) $(305)_8$　(2) $(456.124)_8$

解: (1) $(305)_8 = 3\times8^2 + 0\times8^1 + 5\times8^0 = 192 + 5 = (197)_{10}$

(2) $(456.124)_8 = 4\times8^2 + 5\times8^1 + 6\times8^0 + 1\times8^{-1} + 2\times8^{-2} + 4\times8^{-3}$

$= 256 + 40 + 6 + 0.125 + 0.03125 + 0.0078125 = (302.1640625)_{10}$

例 1-3　把下列十六进制数转换成十进制数。

(1) $(2A4E)_{16}$　(2) $(32CF.48)_{16}$

解: (1) $(2A4E)_{16} = 2\times16^3 + A\times16^2 + 4\times16^1 + E\times16^0 = 8192 + 2560 + 64 + 14 = (10830)_{10}$

(2) $(32CF.48)_{16} = 3\times16^3 + 2\times16^2 + C\times16^1 + F\times16^0 + 4\times16^{-1} + 8\times16^{-2}$

$= 12288 + 512 + 192 + 15 + 0.25 + 0.03125 = (13007.28125)_{10}$

2. 十进制数转换成非十进制数

把十进制数转换为二、八、十六进制数的方法是：整数部分转换采用“除 *R* 取余法”；小数部分转换采用“乘 *R* 取整法”。

例 1-4　将十进制数 $(25.6875)_{10}$ 转换为二进制数。

解: 整数部分 25 转换如下：

除数	被除数/商	余数	
2	25		
2	12	1	低 ↑
2	6	0	
2	3	0	
2	1	1	
	0	1	高

按箭头方向从高往低位取余数：$(25)_{10} = (11001)_2$

小数部分的转换（乘基数 2 取整法）：乘以 2 取整数，整数从左到右排列。

0.6875	乘 2	整数
	0.6875	
	× 2	
	1.3750	1 ↓
	× 2	
	0.7500	0
	× 2	
	1.5000	1
	× 2	
	1.0000	1

先取的整数为高位，后取的整数为低位：$(0.6875)_{10} = (0.1011)_2$

$(25.6875)_{10} = (11001)_2 + (0.1011)_2 = (11001.1011)_2$

3. 二、八、十六进制数之间的相互转换

由于一位八（十六）进制数相当于三（四）位二进制数，因此，要将八（十六）进制数转换成二进制数时，只需以小数点为界，向左或向右每一位八（十六）进制数用相应的三（四）位二进制数取代即可。如果不足三（四）位，可用零补足。反之，二进制数转换成相应的八（十六）进制数，只是上述方法的逆过程，即以小数点为界，向左或向右每三（四）位二进制数用相应的一位八（十六）进制数取代即可。

例 1-5 将八进制数 $(714.431)_8$ 转换成二进制数。

解： 7 1 4 . 4 3 1

111 001 100 . 100 011 001

即 $(714.431)_8=(111001100.100011001)_2$。

例 1-6 将二进制数 $(11101110.00101011)_2$ 转换成八进制数。

解： 011 101 110 . 001 010 110

3 5 6 . 1 2 6

即 $(11101110.00101011)_2=(356.126)_8$。

例 1-7 将十六进制数 $(1AC0.6D)_{16}$ 转换成相应的二进制数。

解： 1 A C 0 . 6 D

0001 1010 1100 0000 . 0110 1101

即 $(1AC0.6D)_{16}=(1101011000000.01101101)_2$。

例 1-8 将二进制数 $(10111100101.00011001101)_2$ 转换成相应的十六进制数。

解： 0101 1110 0101 . 0001 1001 1010

5 E 5 . 1 9 A

即 $(10111100101.00011001101)_2=(5E5.19A)_{16}$。

1.4.4 计算机中数据的表示

数据是可由人工或自动化手段加以处理的那些事实、概念、场景和指示的表示形式，包括字符、符号、表格、声音、图形和图像等。数据可在物理介质上记录或传输，并通过外部设备被计算机接收，经过处理而得到结果。

数据能被送入计算机加以处理，包括存储、传送、排序、归并、计算、转换、检索、制表和模拟等操作，以得到人们需要的结果。数据经过加工并赋予一定的意义后，便成为信息。

计算机系统中的每一个操作，都是对数据进行某种处理，所以数据和程序一样，是软件工作的基本对象。

1. 真值与机器数

在计算机中只能用数字化信息来表示数的正、负，人们规定用“0”表示正号，用“1”表示负号。例如，在计算机中用8位二进制表示一个数+90，其格式为：

0	1	0	1	1	0	1	0

2. 定点数和浮点数

（1）设备限制机器数所表示数的范围　在计算机中，一般用若干个二进制位表示一个数或一条指令，把它们作为一个整体来处理、存储和传送。这种作为一个整体来处理的二进制位串，称为计算机字。表示数据的字称为数据字，表示指令的字称为指令字。

（2）定点数　计算机中运算的数有整数也有小数，如何确定小数点的位置呢？通常有两种约定：一种是规定小数点的位置固定不变，这时的机器数称为定点数；另一种是小数点的位置可以浮动，这时的机器数称为浮点数。微型机多使用定点数。

（3）浮点数　浮点表示法就是小数点在数中的位置是浮动的。在以数值计算为主要任务的计算机中，由于定点表示法所能表示的数的范围太窄，不能满足计算问题的需要，因此就要采用浮点表示法。在同样字长的情况下，浮点表示法能将表示的数的范围扩大。

3. 原码、补码和反码

机器数中，数值和符号全部数字化。计算机在进行数值运算时，采用把各种符号位和数值位一起编码的方法。常见的有原码、补码和反码表示法。

（1）原码表示法　原码表示法是机器数的一种简单的表示法。其符号位用0表示正号，用1表示负号，数值一般用二进制形式表示。设有一数为X，则原码表示可记作$[X]_{原}$。

例如，$X_1=+1010110$，$X_2=-1001010$

其原码记做：$[X_1]_{原}=[+1010110]_{原}=01010110$　$[X_2]_{原}=[-1001010]_{原}=11001010$

原码表示数的范围与二进制位数有关。当用8位二进制数来表示小数原码时，其表示范围：

最大值为0.1111111，其真值约为$(0.99)_{10}$。

最小值为1.1111111，其真值约为$(-0.99)_{10}$。

当用8位二进制数来表示整数原码时，其表示范围：

最大值为01111111，其真值为$(127)_{10}$。

最小值为11111111，其真值为$(-127)_{10}$。

在原码表示法中，对0有两种表示形式：$[+0]_{原}=00000000$　$[-0]_{原}=10000000$

（2）补码表示法　机器数的补码可由原码得到。如果机器数是正数，则该机器数的补码与原码一样；如果机器数是负数，则该机器数的补码是对它的原码（符号位除外）各位取反，并在末位加1而得到的。设有一数X，则X的补码表示记作$[X]_{补}$。

（3）反码表示法　机器数的反码可由原码得到。如果机器数是正数，则该机器数的反码与原码一样；如果机器数是负数，则该机器数的反码是对它的原码（符号位除外）各位取反而得到的。设有一数X，则X的反码表示记作$[X]_{反}$。

例1-9　已知$[X]_{原}=10011010$，求$[X]_{补}$。

分析：由$[X]_{原}$求$[X]_{补}$的原则是：若机器数为正数，则$[X]_{补}=[X]_{原}$；若机器数为负数，则该机器数的补码可对它的原码（符号位除外）所有位求反，再在末位加1而得到。现给定的机器数为负数，故有$[X]_{补}=[X]_{反}+1$。

解：$[X]_{原}=10011010$

$[X]_{反}=11100101$

+）　　　　1

$[X]_{补}=11100110$

例1-10　已知$[X]_{补}=11100110$，求$[X]_{原}$。

分析：对于机器数为正数，则有$[X]_{原}=[X]_{补}$；对于机器数为负数，则有$[X]_{原}=[[X]_{补}]_{补}$。

解：现给定的为负数，故有：

$[X]_{补}=11100110$

$[[X]_{补}]_{反}=10011001$

+）　　　　1

$[[X]_{补}]_{补}=10011010=[X]_{原}$

1.4.5 计算机的编码

在计算机中，对非数值的文字和其他符号进行处理时，要对文字和符号进行数字化处理，即用二进制编码来表示文字和符号。字符编码就是规定如何用二进制编码来表示文字和符号。

1. BCD 码（二-十进制编码）

人们习惯于使用十进制数，而计算机内部多采用二进制数表示和处理数值数据，因此在计算机输入和输出数据时，就要进行由十进制到二进制和从二进制到十进制的转换处理，这是多数应用环境的实际情况。

BCD 编码方法很多，通常采用的是 8421 编码。这种编码较为自然、简单。其方法是用四位二进制数表示一位十进制数，自左至右每一位对应的位权分别是 8，4，2，1。值得注意的是，四位二进制数有 0000～1111 十六种状态，这里只取了 0000～1001 十种状态，而 1010～1111 六种状态在这种编码中没有意义，表 1-3 是十进制数与 8421 码的对照表。

表 1-3 十进制数与 8421 码的对照表

十进制数	8421 码	十进制数	8421 码
0	0000	6	0110
1	0001	7	0111
2	0010	8	1000
3	0011	9	1001
4	0100	10	0001 0000
5	0101		

这种编码的另一特点是书写方便、直观、易于识别。例如，十进制数 864，其二-十进制编码为：

8 6 4
（1000） （0110） （0100）

2. ASCII 码

在将用汇编语言或各种高级语言编写的程序输入到计算机中时，人与计算机通信所用的语言，已不再是一种纯数学的语言了，而多为符号式语言。因此，需要对各种符号进行编码，以使计算机能识别、存储、传送和处理。

最常见的符号信息是文字符号，所以字母、数字和各种符号都必须按约定的规则用二进制编码才能在计算机中表示。

ASCII 码有 7 位版本和 8 位版本两种。国际上通用的是 7 位版本。7 位版本的 ASCII 码有 128 个元素，其中通用控制字符 34 个，阿拉伯数字 10 个，大、小写英文字母 52 个，各种标点符号和运算符号 32 个。

7 位版本 ASCII 码只需用 7 个二进制位（$2^7=128$）。为了查阅方便，表 1-4 列出了 ASCII 字符编码。

表1-4 ASCII字符编码

十六进制高位 / 十六进制低位	000	001	010	011	100	101	110	111
0000	NU	DE	SP	0	@	P	、	P
0001	SO	DC	!	1	A	Q	a	q
0010	ST	DC	“	2	B	R	b	r
0011	ET	DC	#	3	C	S	c	s
0100	EO	DC	$	4	D	T	d	t
0101	EN	NA	%	5	E	U	e	u
0110	AC	SY	&	6	F	V	f	v
0111	BE	ET	′	7	G	W	g	w
1000	BS	CA	(	8	H	X	h	x

当微型计算机上采用7位ASCII码作为机内码时，每个字节只占后7位，最高位恒为0。8位ASCII码需用8位二进制数进行编码。当最高位为0时，称为基本ASCII码（编码与7位，ASCII码相同）；当最高位为1时，形成扩充的ASCII码，它表示数的范围为128～255，可表示128种字符。通常各个国家都把扩充的ASCII码作为自己国家语言文字的代码。

3. 汉字编码

我国用户在使用计算机进行信息处理时，一般都要用到汉字，因此，必须解决汉字的输入、输出以及汉字处理等一系列问题。当然，关键问题是要解决汉字编码的问题。

由于汉字是象形文字，数目很多，常用汉字就有3000～5000个，加上汉字的形状和笔画多少差异极大，因此，不可能用少数几个确定的符号将汉字完全表示出来，或像英文那样将汉字拼写出来。每个汉字必须有它自己独特的编码。

（1）《信息交换用汉字编码字符集　基本集》　《信息交换用汉字编码字符集　基本集》是我国于1980年制定的国家标准GB 2312—1980，是国家规定的用于汉字信息交换使用的代码的依据。

（2）汉字的机内码　汉字的机内码是供计算机系统内部进行存储、加工处理、传输统一使用的代码，又称为汉字内部码或汉字内码。

（3）汉字的输入码（外码）　汉字输入码是为了将汉字通过键盘输入计算机而设计的代码。汉字输入编码方案很多，其表示形式大多用字母、数字或符号。

（4）汉字的字形码　汉字字形码是汉字字库中存储的汉字字形的数字化信息，用于汉字的显示和打印。

本章小结

计算机系统由硬件和软件组成。硬件由输入/输出设备（统称外部设备）、CPU、内存组成。CPU由运算器和控制器组成。软件分系统软件和应用软件两大类。软件就是程序，程序是指令的有序集合。软件是专业人员创造性劳动的结晶，属知识产权保护范围。

计算机中的数据可分为数字数据和非数字数据两大类。非数字数据又分为文本型数据和声音、图像、图形等非文本型数据。非数字数据转换为数字数据后方能在计算机中存储和处理。计算机内的数据均以二进制形式表示。

思 考 题

1-1 计算机的发展经历了哪几个阶段？各阶段的主要特征是什么？

1-2 试述当代计算机的主要应用。

1-3 计算机由哪几个部分组成？请分别说明各部件的作用。

1-4 描述组成 CPU 的主要部件及其作用。

1-5 存储器的容量单位有哪些？

1-6 存储器为什么要分内存和外存？二者有什么区别？

1-7 微型计算机的内部存储器按其功能特征可分为几类？各有什么区别？

1-8 请分别说明系统软件和应用软件的功能。

1-9 系统软件可以分为哪几类？请分别说明它们的作用。

1-10 请分别说明机器语言、汇编语言和高级语言的特点。

1-11 指令和程序有什么区别？试述计算机执行指令的过程。

1-12 进行下列数的数制转换。

（1）$(213)_{10} = (\quad)_2$

（2）$(0.3465)_{10} = (\quad)_2$

（3）$(10110101101011)_2 = (\quad)_{10}$

（4）$(11111111000011)_2 = (\quad)_8 = (\quad)_{16}$

（5）$(11011.0101)_2 = (\quad)_{16}$

（6）$(1A73)_{16} = (\quad)_2$

第 2 章　Windows XP 操作系统基础

2.1　Windows XP 概述

Windows XP 是微软公司新一代操作系统，分为家庭版（Home Edition）、专业版（Professional Edition）和 64 位版（64-bit Edition）三种版本。Windows XP 集中了 Windows95/98/Me/NT 4.0/2000 的精华。其家庭版主要为个人用户服务，用于替代 Windows95/98/Me。专业版适用于专业用户和公司，其功能更强大。64 位版是 Windows XP 的高端产品，可以支持更多的内存，支持更高的浮点运算能力。Windows 9×操作系统，尽管软/硬件兼容性好，对计算机硬件要求不太高，但当发生问题时不稳定，容易死机。Windows NT 比 Windows 9×的稳定性要强，但软/硬件兼容性不如 Windows 9×。Windows 2000 比 Windows NT 的兼容性好，且界面流畅，但它不支持一些游戏软件和应用软件，如通过 USB 连接的设备，无法在其上工作。Windows XP 解决了以前版本的问题，同时兼顾了它们的安全性和易用性。

2.1.1　Windows XP 的特点

1. 界面美观，布局合理

Windows XP 的界面一改以往的矩形作风，窗口、菜单和按钮全部重新进行了设计，具有和谐的色彩、恰到好处的光泽和浑圆的边角，使得原来死板的界面顿时活跃起来。

Windows XP 的“开始”菜单经过了重新设计。使用频率最高的 5 个程序显示在最前面，OE 和 IE 始终可以访问，还可以通过单击来获得“帮助和支持”及系统配置工具。以往微软公司操作系统“控制面板”内的选项略显杂乱，现在有了明显的改观，合理地分成了几个大类，一目了然，可以更快速地找到解决问题的地方。

2. 账户的使用和管理简洁实用

只要在登录页面单击某个预先设定好的用户图片，输入密码，即可完成登录，大大减少了按键次数。

对多个用户共用一台计算机的情况，Windows XP 提供了一个“快速用户切换”的功能。此功能是 Windows XP 利用“终端服务”技术，与对待唯一“终端服务”会话一样，运行每个用户会话（每个用户会话需要的额外内存开销大约是 2M），实现了每个用户数据的完全分离。

3. 无微不至的帮助与技术支持

打开“开始”菜单的“帮助和支持”，可以看到一系列常用的帮助主题和支持任务供用户选择，整个帮助内容的分类很合理，很容易就能找到所需的帮助信息，里面有许多常见问题的实际解决方法和步骤，若在联机帮助中找不到答案，只要单击几下就可进入互联网的微软新闻组找到解决办法。

4. 多媒体功能大大扩展

在新系统中，Media Player 已升级到 8.0，除了可以播放 CD、MP3、VCD 等多种媒体文件外（Real 格式的文件除外），装载第三方 DVD 解码程序后还可以播放 DVD。单击播放面板上的“从 CD 复制”，可直接把 CD 音轨转换成 WMA 格式文件，保存到硬盘。若安装了第三方提供的 Plug In，还可以直接把 CD 转换成 MP3 文件。同时 Media Player 8.0 可以直接把音乐文件刻录到 CD-R/RW，而不需第三方的刻录软件。

5. 安全性提高

Windows XP 沿用了 Windows 2000 的一些高级安全设置，并且在此基础上还有所扩展。用户可借助加密文件系统（EFS）对自己的一些重要文件进行加密，其他人登录同一台计算机是打不开这些加密文件的。为防止恶意的黑客入侵，Windows XP 加入了“Internet 连接防火墙”，进行动态数据包筛选，禁止所有源自 Internet 的未经要求的连接，从而保护了联网机器的资源不被非法访问。

2.1.2 Windows XP 的安装、启动和退出

1. Windows XP 操作系统的安装

（1）安装 Windows XP 操作系统的硬件要求　安装 Windows XP 的最低硬件要求是 300MHz 的处理器和 128MB 内存。如果用户现在使用的系统达不到这个要求，一般只有进行硬件升级之后，才可以自如地运行 Windows XP 操作系统。

（2）安装 Windows XP 操作系统的步骤　如果用户当前使用的系统是微软公司的 Windows 操作系统，如 Windows 98 或者是 Windows 2000，那么用户可以考虑直接从当前的操作系统升级到 Windows XP 操作系统。当用户插入 Windows XP 的安装光盘后，将会自动运行安装程序，弹出安装窗口，如图 2-1 所示。

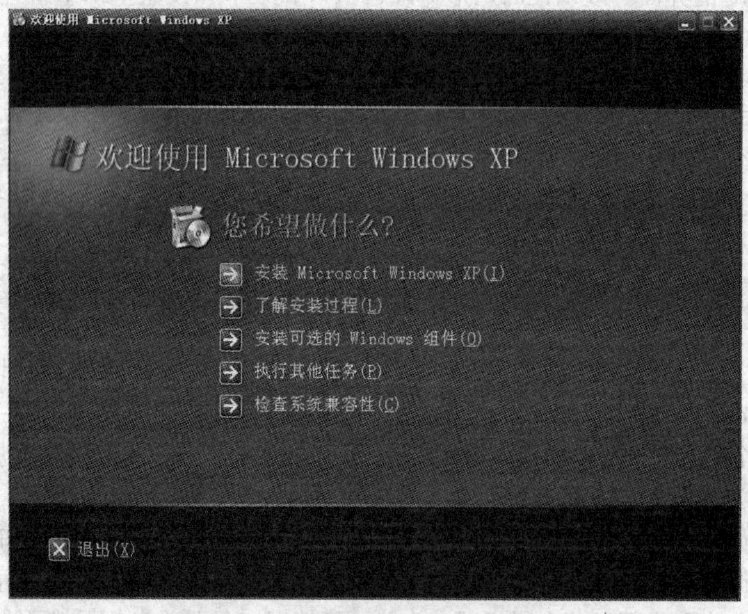

图 2-1　运行 Windows XP 安装界面

在用户进行安装之前，必须首先检测当前系统是否支持 Windows XP 的运行，以免在安装过程中或安装完毕后发现错误。在如图 2-1 所示的窗口中选择第五项“检查系统兼容性”，

进入如图 2-2 所示窗口。选择“自动检查我的系统”选项，将运行 Windows 升级建议程序。当前的 Windows 操作系统将首先自动运行动态更新程序，如图 2-3 所示。此时将对当前的 Windows 操作系统进行必要的更新，以提高安装的效率并纠正错误。

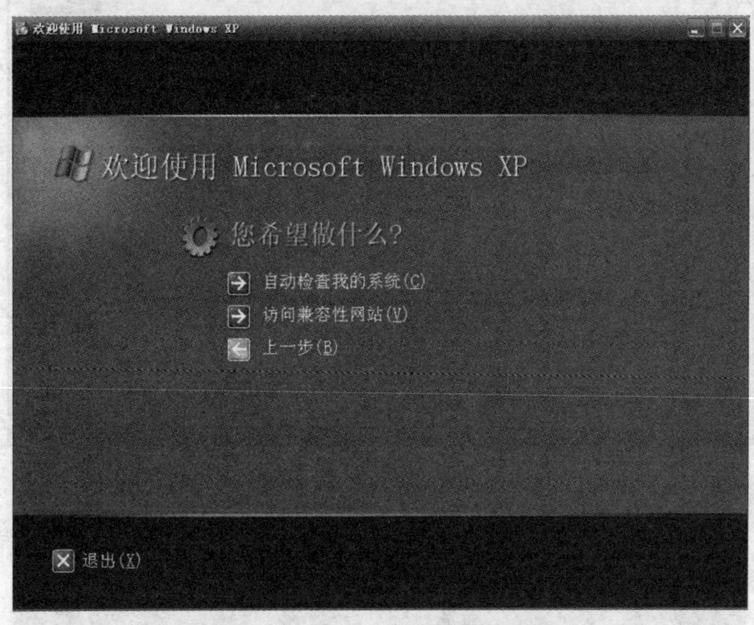

图 2-2 “检查系统兼容性”窗口

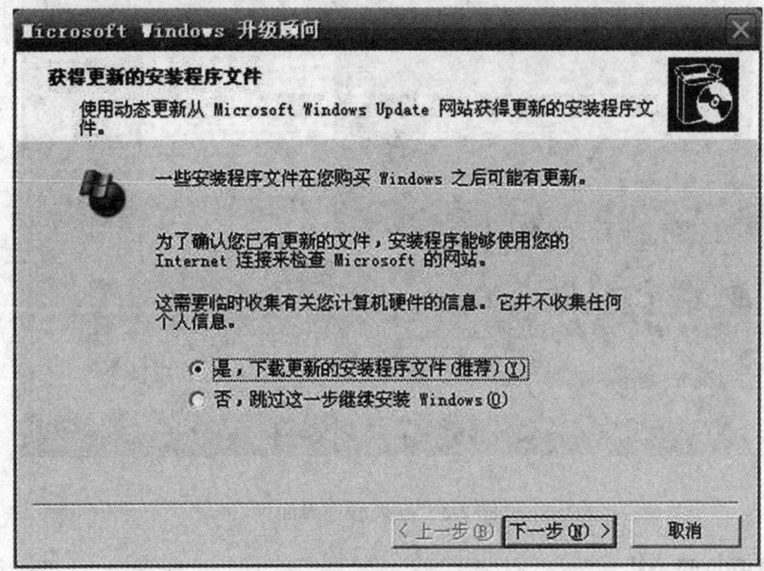

图 2-3 “自动检查我的系统”窗口

完成系统检查后，安装程序将给出检查报告，如图 2-4 所示。然后单击“完成”按钮回到图 2-1 所示的窗口，选择第一项“安装 Microsoft Windows XP”后，将进入安装程序，如图 2-5 所示。用户可以选择“升级”或是全新“安装”，即可完成安装。

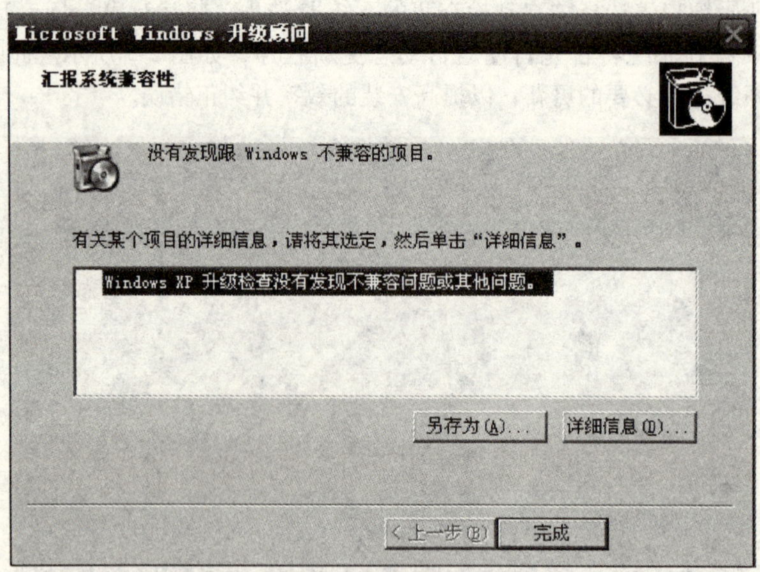

图 2-4　检查报告界面

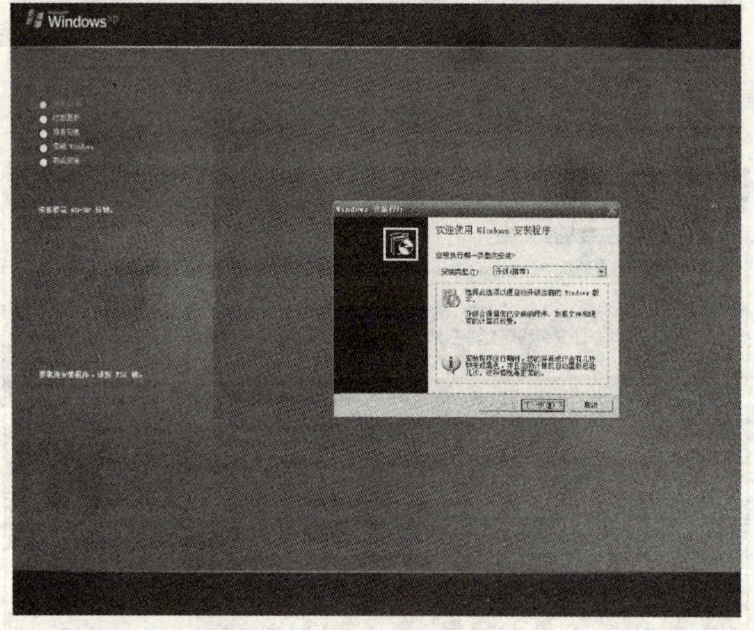

图 2-5　安装程序界面

2. 启动 Windows XP

安装 Windows XP 之后，便可以使用 Windows XP。启动 Windows XP 操作系统的过程，具体操作步骤如下：

1）打开计算机外设电源，然后打开计算机主机电源。

2）显示器上出现第一个画面，这是计算机主板的 BIOS 检测面板。在这一过程中，计算机将按顺序自动检测 CPU、内存、硬盘和病毒情况等（具体过程与不同的主板型号相关）。

3）计算机在完成上述自检后，就会自动引导 Windows XP（如果计算机上安装了多个操作系统，则会显示操作系统列表，先按方向键选择“Windows XP”，再按“Enter”键引导 Windows XP 启动。

4）计算机进入 Windows XP 启动状态，出现启动界面。

5）进入 Windows XP 欢迎界面（见图2-6）。系统如果有多个用户，单击某个用户账户名（如果设置了密码，还需要输入密码），即可看到 Windows XP 非常简洁的桌面。

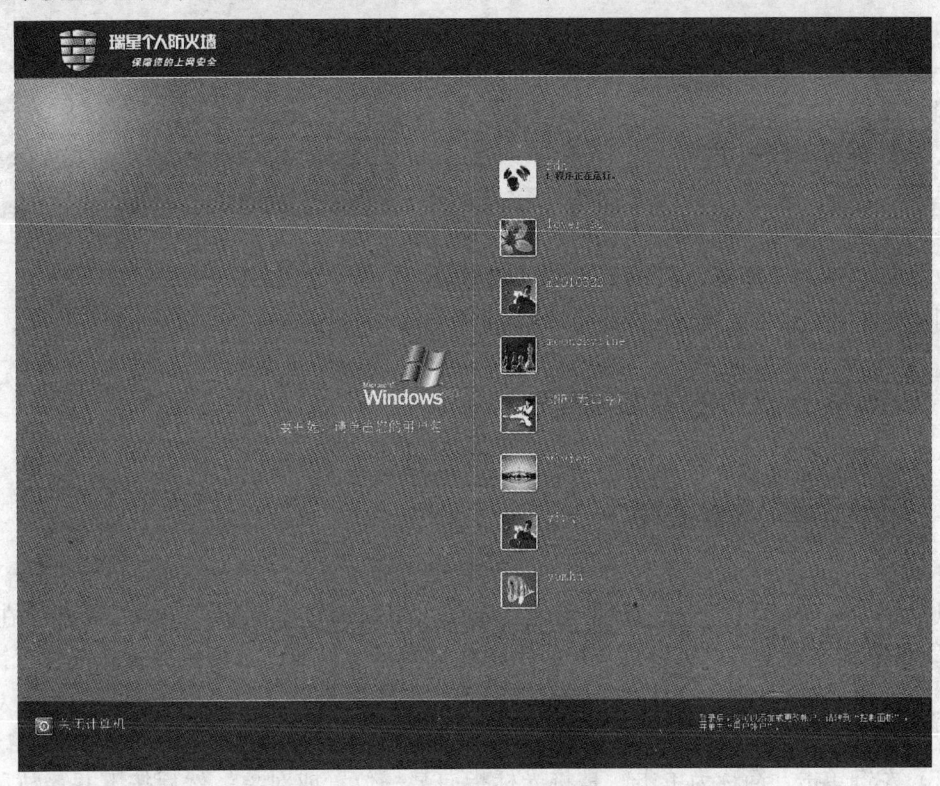

图2-6 Windows XP 欢迎界面

3. 退出 Windows XP 系统

在“开始”菜单中选择“关闭计算机”命令，可打开如图2-7所示的“关闭计算机”对话框。

1）单击“待机”按钮，可关闭显示器、硬盘和风扇等，将计算机处于低功耗状态。以后只要移动或单击鼠标，或是按任意键，即可“唤醒” Windows，恢复 Windows 对话。

图2-7 “关闭计算机”对话框

2）单击“关闭”按钮，将关闭所有打开的程序和文件，安全退出 Windows XP 操作系统，并关闭计算机电源。

3）单击“重新启动”按钮，将关闭所有打开的程序和文件，安全退出 Windows XP 操作系统，并重新启动计算机。系统将重新确认计算机的各项配置。

4）单击“取消”按钮，可取消所做的操作，返回当前用户桌面。

2.1.3 注销用户

1. 在工作组环境中不经注销而更改用户

1）单击“开始”菜单中“注销”命令，然后单击“切换用户”，如图2-8所示。

2）在Windows XP欢迎界面（见图2-6）单击另一个用户账户图标，Windows将显示新用户的桌面和设置。

2. 从计算机中注销用户

单击“开始”菜单，单击“注销”命令，然后单击“注销”按钮。计算机注销时，将关闭用户账户，但对于该计算机，只要下次登录就还可以访问。

图2-8 “注销”对话框

2.2 Windows XP 的基本知识

2.2.1 鼠标和键盘的基本操作

1. 鼠标

鼠标是Windows环境下的一种重要输入设备，用以选择窗口命令和运行程序。在Windows XP的默认状态下，鼠标以箭头符号出现在桌面上。目前，常用鼠标有二键和三键两种类型，左键用于确认（也称为拾取），右键用于拉出快捷菜单，中键用于屏幕滚动。对于习惯于左手的用户，左、右键的功能可以互换。下面以右手操作说明鼠标的基本使用。

（1）左键单击　简称为单击，是将光标指向某一位置或对象，然后按下并释放鼠标器的左键。

（2）右键单击　将光标指向某一位置或对象，然后按下并释放鼠标器的右键。单击右键，将根据光标所指的对象，弹出一个快捷式菜单，其中包括该对象的“属性”及操作命令等。

（3）双击　将光标指向某一对象，然后快速按动鼠标左键两次，主要用于启动程序或打开文件夹及文件。

（4）拖动　将光标指向某一对象，按下鼠标左键，滚动鼠标，使光标移到某一指定位置，然后释放。常用来移动窗口、图标，改变窗口大小，选择对象范围等。

2. 键盘

键盘也是计算机的基本输入设备，即使在Windows环境下也经常用到键盘。对于Windows键盘，除了一般按键之外，在“Alt”键右侧还有两个特殊键，即窗口键和应用键。按下“窗口键”与单击“开始”按钮的作用相同，按下“应用键”与单击鼠标右键的作用相同。

2.2.2 桌面

系统在启动起来之后，最先进入的就是桌面。用户使用计算机完成的各种工作，都是在桌面上进行的。Windows XP 的桌面包括桌面背景、图标、任务栏和开始按钮等部分，如图 2-9 所示。下面分别予以介绍。

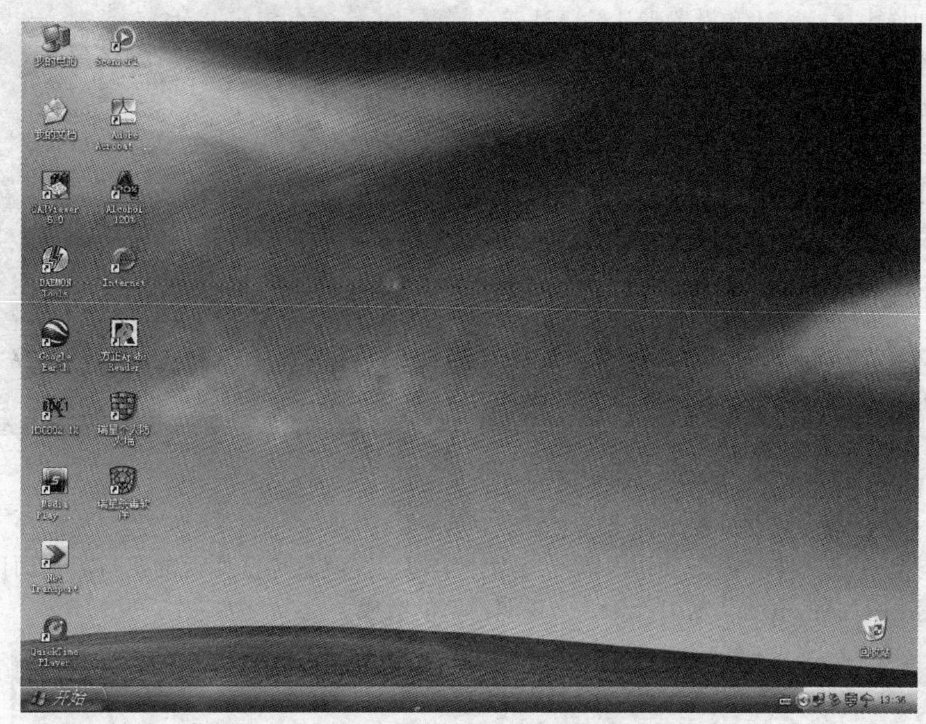

图 2-9 Windows XP 桌面

1. 桌面背景

桌面背景就是图 2-9 中的背景图案，也称为桌布或墙纸。Windows XP 安装后默认的桌面背景就是蓝天、白云和开阔的绿草地，Windows XP 允许用户根据自己爱好来更改桌面背景。

2. 图标

图标是由一个形象的图片和说明文字组成的，图片作为它的标识，文字表示它的名称或功能。在 Windows XP 中，所有的文件和文件夹都用图标来形象地表示。双击这些图标，即可快速打开文件或文件夹。

3. 任务栏

任务栏就是位于桌面底端、具有立体感的海蓝色长条。Windows XP 是一个多任务操作系统，可以让计算机同时做多份工作。每运行一个任务，就会在任务栏上显示出相应的任务按钮。通过这些按钮，用户可以知道计算机正在运行哪些任务。

4. "开始"按钮

使用 Windows XP 通常是从"开始"按钮出发，单击按钮，弹出如图 2-10 所示的"开始"菜单。使用这些菜单项，用户可以完成几乎所有的任务，如连接 Internet、收发电子邮件、启动应用程序、打开文档、查找文件及退出系统等。

5. 语言栏

语言栏用于文字输入。使用语言栏可以完成添加与删除输入法、切换中/英文输入状态、切换中文输入法和设置默认输入法等多项设置。

6. 通知区域

在该区域中，显示活动的和紧急的通知图标，隐藏不活动的图标。用户也可以改变这一通知行为。

图 2-10 “开始”菜单

2.2.3 窗口

窗口是 Windows XP 环境中的基本对象，下面将介绍窗口的基本知识及窗口的操作方法。

在 Windows XP 中，打开一个应用程序或文件（夹）后，将在屏幕上弹出一个矩形区域给该程序或文件（夹）使用，以便与用户沟通，这就是通常所说的窗口。下面以如图 2-11 所示的“我的电脑”窗口为例，来说明窗口的组成。

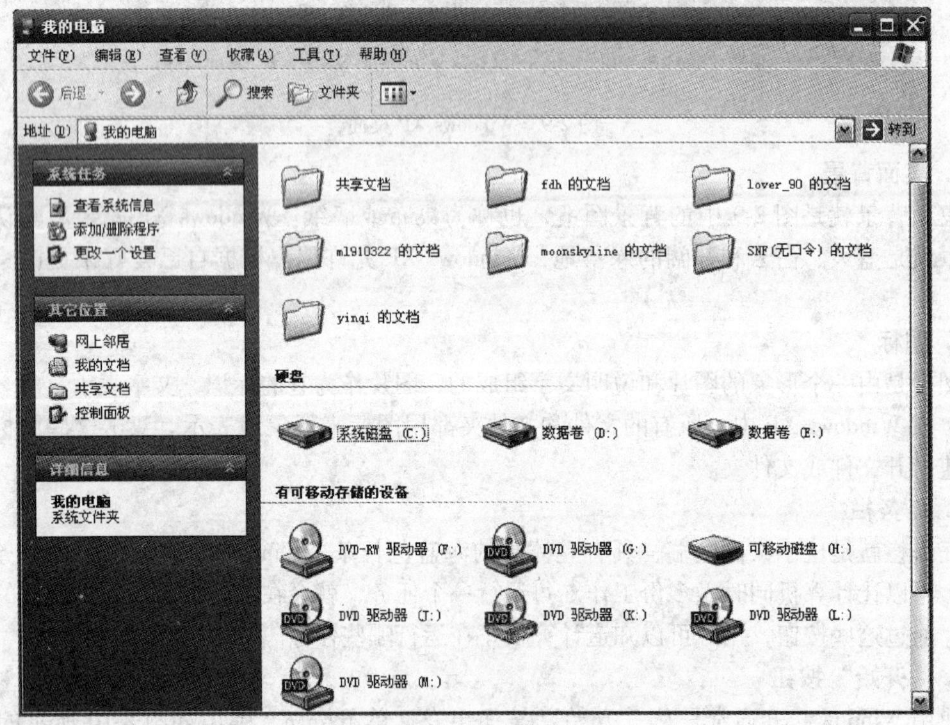

图 2-11 “我的电脑”窗口

1. 标题栏

在标题栏中显示的是窗口的名称及控制菜单按钮，最大化、最小化及关闭按钮，如图 2-12 所示。

图 2-12 “我的电脑”窗口标题栏

（1）控制菜单按钮 单击控制菜单按钮（标题栏最左端），弹出如图 2-13 所示的控制菜单，从中可以完成对窗口的控制操作。双击控制菜单按钮，可以关闭窗口。

（2）最小化按钮 单击该按钮（标题栏右端），可最小化窗口。

（3）最大化按钮 单击该按钮（标题栏右端），可最大化窗口。

（4）关闭按钮 单击该按钮，可关闭窗口。

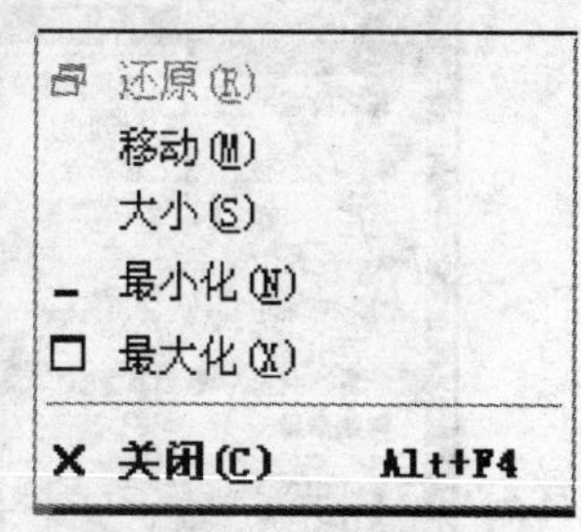

图 2-13 “我的电脑”窗口控制菜单

2. 菜单栏

菜单栏是用于存放命令的地方，如图 2-14 所示。

图 2-14 “我的电脑”窗口菜单栏

3. 工具栏

工具栏用于存放常用操作按钮，单击这些按钮可以非常方便地完成日常操作，如图 2-15 所示。

图 2-15 “我的电脑”窗口工具栏

2.2.4 菜单

一个典型的菜单如图 2-16 所示（“查看”菜单）。

在菜单上经常会看到一些符号标记，下面介绍各种符号标记所代表的意义。

（1）▶ 表示此菜单命令之后还有一个子菜单。

（2）✔ 表示该菜单命令已经起作用。再次单击此菜单命令会取消标记。

（3）● 表示该菜单命令已经起作用。再次单击此菜单命令会取消标记。

（4）灰色菜单项 表示在目前状态下无法执行此命令。

（5）菜单项上的字母 表示可以通过键盘上的快捷键来执行此命令。

要执行菜单的命令，方法非常简单，先用鼠标单击菜单栏上的相应菜单，再用鼠标在弹出的下拉菜单中单击所需的菜单命令即可。例如，用户在“记事本”程序中写了一些内容，想把它保存起来，只需要执行“文件”→“保存”命令即可，如图 2-17 所示。

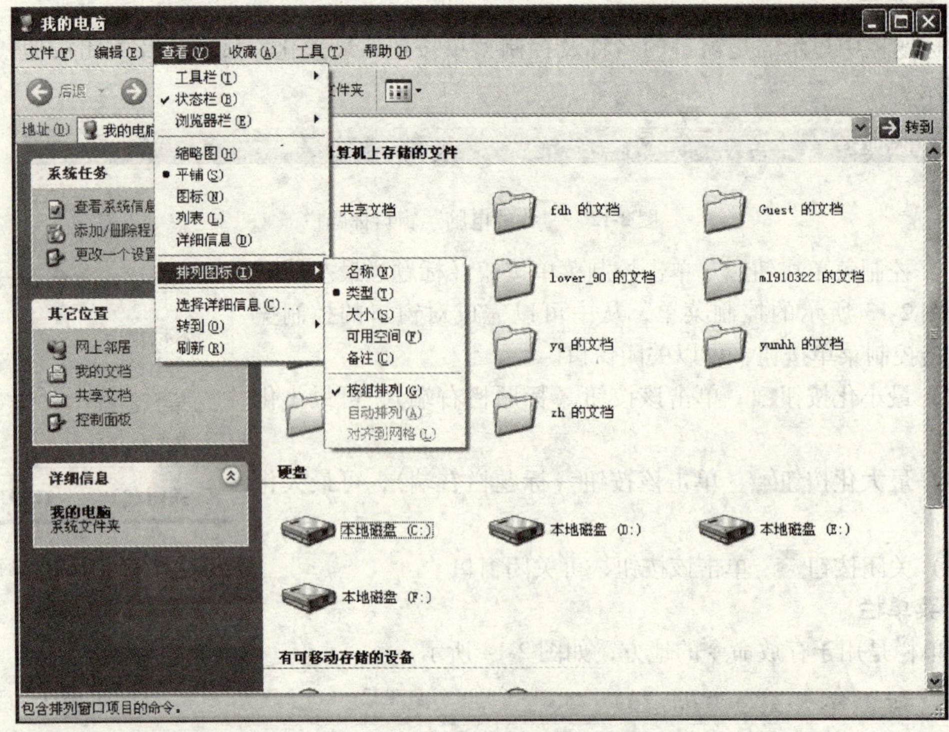

图 2-16　典型菜单

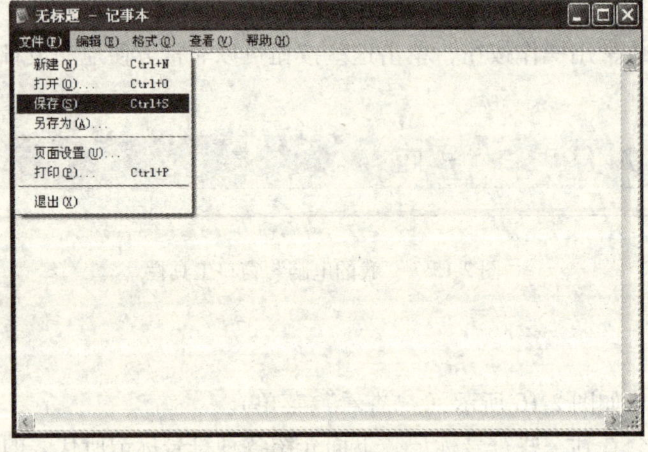

图 2-17　记事本“文件”菜单

2.2.5　对话框

对话框是一种特殊的窗口，当所选择的操作需要作进一步的说明才能执行时，就会弹出对话框。Windows XP 提供了大量的对话框，每一个都是针对特定任务而设计的。其形态也各不相同，有的简单，有的比较复杂。对话框一般来讲由标题栏、文本框、选项卡、列表框、下拉列表框、复选框和单选按钮等组成，如图 2-18 所示。

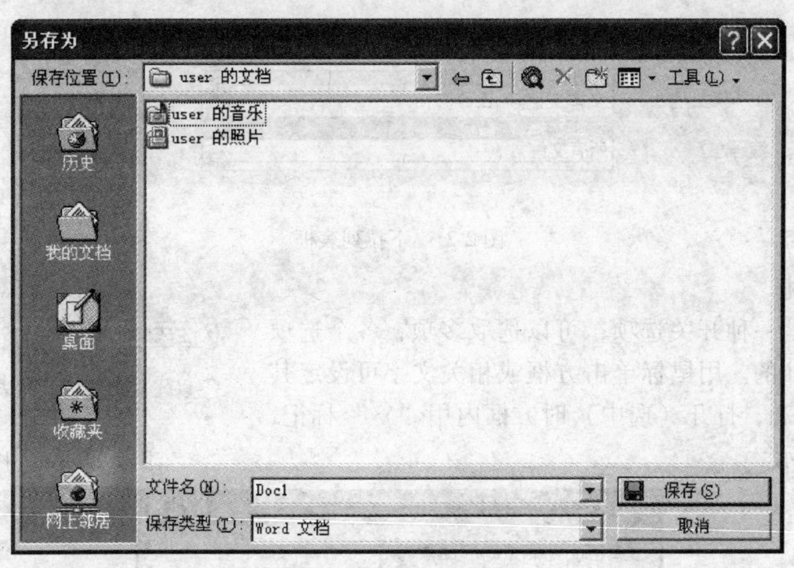

图 2-18 典型对话框

1. 标题栏

对话框的顶部是标题栏，其左端是对话框的名称，右端是帮助按钮和关闭按钮。

2. 文本框

文本框是对话框中的一个空白区域，在框内单击后就可以输入文字或字符。在文件名后的空白区域即为文本框，如图 2-19 所示。

图 2-19 文本框

3. 列表框

在列表框中，不需要用户输入文字，计算机已经事先准备好选项，并以列表的形式显示在列表框中。当列表项多于列表框一次所能显示的数量时，在列表框中会出现滚动条。通过单击可以选择所需的列表项，一般一次只能选择一项，如图 2-20 所示。

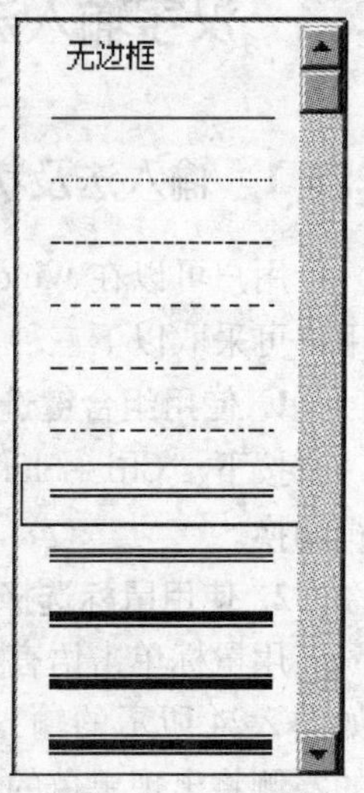

图 2-20 列表框

4. 下拉列表框

下拉列表框与列表框相似，它是右边带有向下的箭头的特殊列表框。初始时，显示的是当前列表项。单击右侧的箭头，将弹出一个可用的列表框，随后通过单击选择所需列表项。如图 2-21 所示，其中“保存类型”后的区域即为下拉列表框。

5. 单选按钮

一组互相排斥的选项，或同一组中的多个单选项，每次只能选择一项，可用鼠标单击圆圈或选项的文字进行选择。当单选按钮中有圆点时，表示该项被选中，如图 2-22 所示。

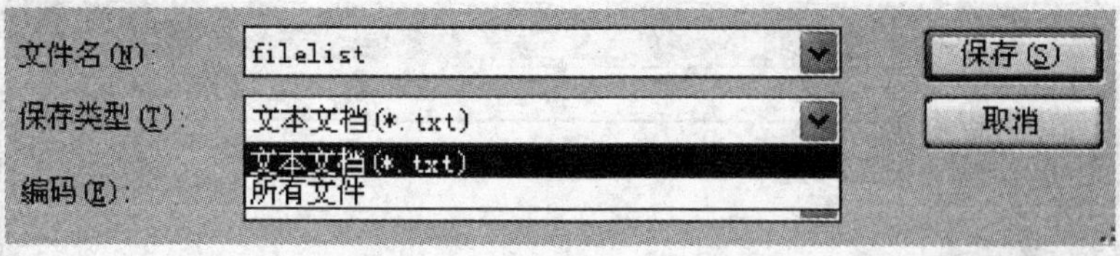

图 2-21　下拉列表框

6. 复选框

复选框是一种开关选项，可以选取多项，各个选项的功能是叠加的。用鼠标单击方框或相关文字可设定其打开/关闭状态，打开（选中）时方框内用“√”标记，如图 2-23 所示。

图 2-22　单选按钮

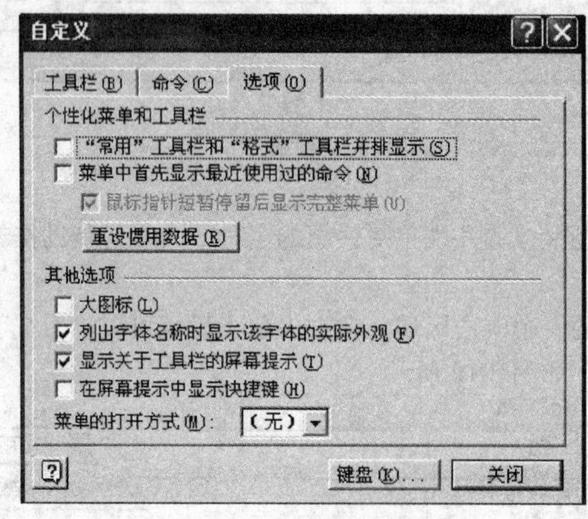

图 2-23　复选框

2.3　汉字输入法

2.3.1　输入法及状态的选用

用户可以在 Windows XP 内随时根据自己的习惯选用各种输入法进行输入，一般情况下，用户可采取以下三种方法之一选择输入法。

1. 使用组合键选择输入法

按下“Ctrl + Shift”或“Alt + Shift”组合键可在英文与各种已安装的中文输入法之间进行切换。

2. 使用鼠标选择输入法

用鼠标单击语言栏的输入法指示器，屏幕上会弹出如图 2-24 所示的输入法菜单。此时采用的输入法名称的左侧将出现黑色的勾号图标，需要使用哪种输入法直接用鼠标选定即可。

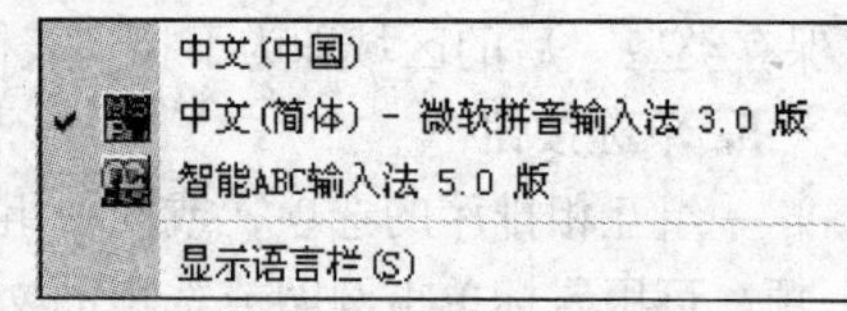

图 2-24　输入法菜单

3. 使用热键选择输入法

对于经常使用的输入法，用户还可以把它设置成热键的方式。每当在键盘上按下组合键之后即可快速打开指定的输入法。要把已安装的输入法设置成热键启动，用户可按下列步骤进行：

1）在语言栏中单击右键，在弹出的快捷菜单中选择“设置”选项，系统将弹出“文字服务和输入语言”对话框，如图 2-25 所示。

2）在“设置”选项卡中单击“键设置”按钮，打开“高级键设置”对话框，如图 2-26 所示。

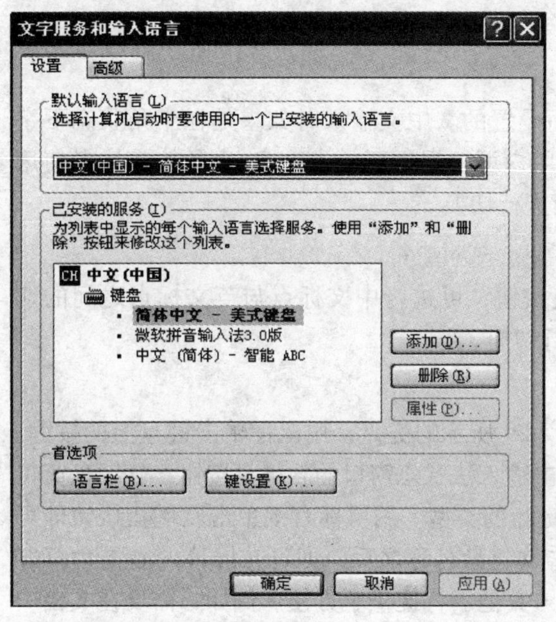

图 2-25 “文字服务和输入语言”对话框

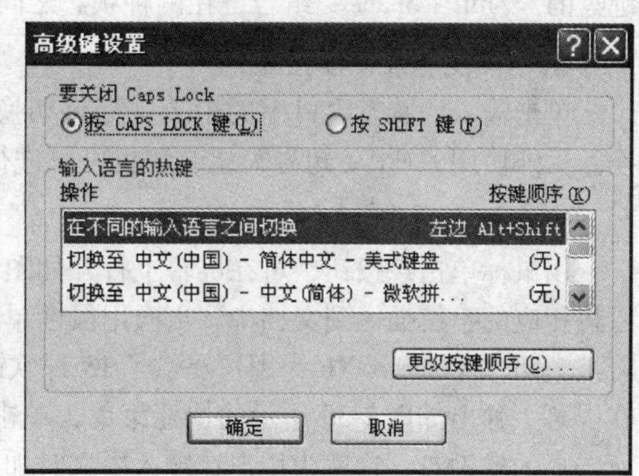

图 2-26 “高级键设置”对话框

3）首先用户需要在输入语言的列表框中选定准备设置热键的输入法选项，如在图 2-26 所示列表框中选中“在不同的输入语言之间切换”。

4）单击“更改按键顺序”按钮，打开“更改按键顺序”对话框，然后进行热键设定，如图 2-27 所示。

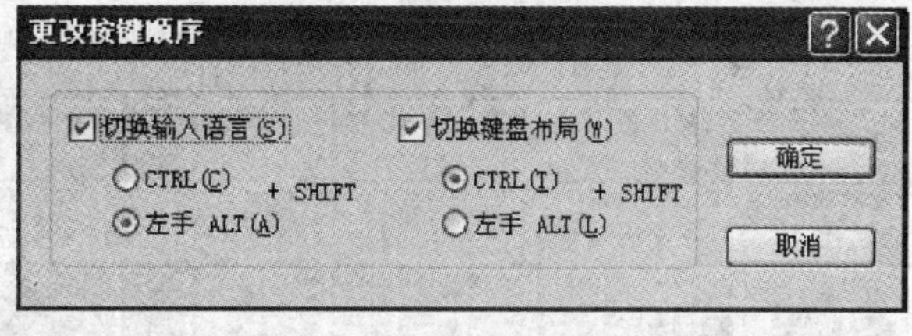

图 2-27 “更改按键顺序”对话框

5）在组合键复选框中用户可以选择一个或多个组合热键。

6）单击“确定”按钮，以使输入法的热键生效。同时输入法的热键组合方式将显示在输入法名称右侧。

2.3.2 输入法界面及功能简介

用户在选中一种中文输入法之后就可以进行中文的输入了，此时屏幕的左下角会出现输入法状态窗口。图 2-28 所示为智能 ABC 输入法状态窗口，它由中英文切换按钮、输入方式切换按钮、中英文标点切换按钮、全角/半角切换按钮和软键盘按钮5部分组成。

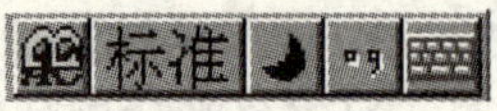

图 2-28 智能 ABC 输入法状态窗口

1. 中英文切换按钮

如果用户在输入中文时，要加入英文，则单击中英文切换按钮，换至英文输入方式。英文输入完后，可再次单击该按钮，返回到中文输入状态。

2. 输入方式切换按钮

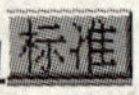

系统中的某些中文输入法可能含有自身携带的其他输入方式，如智能 ABC 输入法包括标准和双拼两种输入方式，单击输入法状态窗口中的输入方式切换按钮，即可实现两种输入方式的转换。

3. 全角/半角按钮

全角/半角按钮主要是为字符间距的大小而设置的。中文输入时如果处在半角状态下字符间距小，如果处在全角状态下字符间距大。用户可根据需要单击全角/半角按钮或者使用键盘的“Shift + Space”组合键在两种状态之间进行切换。

4. 中英文标点切换按钮

单击输入法状态窗口中的中英文标点切换按钮，可进行中文标点与英文标点之间的切换。另外使用“Ctrl + 句号”组合键也可以进行切换。

5. 软键盘按钮

用鼠标单击该按钮，可在屏幕上打开如图 2-29 所示的键盘，用鼠标单击键盘上的按键，可将相应的字符插入到文档中，再次用鼠标单击输入法状态窗口的软键盘按钮，软键盘窗口将被关闭。Windows XP 为用户提供了 13 种软键盘的类型。用鼠标右键单击软键盘按钮即可在屏幕上弹出如图 2-30 所示的快捷菜单，单击软键盘名称之后，即可在屏幕的右下角打开所选择的软键盘。这就为用户在输入中文时加入其他字符提供了方便。例如，需要在文档中输入一些科学运算符号时，使用软键盘可以快速插入这些符号。

图 2-29 软键盘

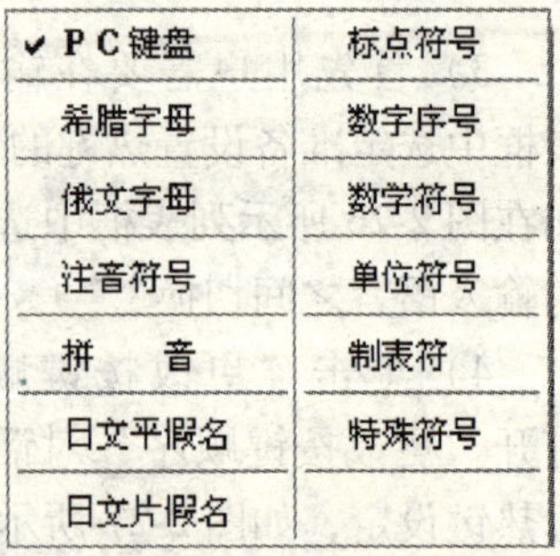

✔ PC键盘	标点符号
希腊字母	数字序号
俄文字母	数学符号
注音符号	单位符号
拼　音	制表符
日文平假名	特殊符号
日文片假名	

图 2-30 软键盘类型

2.3.3 输入法的安装和卸载

在 Windows XP 操作系统中，用户既可以输入汉字，也可以输入英文。在默认的情况下启动 Windows XP 时，系统处于英文输入状态。如果用户需要使用一种系统中没有安装的中文输入法，则必须在系统中安装该输入法。此外，每种输入法都会有相应的属性设置，如果系统默认的设置不符合用户的使用习惯，用户可以对输入法的属性进行重新设置。在安装 Windows XP 时，系统已为用户预装了微软拼音、智能 ABC、郑码和全拼 4 种中文输入法，用户可根据自己的需要，任意安装或卸载某种输入法。要安装新的输入法可按以下步骤进行：

1）打开“开始”菜单，选择“控制面板”（或“设置”中的“控制面板”），在弹出的窗口中选择“日期、时间、语言和区域设置”，然后单击“区域和语言选项”图标，系统将弹出窗口，如图 2-31 所示。

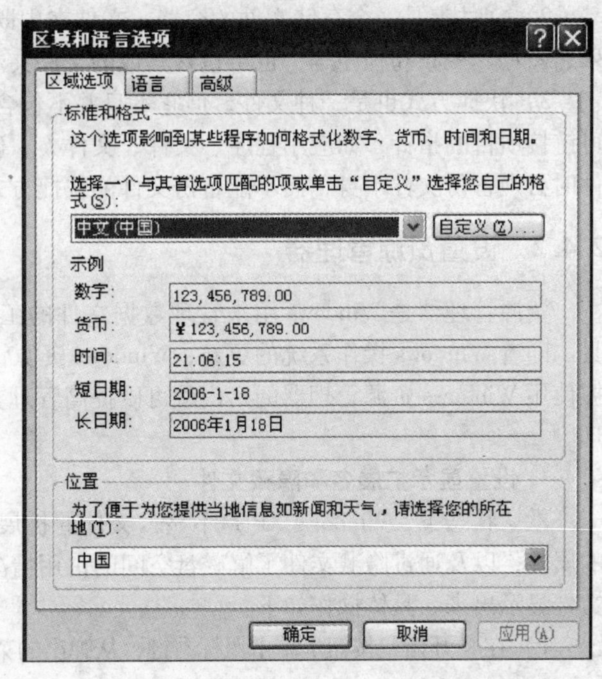

图 2-31 “区域和语言选项”对话框

2）在“区域和语言”对话框中，选择第二个选项卡“语言”选项卡，单击“详细信息”按钮，打开“文字服务和输入语言”对话框，如图 2-25 所示。

3）单击“添加”按钮，在弹出的对话框列表中，可以看到系统为用户提供的多种语言输入法安装组件，其中包括希腊文、法语、繁体中文等多种语言输入法。用户可以根据需要选择其中一种或多种输入法进行安装，如图 2-32 所示。

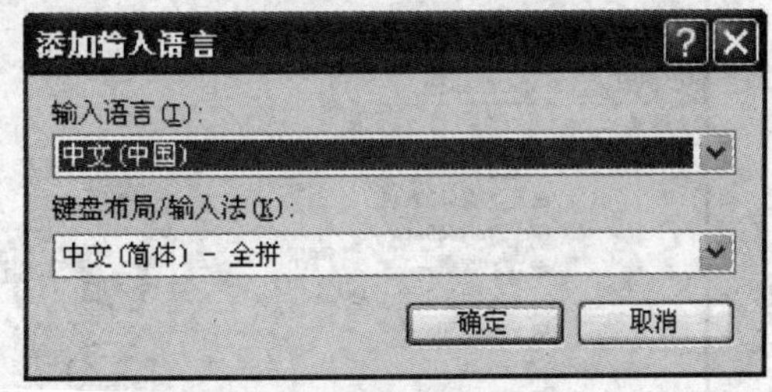

图 2-32 “添加输入法”对话框

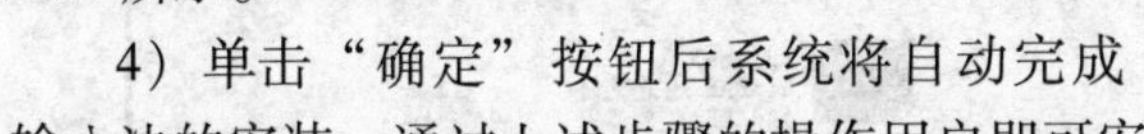

4）单击“确定”按钮后系统将自动完成输入法的安装。通过上述步骤的操作用户即可安装 Windows XP 支持的多种输入法。

如果用户希望卸载某种输入法，可在图2-25 所示的“文字服务和输入语言”对话框的输入法列表框内，选择待卸载的输入法选项，然后单击“删除”按钮，即可完成输入法的删除操作。

2.4 文件的管理

2.4.1 文件和文件夹的概念

文件和文件夹是两个应用十分广泛的名称，它们是组织信息资源的重要工具。

1）文件是信息存储的基本单位，是一个完整的、有名称的信息集合。例如，应用程序和用户创建的文档。用户可以对文件进行移动、复制、重命名、检索、删除、保存或发送到一个输出设备中。

2）文件夹是一个存储文件的容器，文件夹中既可以包含多种类型的文件，如文档、音乐、图片、视频和程序等，也可包含其他的文件夹。

3）快捷方式也是一种文件，但它本身并不包含数据和文本内容，而仅仅是存储着指向可链接项目的指针，如应用程序、文件、文件夹、硬盘驱动器等的位置信息。因此，备份文件时必须备份文件本身，而不能备份文件的快捷方式。

2.4.2 设置资源管理器

资源管理器是 Windows 用来管理数据文件的工具，也是日常使用中必不可少的一项工具。随着 Windows 操作系统的更新，Windows 资源管理器也在不断升级，功能越来越强。掌握使用 Windows 资源管理器的窍门就可以提高管理文件的效率，让自己的计算机变得更有条理。

1. 设置显示扩展名和隐藏文件

默认状态下，Windows XP 是不显示文件的扩展名和隐藏文件的，但有时为了了解文件的属性，以及通过隐藏文件了解磁盘空间的占用情况，可以通过设置将文件的扩展名和隐藏文件显示出来，具体操作如下：

1）在"开始"按钮上单击鼠标右键，从弹出的菜单中选择"资源管理器"（见图2-33）。

图2-33 资源管理器窗口

2）在资源管理器窗口的菜单栏中单击"工具"→"文件夹选项"命令。

3）弹出"文件夹选项"对话框后（见图2-34），单击"查看"标签，在"高级设置"

列表框中勾选“显示所有文件和文件夹”选项，并取消勾选“隐藏已知文件类型的扩展名”选项，然后单击“确定”按钮。

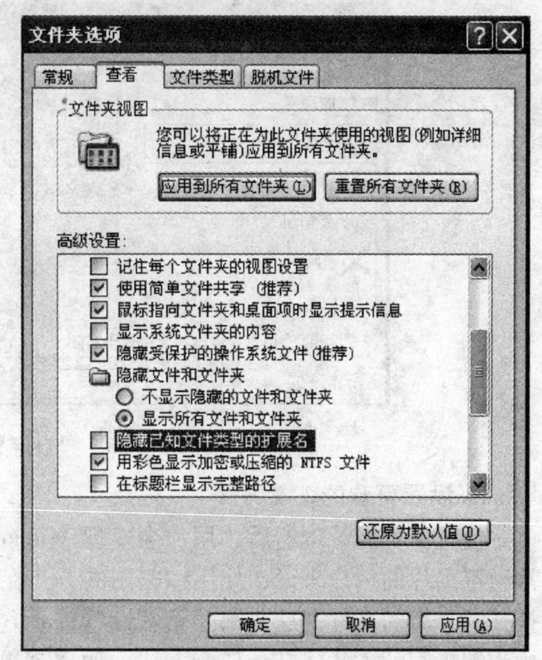

图 2-34　文件夹选项

2. 自定义工具栏

默认的资源管理器窗口的工具栏上工具按钮非常少，常见的复制、剪切和粘贴等按钮都没有，如果习惯使用工具按钮进行操作，可以通过以下的设置将这些按钮重新添加到工具栏上。

1）在资源管理器窗口中单击“查看”→“工具栏”→“自定义”命令，如图 2-35 所示。

2）在“自定义工具栏”对话框左边的“可用工具栏按钮”列表框中选择经常使用的工具按钮图标，然后单击“添加”按钮，相应的工具按钮就添加到“当前工具栏按钮”列表框中了。添加完成后单击“关闭”按钮即可，如果对添加的按钮不满意，也可以单击“重置”按钮回到默认状态重新进行设置，如图 2-36 所示。

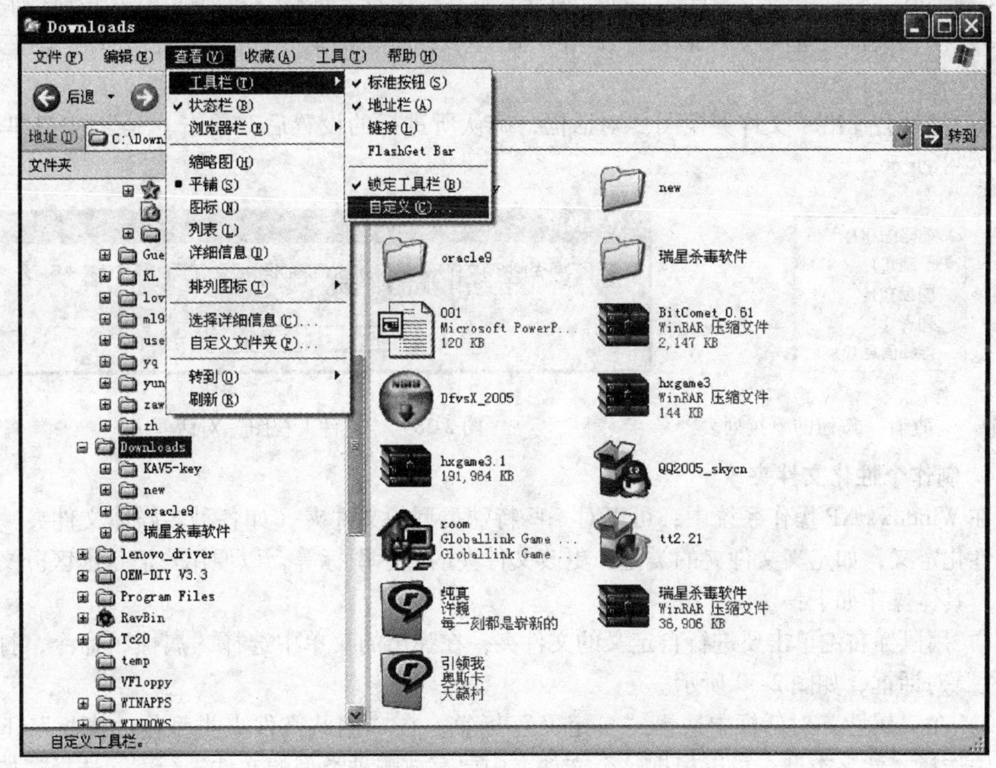

图 2-35　“查看”菜单选项

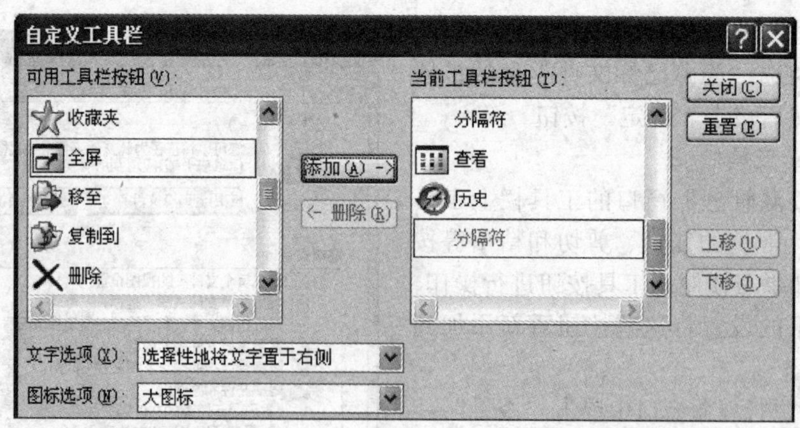

图 2-36 “自定义工具栏”对话框

3. 设置喜欢的查看方式

使用了资源管理器后，用户会发现 Windows XP 默认的查看方式是图标，而对于那些经常浏览图片的用户来说，使用缩略图的方式在资源管理器窗口直接查看似乎更方便，但每次打开一个新的文件夹后，都要重新设置查看方式，有些麻烦。用户可以将默认的查看方式更改为缩略图的方式或其他任意方式，如“列表”、“详细信息”等。具体设置步骤为：

1）打开 Windows 资源管理器，单击工具栏上的“查看”按钮，从下拉列表中选择自己习惯的查看方式，如图 2-37 所示。

2）单击“工具”→“文件夹选项”命令，打开“文件夹选项”对话框，如图 2-34 所示。

3）在“文件夹选项”对话框中单击“查看”标签，然后单击“应用到所有文件夹”按钮。

4）这时会弹出“文件夹视图”对话框，确认所进行的设置后，单击“是”按钮即可，如图 2-38 所示。

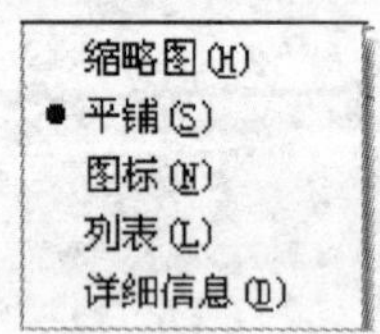

图 2-37 “查看”按钮的下拉列表

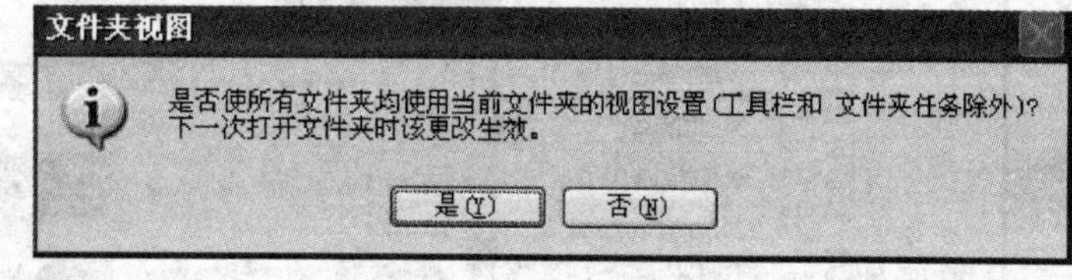

图 2-38 “文件夹视图”对话框

4. 制作个性化文件夹

在 Windows XP 操作系统中，可以对一些特殊类型的文件夹（如各种多媒体文件夹）进行个性化定义，如定义文件夹的类型、更改文件夹的显示图标等，以便用户清楚地区分文件类型。具体操作如下：

1）用鼠标右键单击要进行自定义的文件夹，在弹出的菜单中选择“属性”命令，打开“属性”对话框，如图 2-39 所示。

2）在“属性”对话框中选择“自定义”标签，在“用此文件夹类型作为模板”下拉列表中选择文件夹类型，可以根据这个文件夹中要存放哪种类型的文件进行不同选择，如图 2-40 所示。

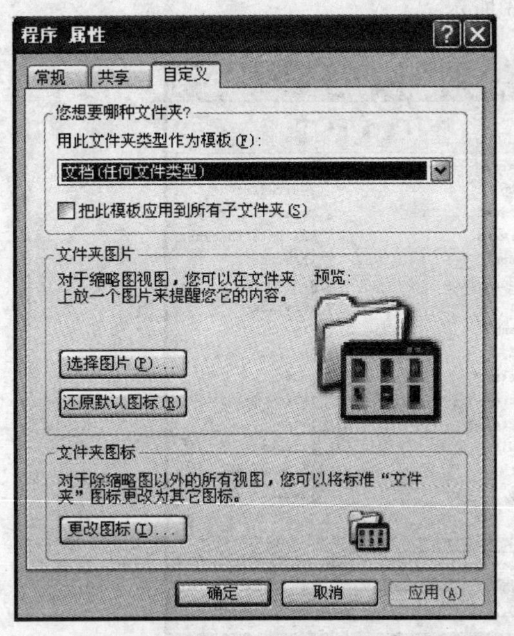

图 2-39 “属性”对话框

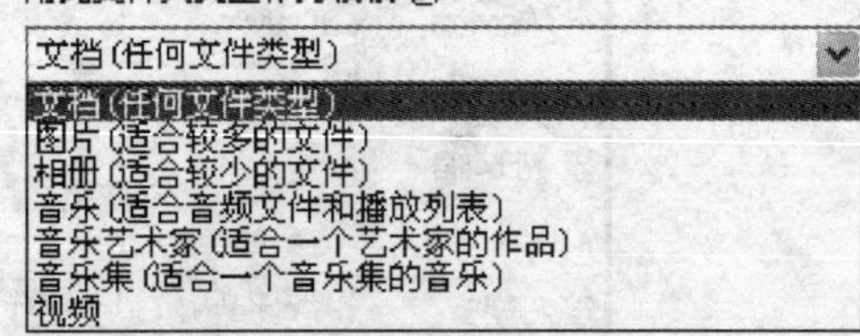

图 2-40 下拉列表

3）在“文件夹图片”区域单击“选择图片”按钮，如图 2-41 所示。

4）弹出“浏览”窗口后，选择一个自己喜欢的图片作为文件夹的缩略图，最好是有助于识别文件类型的图片，然后单击“打开”按钮，如图 2-41 所示。

5）回到“属性”对话框后，在“文件夹图标”区域单击“更改图标”按钮。

6）从弹出的“为文件夹类型 程序 更改图标”对话框中选择一个合适的图标，如图 2-42 所示。这里使用的是 Windows 系统的图标，如果用户有自己的图标，可以单击“浏览”

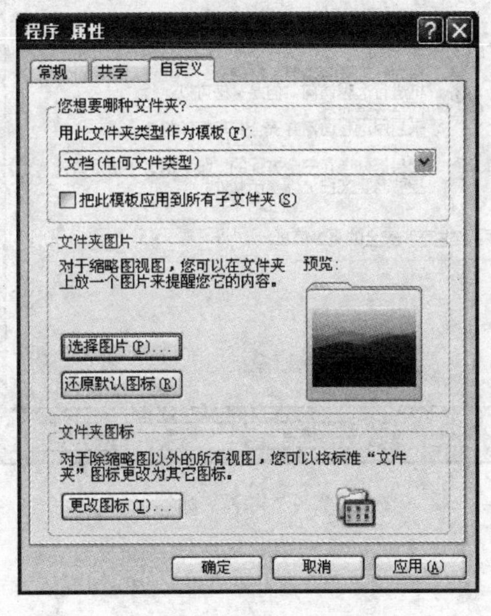

图 2-41 更改后的图片

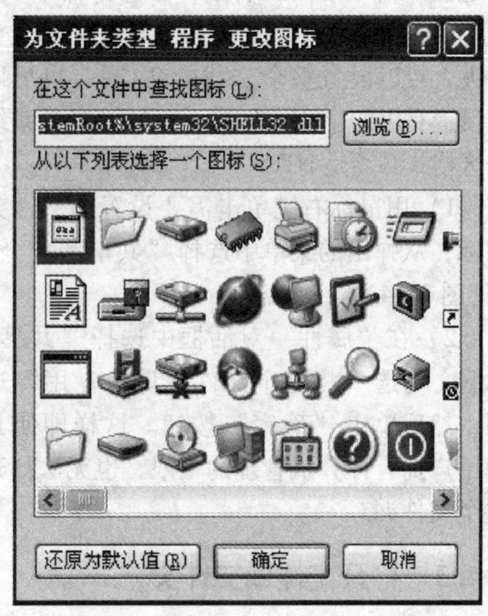

图 2-42 “为文件夹类型程序更改图标”对话框

按钮，选择后单击“确定”按钮即可，如图2-43所示。

图2-43 “浏览”对话框

5. 设置私人专用的文件夹

虽然在登录 Windows XP 时，每个用户都需要各自输入不同的密码，但是如果不经过设置，不同的用户登录之后都可以浏览其他用户的文件夹，这些文件夹都是在“我的电脑”中以各自的用户名进行命名的。可以通过以下的设置将文件夹设置为私人文件夹，可以设置整个“我的文档”，也可以只设置有用的个别文件夹，不过前提是系统分区格式必须是 NTFS。

1）用鼠标右键单击需要设置的文件夹图标，从弹出的菜单中选择“共享和安全”（见图2-44）。

2）在“属性”对话框中选择“共享”标签，勾选“将这个文件夹设为专用”选项，然后单击“确定”按钮。这样即使其他用户拥有计算机管理的权限，也无法打开这个文件夹。

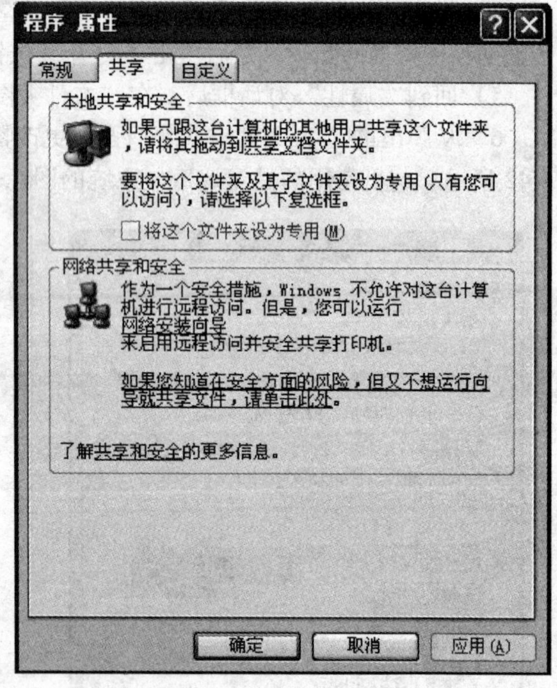

图2-44 “共享”标签

2.4.3 打开文件或文件夹

打开文件有两种含义，一是对于已经注册的数据文件，启动相关联的应用程序编辑修改；二是直接运行可执行的应用程序。打开文件夹是指以窗口形式显示文件夹中的内容。

1. 打开文件夹或文件的一般操作方法

方法1：单击“开始”→“我的电脑”或“我的文档”或“图片收藏”或“我的音乐”等。

方法2：双击包含文件夹或文件的一个驱动器或文件夹，打开相应的窗口。

方法3：双击要打开的文件夹或文件。

2. 通过资源管理器窗口

可以先打开资源管理器窗口，找到并双击想要运行的程序。双击应用程序的快捷方式，也可以打开快捷方式指向的应用程序。

3. 通过“我最近的文档”打开

单击“开始”→“我最近的文档”，文档子菜单中列出了最近使用过的文件列表。单击要打开的文件，打开该文件。

4. 通过右键快捷菜单打开文件夹或文件

右键单击文件夹或文件，在快捷菜单中单击“打开”选项，可打开该文件夹或文件。

2.4.4 创建文件或文件夹

1）在“资源管理器”或“我的电脑”窗口中，确定要新建文件夹或文件的位置。

2）在“文件”菜单中选择“新建”→“文件夹”选项。此时，一个以“新建文件夹”命名的图标出现在窗口的右边，同时光标停留在此文件名框中。若用户接受此文件名，直接按“Enter”键，也可以输入新的名字后按“Enter”键，如图2-45所示。

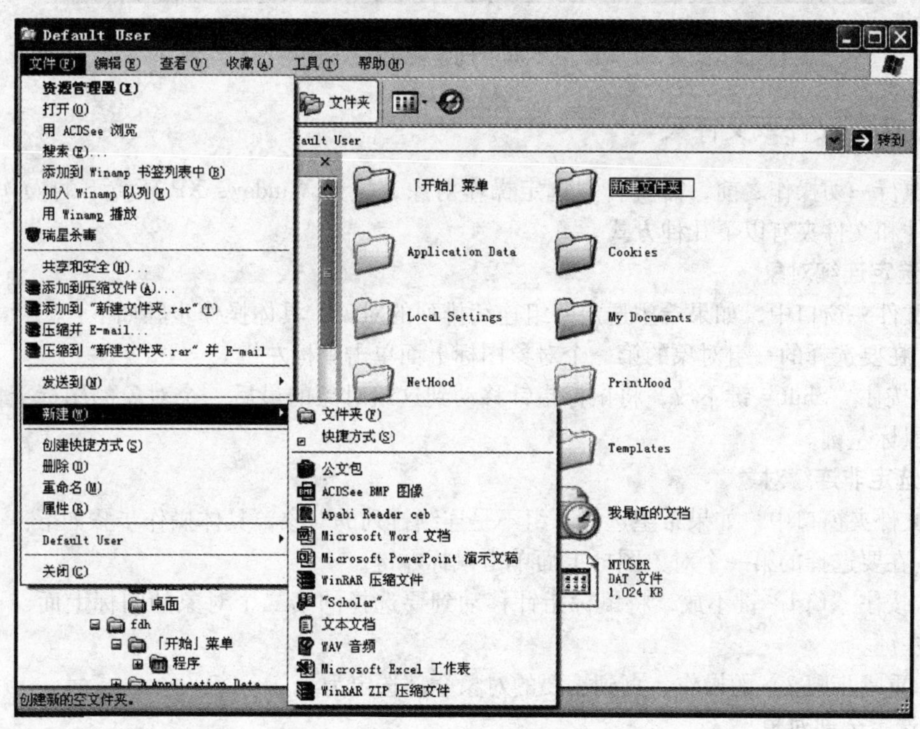

图2-45 创建新文件夹

3）若要建立新文件，在“文件”菜单中选择“新建”命令，在下拉菜单中选择一种要建立的文件类型，如“Microsoft Word 文档”，此时，一个以“新建 Microsoft Word 文档 .doc”命名的图标出现在窗口的右边，同时光标停留在此文件名框中。若用户接受此文件名，直接按“Enter”键，也可以输入新的名字后按“Enter”键，如图 2-46 所示。

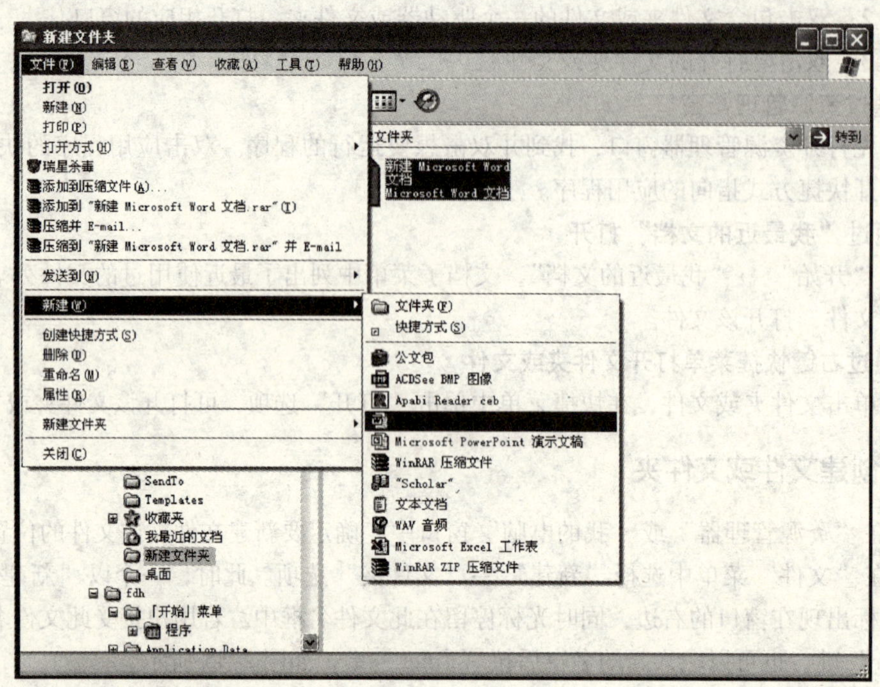

图 2-46　创建新文件

2.4.5　选定文件或文件夹

在执行一切操作之前，需要首先选定操作对象，这是 Windows XP 环境下的操作特点。选定文件和文件夹有以下几种方式。

1. 选定连续对象

在文件夹窗口中，如果希望选定一组连续排列的对象，具体操作步骤如下：

1）在要选择的一组对象的第一个对象图标上面单击鼠标左键。

2）按住“Shift”键不放，将鼠标指针移动到这组对象的最后一个对象的图标上面，再次单击鼠标左键。

2. 选定非连续对象

在文件夹窗口中，如果希望选择一组不是连续排列的对象，具体操作步骤如下：

1）在要选择的第一个对象图标上面单击鼠标左键。

2）按住“Ctrl”键不放，将鼠标指针移动到要选择的第二个对象的图标上面，再次单击鼠标左键。

3）重复步骤 2）的操作，直到需要的对象全部选定为止。

3. 选定全部对象

在文件夹窗口中，如果希望选定文件夹中的全部对象，具体操作步骤如下：

1）使用鼠标单击“编辑”菜单。

2）从下拉菜单中选择“全部选定”命令。

2.4.6 移动或复制文件或文件夹

1. 复制文件或文件夹

复制文件和文件夹的结果是在源文件或文件夹之外产生一个副本。复制文件或文件夹的具体操作步骤如下。

方法1：

1）在桌面上打开包含要复制对象的源文件夹窗口以及要将对象复制到的目的文件夹窗口。

2）从源文件夹窗口中选定要复制的对象，它可以是一个，也可以是多个。

3）按住“Ctrl”按键不放，使用鼠标将对象从源文件夹窗口拖到目的文件夹窗口中。

4）释放鼠标按键，这时文件夹或文件被复制到目的地。

方法2：

1）从源文件夹窗口中选定要复制的对象，它可以是一个，也可以是多个。

2）单击鼠标右键，在弹出的快捷菜单中选择“复制”命令，或是打开源文件夹窗口中的“编辑”菜单，然后选择“复制”命令。如果希望使用键盘，则可以按下“Ctrl + C”组合键，如图2-47所示。

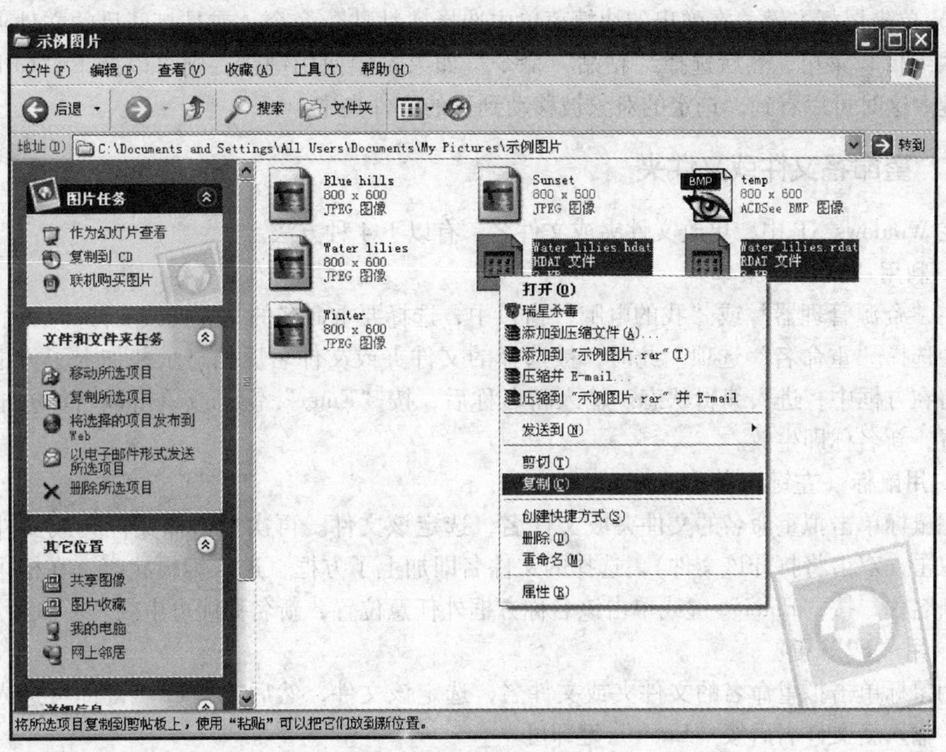

图2-47 复制文件

3）打开目的文件夹，该文件夹可以和源文件夹是同一窗口，也可以是不同窗口。

4）单击鼠标右键，在弹出的快捷菜单中选择“粘贴”命令，或是打开目的文件夹窗口中的“编辑”菜单，然后选择“粘贴”命令。如果希望使用键盘，则可以按下“Ctrl + V”组合键。这时可以看到，选定的对象被复制到目的文件夹中。

2. 移动文件或文件夹

移动文件或文件夹的操作与复制操作类似，但结果不同。移动操作在目标位置产生文件或文件夹的副本后，将即刻删除被移动项目的源文件。

方法1：

1）在桌面上打开包含要移动对象的源文件夹窗口以及要将对象移动到的目的文件夹窗口。

2）从源文件夹窗口中选定要移动的对象，它可以是一个，也可以是多个。

3）按住“Shift”按键不放，使用鼠标将对象从源文件夹窗口拖到目的文件夹窗口中。

4）释放鼠标按键，这时文件夹或文件被移动到目的地。

方法2：

1）从源文件夹窗口中选定要移动的对象，它可以是一个，也可以是多个。

2）单击鼠标右键，在弹出的快捷菜单中选择“剪切”命令，或是打开源文件夹窗口中的“编辑”菜单，然后选择“剪切”命令。如果希望使用键盘，则可以按下“Ctrl + X”组合键。

3）打开目的文件夹，该文件夹可以和源文件夹是同一窗口，也可以是不同窗口。

4）单击鼠标右键，在弹出的快捷菜单中选择“粘贴”命令，或是打开目的文件夹窗口中的“编辑”菜单，然后选择“粘贴”命令。如果希望使用键盘，则可以按下“Ctrl + V”组合键。这时可以看到，选定的对象被移动到目的文件夹中。

2.4.7 重命名文件或文件夹

在 Windows XP 中，更改文件夹或文件名，有以下4种方法。

1. 利用“文件”菜单

在“资源管理器”或“我的电脑”窗口中，选择要重命名的文件夹或文件，从“文件”菜单中选择“重命名”选项。此时，被选择的文件夹或文件名反相显示并加上了方框，光标停留在方框中，进入编辑状态。输入新名称后，按“Enter”键，或单击该名称方框外任意位置，新名称即生效。

2. 用鼠标（左键）单击

用鼠标单击拟重命名的文件夹或文件名，选定该文件。再次单击该文件夹或文件（要避免双击，双击将打开该文件），选择的文件名即加上了方框，进入编辑状态，在框内直接输入新名称，按“Enter”键或单击该名称方框外任意位置，新名称即可生效。

3. 用“F2”键

用鼠标单击拟重命名的文件夹或文件名，选定该文件，然后按“F2”键即可进入编辑状态，输入新文件名后按“Enter”键即可。

4. 用快捷菜单

用鼠标右键单击要重命名的文件夹或文件，在弹出的快捷菜单中选择“重命名”选项，则文件名变为可编辑状态，输入新名称后按“Enter”键即可。注意：用户可以改变文件名的扩展名，使文档与相应的应用程序关联。此后只要双击该文件，即可调用相应的程序打开该文件。但用户不要随便更改 Windows XP 的系统文件，否则系统因为找不到需要的文件，将无法启动。

2.4.8 删除文件或文件夹

删除文件或文件夹的操作与重命名操作类似。选定待删除的文件或文件夹后，只需单击“文件”菜单中的“删除”命令，或选择鼠标右键快捷菜单中的“删除”命令，或是单击 Web 视图窗格“文件和文件夹任务”选项组中的“删除这个文件（夹）”超链接，再或是按“Delete”键，然后在弹出的“确认文件（夹）删除”对话框中单击“是”按钮，即可完成对所选文件或文件夹的删除操作。另外，直接将选定的文件或文件夹拖放到桌面或 Windows 资源管理器中的回收站，也可删除文件或文件夹，但此时系统不会发出确认删除的警告。在默认设置下，删除的文件或文件夹只是从原来的位置被移到了回收站，并没有被彻底删除。只有在清空回收站或者是在回收站中被再次删除时，所选的文件或文件夹才会被彻底删除。

2.4.9 设置文件或文件夹的属性

为保护某些文件或文件夹，可以将其属性设置为“只读”、“隐藏”或“存档”。其具体操作步骤如下：

1）在 Windows 资源管理器中单击待设置属性的文件或文件夹（可以是多个）。

2）选择“文件”→“属性”命令，或用鼠标右键单击所选区域，然后在弹出的快捷菜单中选择“属性”命令，打开如图 2-48 所示的相应文件或文件夹的“（文件或文件夹名称）属性”对话框。

3）在“属性”选项组中，设置所选文件或文件夹的属性。

- 选中“只读”复选框，则该文件或文件夹只能被访问，不能被编辑，而且任何形式的删除都会收到 Windows XP 的警告。
- 选中“隐藏”复选框，可以隐藏所选文件或文件夹内的全部内容，隐藏后如果不知道其名称就无法查看或使用此文件或文件夹。
- 选中“存档”复选框，则表示需要存档该文件或文件夹。某些应用程序以此选项来确定哪些文件需要作备份。

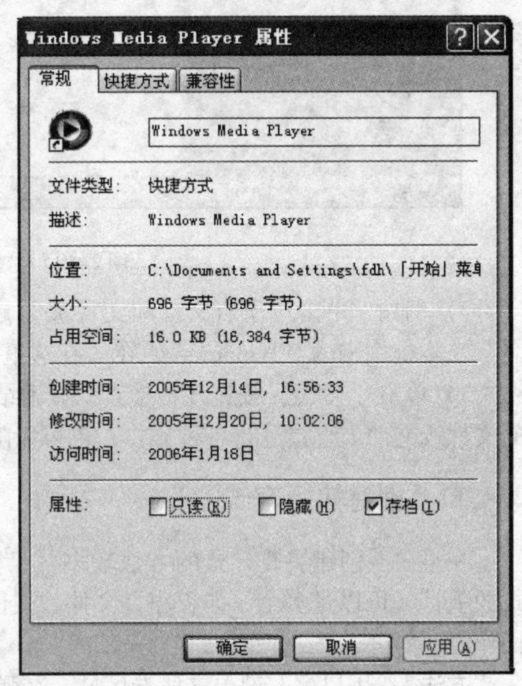

图 2-48 文件“属性”对话框

4）单击“确定”按钮，即可完成对所选文件或文件夹的属性设置。

2.4.10 搜索文件或文件夹

对于具体位置不明确的文件和文件夹，可以通过 Windows XP 的搜索功能来快速定位。

搜索文件或文件夹的具体操作步骤如下：

1）选择“开始”→“搜索”命令或单击 Windows 资源管理器中的“搜索”按钮，打开“搜索结果”窗口，在窗口的左侧出现“您要查找什么”窗格，如图 2-49 所示。

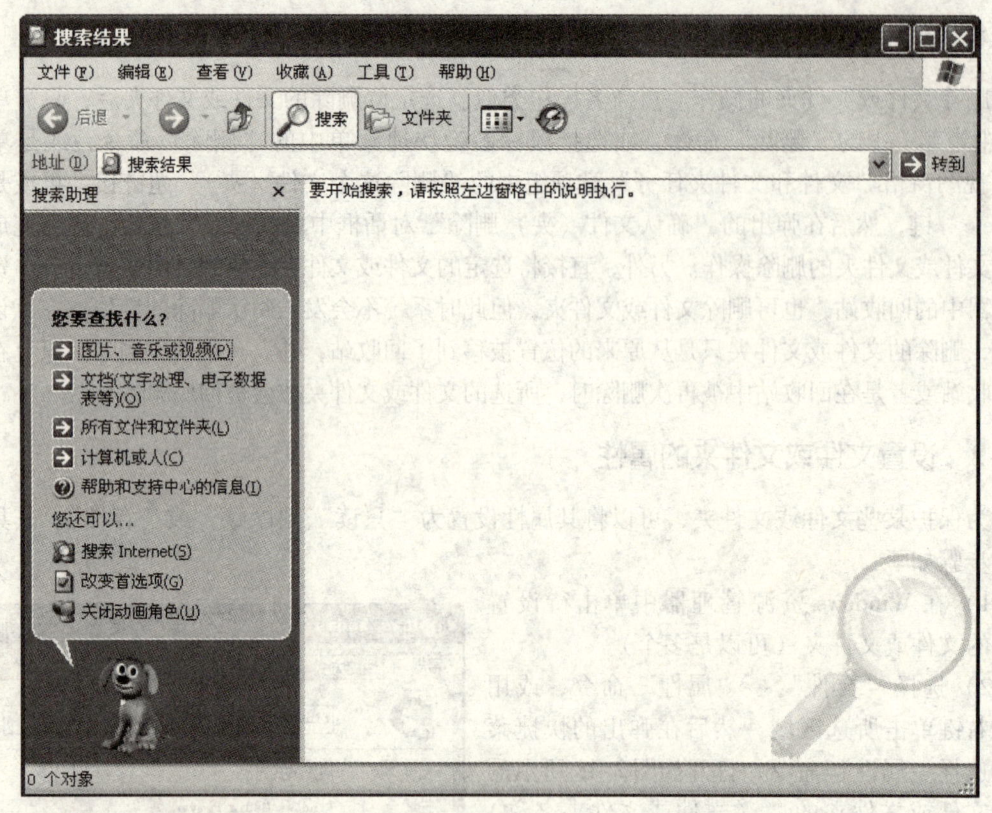

图 2-49 “搜索结果”窗口

2）例如，单击“所有文件和文件夹”超链接，在接下来的窗格的“全部或部分文件名”文本框中输入“Windows”，在“在这里寻找”下拉列表框中选择搜索范围。

3）单击“搜索”按钮开始搜索，搜索结果将实时显示在右侧的窗格中。可以对搜索到的文件或文件夹直接进行各种操作，也可以随时单击“停止搜索”按钮，终止搜索操作。

2.4.11 创建快捷方式

在桌面上创建快捷方式的方法较多，只需在 Windows 资源管理器中选择待创建快捷方式的项目（可以是多个，如程序、文件、文件夹、打印机或计算机等），然后执行以下三种操作之一即可。

方法 1：用鼠标右键单击所选区域，在弹出的快捷菜单中选择“发送到”命令，然后在“发送到”级联菜单中选择“桌面快捷方式”命令。

方法 2：选择“文件”→“发送到”→“桌面快捷方式”命令。

方法 3：选择“文件”→“创建快捷方式”命令，再将创建在当前文件夹中的快捷方式拖放到桌面上。

对快捷方式可以像对待正常文件一样进行处理，一般说来，双击快捷方式图标可以等同于双击快捷方式所指向的文件的图标。对于快捷方式的 *.lnk 文件本身可以进行复制、移动、删除等操作，最简单的方法就是在快捷方式图标上按下鼠标右键，然后从快捷菜单中选择相应命令。删除某个快捷方式并不影响它所指向的文件本身，它只是一个指针，并不是源文件。如果快捷方式所指向的文件不存在，则快捷方式不能正常运行。

2.5 磁盘的管理和维护

磁盘包括软盘、硬盘和其他可移动驱动器，是计算机系统中用于存储数据的设备，也是计算机软件和工作数据的载体，在整个计算机系统中扮演着十分重要的角色，一旦出现问题，就可能导致重要数据的丢失。只有管理好磁盘，才能给操作系统和其他应用程序创造一个良好的运行环境，才能够安全有效地保存工作数据。

2.5.1 设置磁盘属性

查看和设置磁盘属性的操作步骤如下：

1）打开"我的电脑"，用鼠标右键单击某个磁盘驱动器（如F盘）的图标，然后从弹出的快捷菜单中选择"属性"命令，打开该磁盘驱动器的"属性"对话框，如图2-50所示。

2）在"常规"选项卡中，可以了解该磁盘的容量、已用空间和可用空间的字节数，还可以添加或更改磁盘驱动器的卷标（最多可包含11个英文字母或5个汉字）。

3）单击"磁盘清理"按钮，打开"磁盘清理"对话框，可以利用磁盘清理程序删除临时文件和卸载程序以释放磁盘空间，如图2-51所示。

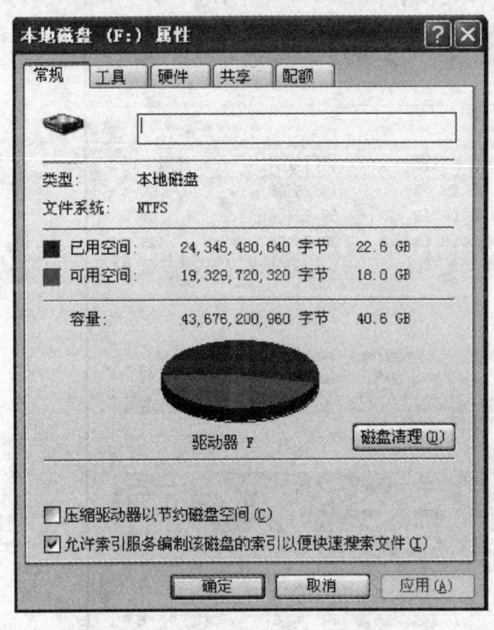

图2-50 磁盘驱动器"属性"对话框

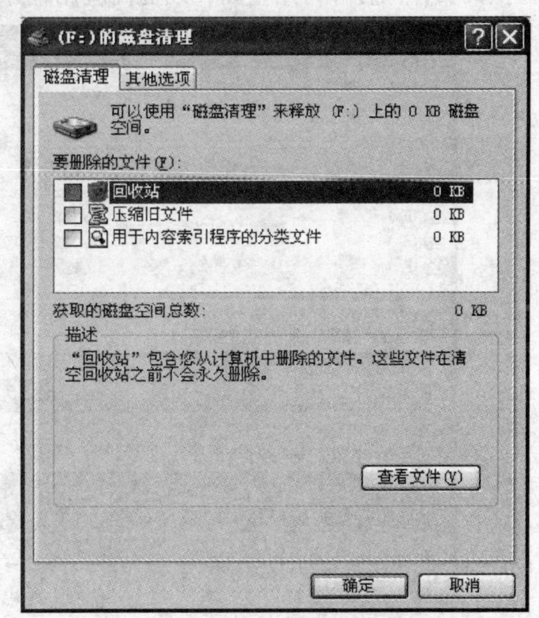

图2-51 "磁盘清理"对话框

4）单击"工具"标签，打开"工具"选项卡，如图2-52所示。

5）单击"查错"选项组的按钮，可打开磁盘扫描程序，扫描当前磁盘驱动器上的损伤情况，如图 2-53 所示。

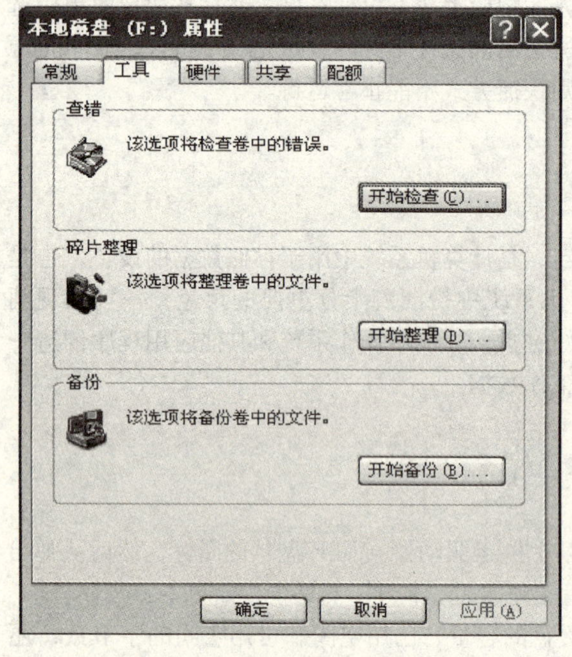

图 2-52 “工具”选项卡

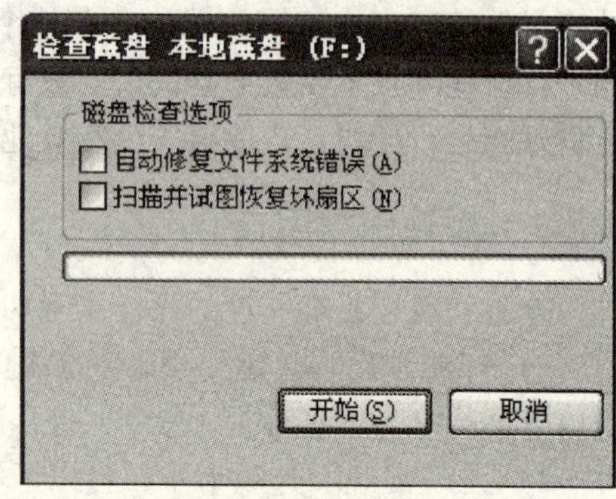

图 2-53 “查错”选项组

6）单击“碎片整理”选项组中的按钮，可打开磁盘碎片整理程序，进行分析或整理磁盘上的文件位置和可用空间，以提高应用程序的运行速度，如图 2-54 所示。

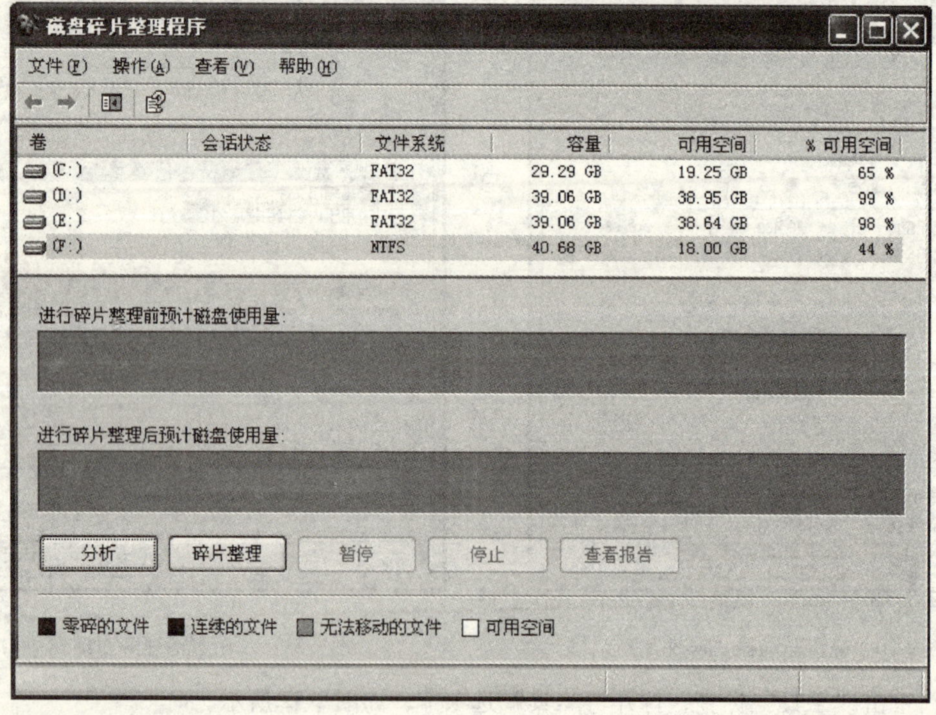

图 2-54 “碎片整理”选项组

2.5.2 格式化磁盘

新磁盘在使用之前，通常都必须先进行格式化。格式化磁盘就是对磁盘存储区域进行一定的规划，以便计算机能够准确地在磁盘上记录和读取数据。格式化磁盘还可以发现并标识出磁盘中有坏块的扇区，以避免计算机再往这些坏扇区上记录数据。但格式化磁盘的同时也会彻底删除磁盘上的现有数据，所以格式化磁盘一定要慎重，尤其是格式化硬盘（C 盘除外），一定要确认该磁盘上是否还有可用而未备份的数据。格式化磁盘的操作步骤如下：

1）将待格式化的软盘插入软盘驱动器里，或选择需格式化的硬盘或其他可移动驱动器。

2）打开“我的电脑”或“资源管理器”，用鼠标右键单击磁盘驱动器图标，然后从弹出的如图 2-55 所示的快捷菜单中选择“格式化”命令，打开如图 2-56 所示的“格式化”对话框。

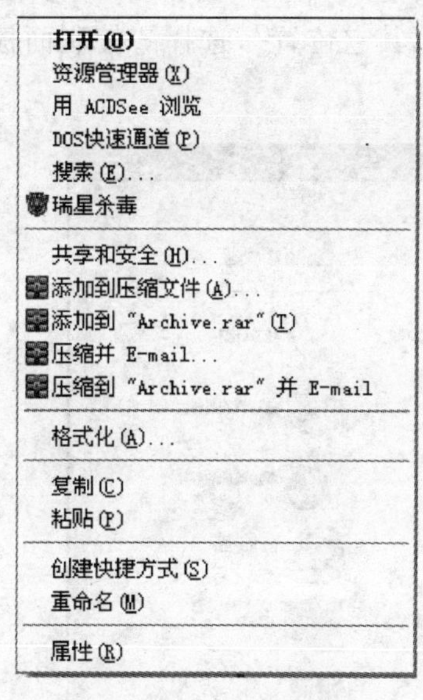

图 2-55 快捷菜单

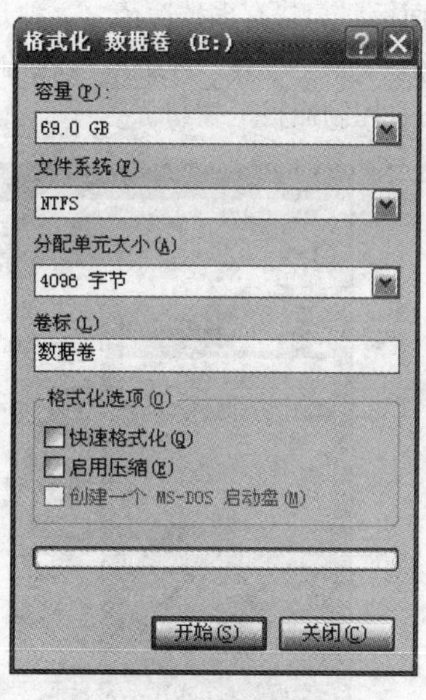

图 2-56 “格式化”对话框

3）在“容量”下拉列表框中选择待格式化的容量，在“卷标”文本框中输入待格式化磁盘的卷标名，如输入“WEIJIA”。

4）单击“开始”按钮，系统发出警告，如图 2-57 所示。如果确实需要格式化磁盘，单击“确定”按钮，便开始格式化磁盘。

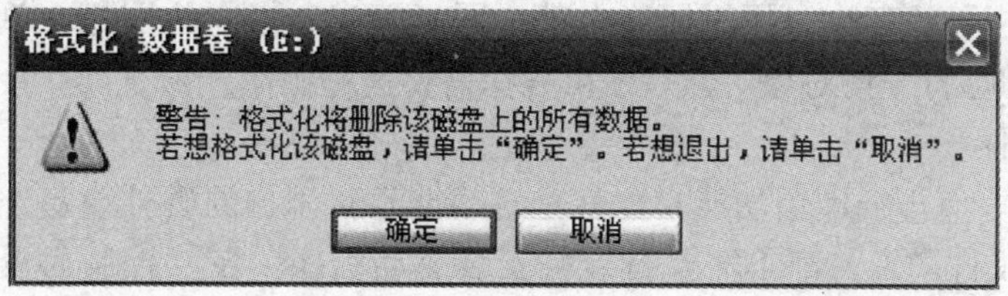

图 2-57 警告对话框

格式化完成后，将弹出格式化完毕提示对话框，单击“确定”按钮，返回“格式化”对话框中。

2.6 其他有关功能

2.6.1 控制面板

用鼠标单击“开始”→“控制面板”，再单击“切换到经典视图”，打开的“控制面板”窗口如图2-58所示。控制面板用来设置 Windows XP 软、硬件环境，其中包括改变/设置桌面风格、打印机、多媒体、日期和时间、声音、鼠标、键盘、显示器、调制解调器、添加硬件、添加或删除程序、文件夹、用户账户、字体、游戏控制器以及系统配置等。进入“控制面板”窗口有多种途径，一种是在“开始”菜单中选择“控制面板”，即可拉出“控制面板”子菜单；另一种是在“我的电脑”窗口中的“其它位置”选择“控制面板”，即可进入“控制面板”窗口。

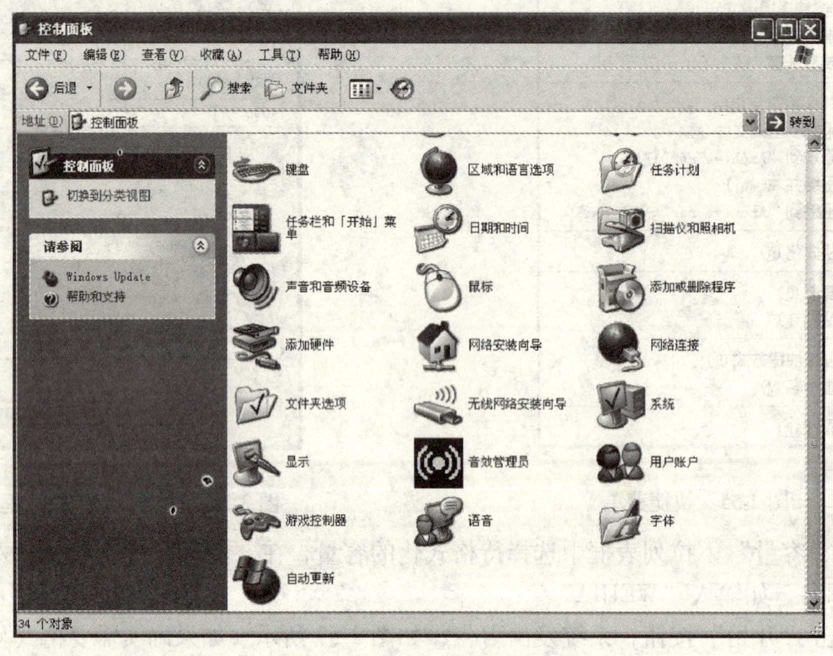

图2-58 “控制面板”窗口

在“控制面板”窗口中，用鼠标双击某一图标，或者指向该图标，单击右键，再选择“打开”命令，即可打开该对象。然后便可根据需要进行操作。

1. 添加新硬件

Windows XP 具有即插即用功能，也就是自动搜索新添加的硬件设备，配置相应的驱动程序。对一般的硬件来说，都不需要特意去安装驱动程序。在“控制面板”窗口中，双击“添加硬件”图标，启动“添加硬件向导”对话框，如图2-59所示。然后，用户可根据提示完成新硬件的添加与配置。一般要求先安装硬件设备，再启动“添加硬件向导”，这样可避免检测不到硬件而给出“错误”提示。完成添加硬件的所有工作后，屏幕显示“系统设置改变”对话框，提示重新启动计算机，然后新添加的设备才起作用。

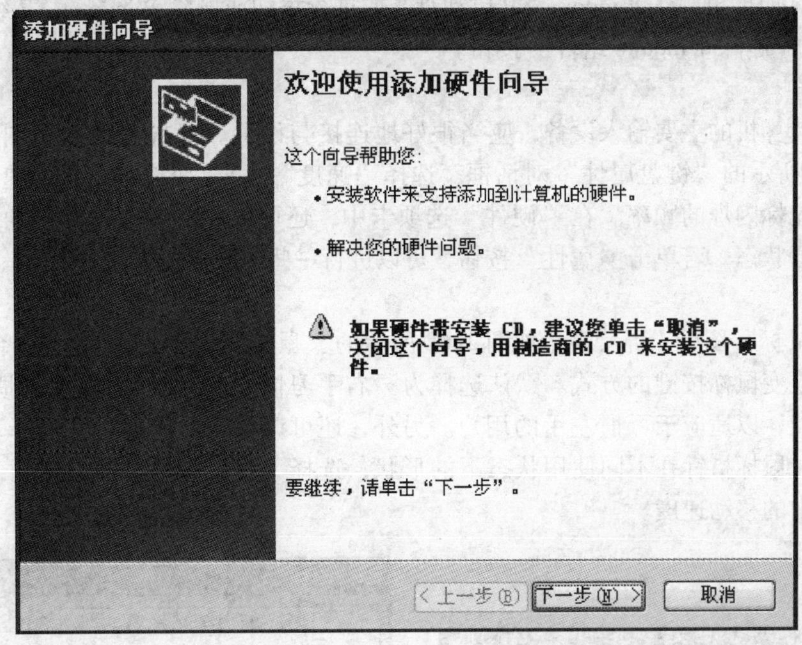

图 2-59 “添加硬件向导”对话框

2. 添加或删除程序

双击“添加或删除程序”图标，屏幕显示如图 2-60 所示“添加或删除程序”窗口，在窗口左侧用户可以看到有“更改或删除程序”、“添加新程序”、“添加/删除 Windows 组件”按钮。在“当前安装的程序和更新”下拉框中显示的是用户已经安装过的应用程序。如果用户想在已安装过的应用程序中进行添加或删除，可单击“更改或删除”按钮，并在当前

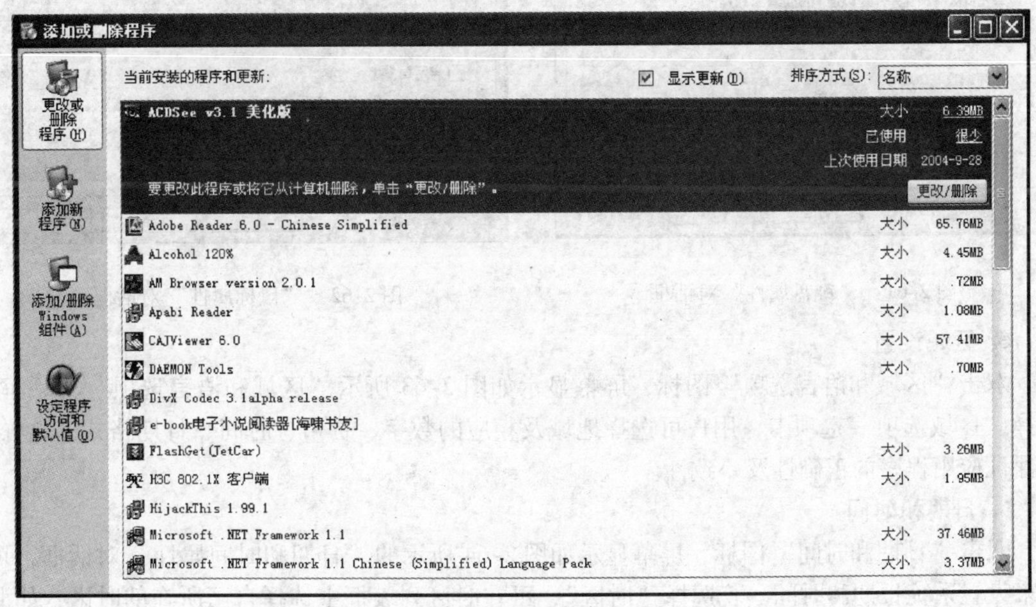

图 2-60 “添加或删除程序”窗口

安装程序下拉框中选择需要操作的项目。如果用户想安装新的应用程序，可单击“添加新程序”按钮。如果想制作 Windows XP 启动盘，或进行添加或删除 Windows XP 组件的操作，可单击“添加/删除 Windows 组件”按钮。

3. 键盘

键盘是计算机的主要输入设备，应当很好地连接与设置。双击“键盘”图标，屏幕显示如图 2-61 所示的“键盘属性”对话框。选择“速度”，可改变按键重复的速率、重复延迟时间以及光标闪烁的频率。在“硬件”选项卡中，还可以查看本地计算机的键盘类型以及设备的运行状态。若单击“属性”按钮，可以进行一些高级设置。

4. 鼠标

双击“鼠标”图标，屏幕显示如图 2-62 所示的“鼠标属性”对话框。选择“鼠标键”选项卡，可改变鼠标按键的方式。默认选择为“右手习惯”，若选择“左手习惯”，则交换左右键的功能，以适应于习惯左手的用户。另外，还可调整双击速率。若选择“指针”选项卡，可设置鼠标指针在不同使用状态下的形状；选择“指针选项”选项卡，可调整鼠标指针在屏幕中的移动速度。

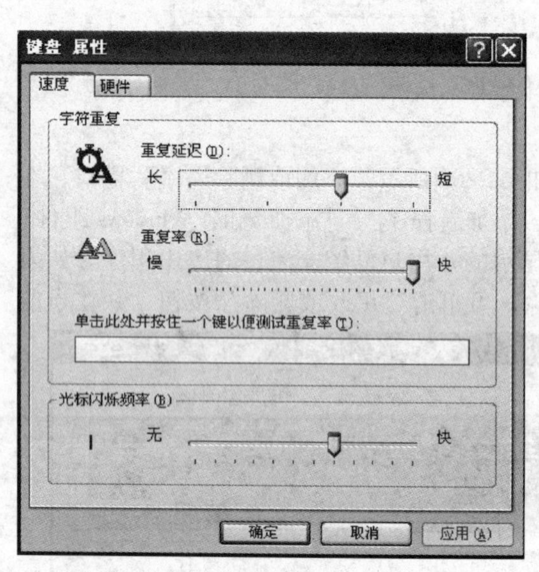

图 2-61 “键盘属性”对话框

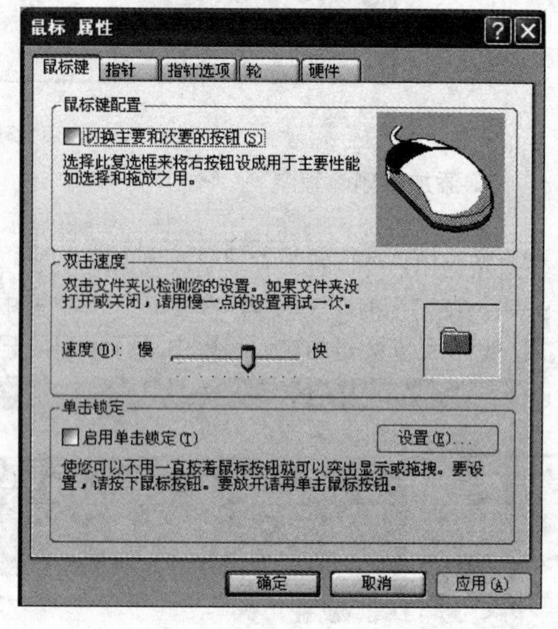

图 2-62 “鼠标属性”对话框

5. 区域设置

双击“区域和语言选项”图标，屏幕显示如图 2-63 所示“区域和语言选项”对话框，选择“区域选项”选项卡，用户可选择地域及相应的数字、货币、时间、日期格式。这样，可保证应用程序的正确性及一致性。

6. 日期和时间

双击“日期和时间”图标，屏幕显示如图 2-64 所示的“日期和时间属性”对话框，可用来设置系统日期和时间。若选择“时区”，可在时区列表框中选择自己所在的时区，如北京等。另外，在“时间和日期”选项卡中，可修改年份、月份和时间。

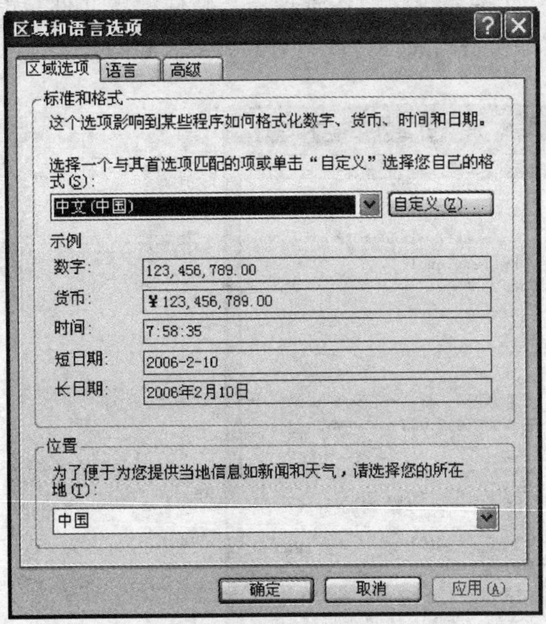

图 2-63 “区域和语言选项”对话框

图 2-64 “日期和时间属性”对话框

7. 显示器

在桌面上单击鼠标右键，在弹出的快捷菜单中选择“属性”命令，或者双击“控制面板”窗口的“显示”图标，屏幕显示如图 2-65 所示的“显示属性”对话框。其中设有“主题”、“桌面”、“屏幕保护程序”、“外观”和“设置”选项卡。若选择“桌面”选项卡，可设置桌面的墙纸和图案，用户可在背景列表框中选择所需的墙纸，选择背景图案，并模拟显示在对话框的上部；若单击“位置”下拉列表框，可选择“居中”、“拉伸”或“平铺”方式；最后单击“应用”按钮，所选择的图案生效。若单击“浏览”按钮，可从“打开”对话框中选择其他任何位图文件作为墙纸。选择“屏幕保护程序”选项卡，可设置屏幕保护方案，即在指定的时间范围内不使用计算机时自动屏幕保护，直到移动鼠标或按任意键时恢复原屏幕状态。还可以设置返回口令，防止非法用户使用。选择“外观”选项卡，可设置窗口的外观颜色。选择“设置”选项卡，可重新设置显示方式、分辨率或更新显示程序等。但是，不是任何显示器都能支持高分辨率显示，使用时可参考显示器说明书。如果某种颜色无法设置，一般是由于显示驱动程序配置不当引起的。

图 2-65 “显示属性”对话框

8. 系统

双击“系统”图标，屏幕显示如图 2-66 所示“系统属性”对话框。其中提供 Windows

XP 版本号、注册信息、CPU 型号、内存容量、文件系统、设备管理器、硬件配置文件、虚拟存储器等信息。通过设备管理器可以了解硬件设备的属性，或者对其刷新或删除。

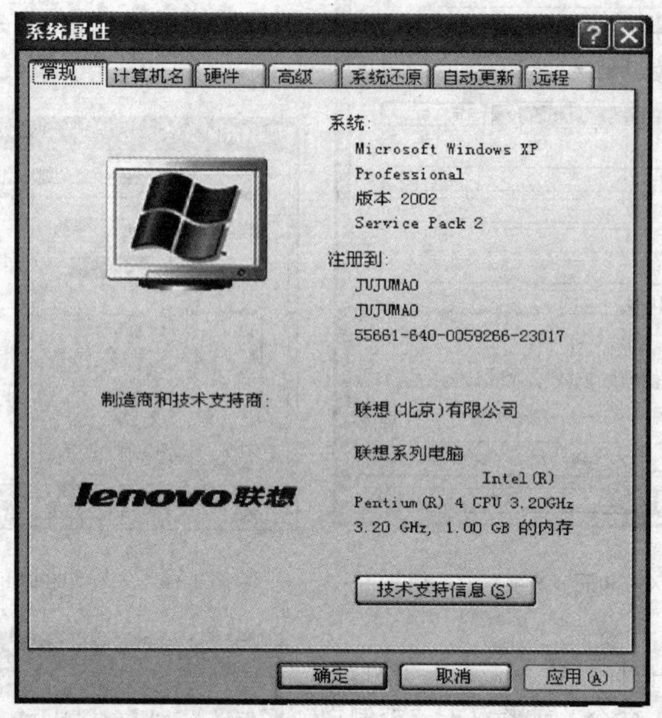

图 2-66 “系统属性”对话框

9. 电话和调制解调器

双击“电话和调制解调器选项”图标，屏幕显示如图 2-67 所示“电话和调制解调器选项”对话框。其中设有“拨号规则”、“调制解调器”和“高级”三个选项卡。单击“调制解调器”选项卡，如果已安装了调制解调器就会显示在下面的文本框中，若选中某一调制解调器，单击“删除”按钮，则删除该调制解调器；单击“添加”按钮，可添加新的调制解调器。若选择已安装的调制解调器，单击“属性”按钮，屏幕显示“属性”对话框。在“端口”下拉列表框中可选择使用的端口，如“COM2”；拖动“扬声器音量”滑块可调整拨号音量的大小；在“最大端口速度”下拉列表框中可选择最大传输速率。

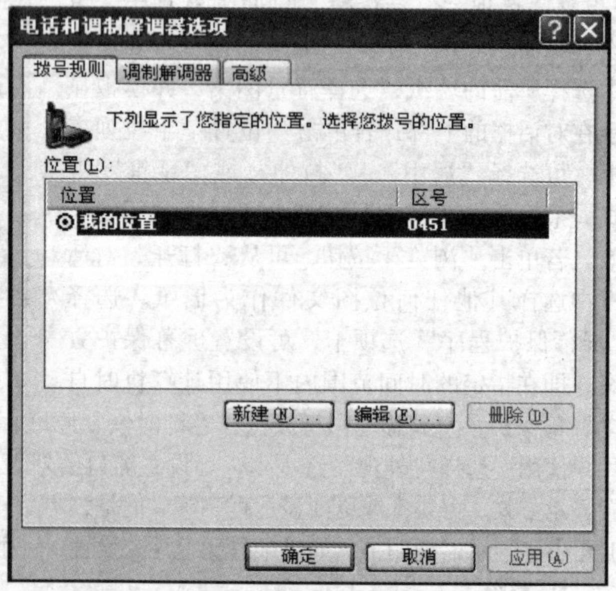

图 2-67 “电话和调制解调器选项”对话框

10. 网络连接

双击“网络连接”图标，打开“网络连接”窗口，用鼠标右键单击“本地连接”图标，在弹出的快捷菜单中选择“属性”命令，打开如图2-68所示“本地连接属性”对话框。选择“常规”选项卡，在“此连接使用下列项目”列表框中列出已安装在计算机上的网络用户、适配器、协议和服务。网络用户可使本地计算机与网上的其他计算机共享打印机和文件。网络适配器提供计算机硬件与网络的物理连接；协议提供计算机在网络上通信的规范，两台计算机只有使用相同的协议才能通信。

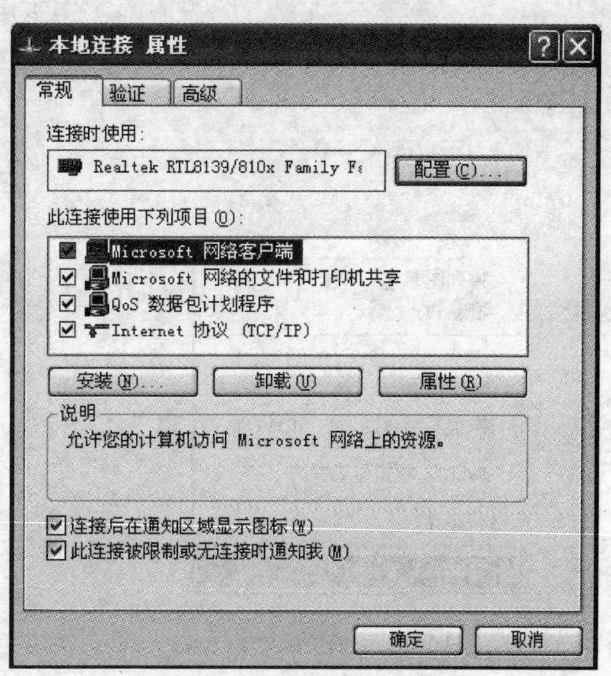

图2-68 “本地连接属性”对话框

11. 声音和音频设备

双击“声音和音频设备”图标，屏幕显示如图2-69所示“声音和音频设备属性”对话框，其中包含“音频”、“语声”、“硬件”、“音量”和“声音”选项卡，可用来对连接的多媒体设备进行设置。

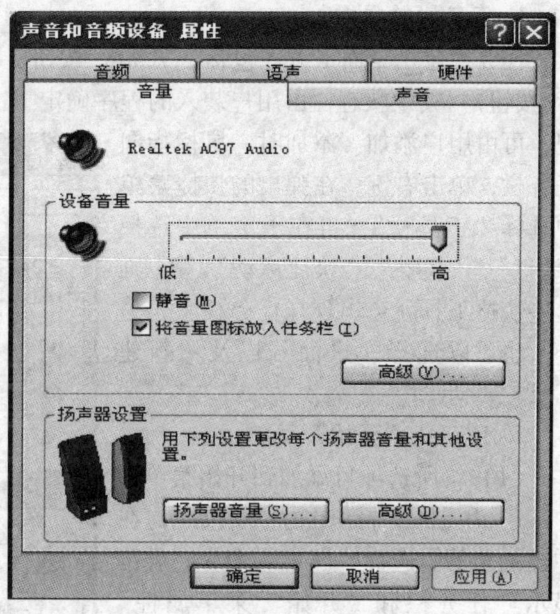

图2-69 “声音和音频设备属性”对话框

2.6.2 设置属性

无论是桌面还是某一磁盘、文件夹或文件，都具有一定的属性，用户可以查看，也可以改变或者重新设置其中部分属性。若将光标指向桌面，单击鼠标右键，在弹出的如图2-70所示的桌面快捷菜单中选择“属性”命令，可以显示或重新设置“桌面”的属性。其中包括背景、屏幕保护方式、外观、分辨率以及颜色等，也可以重新设置显示驱动程序。若指向桌面上的不同对象或者磁盘、文件夹或文件，单击鼠标右键，屏幕将显示如图2-71所示对象快捷菜单。其中包含的选项随对象的不同而有所区别，但是一般都包含有“属性”选项。单击“属性”命令，屏幕弹出“属性”对话框，用户可查看所选对象的属性，其中部分项目用户可以修改或者重新设置。

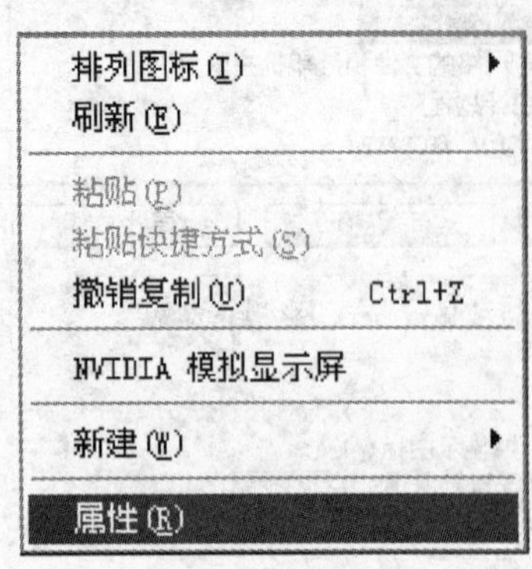

图 2-70 桌面快捷菜单

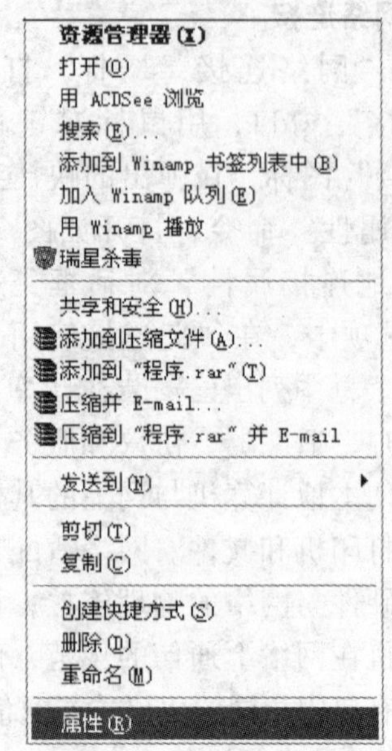

图 2-71 对象快捷菜单

2.6.3 设置任务栏及“开始”菜单

1. 任务栏的操作

任务栏位于桌面下方，包括“开始”按钮、状态栏、工具栏和打开的文件名（任务图标/按钮）。其中状态栏由用户装入的程序确定，工具栏中的快捷工具以图标/按钮的方式出现，可由用户添加。添加时，鼠标指向任务栏，单击右键，在弹出的快捷菜单中选择“工具栏”，再在子菜单中选择“地址”、“链接”、“快捷启动”等，则这些快捷工具就会出现在任务栏上，另外，也可以选择“桌面”以及“新建工具栏”等。

2. 自定义“开始”菜单

（1）将所选项目添加到开始菜单

1）用鼠标右键单击“开始”，在弹出的菜单中选择“属性”命令，屏幕显示“任务栏和‘开始’菜单属性”对话框，选择“‘开始’菜单”选项卡，如图 2-72 所示。

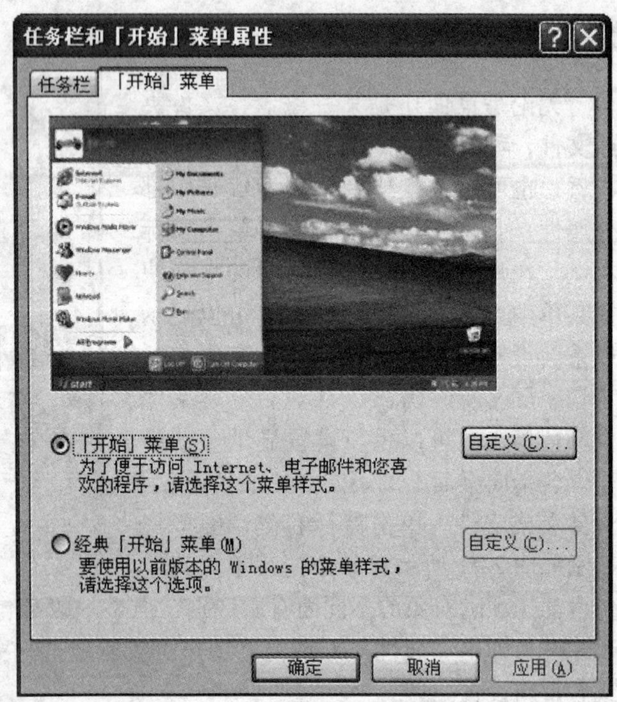

图 2-72 “任务栏和开始菜单属性”对话框

2）单击“自定义”按钮，再在“高级”选项卡的“‘开始’菜单项目”下拉列表中，选择要在“菜单”上出现的项目，如选中“收藏夹菜单”的复选框。当下一次单击“开始”时，用户所选的项目将显示在“开始”菜单上。如果需要清除“开始”菜单中的项目，可通过以上步骤，清除相应的复选框即可，如图2-73所示。

(2) 更改所有程序从“开始”菜单打开的方式

1) 用鼠标右键单击“开始”按钮，在弹出的快捷菜单中选择“属性”命令，打开“‘开始’菜单”选项卡，再单击“自定义”按钮。

2) 在“高级”选项卡上，选中“当鼠标停止在它们上面时打开子菜单”复选框。下次单击“开始”，并指向“所有程序”时，就会看到可用程序列表。

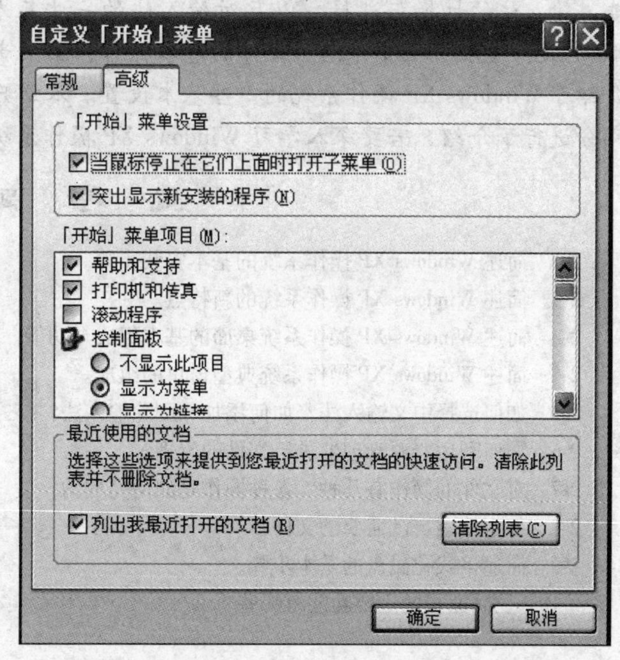

图2-73 “自定义”对话框

(3) 更改开始菜单的样式 用鼠标右键单击“开始”按钮，在弹出的快捷菜单中选择“属性”命令（见图2-72)，在“‘开始’菜单”选项卡上单击以下任一个选项：

1) 要选择默认“开始”菜单，请单击“‘开始’菜单”。

2) 要选择Windows早期版本中的样式，请单击“经典‘开始’菜单”。

以后单击“开始”时，“开始”菜单就会显示新样式。若对“开始”菜单样式进行其他设置，单击“自定义”按钮。其他选择包括指定要在“开始”菜单上显示的项目，将子菜单设置为当鼠标暂停在其上时打开，以及清除最近使用的程序、文档或网站列表等。

(4) 在开始菜单上显示最近使用的文档

1) 用鼠标右键单击“开始”按钮，在弹出的快捷菜单中选择“属性”命令（见图2-72)，在“‘开始’菜单”选项卡上单击“‘开始’菜单”，然后再单击“自定义”按钮。

2) 在“高级”选项卡上，选中“列出我最近打开的文档”复选框。

下次单击“开始”时，“我最近的文档”文件夹即显示在“开始”菜单上，其中包含最近打开的文档。注意：在“高级”选项卡上单击“清除列表”，可清空“我最近的文档”文件夹，而不会从硬盘上删除文档。

本章小结

本章主要针对Windows XP操作系统，由浅入深地介绍了Windows XP的性能、使用和基本管理，逐步引导读者认识并熟练使用Windows XP操作系统。本章共分为6节，第一部分主要介绍Windows XP的新体验及新增功能，系统及应用程序安装，以及系统的启动与退出；第二部分主要介绍Windows XP操作系统的基本知识，包括鼠标、键盘的使用，Windows XP的桌面组成以及各种窗口、菜单的组成和使用；第三部分重点介绍了中文输入法的安装与卸载，输入法的切换与选择，以及对输入法的一些基本设置；第四部分重点介绍了 Windows XP 的文件管理，主要介绍了文件的基本操作；第五部分主要介绍磁盘的管理和维护；最后介绍了 Windows XP 操作系统的一些基本设置。本章只是对 Windows XP 操作系统的最基本的部分进行了介绍，若要深入学习 Windows XP 操作系统则需要参考相关专题的书籍。

思 考 题

2-1 简述 Windows XP 操作系统的基本安装步骤。

2-2 简述 Windows XP 操作系统的新特点。

2-3 简述 Windows XP 操作系统桌面的基本组成与功能。

2-4 简述 Windows XP 操作系统典型窗口的组成。

2-5 如何选择中文输入法？如何添加和删除输入法？

2-6 如何利用资源管理器进行文件的管理？

2-7 对文件的操作有几种？各种操作是如何完成的？

2-8 如何搜索自己需要的文件？

2-9 简述格式化磁盘的基本步骤。

2-10 控制面板的主要功能有哪些？

第 3 章　文字处理软件 Word 2007

3.1　Word 2007 中文版概述

Word 2007 中文版是微软公司办公自动化套装软件 Microsoft Office 2007 中的一个组件，其主要功能是可以方便地进行文字处理，用户可以用它简单、快速地进行文字编辑、图文混排、表格设计、网页制作等工作。Word 2007 继承了以前 Word 版本的全部功能和特点，并在此基础上进行了改进和扩充，有了更新、更方便、更全面的功能。本节主要介绍 Word 2007 的基础知识。

3.1.1　Word 2007 的新增功能和特点

Word 2007 除了拥有 Office 2007 共同的新增功能之外，还具有以下新增功能：

（1）美观好用的界面　Word 2007 的改进比较明显，主界面采用新的设计，菜单系统使用更容易用的功能区（Ribbons）。当用户打开一个文档后，在最下方会显示出页数、字数统计、浏览版式、页面缩放比例等信息。

（2）方便好用的功能区　功能区中有一系列的编辑排版工具，用于在必要时将需要的工具放在合适的位置。单击功能区上的一个主要选项时，执行特定任务所需的工具就会在合适的地方出现，使用时更便于查找。所有菜单更直观地摆放在界面最上方，根据界面大小的变动自动缩小菜单内容，只保留关键的功能显示在界面上。原来的文件菜单被放在了界面左上角的 Office 标志上，有点类似于 Windows 操作系统的开始菜单，如图 3-1 所示。

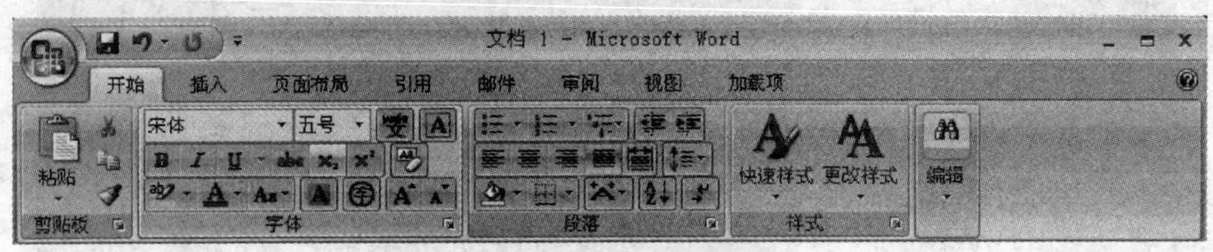

图 3-1　功能菜单

（3）可发现性　以前的 Word 版本主要由功能性和可用性所驱动，Word 2007 的特点是具有可发现性。在以前的 Word 版本中为了找到需要的功能，必须找遍那些密集的菜单。而在 Word 2007 中，没有密集的菜单和工具栏，使用户更容易、更直接使用正确的功能。

（4）“面向结果”的用户界面　Word 2007 展示了各种已完成的文档部分或构件块，而不是大量令人迷惑的工具。它还提供多种依赖于实时预览的上下文相关的效果设置。实时预览可在当前文档中立即显示给定选项的效果，而不是在预览窗口中显示，这样可以快速地获得想要的效果。

（5）Word 2007 支持的文件格式　保存文件时，新的 Word 文档把以往版本的 doc 格式分成了两种格式，一种是普通的doc格式，称为docx，另一种为docm。docx文件不支持文件中的宏，要使用宏功能只能保存为docm格式。模板文件也改名为docx。另外，Word 2007支持的文件格式中增加了PDF格式和XPS格式。

1）可移植文档格式（PDF）。PDF是一种版式固定的电子文件格式，可以保留文档格式并允许文件共享。当联机查看或打印PDF格式的文件时，该文件可以保持与原文完全一致的格式，文件中的数据也不能被轻易更改。对于要使用专业印刷方法进行复制的文档，PDF格式也很有用。

2）XML纸张规范（XPS）。XPS是一种电子文件格式，可以保留文档格式并允许文件共享。XPS格式可以确保在联机查看或打印XPS格式的文件时，该文件可以保持与原文完全一致的格式，文件中的数据也不能被轻易更改。

（6）可防止其他用户更改文档的最终版本　在与其他用户共享文档的最终版本之前，用户可以使用“标记为最终版本”命令将文档设置为只读，并告知其他用户共享的是文档的最终版本。在将文档标记为最终版本后，输入、编辑命令以及校对标记都会被禁用，以防查看文档的用户不经意地更改该文档。但“标记为最终版本”命令并非安全功能。

3.1.2　Word 2007的启动和退出

1. Word 2007的启动

（1）通过运行应用程序正常启动　单击任务栏左侧的“开始”按钮，在“所有程序”菜单中找到“Microsoft Office”菜单，单击其中的“Microsoft Office Word 2007”菜单项，即可启动Word 2007中文版，如图3-2所示。

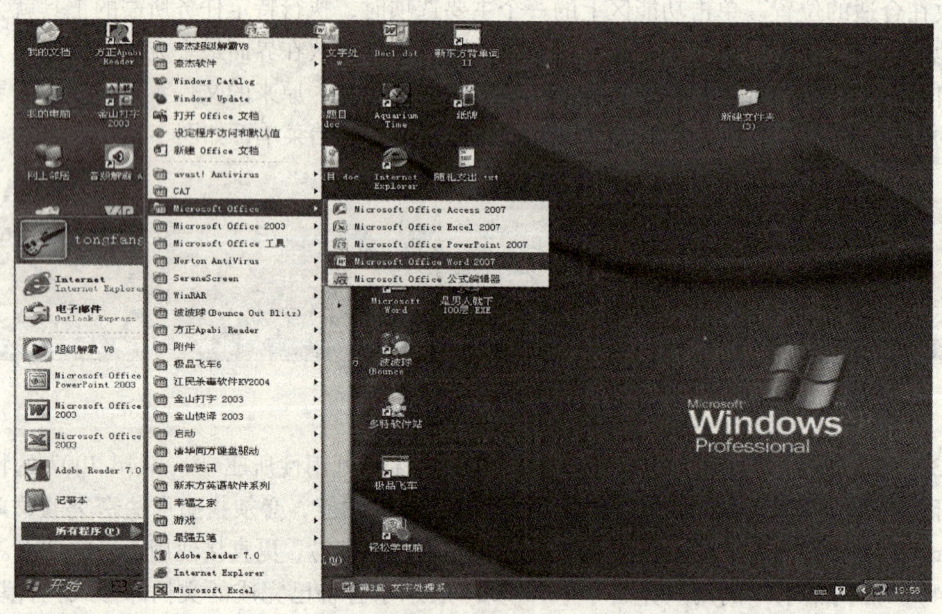

图3-2　从“开始”菜单启动Word 2007

如果创建了该应用程序的快捷方式，可以通过双击该快捷方式图标来启动Word 2007中文版。

（2）通过创建文档启动　单击任务栏左侧的“开始”按钮，在弹出的菜单中单击“新建 Office 文档”项，如图 3-3 所示。这时会弹出“新建 Office 文档”对话框，单击“空白文档”图标，然后单击“确定”按钮（或双击“空白文档”图标），就会启动 Word 2007 并创建一个新文档。

（3）通过打开文档启动　由于 Word 文档和 Word 应用程序建立了关联，打开一个已有的 Word 文档时，会自动启动 Word 应用程序，然后在该程序中打开并显示该文档。

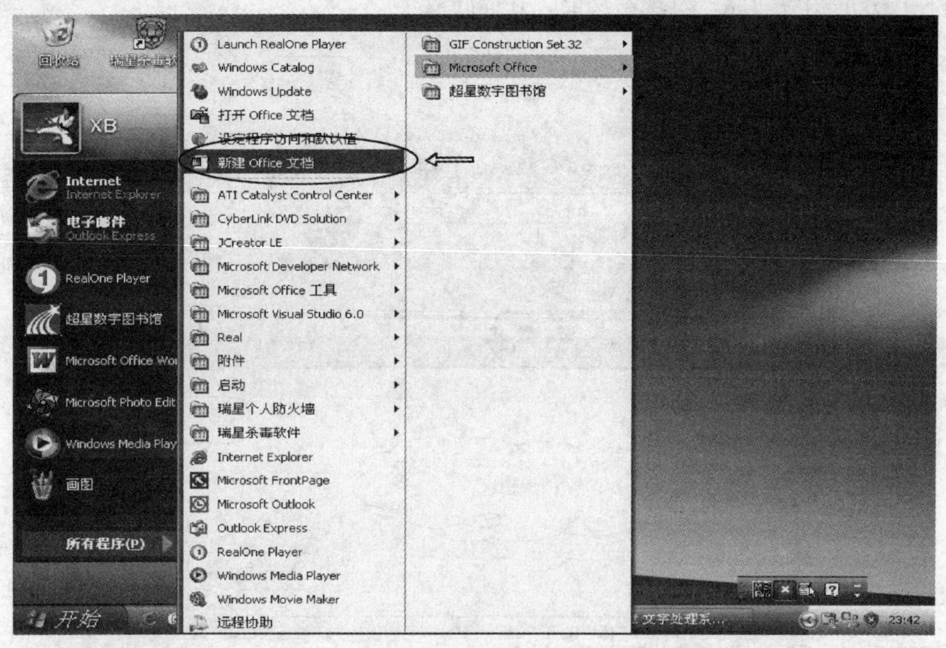

图 3-3　新建 Office 文档

以上操作的图示均是在 Windows XP 环境下的示例，在其他 Windows 版本中，由于“开始”菜单中各菜单项的设置不同，操作会略有不同。

2.　Word 2007 的退出

1）双击快速访问工具栏左侧的“Office”按钮。

2）单击“Office”按钮，然后在弹出的菜单中单击“退出 Word”按钮。

3）右键单击标题栏，从弹出的快捷菜单中选择“关闭”命令。

4）单击应用程序窗口标题栏右侧的“关闭”按钮。

5）按组合键“Alt + F4”。

提示：如果在执行退出命令之前没有保存修改过的文档，则会弹出如图 3-4 所示的提示对话框。单击“是”按钮，Word 2007 中文版会保存文档，然后退出；单击“否”按钮，则不保存文档，直接退出；单击“取消”按钮，则取消退出操作，回到刚才的 Word 2007 中文版编辑窗口。

图 3-4　提示保存文件对话框

3.1.3 Word 2007 的窗口组成

启动 Word 2007 中文版后，进入如图 3-5 所示的 Word 2007 中文版窗口。窗口由“Office”按钮、快速访问工具栏、标题栏、功能区、帮助按钮、文档编辑区、状态栏等组成。Word 2007 中文版工作窗口较以前版本变化很大，用简单明了的单一机制取代了 Word 早期版本中的菜单、工具栏和大部分任务窗口，旨在帮助用户在 Word 中更高效、更容易地找到完成各种任务的相应功能，发现新功能，并提高效率。

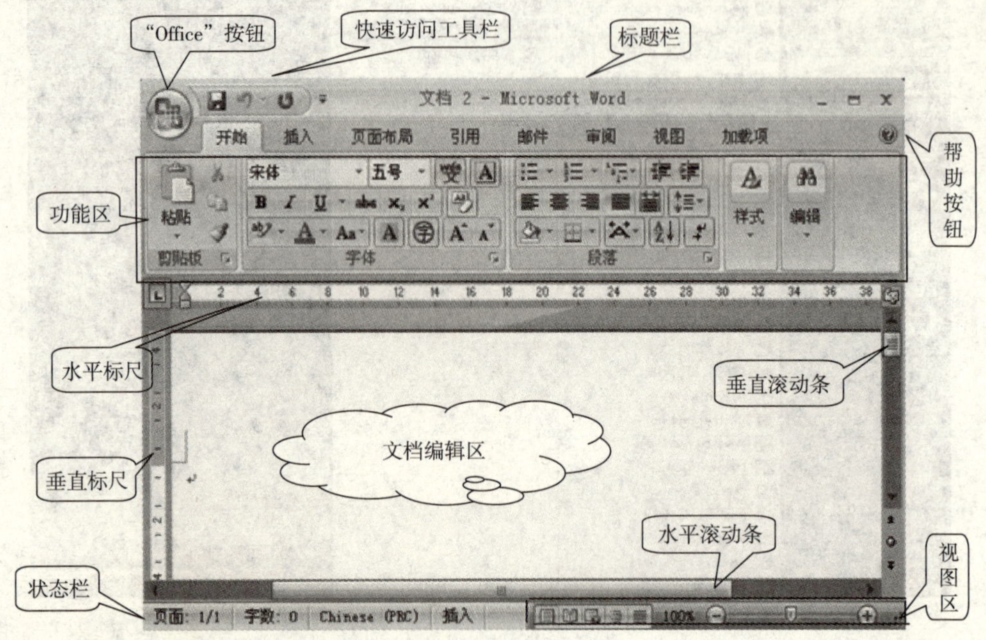

图 3-5　Word 2007 中文版窗口

1. “Office”按钮

“Office”按钮是 Word 2007 新增的功能按钮，位于窗口的左上角，单击该按钮可打开一个下拉菜单，其中包含了一些常见的命令，如新建、打开、保存和打印等，如图 3-6 所示。在其中选择所需命令可执行相应的操作，而且在菜单右侧还列出最近使用过的文档，选择某文档可快速将其打开。

图 3-6　“Office”下拉菜单

2. 快速访问工具栏

默认情况下，快速访问工具栏位于 Word 窗口的顶部，“Office”按钮的右方，使用它可以快速访问经常使用的工具，如“保存”按钮，“撤销”按钮和“打印预览”按钮等。用户还可以将其他命令添加到快速访问工具栏，方法是：单击快速访问工具栏右侧的按钮，在弹出的下拉菜单中选择需要在快速访问工具栏中显示的按钮即可。

选择“在功能区下方显示”命令可改变快速访问工具栏的位置。如果要添加更多的命令可按以下步骤操作：

1）单击“Office”按钮，然后在弹出的菜单中选择“Word 选项”，打开“Word 选项”对话框，在该对话框左侧的列表中选择“自定义”选项，如图3-7所示。或单击快速访问工具栏右侧的按钮，在弹出的下拉菜单中选择其他命令。

2）在该对话框中的“从下列位置选择命令”下拉列表中选择需要的命令，然后在其下边的列表框中选择具体的命令，单击“添加”按钮，将其添加到右侧的“自定义快速访问工具栏”列表框中。注意：在对话框中选中复选框，可在功能区下方显示快速访问工具栏。

3）添加完成后，单击“确定”按钮，即可将常用的命令添加到快速访问工具栏中。

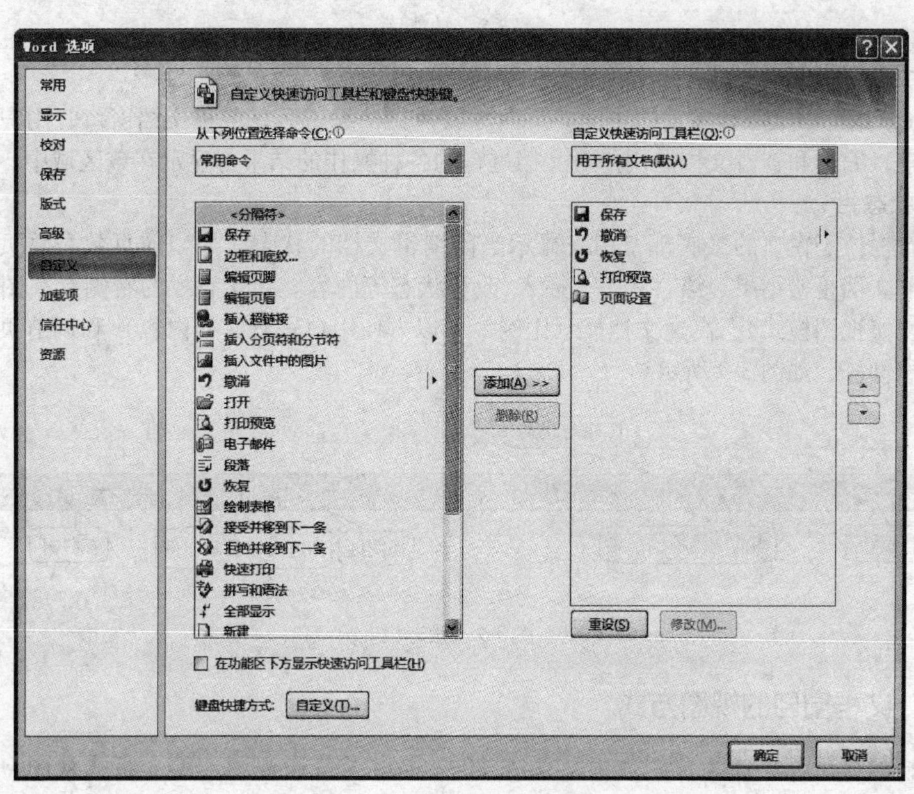

图3-7 “Word 选项”对话框

3. 标题栏

Word 窗口最顶端一栏称为标题栏，包含“快速访问工具栏”、当前 Word 窗口文档名称等信息，并提供“最小化”按钮、“最大化”按钮和“关闭”按钮来管理窗口。

4. 功能区

在 Word 2007 中，功能区有许多不同的选项卡，但与其他 Word 版本不同，每个选项卡下并没有展开的下拉列表，而是由不同的功能区代替。功能区能够比菜单和工具栏承载更加丰富的内容，包括按钮、库和对话框内容。每个选项卡显示的功能区又根据控件的不同细化为若干组，每个组中又列出了多个命令按钮，如图3-8所示。

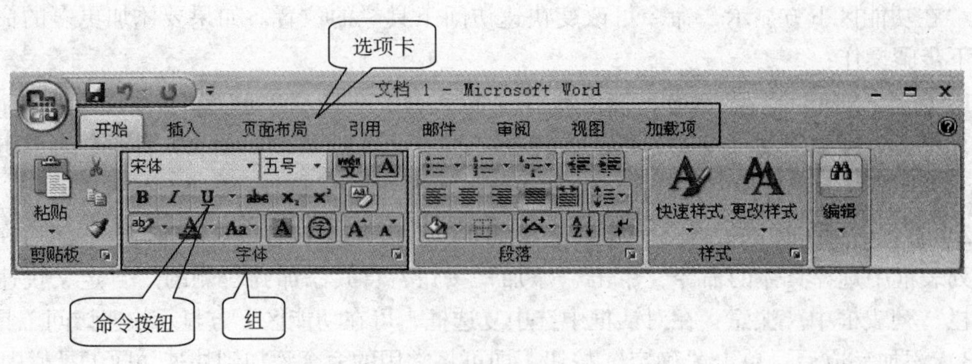

图 3-8 功能区

5. 文档编辑区

Word 2007 中文版程序窗口中间的空白区域为文档编辑区，或称文档窗口，用户可以在其中创建、编辑和查看文档。用户对文档进行的各种操作的结果都显示在该区域中。

6. 状态栏

状态栏位于窗口的最底部，用来显示当前编辑文档的状态，如当前页数、总页数、字数、当前文档检错结果、语言状态、插入/改写状态等内容。在状态栏的右侧有视图区（主要用来切换视图模式）、高速文档显示比例（可以方便用户查看文档内容）和调节页面显示比例的控件杆，如图 3-9 所示。

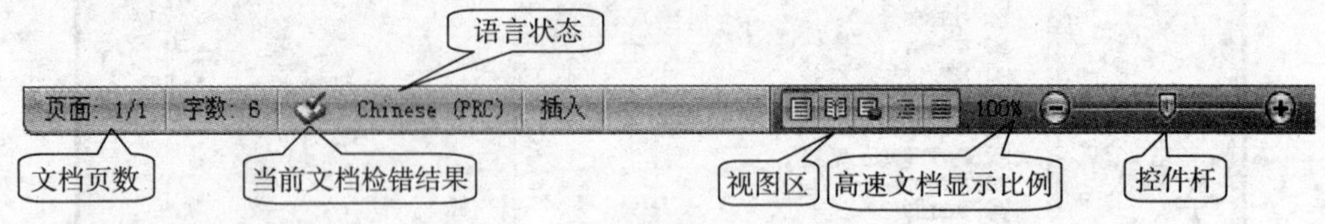

图 3-9 状态栏

3.1.4 文档窗口的视图方式

文档的显示模式称为视图方式。Word 2007 提供了普通视图、Web 版式视图、页面视图、大纲视图和阅读版式视图等视图方式，每种视图方式都有其特定的功能和特点，适用于不同的编辑需要。打开“视图”选项卡，在“文档视图”组中选择相应的视图命令按钮即可，或单击窗口右下角的视图切换按钮，即可切换到相应的视图方式。

1. 普通视图

普通视图是 Word 最基本的视图方式，它简化了页面布局，显示速度相对较快，非常适合文字的录入。在普通视图下，可以便捷地进行文本的输入和编辑，可以设置和显示文本格式，可以查看分节符类型，但不显示页边距、页眉、页脚、脚注、页码、分栏、背景等内容，如图 3-10 所示。

2. Web 版式视图

Web 版式视图能够仿真 Web 浏览器来显示文档。该视图的优点是在屏幕上显示的文档效果最佳，文本能自动换行以适应窗口的大小，但不是实际打印的形式。另外，可看到给文档添加的背景，可以对文档的背景颜色进行设置，非常适用于创建 Web 页，如图 3-11 所示。

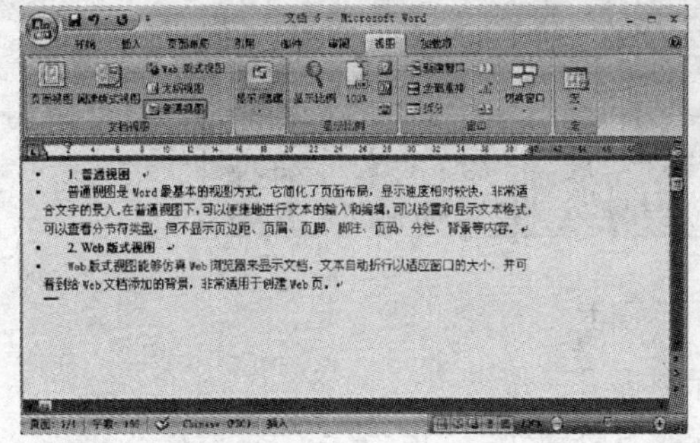

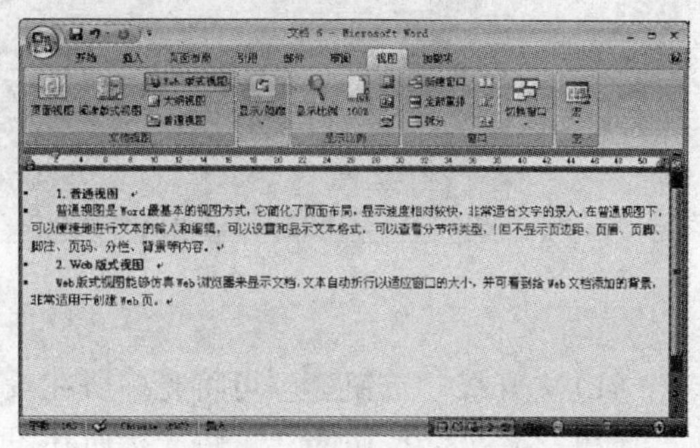

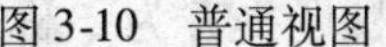
图 3-10　普通视图

图 3-11　Web 版式视图

3. 页面视图

页面视图中文本以页面形式显示，直接按用户设置的页面大小显示文档，使文本看上去就像写在纸上，所见即所得，即用户看到的显示效果和实际的打印效果几乎完全一样，用户可以看到文档中的所有对象在页面中的实际打印位置，直观，便于页面布局，是最常用的一种视图方式，如图 3-12 所示。在页面视图中可以进行添加页眉、页脚、插入图片、图表等操作，比较适合于在文本制作过程中使用。

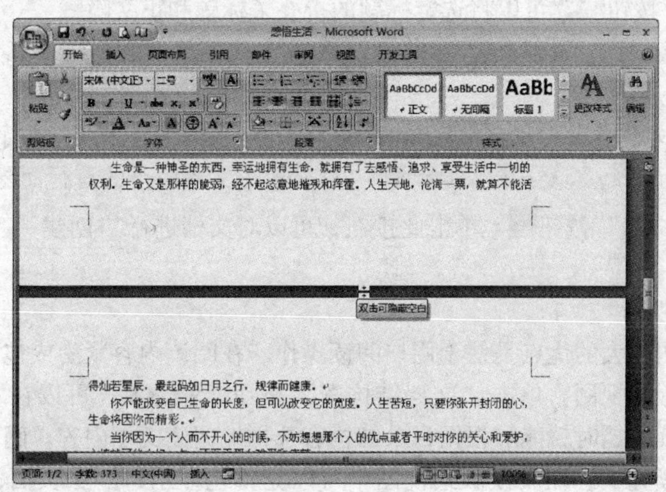

图 3-12　页面视图

4. 大纲视图

大纲视图按照文档中标题的层次显示文档，可以折叠文档，只显示文档的标题，或扩展文档，显示整个文档内容，可以方便地升降各标题的级别或移动标题来重新组织文档，非常适合为一个具有多重标题的文档创建文档大纲，查看和调整文档结构。

大纲视图经常在编辑长篇文档时使用。在大纲视图下，能够方便地查看文档的结构、修改标题内容和设置格式，还可以通过折叠文档来查看主要标题。

进入大纲视图后，系统会自动打开“大纲”选项卡，如图 3-13 所示。

“大纲”工具组中提供一些操作大纲时常用的功能按钮，通过这些按钮可进行“升降级”、“移位”、“展开”、“折叠”等操作。

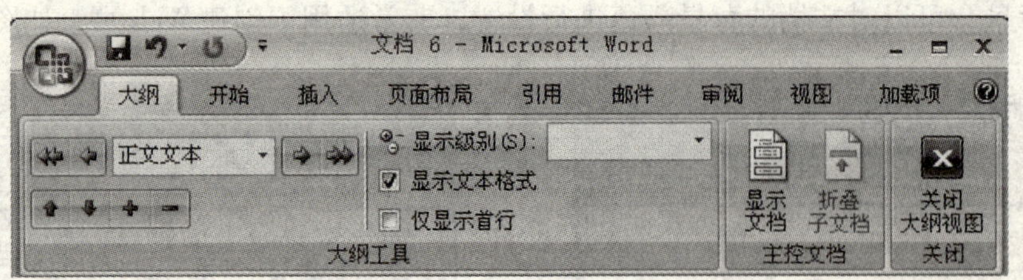

图 3-13 “大纲”选项卡

（1）“升级”按钮 可将光标所在段落的标题提升一级。

（2）“降级”按钮 可将光标所在段落的标题下降一级。

（3）“提升至‘标题 1’”按钮 可将光标所在段落的标题提升为“标题 1”。

（4）“降级为正文”按钮 可将选定的标题降为正文文字。

（5）“大纲级别”下拉列表框 单击该下拉列表框的下三角按钮，可以为光标所在的段落设定位置。

（6）“上移”按钮 可将光标所在段落上移至前一段落之前，快捷键为“Alt + Shift + ↑”。

（7）“下移”按钮 可将光标所在段落下移至下一段落之后，快捷键为“Alt + Shift + ↓”。

（8）“展开”按钮 可以将选定标题的折叠子标题和正文展开。

（9）“折叠”按钮 可以将选定标题的折叠子标题和正文隐藏。

（10）“显示级别”下拉列表框 单击该下拉列表框的下三角按钮，可以指定显示标题的级别。

（11）“显示文本格式”复选框 在大纲视图中显示或隐藏字符的格式。

（12）“仅显示首行”复选框 只显示正文各段落的首行而隐藏其他行。

（13）“显示文档”按钮 单击此按钮，可以对文档进行“创建”、“插入”等编辑操作。

5. 阅读版式视图

阅读版式视图最大的优点是便于用户阅读操作。在阅读内容紧凑或包含文档元素少的文档中多使用阅读版式视图，单击“文档结构图”按钮，可以在左侧打开文档结构窗格，这样在阅读文档时就能够根据目录结构有选择地阅读文档内容。阅读版式视图提供了更方便的文档阅读方式。在阅读版式视图中可以完整地显示每一张页面，就像书本展开一样，如图 3-14 所示。

与其他视图相比，阅读版式视图隐藏了“Office”按钮、“标题栏”、“选项卡”、“功能区”等不必要的部分，增加了文档的可读性，便于用户阅读文档，使视图看上去更加亲切、赏心悦目。单击阅读版式视图窗口中的“视图选项”下拉列表框，可实现在一屏一页和一屏多页之间进行切换、增大文本字号或减小文本字号、允许输入、修订、显示批注和更改、显示原始/最终文档和显示打印页等操作，如图 3-15 所示。单击阅读版式视图窗口中的“关闭”按钮，即可退出阅读版式视图。

阅读版式视图中，页面上不在段落中的文本（如图形、艺术字、表格中的文本）显示时不能调整大小。该视图比较适合阅读结构简单、内容紧凑的文档，对于图文混排或包含多种文档元素的文档的阅读不如在页面视图中方便。

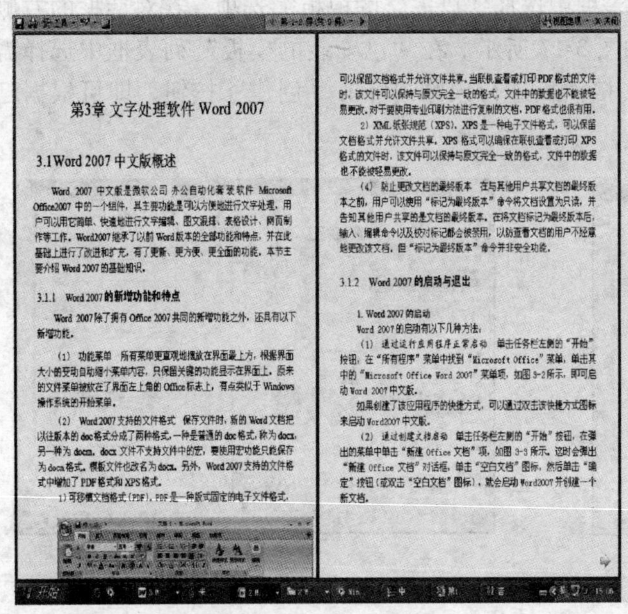

第3章 文字处理软件 Word 2007

3.1Word 2007 中文版概述

Word 2007 中文版是微软公司办公自动化套装软件 Microsoft Office2007 中的一个组件，其主要功能是可以方便地进行文字处理，用户可以用它简单、快速地进行文字编辑、图文混排、表格设计、网页制作等工作。Word2007 继承了以前 Word 版本的全部功能和特点，并在此基础上进行了改进和扩充，有了更新、更方便、更全面的功能，本节主要介绍 Word 2007 的基础知识。

3.1.1　Word 2007 的新增功能和特点

Word 2007 除了拥有 Office 2007 共同的新增功能之外，还具有以下新增功能。

（1）功能菜单　所有菜单更直观地摆放在界面最上方，根据界面大小的变动自动缩小菜单内容，只保留关键的功能显示在界面上。原来的文件菜单被放在了界面左上角的 Office 标志上，有点类似于 Windows 操作系统的开始菜单。

（2）Word 2007 支持的文件格式　保存文件时，新的 Word 文档把以往版本的 doc 格式分成了两种格式，一种是普通的 doc 格式，称为 docx，另一种为 docm。docx 文件不支持文件中的宏，要使用宏功能只能保存为 docm 格式。模板文件也改名为 docx。另外，Word 2007 支持的文件格式中增加了 PDF 格式和 XPS 格式。

1）可移植文档格式（PDF）。PDF 是一种版式固定的电子文件格式，可以保留文档格式并允许文件共享。当联机查看或打印 PDF 格式的文件时，该文件可以保持与原文完全一致的格式，文件中的数据也不能被轻易更改。对于要使用专业印刷方法进行复制的文档，PDF 格式也很有用。

2）XML 纸张规范（XPS）。XPS 是一种电子文件格式，可以保留文档格式并允许文件共享。XPS 格式可以确保在联机查看或打印 XPS 格式的文件时，该文件可以保持与原文完全一致的格式，文件中的数据也不能被轻易更改。

（4）防止更改文档的最终版本　在与其他用户共享文档的最终版本之前，用户可以使用“标记为最终版本”命令将文档设置为只读，并告知其他用户共享的是文档的最终版本。在将文档标记为最终版本后，输入、编辑命令以及校对标记都会被禁用，以防查看文档的用户不经意地更改该文档。但“标记为最终版本”命令并非安全功能。

3.1.2　Word 2007 的启动与退出

1. Word 2007 的启动

Word 2007 的启动有以下几种方法：

（1）通过运行应用程序正常启动　单击任务栏左侧的“开始”按钮，在“所有程序”菜单中找到“Microsoft Office”菜单，单击其中的“Microsoft Office Word 2007”菜单项，如图 3-2 所示，即可启动 Word 2007 中文版。

如果创建了该应用程序的快捷方式，可以通过双击该快捷方式图标来启动 Word2007 中文版。

（2）通过创建文档启动　单击任务栏左侧的“开始”按钮，在弹出的菜单中单击“新建 Office 文档”项，如图 3-3 所示。这时会弹出“新建 Office 文档”对话框，单击“空白文档”图标，然后单击“确定”按钮（或双击“空白文档”图标），就会启动 Word2007 并创建一个新文档。

图 3-14　阅读版式视图

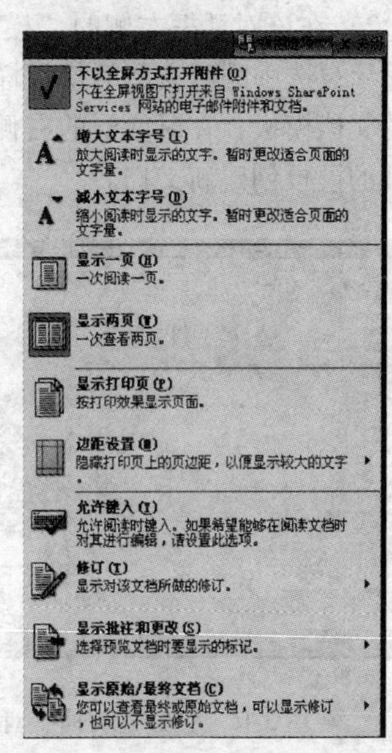

图 3-15　阅读版式视图选项

3.2　Word 2007 的基本操作

文档的基本操作主要包括文档的创建、保存、打开和关闭等，掌握了这些基本操作，可以大大提高工作效率。

3.2.1　创建和保存文档

在使用 Word 编辑文档之前，首先要学会如何创建一个新文档，以及如何根据要求保存文档，这样才能进行 Word 文档的基本操作。

1. 创建文档

创建新文档的方法有多种，用户可以使用其中任意一种来创建新的文档。

（1）单击“开始”→“所有程序”→“Microsoft Office”→“Microsoft Office Word 2007”命令，启动 Word 2007 应用程序后，系统会自动创建一个名为“文档 1. Microsoft Word”的文档。

（2）用户也可按“Ctrl + N”快捷键来新建一个基于通用模板的空白文档。

（3）单击“Office”按钮，然后在弹出的菜单中选择“新建”命令，弹出“新建文档”对话框，如图 3-16 所示。

1）在该对话框左侧的“模板”列表框中选择“空白文档和最近使用的文档”选项，然后在对话框右侧的列表框中选择“空白文档”选项，单击“创建”按钮，即可创建一个空白文档。

新建一个文档后，系统会自动将该文档暂时命名为“文档 1”、“文档 2”、“文档 3”等。用户在保存文档时，可以按照自己的需要为文档重命名。

2）在该对话框左侧的“模板”列表框中选择“已安装的模板”选项，在对话框的右侧将显示被选中的已安装的模板样式，如图3-17所示。在“已安装的模板”列表框中选择需要的文档模板，在对话框的右侧可对文档模板进行预览，单击“创建”按钮，即可根据已安装的模板创建新文档。

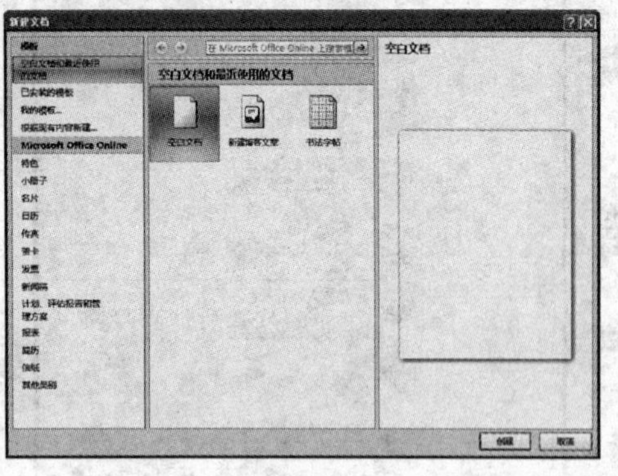

图3-16 “新建文档”对话框

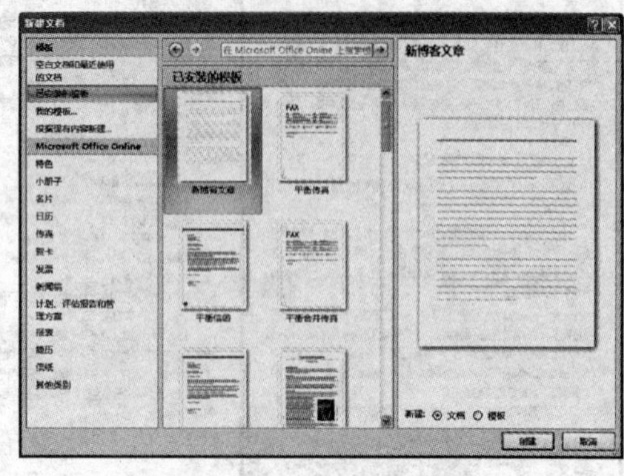

图3-17 “已安装的模板”选项

3）在该对话框左侧的“模板”列表框中选择“我的模板”选项，弹出“新建”对话框，如图3-18所示。在该对话框中选择需要的模板，单击“确定”按钮，即可根据所选“我的模板”新建文档。

4）在该对话框左侧的“模板”列表框中选择“根据现有内容新建”命令，弹出“根据现有文档新建”对话框，如图3-19所示。在该对话框中选择现有的文档模板，单击“新建”按钮，即可在该文档的基础上创建一个新的Word文档。

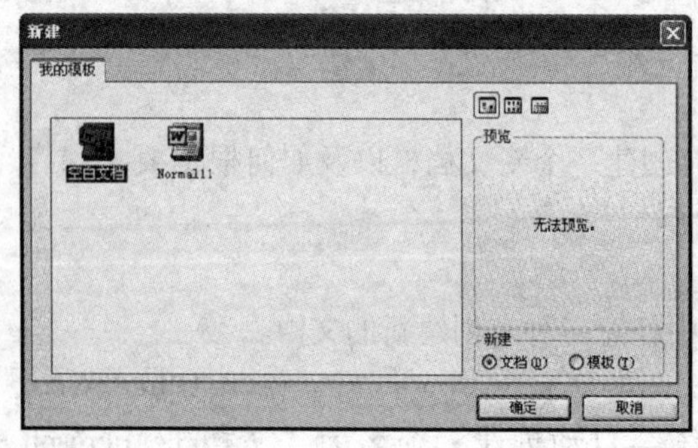

图3-18 “新建”对话框

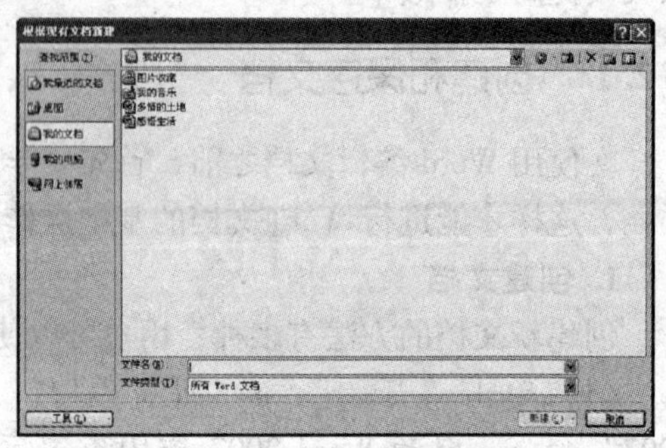

图3-19 “根据现有文档新建”对话框

2. 保存文档

在编写文档的过程中，文档的内容只是临时性地保存在计算机的内存中，如果不存盘，在系统发生故障而非正常退出Word 2007时会丢失。保存文档即把对当前文档所做的编辑和修改保存到磁盘文件中，以便以后使用。用户应该在开始使用Word 2007的时候就养成良好的习惯，及时保存文档，以防止数据丢失。Word 2007为用户提供了多种保存文档的方法。

（1）保存新建文档 保存新建文档的具体操作步骤如下：

1）单击“Office”按钮，然后在弹出的菜单中选择“保存”命令，或按快捷键“Ctrl + S”，弹出“另存为”对话框，如图3-20所示。

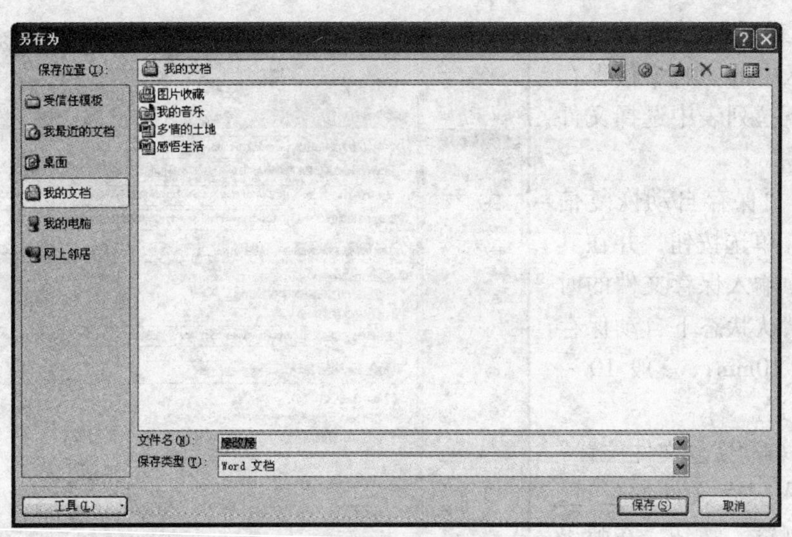

图3-20　“另存为”对话框

2）在该对话框的“保存位置”列表中选择要保存文件的文件夹位置。

3）在“文件名”下拉列表中输入文件名；在“保存类型”下拉列表中选择保存文件的格式。

4）设置完成后，单击“保存”按钮即可。

注意：Word 2007允许为文件起一个最多可达255个字符的文件名，文件名中可以有空格，可以中、英文混编，还可以区分大小写字母。Word 2007默认的文档保存类型为Word文档，用户还可以在“保存类型”下拉列表框中选择Word 2007支持的其他文档类型来保存文档。

（2）保存已有文档　如果当前文档已经保存过，编辑修改后需要重新保存。保存已有文档有以下两种方法：

1）在原有位置保存。在对已有文档修改完成后，单击“Office”按钮，然后在弹出的菜单中选择“保存”命令，Word 2007将以修改后的文档覆盖修改前的内容，并且不再弹出“另存为”对话框。

2）“另存为”方式保存。如果需要将已有的文档保存到其他的文件夹中，可在修改完文档之后，单击“Office”按钮，然后在弹出的菜单中选择“另存为”命令，然后在“保存文档副本”级联菜单中选择要保存文档副本类型，弹出“另存为”对话框，在该对话框中的“保存位置”下拉列表中重新选择文件的位置；在“文件名”下拉列表中输入文件的名称；在“保存类型”下拉列表中选择文件的保存类型；最后单击“保存”按钮即可。

（3）自动保存文档　Word 2007具有文档自动保存的功能，设置自动保存功能后，Word应用程序每隔一定时间就会自动保存文档。这样，当系统遇到意外错误或应用程序停止响应，以致在没有保存修改后的文档的情况下，重新启动计算机或Word应用程序时，发生故障前处于打开状态的所有文档都会自动恢复，用户可以重新命名并保存这些恢复以后的文档。

设置自动保存功能的具体操作步骤如下：

1）单击“Office”按钮，然后在弹出的菜单中选择“Word选项”命令，弹出“Word选项”对话框，在该对话框左侧选择“保存”选项，如图3-21所示。

2）在该对话框右侧“保存文档”选项区中的“将文件保存为此格式”下拉列表中选择文件保存的类型。

3）选中“保存自动恢复信息时间间隔”单选按钮，并在其后的微调框中输入保存文件的时间间隔。在默认状态下自动保存时间间隔为 10min，一般 10 ~ 15min 较为合适。

4）在“自动恢复文件位置”文本框中输入保存文件的位置，或者单击“浏览”按钮，在弹出的“修改位置”对话框中设置保存文件的位置。

5）设置完成后，单击“确定”按钮，即可完成文档自动保存的设置。

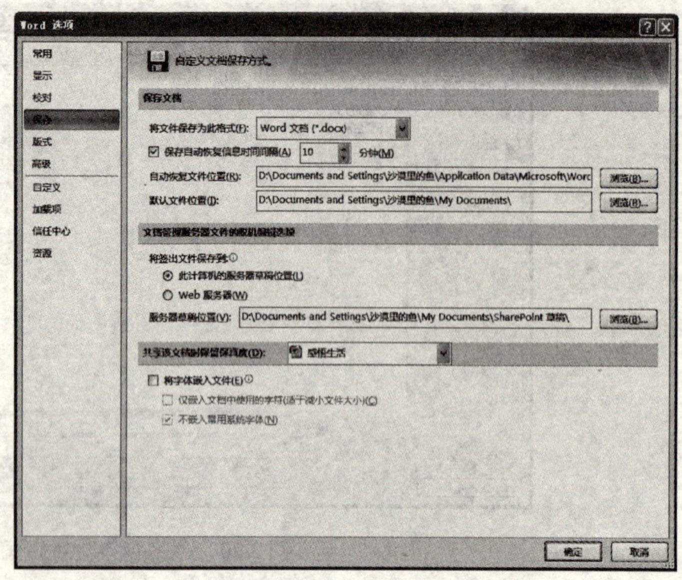

图 3-21 “保存”选项卡

（4）保存为其他类型的文件

将 Word 普通文件保存为其他类型的文件的具体操作步骤如下：

1）单击“Office”按钮，然后在弹出的菜单中选择“另存为”命令，然后再选择其他格式命令，如图 3-22 所示。

2）在弹出的“另存为”对话框的“保存类型”下拉列表中选择保存的文件类型选项。

3）设置完成后，单击“保存”按钮，即可将 Word 文档保存为其他类型的文件。

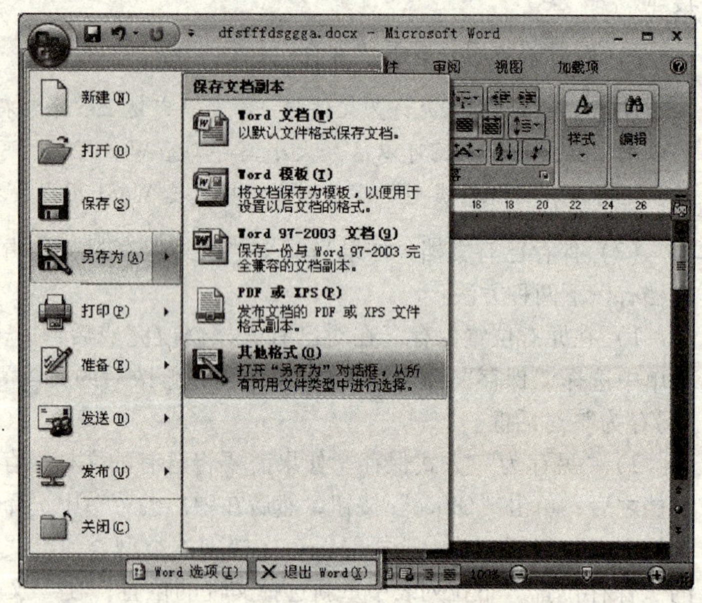

图 3-22 保存为其他格式的文件

3.2.2 打开和关闭文档

若要对已经存在的文档进行编辑修改操作，需先将该文档打开，即将文档从磁盘读入内存，并在 Word 2007 窗口中显示。Word 2007 提供了多种打开文档的方法，这里介绍几种较常用的方法。

1. 使用“打开”对话框打开文档

1）单击“Office 按钮”，然后在弹出的菜单中选择“打开”选项，弹出“打开”对话框，如图 3-23 所示。

2）在“查找范围”下拉列表中选择文档所在的位置，然后在文件列表中选择需要打开的文档。

3）在“文件类型”下拉列表中选择所需的文件类型。

4）单击“打开”按钮打开需要的文档。

提示：在打开文档时，用户还可以根据需要选择不同的方式打开文档。单击“打开”按钮右侧的下三角，弹出如图3-24所示的下拉菜单，在该下拉菜单中选择相应的命令即可按不同的方式打开文档。

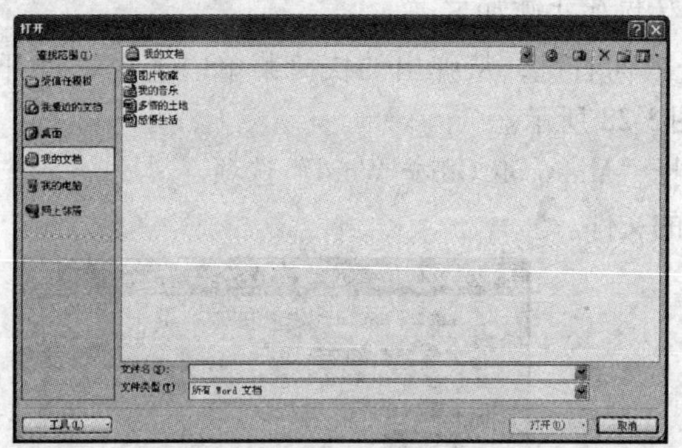

图3-23 “打开”对话框

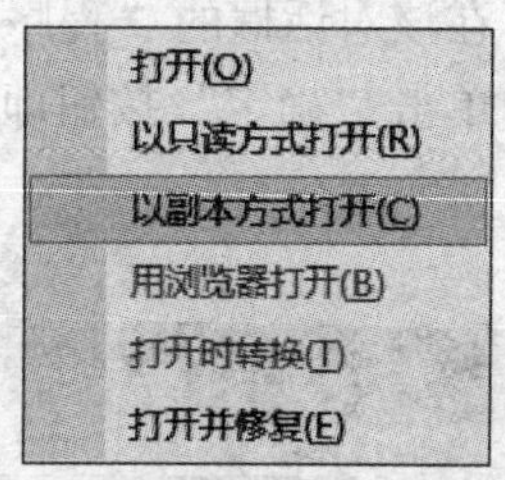

图3-24 “打开”下拉菜单

2. 打开最近使用的文档

Word 2007具有记忆功能，它可以记忆最近几次使用过的文档。单击“Office”按钮，然后在弹出的菜单右侧列出的最近使用的文档中单击需要打开的文档即可，如图3-25所示。

在Word 2007中默认显示最近使用的17个文档。如果用户需要修改记录文档的数目，单击“Office”按钮，然后在弹出的菜单中选择“Word选项”命令，弹出“Word选项”对话框，在该对话框左侧选择“高级”选项，如图3-26所示。在该对话框右侧“显示”选项区的“显示此数目的‘最近使用的文档’”微调框中输入需要显示的文件个数，单击“确定”按钮即可。如果列表与屏幕大小不适应，则会显示较少的文档。

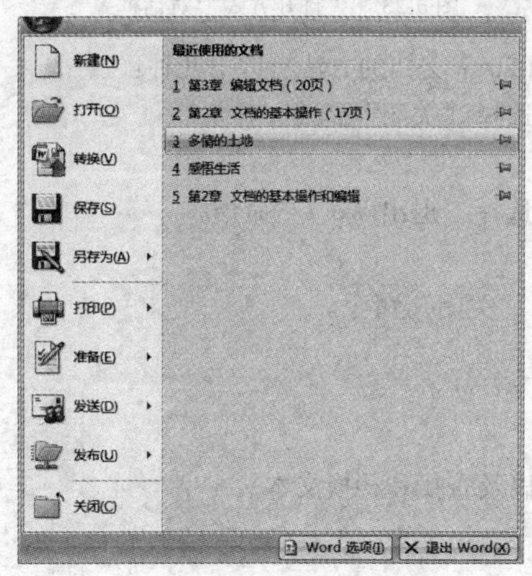

图3-25 最近使用的文档

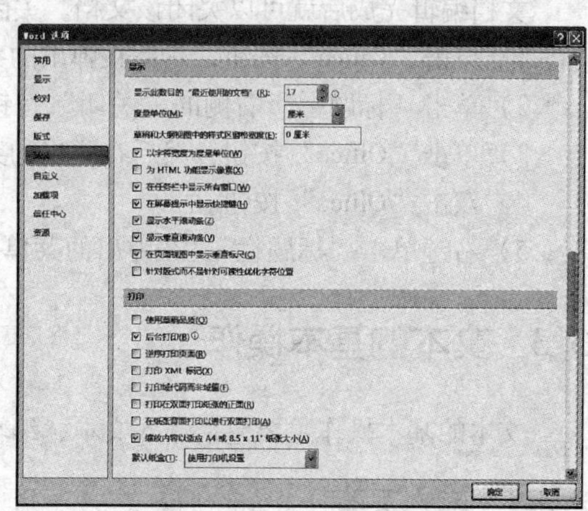

图3-26 “Word选项”对话框

3. 使用“开始”按钮打开最近使用的文档

单击“开始”按钮，选择“文档”或“我最近的文档”选项，然后从文档列表中选择要打开的文档，单击即可启动 Word 2007 应用程序并打开该文档，如图 3-27 所示。

4. 使用 Word 2007 打开其他类型的文件

Word 2007 是一种功能强大的编辑软件，它不仅能用于编辑普通 Word 文档，还可用于编辑纯文本文件、网页等多种其他类型的文件。在利用 Word 编辑其他类型的文件之前，首先要打开该文件。

利用 Word 2007 打开其他类型文件的具体操作步骤如下：

1）在需要打开的其他类型文件上单击鼠标右键，从弹出的快捷菜单中选择“打开方式”命令，弹出“打开方式”对话框，如图 3-28 所示。

2）在该对话框的“程序”列表框中选择“Microsoft Office Word”选项。

3）单击“确定”按钮即可打开该类型的文件。

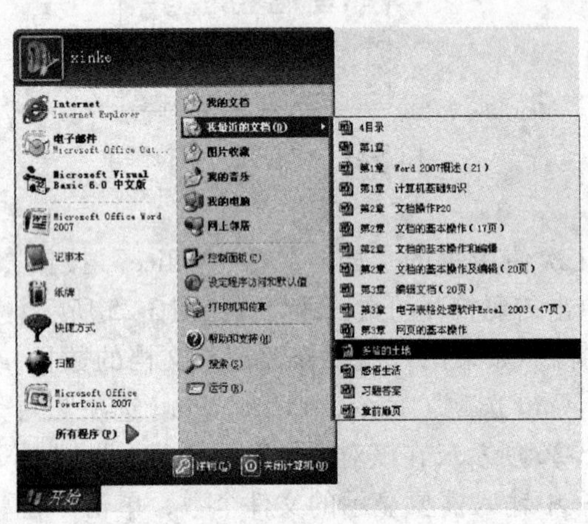

图 3-27 文档列表

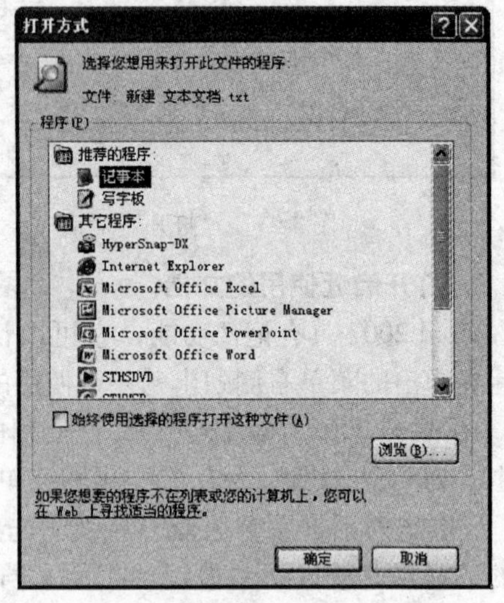

图 3-28 “打开方式”对话框

文档编辑完成后就可以关闭该文档。关闭 Word 2007 文档的方法有以下几种：

1）单击“Office”按钮，然后在弹出的菜单中选择“关闭”命令。

2）单击“标题栏”右侧的“关闭”按钮。

3）单击“Office”按钮，然后在弹出的菜单中选择“退出 Word”命令。

4）双击“Office”按钮。

5）右键单击“标题栏”，在弹出的菜单中选择“关闭”命令。

3.3 文本的基本操作

文本的基本操作主要包括输入文本、编辑文本以及查找和替换文本。

3.3.1 输入文本

输入文本是编辑文档的基本操作，在 Word 2007 中，可以输入普通文本、插入符号和特殊符号、插入日期和时间等。

1. 定位插入点

Word 中有两种形态的光标，一种是随鼠标移动的“I”字形光标，一种是编辑区中闪烁的“I”字形光标（也称为“插入点”），它指明了当前文档的输入位置。输入文本时，文本将显示在插入点处，插入点自动向右移动。在编辑文档时经常需要移动光标来重新选择输入位置。要重新定位插入点，只需移动鼠标，将“I”字形光标指向新的位置，然后单击鼠标左键即可。也可以利用键盘上的“↑”、“↓”、“←”、“→”、“PageUp”、“PageDown”等键或“定位”命令来重新定位插入点。

（1）使用键盘定位插入点　除了使用鼠标来定位插入点外，还可以使用键盘定位插入点。表 3-1 为定位插入点的快捷键列表。

表 3-1　定位插入点的快捷键列表

快捷键	移动方式	快捷键	移动方式
↑	上移一行	Home	移至行首
↓	下移一行	End	移至行尾
←	左移一个字符	Ctrl + Home	移至文档的开头
→	右移一个字符	Ctrl + End	移至文档的末尾
Ctrl + ↑	上移一段	PageUp	上移一屏
Ctrl + ↓	下移一段	PageDown	下移一屏
Ctrl + ←	左移一个单词	Ctrl + PageUp	上移一页
Ctrl + →	右移一个单词	Ctrl + PageDown	下移一页

（2）定位到特定位置　如果一个文档很长，或者知道将要定位的位置，则可使用“定位”命令直接定位到特定位置。

使用“定位”命令定位的具体操作步骤如下：

1）在功能区用户界面的“开始”选项卡的“编辑”组中选择“查找”选项，在弹出的下拉菜单中选择“转到”选项，弹出“查找和替换”对话框，默认情况下打开“定位”选项卡。

2）在“定位目标”列表框中选择所需的定位对象，如选择“页”选项。

3）在“输入页号”文本框中输入具体的页号，如输入“5”，如图 3-29 所示。

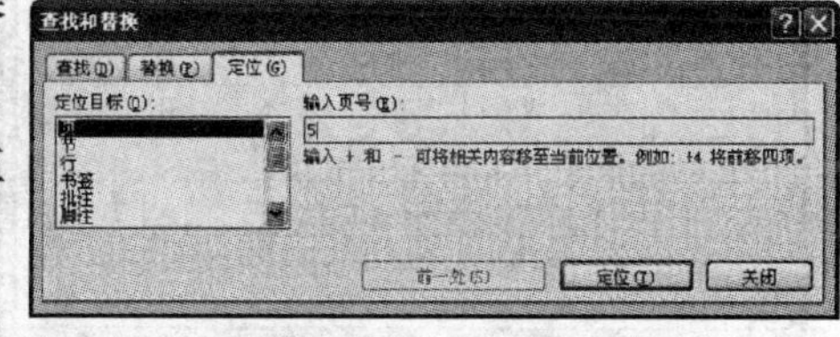

图 3-29　“定位”选项卡

4）单击“定位”按钮，插入点将移至第 5 页第一行的起始位置。

5）单击“关闭”按钮，关闭对话框。

2. 输入普通文本

普通文本包括英文文本和中文文本两种类型。

（1）输入英文文本　可在键盘上直接输入英文文本。按大写锁定键“CapsLock”可在大小写状态之间进行切换。按住“Shift”键，再按包含要输入字符的双字符键，即可输入双排字符键中的上排字符，否则输入的是双排字符键中下排的字符。按住“Shift”键，再按需要输入英文字母键，即可小写输入状态时输入相对应的大写字母，在大写输入状态时输入相对应的小写字母。

（2）输入中文文本　中文的输入要借助某种中文输入法，因此在输入中文前需要先选择一种中文输入法（如微软拼音、五笔字型等）。其具体操作方法如下：

用户可以按“Ctrl + 空格”组合键在中、英文输入方式间切换，按“Ctrl + Shift”组合键选择所需的中文输入法。也可单击任务栏上的输入法指示器图标，从弹出菜单中选择输入法。如果在输入法指示器图标上单击鼠标右键，可以从弹出的快捷菜单中选择“设置”命令，打开“文字服务和输入语言”对话框，在该对话框中可添加其他的输入语言、中文输入法、设置快捷键等。

（3）插入符号　在输入文本的过程中，有时需要插入一些键盘上没有的特殊符号。其具体操作步骤如下：

1）在功能区用户界面的“插入”选项卡的“符号”组中选择“符号”选项，在弹出的下拉菜单中选择“其他符号”选项，打开“符号”对话框，如图 3-30 所示。

2）在该对话框中的“字体”下拉列表中选择所需的字体，在“子集”下拉列表中选择所需的选项。

3）在列表框中选择需要的符号，单击“插入”按钮，即可在插入点处插入该符号。

4）此时对话框中的“取消”按钮变为“关闭”按钮，单击“关闭”按钮关闭对话框。

5）在“符号”对话框中打开“特殊字符”选项卡，如图 3-31 所示。

6）选中需要插入的特殊字符，然后单击“插入”按钮，再单击“关闭”按钮，即可完成特殊字符的插入。

另外，也可以用右键单击输入法工具栏右侧的键盘按钮，然后在弹出的菜单中选择要输入的符号集合，则会在屏幕上弹出一个键盘，单击要输入符号的所在键即可输入相应符号。

图 3-30　“符号”对话框

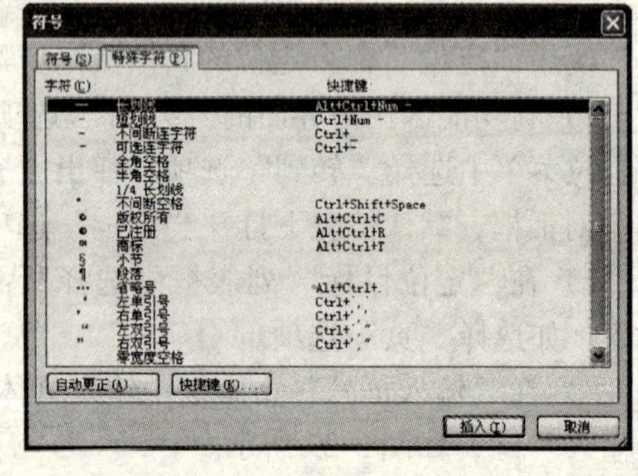

图 3-31　“特殊字符”选项卡

注意：在“符号”对话框中单击“快捷键”按钮，弹出“自定义键盘”对话框，如图 3-32 所示。将光标定位在“请按新快捷键”文本框中，然后直接按要定义的快捷键，单击“指定”按钮，再单击“关闭”按钮，完成插入符号的快捷键设置。这样，当用户需要多次使用同一个符号时，只需按所定义的快捷键即可插入该符号。

（4）插入日期和时间　用户可以在文档中直接输入日期和时间，也可以使用 Word 2007 提供的插入日期和时间功能，操作步骤如下：

1）将插入点定位在要插入日期和时间的位置。

2）在“插入”选项卡的“文本”组中选择“日期和时间”选项，弹出“日期和时间”对话框，如图3-33所示。

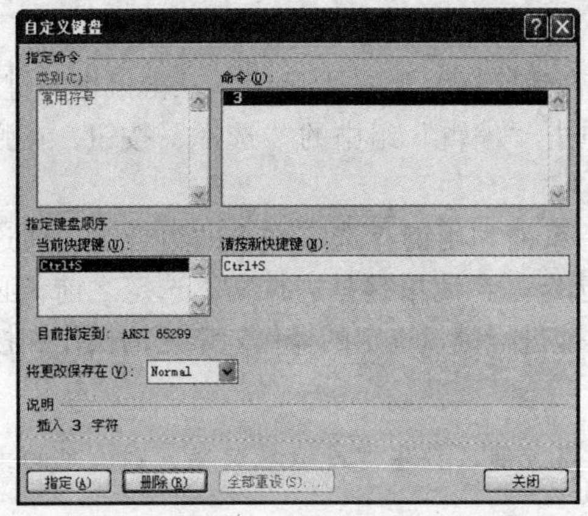

图3-32 “自定义键盘”对话框

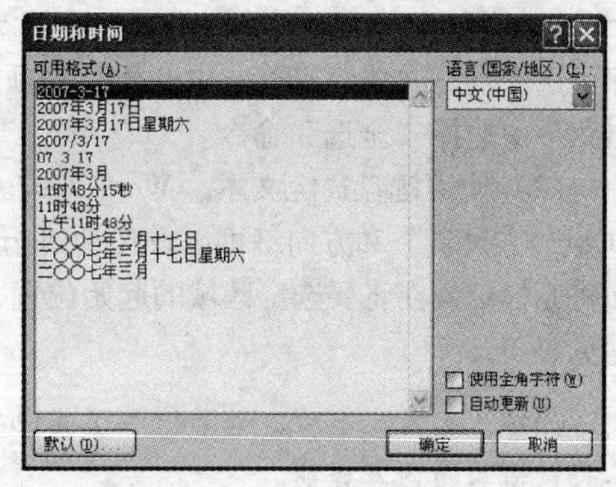

图3-33 “日期和时间”对话框

3）用户可根据需要在“语言（国家/地区）”下拉列表中选择一种语言；在“可用格式”下拉列表中选择一种日期和时间格式。

4）如果选中“自动更新”复选框，则以域的形式插入当前的日期和时间。该日期和时间是一个可变的数值，可以根据打印的日期和时间的改变而改变。取消选中“自动更新”复选框，则可将插入的日期和时间作为文本永久地保留在文档中。

5）单击“确定”按钮完成设置。

3.3.2 编辑文本

在文档中输入文本后，往往还需要对文本进行编辑。主要包括文本的选定、复制、移动、删除等操作。

1. 选定文本

“先选定，后操作”是Windows环境下操作的基本规则。在Word 2007中，如果要对某些文本进行操作，首先必须选定该文本。选定的文本区域将呈蓝底黑字显示。

（1）使用鼠标选定文本　使用鼠标选定文本是最直接、最基本的选定方法，有以下几种方法：

1）按住鼠标左键拖过欲选定的文本，然后释放鼠标左键；或在欲选定文本的首部（或尾部）单击鼠标左键，然后按住“Shift”键，再在欲选定文本的尾部（或首部）单击鼠标左键。此方法可选定任意长度的文本。

2）将鼠标指针移到某句任意位置，双击鼠标左键，可选定该句。

3）将鼠标指针移到某行的左侧空白处，直到鼠标变为↗形状时，单击鼠标左键，即可选定该行文本。

4）将鼠标指针移到某行的左侧空白处，直到鼠标变为↗形状时，然后向上或向下拖动鼠标到需要的位置，可选定多行文本。

5）按住“Alt”键，同时按住鼠标左键拖过欲选定的文本区域，可选定垂直的一块矩形文本。

6）将鼠标指针移到段落的左侧空白处，直到鼠标变为↗形状时，双击鼠标左键，或者三击该段落的任意位置，即可选定该段落。

7）将鼠标指针移到文档正文的左侧空白处，直到鼠标变为↗形状时，三击鼠标左键，即可选定整篇文档。或单击“开始”选项卡，再单击“编辑”组中的“选择”按钮，在弹出菜单中选择“全选”命令。

（2）使用键盘选定文本　Word 2007 提供了一系列利用键盘选定文本的组合键，通过“Ctrl”、“Shift”和方向键可以方便地进行文本的选定。在使用键盘进行文本选定之前，必须将光标定位在将要选定区域的起始位置，然后才能进行键盘选定的操作。常用的操作和按键见表3-2。

提示：选定文本后，如果输入了其他字母键、符号键、数字键或输入汉字，则选定的文本将被输入的内容替换。

表3-2　使用键盘选定文本

选择范围	快捷键
左侧一个字符	Shift + ←
右侧一个字符	Shift + →
行尾	Shift + End
行首	Shift + Home
下一行	Shift + ↓
上一行	Shift + ↑
段首	Ctrl + Shift + ↑
段尾	Ctrl + Shift + ↓
上一屏	Shift + PageUp
下一屏	Shift + PageDown
窗口结尾	Ctrl + Alt + PageDown
文档开始处	Ctrl + Shift + Home
整个文档	Ctrl + A
列文本块	Ctrl + Shift + F8. 然后使用箭头键，按“Esc”键取消选定内容

2. 复制、移动和删除文本

在输入和编辑文本时，经常需要移动、复制和删除文本。这些操作都可以通过鼠标、键盘或剪贴板来完成。

（1）复制文本　对于在文档中多次重复出现的文本，利用Word的复制与粘贴功能，可以提高输入速度，节省输入时间。复制文本的具体操作步骤如下：

1）选定要复制的文本。

2）在功能区用户界面的“开始”选项卡中，单击“剪贴板”组中的“复制”按钮。

或右键单击选中的文本，在快捷菜单中选择“复制”命令。或按组合键“Ctrl + C”。

3）将光标定位在目标位置，在功能区用户界面的“开始”选项卡中，单击“剪贴板”组中的“粘贴”命令。或右键单击选中的文本，在快捷菜单中选择“粘贴”命令。或按组合键“Ctrl + V”。

复制文本还可以通过鼠标拖动的方法实现，具体方法如下：

选定要复制的文本。把鼠标光标指向选中的文本，当鼠标光标变成左向的空心箭头时按住“Ctrl”键不放，同时按住鼠标左键进行拖动。达到目标位置后先后松开鼠标左键和“Ctrl”键即可。

（2）移动文本　移动文本的具体操作步骤如下：

1）选定要移动的文本。

2）在功能区用户界面的“开始”选项卡中，单击“剪贴板”组中的“剪切”按钮。或右键单击选中的文本，在快捷菜单中选择“剪切”命令。或按组合键“Ctrl + X”。

3）将光标定位在目标位置，在功能区用户界面的“开始”选项卡中，单击“剪贴板”组中的“粘贴”选项。或右键单击选中的文本，在快捷菜单中选择“粘贴”命令。或按组合键“Ctrl + V”。

通过鼠标拖动的方法也可以实现文本的移动，移动文本时只需移动鼠标光标到选定的文本上，按住鼠标左键，并将该文本块拖到目标位置，然后释放鼠标即可。

（3）删除文本　在编辑文本的过程中，有时需要把多余或错误的文本删除。操作方法如下：

1）按“BackSpace”键删除插入点左边的一个字符。

2）按“Delete”键删除插入点右边的一个字符。

3）如果要删除一段文本，可选定要删除的文本，按“Delete”键、“Backspace”或“Shift + Delete”都可以。

3.3.3　查找和替换文本

Word 2007提供了强大的查找和替换功能。不仅可以迅速地查找和替换文本，还能够查找和替换指定的格式，大大提高了工作效率。

1. 查找文本

查找是指根据用户指定的查找内容，在文档中查找相同的内容。查找文本的具体操作步骤如下：

1）在功能区用户界面的“开始”选项卡中的“编辑”组中选择“查找”选项，在弹出的下拉菜单中选择“查找”选项，打开“查找和替换”对话框，默认打开“查找”选项卡，如图3-34所示。

2）在该选项卡中的“查找内容”文本框中输入要查找的文本，单击“查找下一处”按钮，Word将自动查找指定的内容，并以蓝底黑字突出显示查找结果。

3）如果需要继续查找，单击“查找下一处”按钮，Word 2007将继续查找下一个相同的文本，直到文档的末尾。查找完毕后，系统将弹出如图3-35所示的提示框，提示用户Word已经完成对文档的搜索。

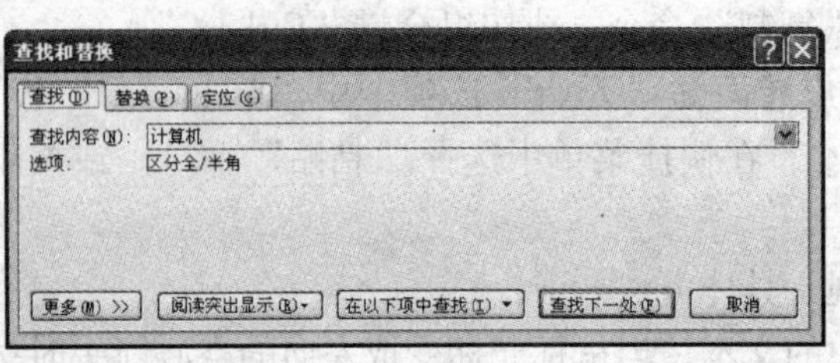

图3-34 “查找”选项卡

图3-35 提示框

4）单击“查找”选项卡中的“更多”按钮，将打开“查找”选项卡的高级形式，如图3-36所示。在该选项卡“搜索选项”选区的“搜索”下拉列表中可设置查找的范围。如果希望在查找过程中区分字母的大小写，可选中“区分大小写”复选框。

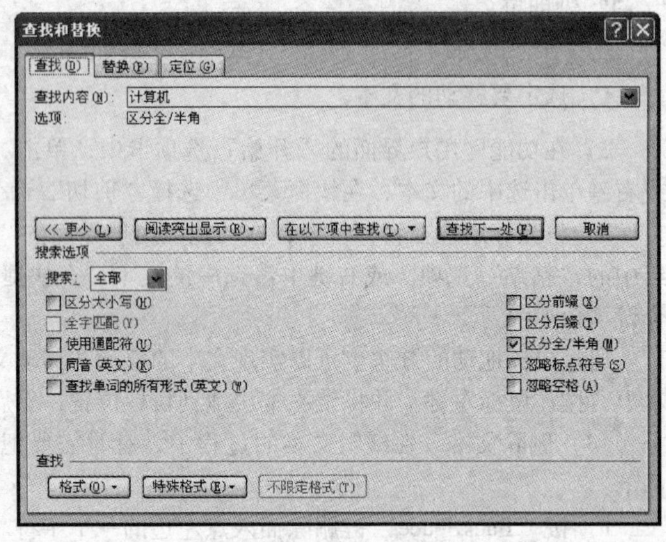

图3-36 “查找”选项卡的高级形式

5）如果要查找带格式文本，在输入查找内容后，需要单击“格式”按钮，然后在弹出的菜单中选择设置要查找内容的格式。例如选择字体命令，将弹出“查找字体”对话框，在该对话框中设置查找文本的字体，如图3-37所示。

6）单击“格式”按钮，在弹出的下拉菜单中选择“段落”命令，将弹出“查找段落”对话框，在该对话框中设置查找文本的段落格式，如图3-38所示。

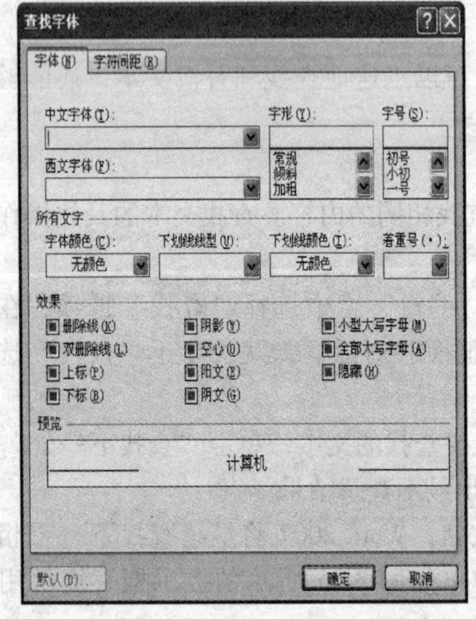

图3-37 “查找字体”对话框

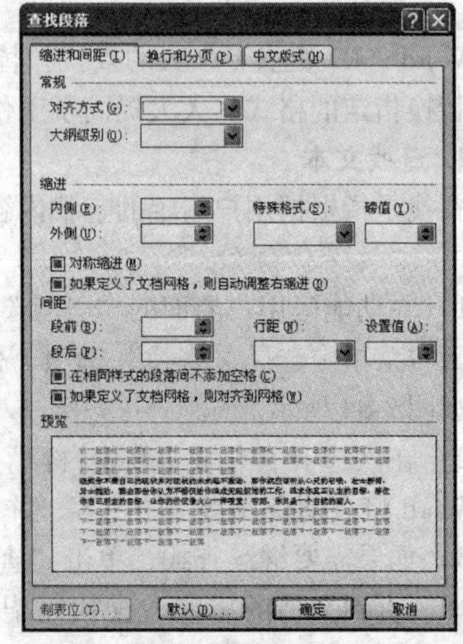

图3-38 “查找段落”对话框

7）查找完文本后，单击“取消”按钮关闭“查找和替换”对话框。

2. 替换文本

使用“查找”功能，可以快速找到特定文本或格式。若要在找到目标后，需将其替换为其他文本或格式，可使用 Word 的“替换”功能。替换文本的具体操作步骤如下：

1）在功能区用户界面的“开始”选项卡的“编辑”组中选择“替换”选项，弹出“查找和替换”对话框，默认打开“替换”选项卡，如图 3-39 所示。

2）在该选项卡中的“查找内容”下拉列表中输入要查找的内容；在“替换为”下拉列表中输入要替换的内容。

3）单击“替换”按钮，将查找文档中第一个和“查找内容”相同的内容，如果找到并单击“替换”按钮则实现内容的替换。这样依次单击“替换”按钮即可完成查找和替换。

4）如果要一次性替换文档中的全部被替换对象，可单击“全部替换”按钮，系统将自动替换全部被替换对象，替换完成后，系统弹出如图 3-40 所示的提示框。

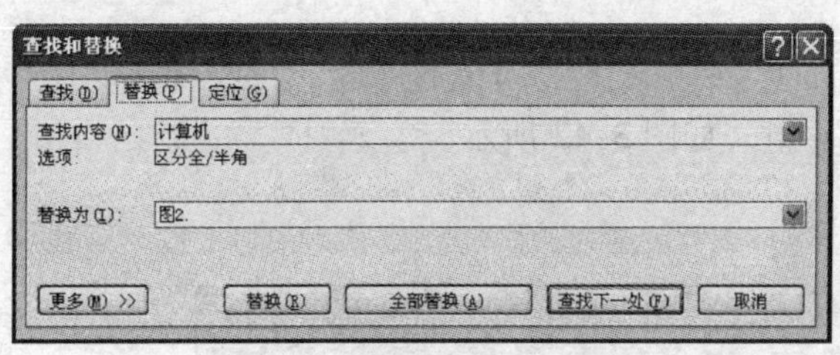

图 3-39　“替换”选项卡

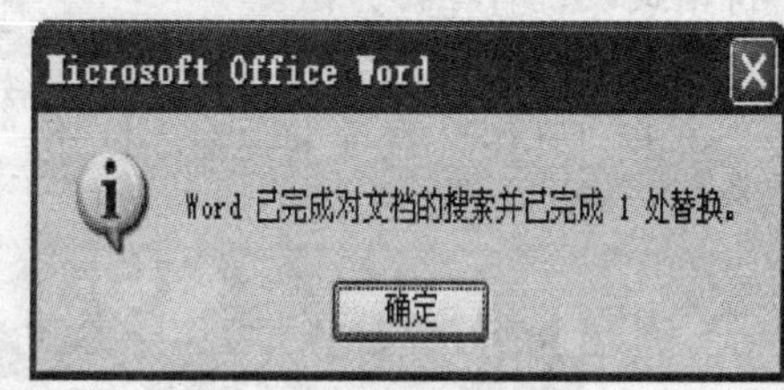

图 3-40　提示框

5）单击“替换”选项卡中的“更多”按钮，将打开“替换”选项卡的高级形式，如图 3-41 所示。在该选项卡中单击“格式”按钮可对替换文本的字体、段落格式等进行设置。

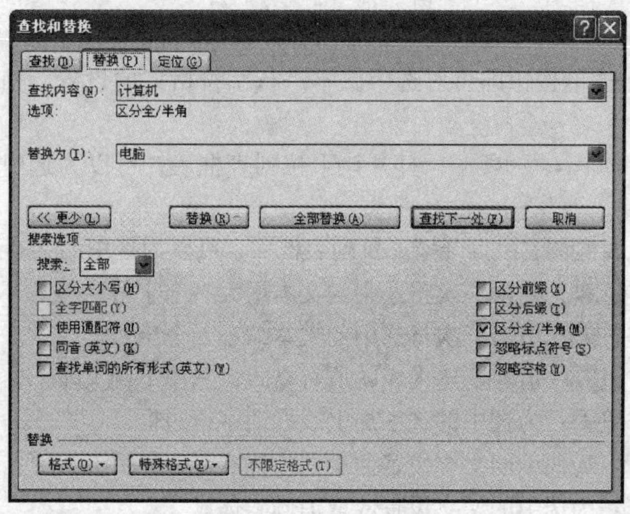

图 3-41　“替换”选项卡的高级形式

3.4 文档格式设置

为了增强文档的可读性及艺术性，使文档更加清晰、美观，文档的格式设置是必不可少的，用户可以通过对字符、段落等格式的设置，对文档进行必要的修饰，使版面更加赏心悦目。

3.4.1 字符格式

Word 2007 中提供了丰富的字符格式，包括字体、字号、颜色、字形等各种字符属性。Word 对字符格式的设置是“所见即所得”，即在屏幕上看到的字符显示效果就是实际打印时的效果。通过选用不同的格式可以使所编辑的文本显得更加美观、灵活多样、富有个性。字符格式设置有三种方法。

1. 使用字体组按钮设置

单击“开始”选项卡开始，打开“字体”组，如图3-42所示。

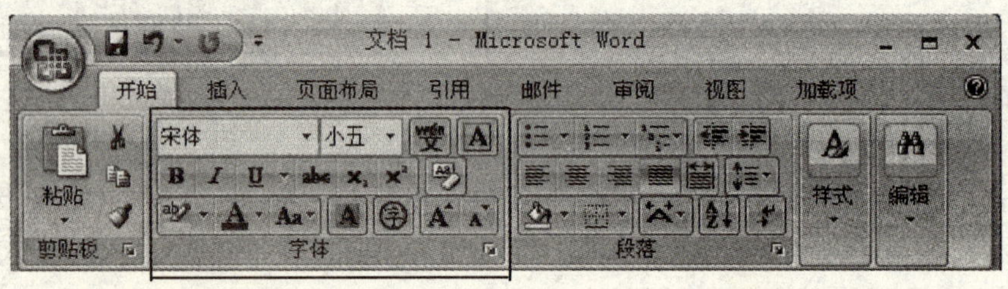

图3-42 “字体”组

单击“字体”组中的按钮即可对选中文本进行字符格式的设置。相关按钮及其功能如下：

“字体”下拉列表框：打开该下拉列表框后，可以为选中的文本选择一种字体。

“字号”下拉列表框：打开该下拉列表框后，可以为选中的文本选择一种字号。

“增大字体”按钮：单击一次将选中的文本增大一个字号。

“缩小字体”按钮：单击一次将选中的文本缩小一个字号。

“清除格式”按钮：清除所选内容的所有格式，只留下纯文本。

“字符边框”按钮：为选中的文字加上或取消字符边框。

“加粗”按钮：为选中的文字设置或取消粗体。

“倾斜”按钮：为选中的文字设置或取消倾斜体。

“下划线”按钮：为选中的文字加上或取消下划线。单击右侧的按钮可以弹出下划线类型下拉列表框，选择下划线类型和下划线颜色。

“更改大小写”按钮：将选中的文字更改为全部大写、全部小写或其他常见的大小写形式。

“以不同颜色突出显示文本”按钮：为选中的文字设置背景底色，突出显示文字。单击右侧的按钮可以选择不同的颜色。

“字体颜色”按钮：为选中的文字设置字体颜色。单击右侧的按钮可以选择不同的颜色。

“字符底纹”按钮：为选中的文字加上或取消底纹。

“拼音指南”按钮：为选中的文字加上拼音。

“带圈字符”按钮：为选中的文字加上圆圈等符号。

“删除线”按钮：在选中的文字中间加一条线。

“下标”按钮：在文字基线下方创建小字符。

“上标”按钮：在文字基线上方创建小字符。

2. 使用对话框设置

“字体”组中只提供了一些比较常用的字符格式设置按钮，而阴影、空心、阳文等特殊格式则需要在“字体”对话框中进行设置。

使用“字体”对话框设置字符格式的操作步骤如下：

1）打开“开始”选项卡，在“字体”组中单击“对话框启动器”按钮，弹出“字体”对话框，如图3-43所示。

2）在“字体”选项卡中设置字符的基本格式。

3）在“字符间距”选项卡中精确设置字符的显示比例、间距和位置。

4）完成设置后单击“确定”按钮，即可应用字符格式。

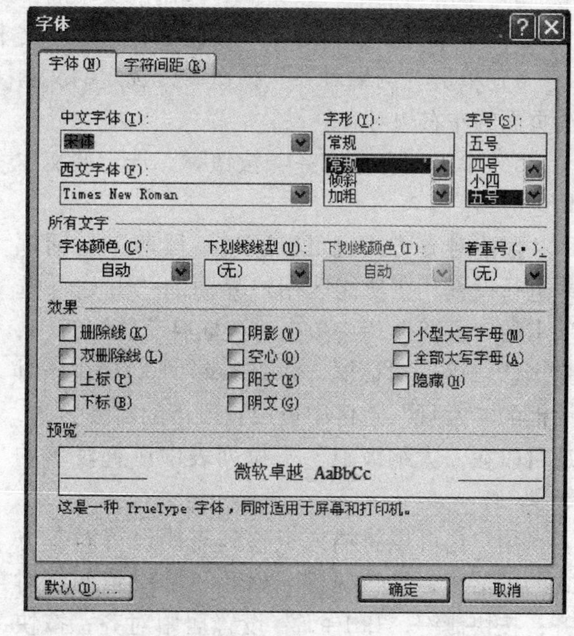

图3-43 “字体”对话框

3. 使用格式刷复制格式

使用“剪切板”组中的“格式刷”按钮可以将一个文本的格式复制到其他文本上。方法如下：

选定已设置好格式的源文本。单击“格式刷”按钮，此时鼠标指针变成一个带有小刷子的“I”字形光标，按住鼠标左键拖动鼠标扫过欲应用选定文本格式的目标文本，然后释放鼠标左键，则选定文本的格式应用到该文本上。要将源文本格式复制到多处文本上，则双击“格式刷”按钮，然后逐个扫过要复制格式的各处文本，复制完后，再次单击“格式刷”按钮，结束复制。

3.4.2 段落格式

段落是指两个段落标记（回车符）之间的文本，是划分文章的基本单位，用户可以将整个段落作为一个整体进行格式设置。段落格式包括段落的对齐方式、段落缩进、行距和段间距等。一般情况下，在输入时按回车键表示换行并开始一个新的段落，新段落的格式会自动设置为上一段中字符和段落的格式。

1. 段落对齐方式

段落对齐是指段落相对于某一个位置的排列方式。Word 2007 提供的段落对齐方式有“文本左对齐”、“居中”、“文本右对齐”、“两端对齐”和“分散对齐”5 种段落对齐方式。其中“两端对齐”是系统默认的对齐方式。

用户可以在功能区用户界面的“开始”选项卡的“段落”组中设置段落的对齐方式：

1）单击“文本左对齐”按钮，选定的文本沿页面的左边对齐。

2）单击“居中”按钮，选定的文本居中对齐。

3）单击“文本右对齐”按钮，选定的文本沿页面的右边对齐。

4）单击“两端对齐”按钮，选定的文本沿页面的左右边对齐。

5）单击“分散对齐”按钮，选定的文本均匀分布。

段落对齐方式也可以通过“段落”对话框来进行设置。在功能区用户界面的“开始”选项卡的“段落”组中单击对话框启动器按钮，弹出“段落”对话框，如图 3-44 所示。在该对话框的“常规”选区中可设置段落的对齐方式，还可以在“大纲级别”下拉列表中设置段落的级别。

用户也可以将插入点移到需要设置对齐方式的段落中，按快捷键“Ctrl + J”设置两端对齐；按快捷键“Ctrl + E”设置居中对齐；按快捷键“Ctrl + L”设置左对齐；按快捷键“Ctrl + R”设置右对齐；按快捷键“Ctrl + Shift + J”设置分散对齐。

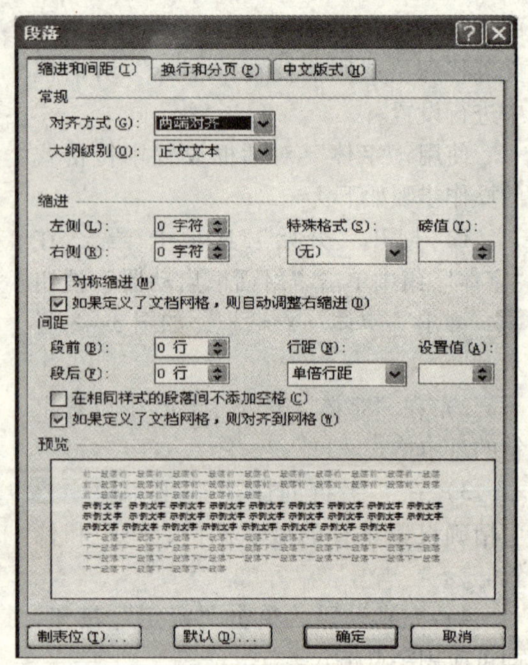

图 3-44 “段落”对话框

2. 段落缩进

段落缩进是设置文本与页边距之间的距离，其中页边距是指文档与页面边界之间的距离。段落缩进一般包括首行缩进、悬挂缩进、左缩进和右缩进。设置段落缩进可以将一个段落与其他段落分开，使得文档条理清晰，便于阅读。有多种方法可以实现段落缩进，分别说明如下：

（1）使用“段落”组按钮 将光标定位在需要设置段落缩进的段落中，单击“开始”选项卡的“段落”组中的“减少缩进量”按钮，将当前段落左移一个默认制表位的距离；单击“增加缩进量”按钮，将当前段落右移一个默认制表位的距离。用户可根据需要多次单击按钮以达到缩进目的。

（2）使用水平标尺上的段落缩进滑块 在水平标尺上有首行缩进、悬挂缩进、左缩进和右缩进4个滑块，分别用来控制段落的4种缩进方式，是进行段落缩进最方便的方法。按住鼠标左键拖动这些滑块到需要的位置，即可为插入点所在段落或选定段落设置缩进方式，如图3-45所示。

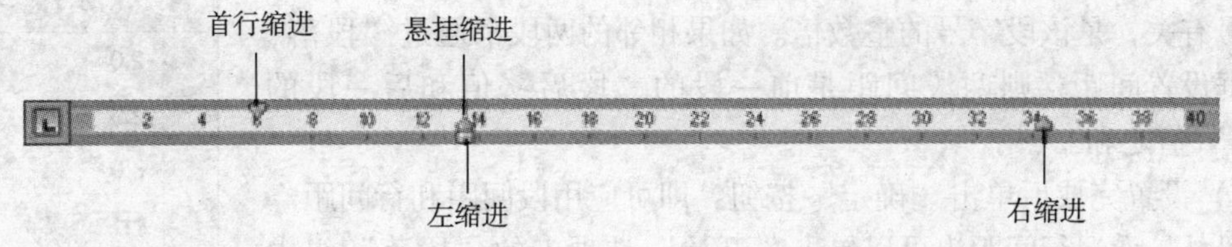

图3-45 水平标尺缩进滑块

1）首行缩进。改变段落中第一行第一个字符的起始位置。

2）悬挂缩进。改变段落中除第一行以外的其他所有行的起始位置。

3）左缩进。设置整个段落相对于页面左边距向右缩进的位置。

4）右缩进。设置整个段落相对于页面右边距向左缩进的位置。

（3）使用“段落”对话框 在功能区用户界面的“开始”选项卡的“段落”组中单击对话框启动器按钮，弹出“段落”对话框。在该对话框中的“缩进”选项区中可设置段落的左缩进、右缩进、悬挂缩进和首行缩进，在其后的微调框中设置具体的数值。

3. 行间距和段落间距

行间距是指段落中行与行之间的距离，段落间距指的是段落与段落之间距离。Word 2007默认的行间距为一个行高，段落间距为0行。设置行间距和段间距的操作步骤如下：

1）选中要更改行间距及段间距的文本。

2）在“开始”选项卡的“段落”组中单击“对话框启动器”按钮，弹出“段落”对话框（或右键单击选中的文本，在快捷菜单中单击“段落”命令），打开“缩进和间距”选项卡。

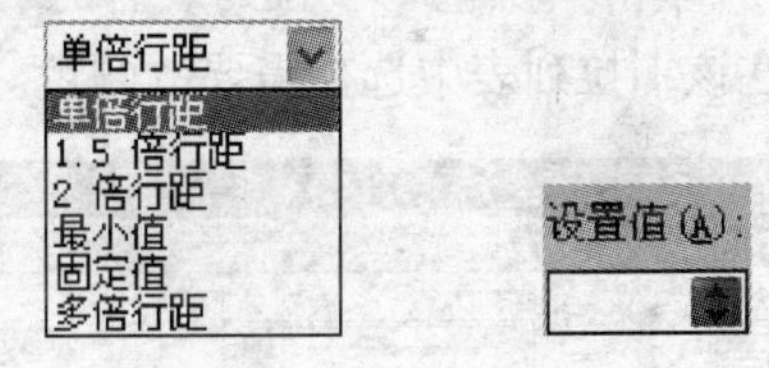

图3-46 “段落”对话框中的“行距”下拉列表及“设置值”微调框

3）在“间距”选项区的“行距”下拉列表框中选择一种行距（默认是“单倍行距”），如图3-46所示。也可以直接在“设置值”微调框中输入相应的数值。

“行距”下拉列表框中各选项的含义如下：

单倍、1.5倍、2倍行距：指行距是该行最大字高的1倍、1.5倍、2倍。

最小值：选中该选项后可以在“设置值”微调框中输入固定的行间距，当该行中的文字或图片超过该值时，Word自动扩展行间距。

固定值：选中后可以在“设置值”微调框中输入固定的行间距，当该行中的文字或图片超过该值时，Word 不会自动扩展行间距。

多倍行距：选中后在“设置值”微调框中输入值为行间距，此时的单位为行，而不是磅。

4）在“段落”对话框中的“段前”和“段后”微调框中分别设置段前距离以及段后距离，此方法设置的段间距与字号无关。用户还可以直接按回车键设置段落间隔距离，此时的段间距与该段文本字号有关，是该段字号的整数倍。如果相邻的两段都通过“段落”对话框设置间距，则两段间距是前一段的“段后”值和后一段的“段前”值之和。

5）设置完成后单击“确定”按钮，即可应用段间距和行间距。

另外，设置行间距也可以单击“开始”选项卡的“段落”组中的“行距”按钮，弹出“行距”下拉列表，如图3-47 所示。在该下拉列表中选择合适的行距，或者选择“行距选项”，在弹出的“段落”对话框“间距”选项区的“行距”下拉列表中设置段落行间距。

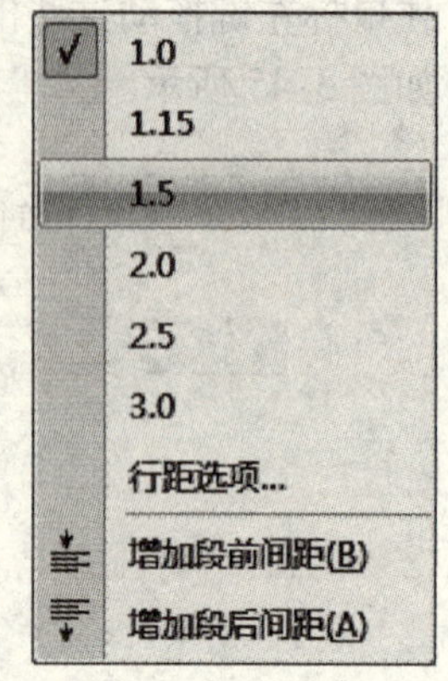

图 3-47 “行距”下拉列表

4. 设置边框和底纹

为了进一步美化文档，可以为文字、段落添加边框、底纹等特殊效果，进而突出显示这些文本和段落。

（1）添加边框 为文本或段落添加边框的具体操作步骤如下：

1）选定需要添加边框的文本或段落。

2）在功能区用户界面的“开始”选项卡的“段落”组中单击“下框线”按钮，在弹出的快捷菜单中选择“边框和底纹”选项，弹出“边框和底纹”对话框，如图3-48 所示。

3）在该对话框“边框”选项卡的“设置”选项区中选择边框类型；在“样式”列表框中选择边框的线型。

4）单击“颜色”下拉列表后的下三角按钮，打开“颜色”下拉列表，如图3-49 所示。在该下拉列表中选择需要的颜色。

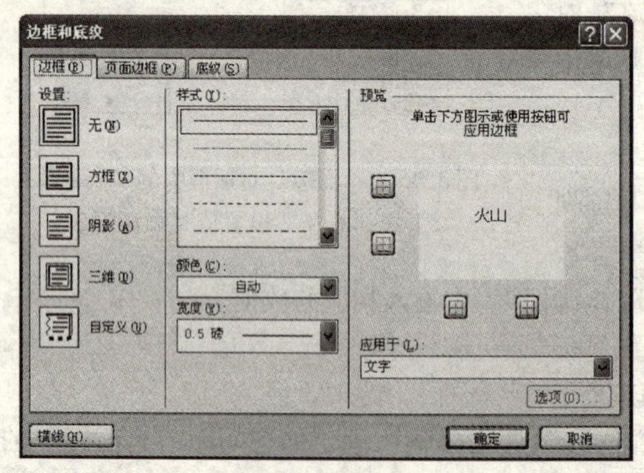

图 3-48 “边框和底纹”对话框

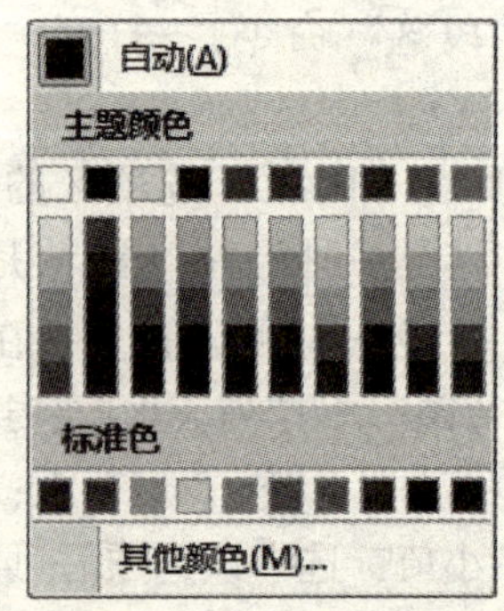

图 3-49 “颜色”下拉列表

5）如果在“颜色”下拉列表中没有用户需要的颜色，可选择“其他颜色”选项，弹出“颜色”对话框，在该对话框中选择需要的标准颜色或者自定义颜色。

6）在“宽度”下拉列表中选择边框的宽度。

7）在“应用于”下拉列表中选择边框的应用范围。

8）设置完成后，单击“确定”按钮即可为文本或段落添加边框。

（2）添加底纹　为文本或段落添加底纹的具体操作步骤如下：

1）选定需要添加底纹的文本或段落。

2）在功能区用户界面的“开始”选项卡的“段落”组中单击“下框线”按钮，在弹出的快捷菜单中选择“边框和底纹”选项，弹出“边框和底纹”对话框，打开“底纹”选项卡，如图3-50所示。

3）在该选项卡的“填充”选项区的下拉列表中选择填充的颜色。

4）在“图案”选项区的“样式”和“颜色”下拉列表中选择图案的样式和颜色。

5）设置完成后，单击“确定”按钮即可为文本或段落添加底纹。

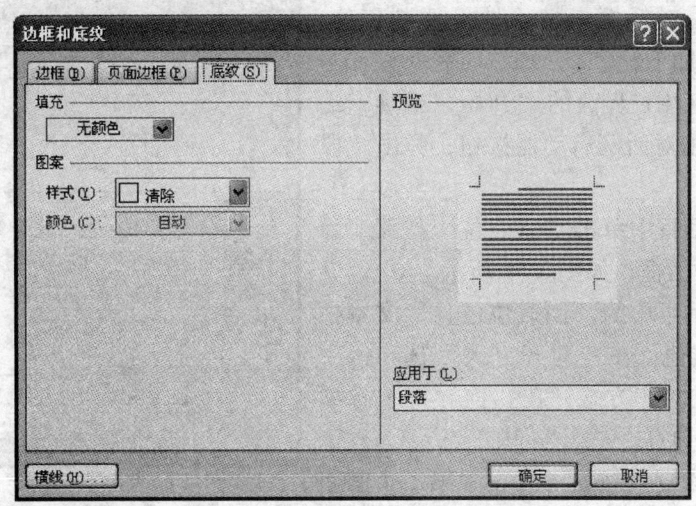

图3-50　“底纹”选项卡

5. 设置段落制表位

制表位用来指定文字缩进的距离或一栏文字开始的位置和对齐方式。默认情况下，每0.75cm（2个字符）就有一个左对齐的制表位。每按一次“Tab”键，插入点及其右边的正文就会向右移动到下一个制表位。用户可以修改制表位的位置和设置文字在制表位位置的对齐方式。

可以使用以下两种方法设置制表位。

（1）使用“制表符”按钮

1）在水平标尺的左侧有一个“制表符”按钮，单击一次就变换为另一个按钮，所有“制表符”按钮及其对齐方式见表3-3。

2）根据需要选择对齐方式，在标尺上的目标位置单击鼠标，即可在标尺上留下一个制表符。

表 3-3 “制表符”按钮及其对齐方式

制表符按钮	对齐方式	制表符按钮	对齐方式
	左对齐方式		小数点对齐方式
	居中对齐方式		竖线对齐方式
	右对齐方式		

3）将光标定位到目标文档的开始处，输入文本，按“Tab”键将光标移动到相邻的制表符处，输入的文本将按照指定的对齐方式对齐。

提示：将鼠标指针指向水平标尺上的制表符，按住鼠标左键在水平标尺上左右拖动，可以改变制表位的位置。按住“Alt”键，然后按住鼠标左键拖动制表符，可以看到移动制表符时的制表位位置的精确数值标度。按住鼠标左键将制表符拖出水平标尺可将该制表位删除。

（2）使用“制表位”对话框　用户还可以使用“制表位”对话框来精确地设置制表位，其具体操作步骤如下：

1）在功能区用户界面的“开始”选项卡的“段落”组中单击对话框启动器按钮，弹出“段落”对话框。

2）在该对话框中单击“制表位”按钮，弹出“制表位”对话框，如图3-51所示。

3）在该对话框中的“制表位位置”文本框中输入具体的数值；在“对齐方式”选项区中选择一种制表位对齐方式；在“前导符”选项区中选择一种前导符。

4）单击“设置”按钮继续设置第二个制表位。

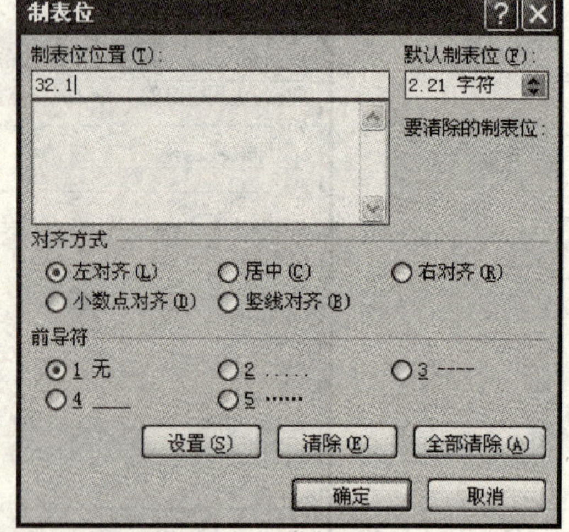

图 3-51 “制表位”对话框

5）设置完成后，单击“确定”按钮。

6. 添加项目符号和编号

Word 2007为用户提供了自动添加编号和项目符号的功能。项目符号就是放在文本或列表前用以添加强调效果的符号。在排版文档时，可以通过为段落添加编号或项目符号，使文档更具层次感和可读性。

在添加项目符号或编号时，可以先输入文字内容，再给文字添加项目符号或编号；也可以先创建项目符号或编号，然后输入文字内容，自动实现项目的编号，不必手工编号。

（1）创建项目符号列表　创建项目符号列表的具体操作步骤如下：

1）将光标定位在要创建项目符号列表的开始位置。

2）在功能区用户界面的“开始”选项卡的“段落”组中单击“项目符号”按钮右侧的下三角按钮，弹出“项目符号库”下拉列表，如图3-52所示。

3）在该下拉列表中选择项目符号，或选择“定义新项目符号”选项，弹出“定义新项目符号”对话框，如图3-53所示。

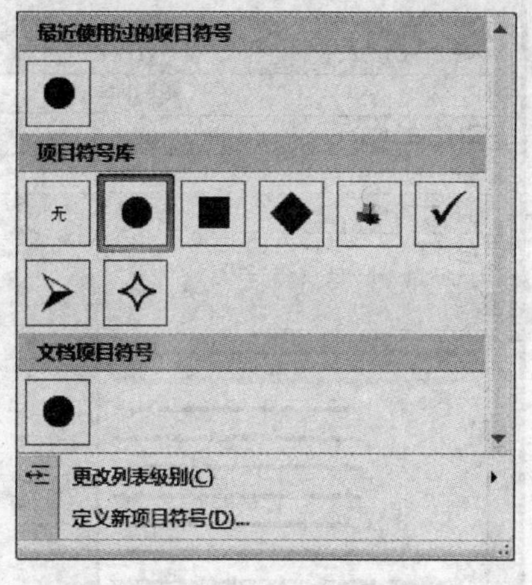

图3-52 “项目符号库”下拉列表

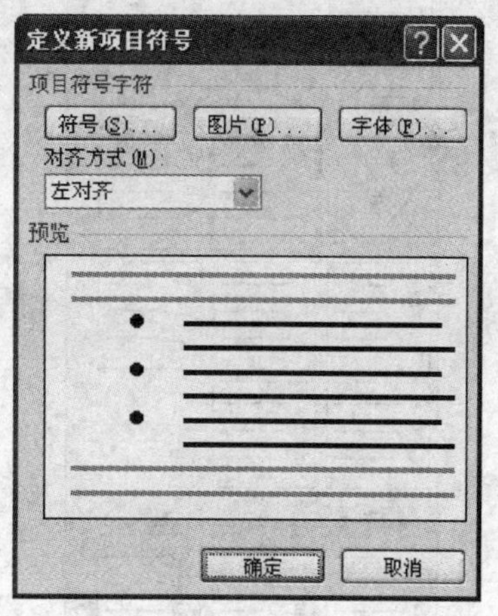

图3-53 “定义新项目符号”对话框

4）在该对话框中的“项目符号字符”选项区中单击“符号”按钮，在弹出的如图3-54所示的“符号”对话框中选择需要的符号；单击“图片”按钮，在弹出的如图3-55所示的“图片项目符号”对话框中选择需要的图片符号；单击“字体”按钮，在弹出的“字体”对话框中设置项目符号中的字体格式。

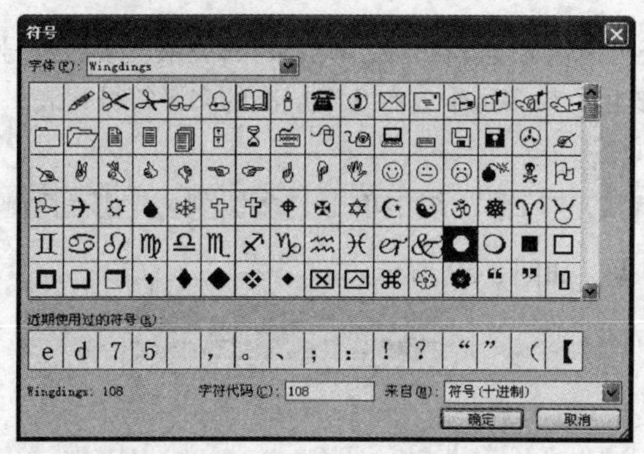

图3-54 “符号”对话框

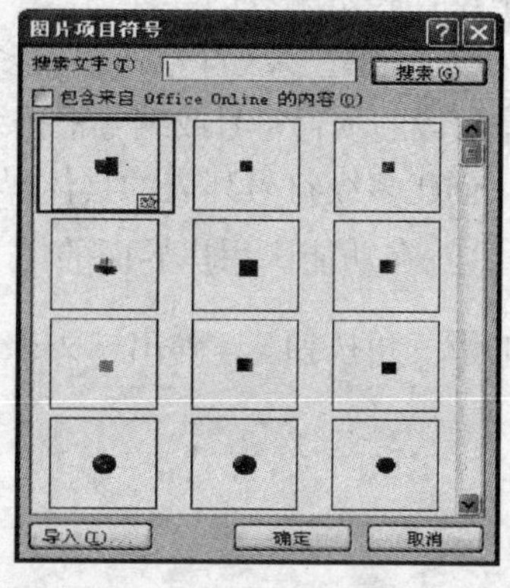

图3-55 “图片项目符号”对话框

5）设置完成后，单击“确定”按钮，为文本添加项目符号。

（2）创建编号列表 编号列表是在实际应用中最常见的一种列表，它和项目符号列表类似，只是编号列表用数字替换了项目符号。在文档中应用编号列表，可以增强文档的顺序感。

创建编号列表的具体操作步骤如下：

1）将光标定位在要创建编号列表的开始位置。

2）在功能区用户界面的“开始”选项卡的“段落”组中单击“编号”按钮右侧的下三角按钮，弹出“编号库”下拉列表，如图3-56所示。

3）在该下拉列表中选择编号的格式，选择“定义新编号格式”选项，弹出“定义新编号格式”对话框，如图3-57所示。在该对话框中定义新的编号样式、格式以及编号的对齐方式。

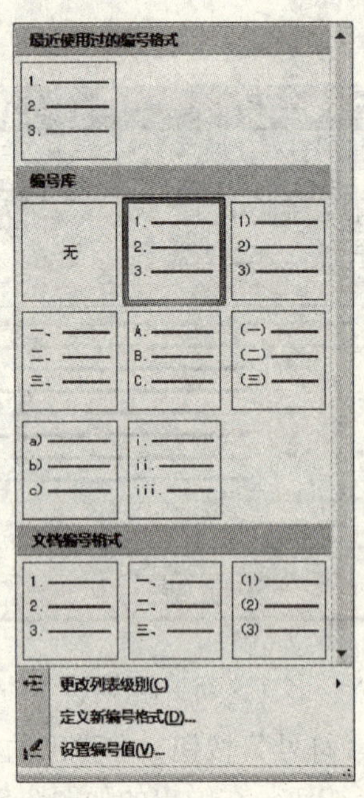

图 3-56　“编号库”下拉列表

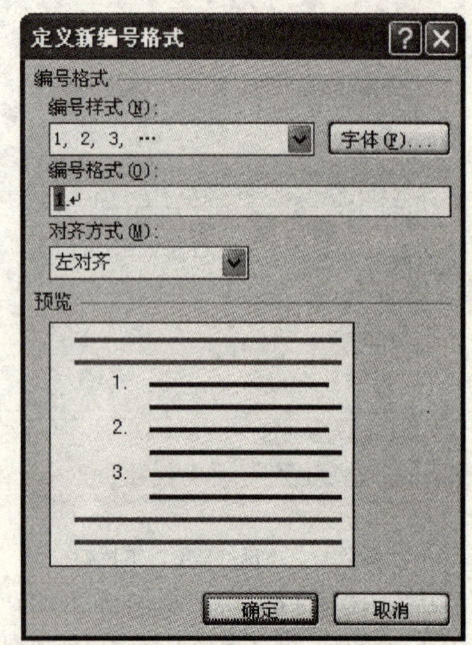

图 3-57　“定义新编号格式”对话框

4）选择“设置编号值”选项，弹出“起始编号”对话框，如图 3-58 所示。在该对话框中设置起始编号的具体值。

（3）创建多级符号列表　多级符号列表可以清晰地表明各层次之间的关系。多级符号列表中每段的项目符号或编号根据缩进范围而变化，最多可生成有 9 个层次的多级符号列表。

创建多级符号列表的具体操作步骤如下：

1）在功能区用户界面的“开始”选项卡的“段落”组中单击“多级列表”按钮右侧的下三角按钮，弹出“列表库”下拉列表，如图 3-59 所示。

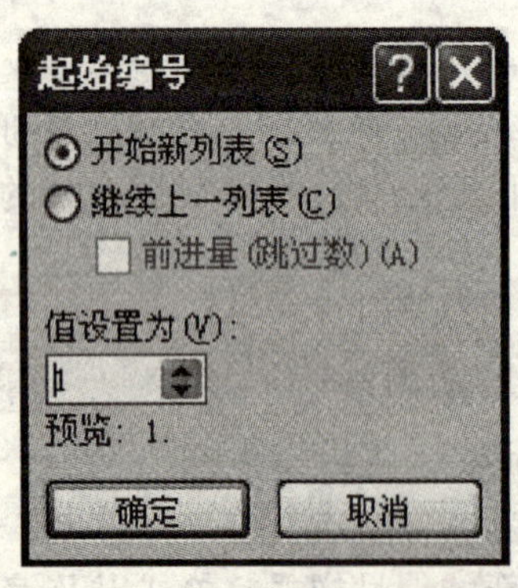

图 3-58　“起始编号”对话框

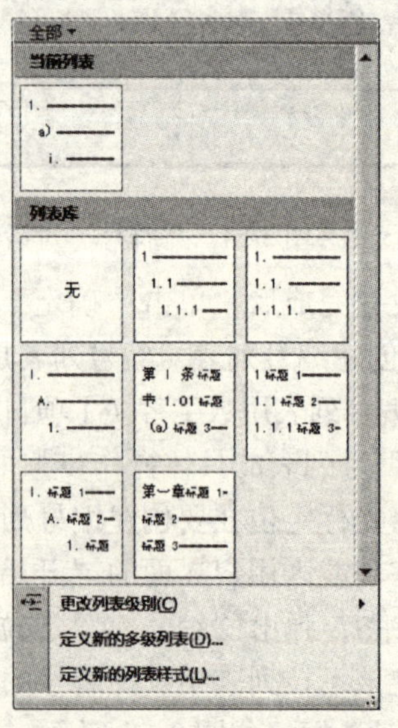

图 3-59　“列表库”下拉列表

2）在该下拉列表中选择编号的格式，选择“定义新的多级列表”选项，弹出“自定义多级符号列表”对话框，如图3-60所示。

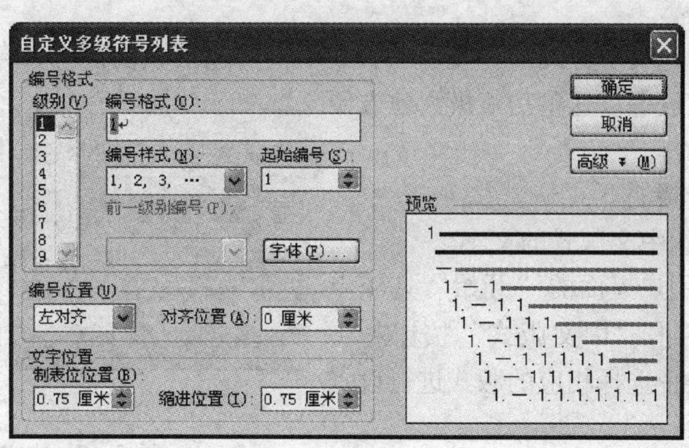

图3-60　“自定义多级符号列表”对话框

3）在“级别”列表框中选择当前要定义的列表级别；在“编号格式”文本框中输入编号或项目符号及其前后紧接的文字；在“编号样式”下拉列表中选择列表要用的项目符号或编号样式；在“起始编号”微调框中设置起始编号。根据需要设置编号位置或文字位置等。

4）在“列表库”下拉列表中选择“定义新的列表样式”选项，弹出“定义新列表样式”对话框，如图3-61所示。在该对话框中定义新列表的样式。

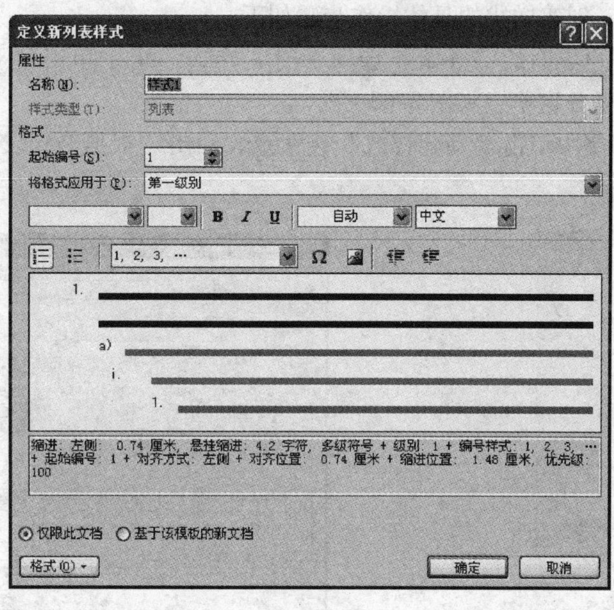

图3-61　“定义新列表样式”对话框

5）输入列表内容，并在每一项的结尾按回车键。

6）输入完成后，连续按两次回车键，以停止创建多级符号列表。

7）将光标定位在列表中的任意位置，再单击“格式”工具栏中的“减少缩进量”按钮或“增加缩进量”按钮，或者直接按“Tab”键，调整列表到合适的级别。

7. 中文版式

中文版式是自定义中文或混合文字的版式，主要包括纵横混排、合并字符、双行合一、调整宽度和字符缩放等。这些功能极大地方便了对中文的编辑操作。

其具体操作步骤如下：

1）选定要设置中文版式的文本。

2）在功能区用户界面的“开始”选项卡的“段落”组中单击“中文版式”按钮，在弹出的下拉列表中选择相应的版式进行设置即可，如图3-62所示。

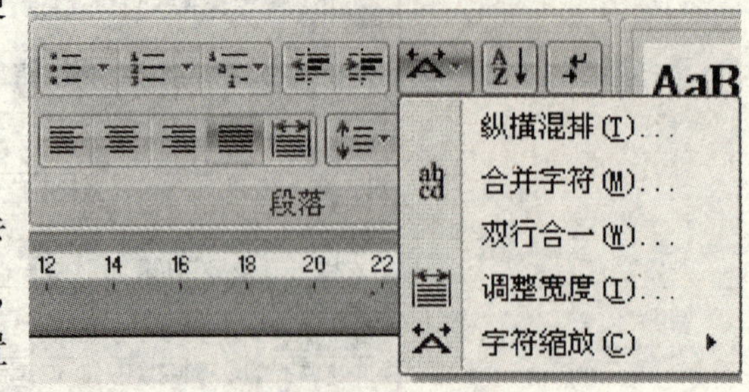

图3-62 中文版式设置

3.4.3 样式和模板的使用

样式和模板是Word中最重要的排版工具。应用样式，可以直接将文字和段落设置成事先定义好的格式；应用模板，可以轻松制作出精美的传真、信函、报告等公文。

1. 样式

样式是一系列预置的排版格式，包括字体、段落、制表位和边距等。使用样式不仅可以快捷地排版具有统一格式的文本，保证文档格式的一致性，提高效率，而且便于文档格式的修改，当修改了某一样式后，文档中应用该样式的所有文本的格式会自动随之修改。

（1）创建样式　创建样式的具体操作步骤如下：

1）在功能区用户界面的“开始”选项卡的“样式”组中单击“对话框启动器”按钮，打开“样式”任务窗格，如图3-63所示。

2）在该任务窗格中单击“新建样式”按钮，弹出“根据格式设置创建新样式”对话框，如图3-64所示。

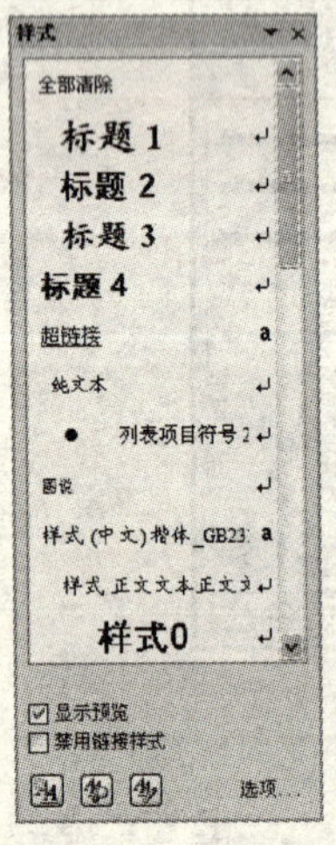

图3-63 “样式”任务窗格

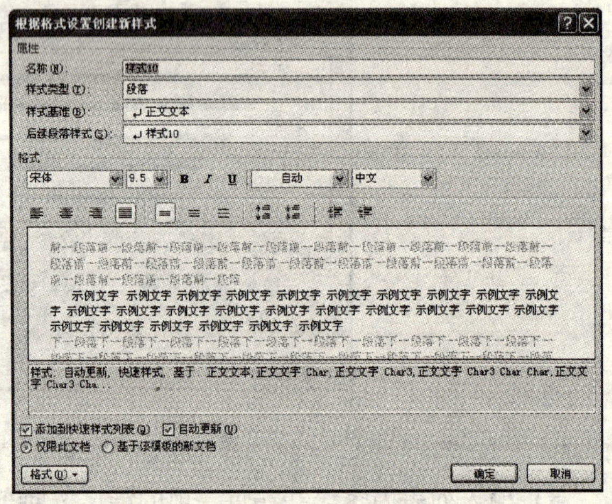

图3-64 “根据格式设置创建新样式”对话框

3）在该对话框“属性”选项区的“名称”文本框中输入新样式的名称；在“样式类型”下拉列表中选择“字符”或“段落”选项。

4）单击“格式”按钮，弹出其下拉菜单。在该下拉菜单中选择相应的命令，设置相应的字符或段落格式。例如，选择“字体”命令，在弹出的“字体”对话框中设置字体格式。

5）设置完成后，单击“确定”按钮，返回到“根据格式设置创建新样式”对话框，选中“添加到快速样式列表”和“自动更新”复选框，单击“确定”按钮，完成样式的创建。

也可以基于已排好版的文本创建新样式，方法如下：选定已排好版的段落，在功能区用户界面的“开始”选项卡的“样式”组中单击“其他”按钮，在弹出的菜单中选择“将所选内容保存为新快速样式”选项，在弹出的“根据格式设置创建新样式”对话框的“名称”文本框中输入样式名，然后单击“确定”按钮即可。所创建的样式名即添加到样式列表中，所选段落的字符格式、段落格式等都将包括在所建样式之中。

（2）应用样式　对文本应用样式的具体操作步骤如下：

1）选定要应用样式的字符或段落。

2）在功能区用户界面的“开始”选项卡的“样式”组中单击“其他”按钮，在弹出的菜单中直接选择样式即可，如图3-65所示。或单击窗口下方的“应用样式”按钮 应用样式，打开“应用样式”对话框，如图3-66所示。

3）在该对话框中的下拉列表中选择相应的样式，即可应用于所选的字符或段落中。

4）用户还可以在“样式”任务窗格（见图3-63）中选择需要的样式。

图3-65　样式菜单

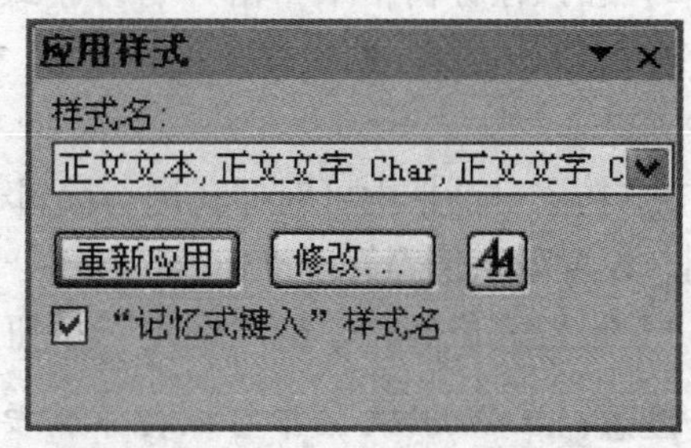

图3-66　“应用样式”对话框

（3）修改样式　如果对设置好的样式不满意，可以对样式进行修改。修改样式的具体操作步骤如下：

1）在“应用样式”对话框中单击“修改”按钮（或选中“样式”窗格中要修改的样式并单击其右侧的下拉按钮，在弹出的菜单中进行修改；或直接在样式菜单中右键单击要修改的样式），弹出“修改样式”对话框，如图3-67所示。

2）在该对话框中对样式的名称、格式等进行修改。

3）修改完成后，选中“添加到快速样式列表”和“自动更新”复选框，单击“确定”按钮即可。

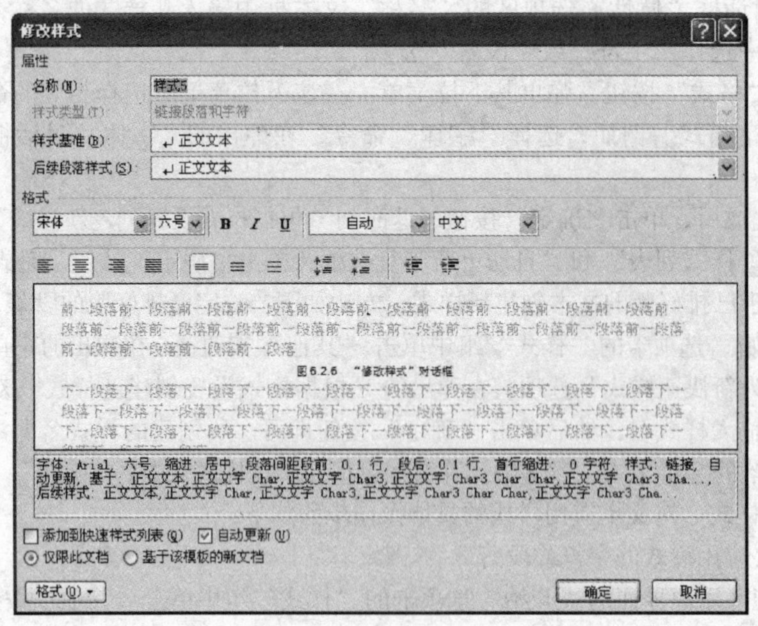

图 3-67 "修改样式"对话框

（4）管理样式　管理样式的具体操作步骤如下：

1）在功能区用户界面的"开始"选项卡的"样式"组单击"对话框启动器"按钮，打开"样式"任务窗格。

2）在该任务窗格中单击"管理样式"按钮，弹出"管理样式"对话框，如图 3-68 所示。

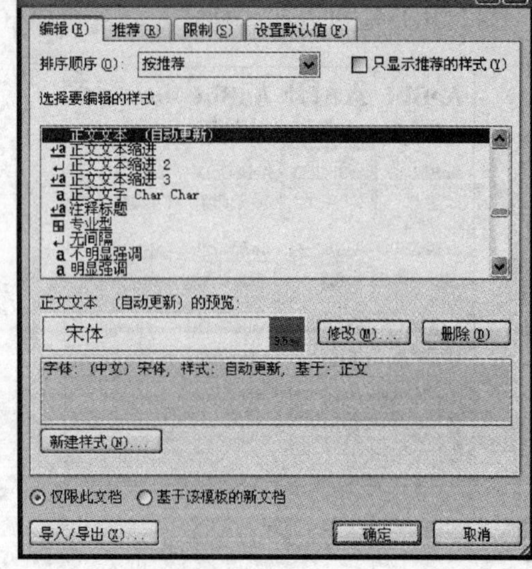

图 3-68 "管理样式"对话框

3）在该对话框中可对样式进行编辑、推荐、限制、设置默认值等管理操作。

4）设置完成后，单击"确定"按钮即可。

注意：在 Word 文档中可以把不需要的样式删除，但有一些内建样式不允许用户进行删除，如"正文"、"标题 1"等。

2. 模板

模板是一类特殊的文档，它提供了创建文档的基本框架，包括字体、快捷键指定方案、菜单、页面设置、特殊格式、样式以及宏等。使用模板创建文档，模板中的文本和样式等会自动添加到新文档中，可以快速生成所需类型文档的基本框架，为创建某类形式相同、具体内容有所不同的文档提供了便利。

用户在打开模板时会创建模板本身的副本。在 Word 2007 中，模板可以是 . dotx 文件，也可以是 . dotm 文件（. dotm 文件类型允许在文件中启用宏）。在将文档保存为 . docx 或

. docm 文件时，文档会与文档基于的模板分开保存。

可以在模板中提供建议的部分或必需的文本以供其他人使用，还可以提供内容控件（如预定义下拉列表或特殊徽标），在这方面模板与文档极其相似。可以对模板中的某个部分添加保护，或者对模板应用密码以防止对模板的内容进行更改。

（1）创建模板　除了使用 Word 预定义的模板，用户还可以自己创建模板，以满足某些特殊的需求。用户可以从空白文档开始并将其保存为模板，或者基于现有的文档或模板创建模板。

创建模板的具体操作步骤如下：

1）打开要创建模板的文档，单击“Office”按钮，在弹出的下拉菜单中选择“另存为”命令，然后在下一级菜单中单击“其他格式”按钮（或单击“Word 模板”按钮），弹出“另存为”对话框，如图 3-69 所示。

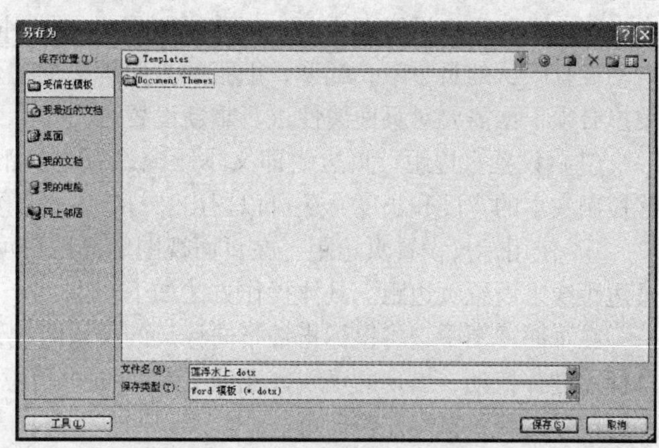

图 3-69　“另存为”对话框

2）在该对话框中选择“受信任模板”选项；在“文件名”文本框中指定新模板的文件名；在“保存类型”下拉列表中选择“Word 模板”选项；在“保存位置”下拉列表框中选择所需位置，一般情况下使用默认的“Templates”文件夹。然后单击“保存”按钮，即可创建新模板。

注意： *用户还可以将模板保存为“启用宏的 Word 模板”（. dotm 文件）或者“Word 97-2003 模板”（. dot 文件）。*

（2）使用模板创建文档　使用模板创建文档的步骤如下：

1）单击“Office”按钮，在弹出的下拉菜单中选择“新建”命令，打开“新建文档”对话框，如图 3-70 所示。

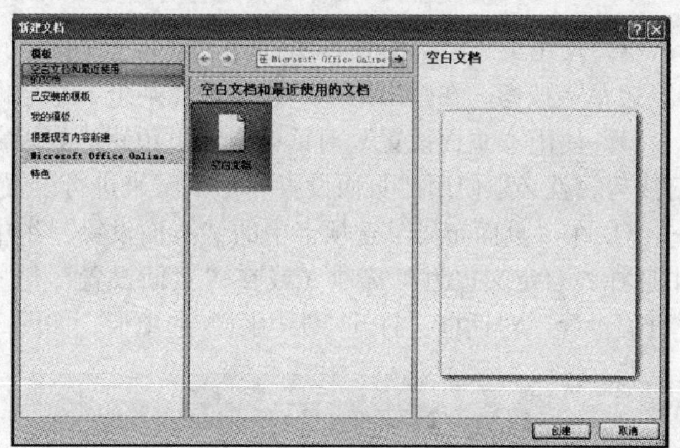

图 3-70　“新建文档”对话框

2）在“模板”选项区选择“我的模板”选项，弹出“新建”对话框，如图 3-71 所示。

3）选中要应用的模板文件，在“新建”选项区中选择“文档”，单击“确定”按钮。

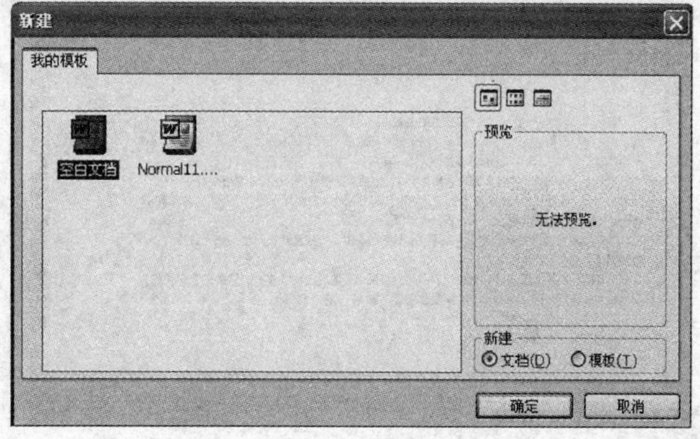

图 3-71　“新建”对话框

3.4.4 页面排版

页面排版主要包括页面设置、添加页眉页脚和页面背景设置等操作。重新设置页面后，文档会随之重新排版，因此，一般先进行页面设置，然后再进行其他排版操作。

1. 页面设置

页面设置是指设置页边距、纸张、版式、文档网格等。在建立新的文档时，Word 已经自动设置默认的页边距、纸型、纸张的方向等页面属性。为了编排出一个简洁美观的版式，用户必须根据需要对页面属性进行重新设置。

(1) 设置页边距　页边距即文本距离纸张上、下、左、右边界的距离。设置页边距能够控制文本的宽度和长度，还可以留出装订边。设置页边距的方法有以下三种。

1) 使用标尺设置页边距。在页面视图中，用户可以通过拖动水平标尺和垂直标尺上的页边距线来设置页边距。具体操作方法如下：

在页面视图中，将鼠标指针指向标尺的页边距线，此时鼠标指针变为↕或↔形状；按住鼠标左键并拖动，出现的虚线表明改变后的页边距位置，如图 3-72 所示；将鼠标拖动到需要的位置后释放鼠标左键即可。

提示： *在使用标尺设置页边距时按住“Alt”键，将显示出文本区和页边距的具体数值。*

2) 使用页边距菜单设置页边距。在“页面布局”选项卡中的“页面设置”组中单击“页边距”按钮，在弹出菜单中直接选择某个“页边距”选项即可。

3) 使用“页面设置”对话框设置页边距。如果需要精确设置页边距，或者需要添加装订线等，就必须使用“页面设置”对话框来进行设置。具体操作步骤如下：

① 在“页面布局”选项卡中的“页面设置”组中单击“页边距”按钮，在弹出的菜单中选择“自定义边距”选项（或在“页面设置”组中单击“对话框启动器”按钮），弹出“页面设置”对话框，打开“页边距”选项卡，如图 3-73 所示。

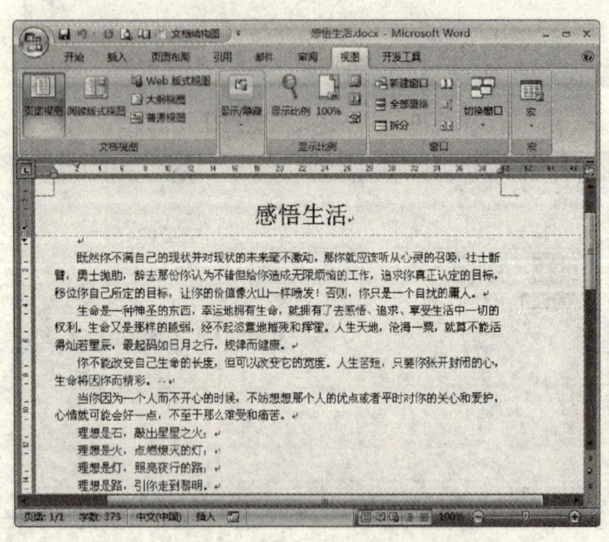

图 3-72　使用标尺设置页边距

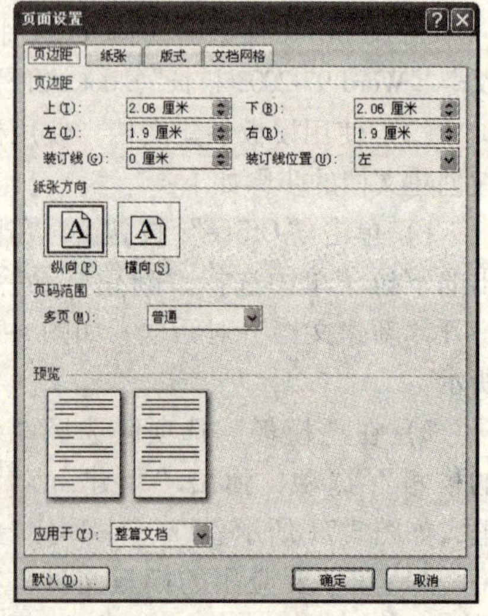

图 3-73　“页边距”选项卡

② 在该选项卡中的“页边距”选项区的“上”、“下”、“左侧”、“右侧”微调框中分别输入页边距的数值；在“装订线”微调框中输入装订线的宽度值；在“装订线位置”下拉列表中选择“左”或“上”选项。

③ 在“纸张方向”选区中选择“纵向”或“横向”选项来设置文档的方向。

④ 在“页码范围”选项区中单击“多页”下拉列表右侧的下三角按钮，在弹出的下拉列表中选择相应的选项，可设置页码范围类型。

⑤ 在“预览”选项区的“应用于”下拉列表中选择要应用新页边距设置的文档范围；在后边的预览区中即可看到设置的预览效果。

⑥ 设置完成后，单击“确定”按钮即可。

（2）设置纸张类型　Word 2007 默认的打印纸张为 A4 纸，其宽度为 21cm，高度为 29.7cm，且页面方向为纵向。如果实际需要的纸型与默认设置不一致，就会造成分页错误，此时就必须重新设置纸张类型。

设置纸张类型的具体操作步骤如下：

1）在“页面布局”选项卡的“页面设置”组的“纸张大小”下拉列表中选择“其他页面大小”选项（或在“页面设置”组中单击“对话框启动器”按钮），弹出“页面设置”对话框，打开“纸张”选项卡，如图 3-74 所示。

2）在该选项卡中单击“纸张大小”下拉列表右侧的下三角按钮，在打开的下拉列表中选择一种纸型。用户还可在“宽度”和“高度”微调框中设置具体的数值，自定义纸张的大小。

3）在“纸张来源”选项区中设置打印机的送纸方式；在“首页”列表框中选择首页的送纸方式；在“其他页”列表框中设置其他页的送纸方式。

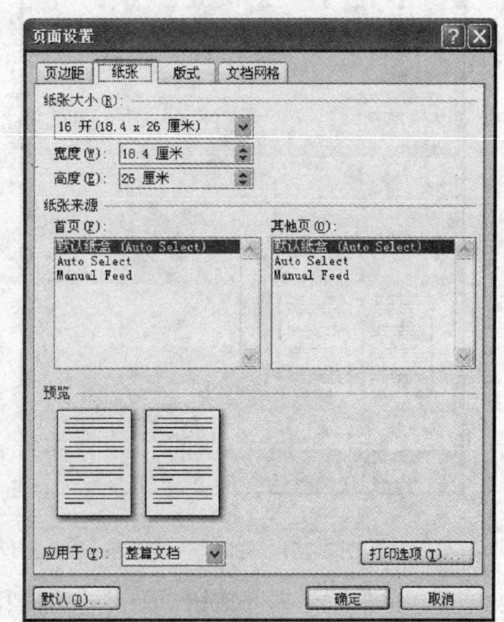

图 3-74　“纸张”选项卡

4）在“应用于”下拉列表中选择当前设置的应用范围。

5）单击“打印选项”按钮，可在弹出的“Word 选项”对话框的“打印选项”选项区中进一步设置打印属性。

6）设置完成后，单击“确定”按钮即可。

（3）设置版式　Word 2007 提供了设置版式的功能，可以设置有关页眉和页脚、节的起始位置、页面垂直对齐方式、行号以及边框等特殊的版式选项。设置版式的具体操作步骤如下：

1）在“页面布局”选项卡的“页面设置”组中单击“对话框启动器”按钮，弹出“页面设置”对话框，打开“版式”选项卡，如图 3-75 所示。

2）在该选项卡的“节的起始位置”下拉列表中选择节的起始位置，用于对文档分节。

3）在“页眉和页脚”选项区中可以确定页眉和页脚的显示方式。如果需要奇数页和偶数页不同，可选中“奇偶页不同”复选框；如果需要首页不同，可选中“首页不同”复选框。在“页眉”和“页脚”微调框中可设置页眉和页脚距边界的具体数值。

4）在“垂直对齐方式”下拉列表中可设置页面的一种垂直对齐方式。

5）在“预览”选项区中单击“行号”按钮，弹出“行号”对话框，选中“添加行号”复选框，如图3-76所示。在“起始编号”、“距正文”、“行号间隔”微调框中选择或输入相应的数值；在“编号”选项区中根据需要选择一种编号方式。单击“确定”按钮，返回“页面设置”对话框。

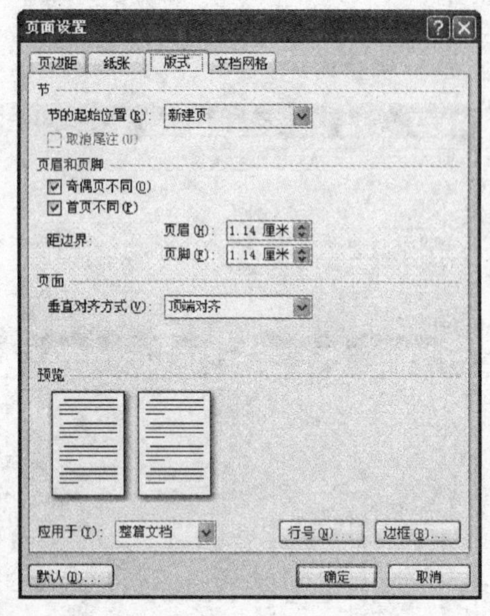

图3-75 “版式”选项卡

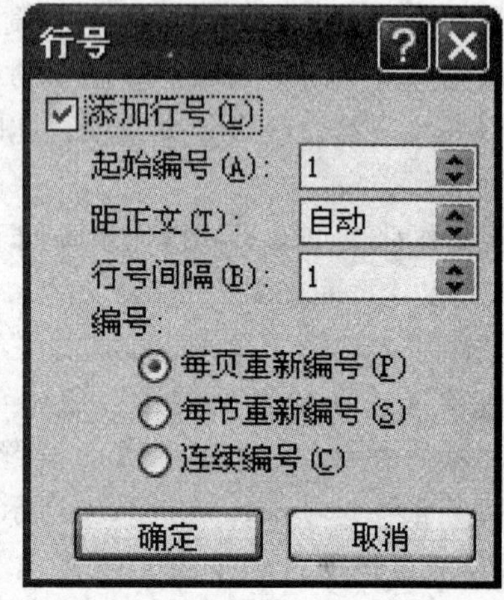

图3-76 “行号”对话框

6）单击“边框”按钮，弹出“边框和底纹”对话框，根据需要设置即可。

7）在“预览”选项区中单击“应用于”下拉列表，选择版式的应用范围。

8）单击“确定”按钮完成版式的设置。

（4）设置文档网格　利用Word中的文档网格，可以设置文字的排列方向、分栏、网格、文档中每行字符的个数以及每页行数等。设置文档网格的具体操作步骤如下：

1）在“页面布局”选项卡的“页面设置”组中单击“对话框启动器”按钮，弹出“页面设置”对话框，打开“文档网格”选项卡，如图3-77所示。

2）在该选项卡的“文字排列”选项区中设置文字排列的方向和栏数。

3）在“网格”选项区中可设置不同的网格类型。

4）在“字符数”和“行数”选项区中分别设置每行的字符数和每页的行数。

5）在“预览”选项区中单击“绘图网格”按钮，弹出如图3-78所示的“绘图网格”对话框，在该对话框中设置网格格式，如选中“在屏幕上显示网格线”复选框，单击“确定”按钮后，即可看到屏幕上显示的网格线。

6）在“预览”选项区中单击“字体设置”按钮，弹出“字体”对话框，在该对话框中设置页面中的字体格式。

7）在“预览”选项区中单击“应用于”下拉列表，选择设置的应用范围。

8）最后单击“确定”按钮，完成文档网格的设置。

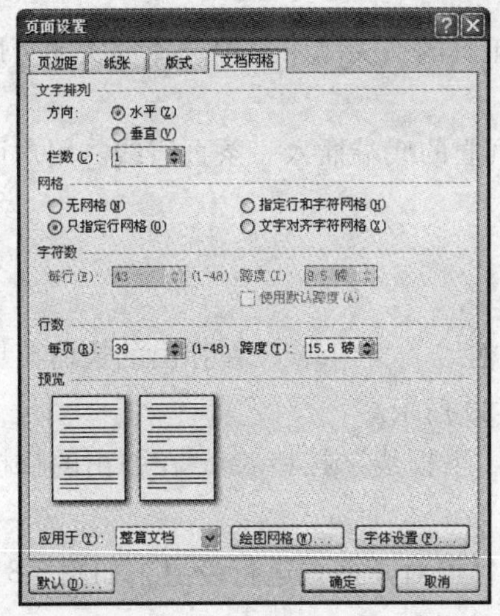

图3-77　“文档网格”选项卡

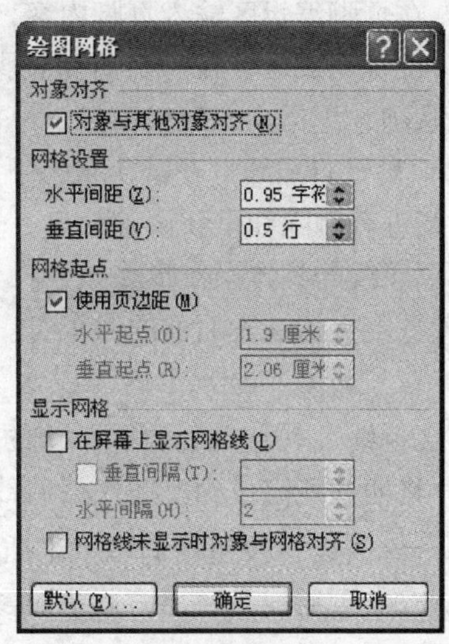

图3-78　“绘图网格”对话框

2. 添加页眉和页脚

页眉位于文档中每页的顶端，页脚位于文档中每页的底端。它们主要用来显示文档的一些附加信息，一般由文本或图标组成，如标题、页码、日期等信息。页眉和页脚的格式化与文档内容的格式化方法相同。

（1）插入页眉和页脚　用户可以在文档中插入不同格式的页眉和页脚。例如，可插入与首页不同的页眉和页脚，或者插入奇、偶页不同的页眉和页脚。插入页眉和页脚的具体操作步骤如下：

1）在“插入”选项卡的“页眉和页脚”组中选择“页眉”选项，单击“编辑页眉”，进入页眉编辑区，并打开“页眉和页脚工具”上下文工具，如图3-79所示。

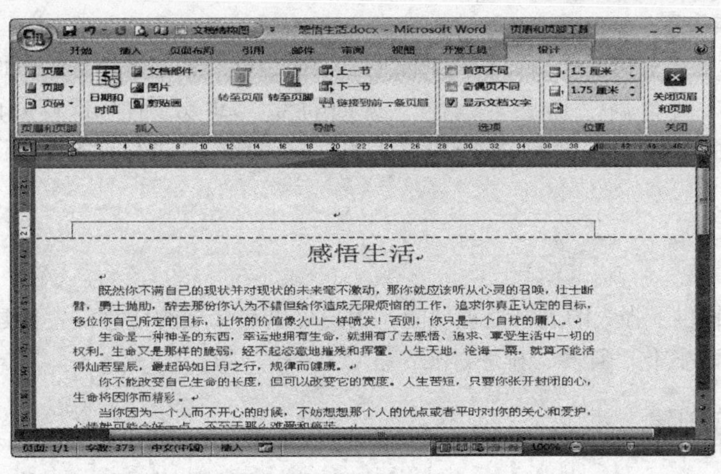

图3-79　“页眉和页脚工具”上下文工具

2）在页眉编辑区中输入页眉内容，并编辑页眉格式。

3）在“页眉和页脚工具”上下文工具的“导航”组中选择的“转至页脚”选项，切换到页脚编辑区。

4）在页脚编辑区输入页脚内容，并编辑页脚格式。

5）设置完成后，在“页眉和页脚工具”上下文工具的“关闭”组中选择“关闭页眉和页脚”选项，返回文档编辑窗口。

（2）设置页眉线　在默认状态下，Word 自动在页眉的底端插入一条页眉线。用户可以对页眉线进行删除和重新设置。

对页眉线的具体操作步骤如下：

1）选定页眉文本后面的回车符。

2）在“开始”选项卡的“段落”组中单击“下框线”按钮，在弹出的快捷菜单中选择“无框线”按钮，删除默认的页眉线，如图 3-80 所示。

3）将插入点定位到要插入页眉线的位置，单击“下框线”按钮，在弹出的快捷菜单中选择“横线”按钮即可手工插入页眉线。

4）双击页眉线，弹出“设置横线格式”对话框，可对其格式进行设置，如图 3-81 所示。

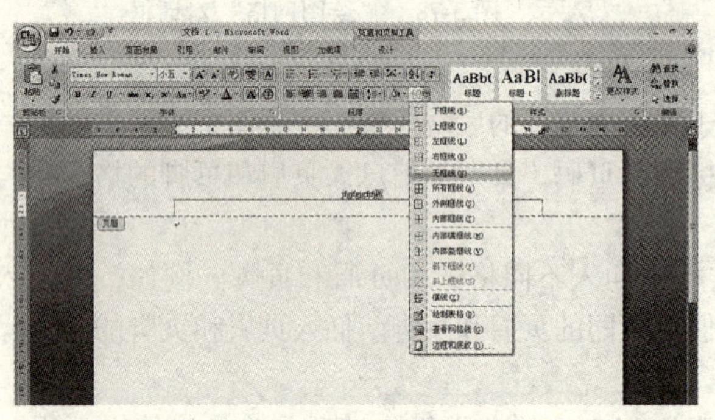

图 3-80　设置页眉线格式

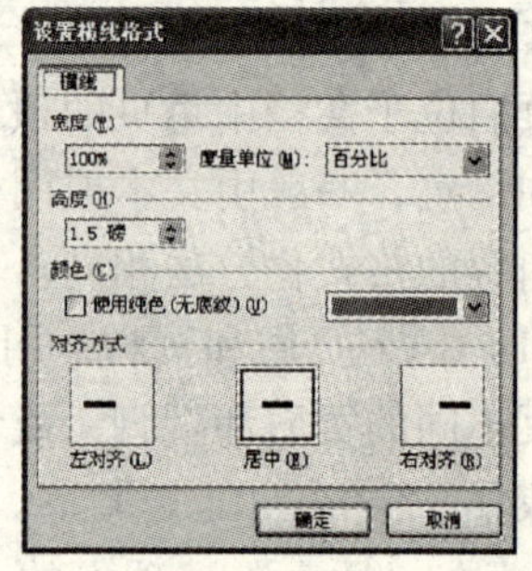

图 3-81　“设置横线格式”对话框

3. 页面背景设置

页面背景设置主要包括添加页面背景颜色、页面边框和数字水印等。页面背景设置主要是通过打开“页面布局”选项卡，在“页面背景”组分别单击“页面颜色”按钮 页面颜色、“页面边框”按钮 页面边框和“水印”按钮 水印 进行设置即可。

3.5　表格操作

Word 2007 提供了强大的表格处理功能，用户可以在文档的任意位置创建各种复杂的表格，对表格进行格式化、计算、排序等操作。

3.5.1　表格的创建

在 Word 2007 中，可以通过从一组预先设置好格式的表格（包括示例数据）中选择，或通过设置需要的行数和列数来插入表格，同时也可以将表格插入到文档中，或将一个表格插入到其他表格中以创建更复杂的表格。

1. 使用表格模板

可以使用表格模板插入一组预先设置好格式的表格。表格模板包含有示例数据，便于用户理解添加数据时的正确位置。

具体操作步骤如下：

1）将光标定位在需要插入表格的位置。

2）在“插入”选项卡的“表格”组中选择“表格”选项，在弹出的下拉列表中选择“快速表格”，然后从级联菜单中选择一种表格模板即可。如果在该级联菜单下方选中“将所选内容保存到快速表格库”命令，弹出“新建构建基块”对话框，如图3-82所示。在该对话框中设置表格模板的名称、类别、说明、保存位置，单击“确定”按钮，即可创建快速表格模板。

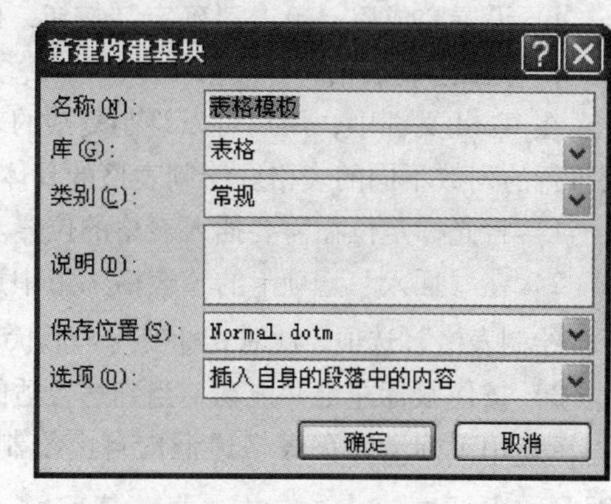

图3-82 “新建构建基块”对话框

2. 使用表格按钮

使用表格按钮插入表格的具体操作步骤如下：

1）将光标定位在需要插入表格的位置。

2）在“插入”选项卡的“表格”组中选择“表格”选项，然后在弹出的下拉列表中拖动鼠标，以选择需要的行数和列数，如图3-83所示。

3. 使用“插入表格”命令

使用“插入表格”命令插入表格，可以让用户在将表格插入文档之前，选择表格尺寸和格式。具体操作步骤如下：

1）将光标定位在需要插入表格的位置。

2）在“插入”选项卡的“表格”组中选择“表格”选项，然后在弹出的下拉列表中选择“插入表格”选项，弹出“插入表格”对话框，如图3-84所示。

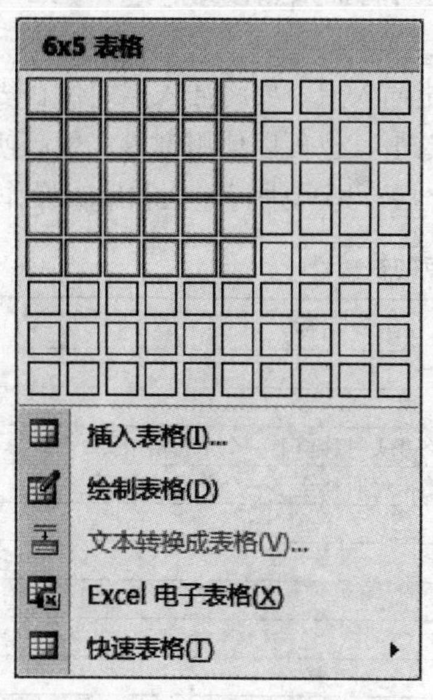

图3-83 选择表格的行数和列数

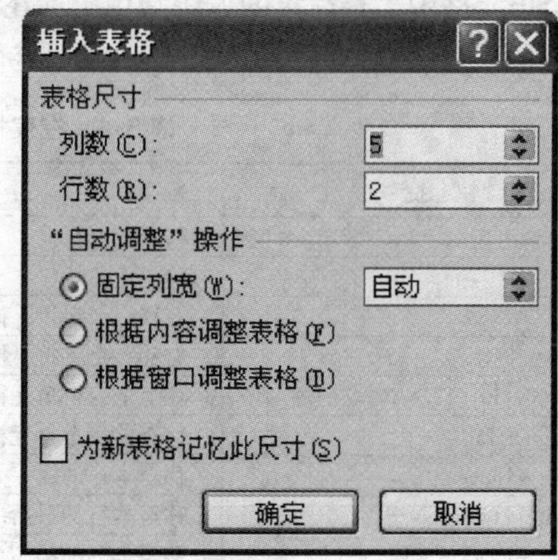

图3-84 “插入表格”对话框

3）在该对话框“表格尺寸”选项区的“列数”和“行数”微调框中输入具体的数值；在“‘自动调整’操作”选项区选中相应的单选按钮，设置表格的列宽。

4）设置完成后，单击“确定”按钮，即可插入相应的表格。

4. 手工绘制表格

在Word文档中，用户可以绘制复杂的表格。例如，绘制包含不同高度的单元格的表格或每行的列数不同的表格。绘制表格的具体操作步骤如下：

1）将光标定位在需要插入表格的位置。

2）在“插入”选项卡的“表格”组中选择“表格”选项，然后在弹出的下拉列表中选择“绘制表格”选项，此时光标变为✎形状，将鼠标移动到文档中需要插入表格的定点处。

3）按住鼠标左键并拖动，当到达合适的位置后释放鼠标左键，即可绘制表格边框。

4）用鼠标继续在表格边框内自由绘制表格的横线、竖线或斜线，绘制出表格的单元格。

5）如果要擦除单元格边框线，可在“表格工具”上下文工具中的“设计”选项卡的“绘图边框”组中选择“擦除”选项，此时光标变为橡皮擦形状，按住鼠标左键并拖动经过要删除的线，即可删除表格的边框线。

3.5.2 表格的编辑

在文档中插入表格后，即可向表格中输入所需内容（文字、图形等），还可以随时修改表格，如增加、删除行或列，合并、拆分单元格等。

1. 输入文本

创建好表格后，可在单元格中输入文本，并对其进行各种编辑。在表格中输入文本和在表格外的文档中输入文本一样，首先将插入点定位到要输入文本的单元格中，然后即可输入。当输入的文本超过了单元格的宽度时，会自动换行，并增大行高以容纳文本。按“Enter”键可在当前单元格中开始一个新段，按“Tab”键可将插入点移到下一个单元格中。

2. 定位插入点

在表格中输入和编辑文本之前，需要在表格中定位插入点。要将插入点定位在表格中的某个单元格中，最简单的方法是用鼠标在该单元格中单击。也可以使用键盘定位。使用键盘定位插入点的具体操作方法见表3-4。定位好插入点之后，即可进行输入和编辑操作。

表3-4 在表格中定位插入点的快捷键

快捷键	定位目标
↑	移至上一行
↓	移至下一行
←	左移一个字符，插入点位于单元格开头时移至上一个单元格中
→	右移一个字符，插入点位于单元格末尾时移至下一个单元格中
Tab	移至下一个单元格中
Shift + Tab	移至前一个单元格中
Alt + Home	移至本行的第一个单元格中
Alt + End	移至本行的最后一个单元格中
Alt + PageUp	移至本列的第一个单元格中
Alt + PageDown	移至本列的最后一个单元格中

3. 文本的编辑

在表格中可以像在普通文档中一样编辑表格中的文本。在“开始”选项卡的“字体”组中单击对话框启动器按钮，弹出“字体”对话框。在该对话框的“字体”和“字符间距”两个选项卡中可对表格中的文字进行格式编辑。

4. 在表格中选定内容

对表格的编辑操作也遵循“先选定，后操作”的原则。表格内容选定主要包括选定表格中的单元格、选定行、选定列和选定整个表格等。

（1）选定单元格　将鼠标指针移到单元格内部左边界处，当鼠标指针变为向右指向的实心箭头时单击，即可选定所需的单元格。

（2）选定行　将鼠指针移到要定选行左侧空白处，当鼠标指针变为向右指向的空心箭头时单击鼠标左键，即可选定所需的行。

（3）选定列　将鼠标指针移到要选定列的上边界处，当鼠标指针变为垂直向下指向的实心箭头时单击鼠标左键，即可选定所需的列。

（4）选定整个表格　选定整个表格的具体操作步骤如下：

当鼠标指针指向表格中的任意位置时，表格左上角就会出现一个移动控制点，然后将鼠标指针指向该移动控制点，鼠标指针变成形状，单击鼠标左键，即可选定整个表格。

提示： 把鼠标指针指向移动控制点，当鼠标指针变成状时，按住鼠标左键拖动可移动表格。另外，在表格中选定内容也可以通过以下方法来选定：在“表格工具”上下文工具中的“布局”选项卡的“表”组中单击“选择”选项，然后从弹出的菜单中选择相应的命令即可，如图3-85所示。

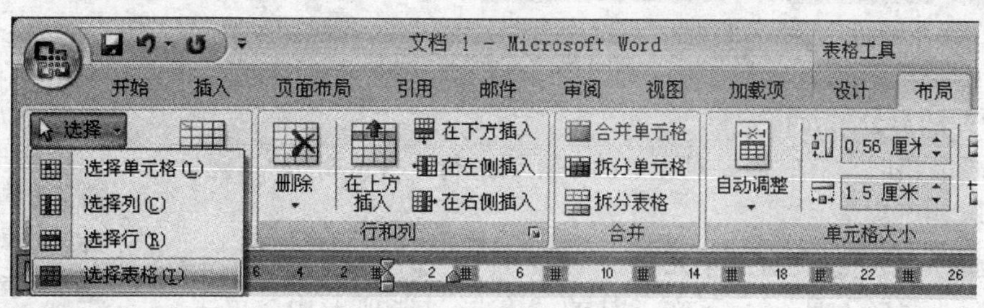

图3-85　“选择”选项

5. 插入单元格

插入单元格的具体操作步骤如下：

1）在要插入单元格的位置选定若干个单元格，选定的单元格数应和要插入的单元格数相同。

2）在“表格工具”上下文工具中的“布局”选项卡的“行和列”组中单击相应的按钮即可，也可单击“行和列”组中的对话框启动器按钮，弹出“插入单元格”对话框，如图3-86所示。

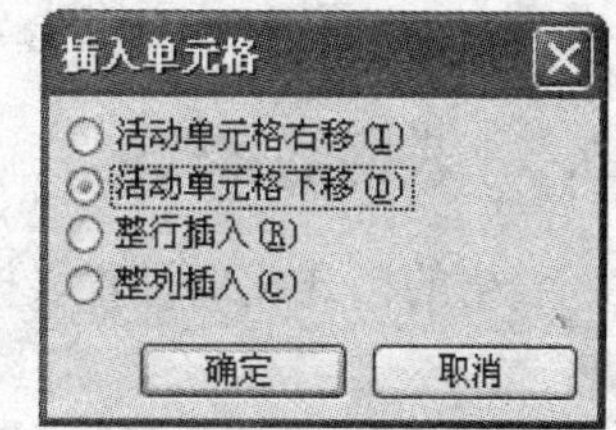

图3-86　“插入单元格”对话框

3）在该对话框中选择相应的单选按钮，例如选中“活动单元格下移”单选按钮，单击“确定”按钮，即可插入单元格。

6. 插入行和列

插入行和列的具体操作步骤如下：

1）选定要插入新行（列）位置的行（列），选定的行数（列数）应与要插入的行数（列数）相同。

2）在“表格工具”上下文工具中的“布局”选项卡的“行和列”组中选择“在上方插入”、“在下方插入”、“在左侧插入”或“在右侧插入”选项，即可插入相应的行或列。或者单击鼠标右键，从弹出的快捷菜单中选择“插入”行或列即可。

7. 删除单元格、行或列

在制作表格时，如果某些单元格、行或列是多余的，可将其删除。具体操作步骤如下：

1）首先选定要删除的单元格（或将光标定位在需要删除的单元格中）、行或列。

2）在“表格工具”上下文工具中的“布局”选项卡的“行和列”组中选择“删除”选项，在弹出的下拉列表中选择相应的删除命令即可，如图 3-87 所示。或者在要删除的项上单击鼠标右键，从弹出的快捷菜单中选择“删除”命令即可。

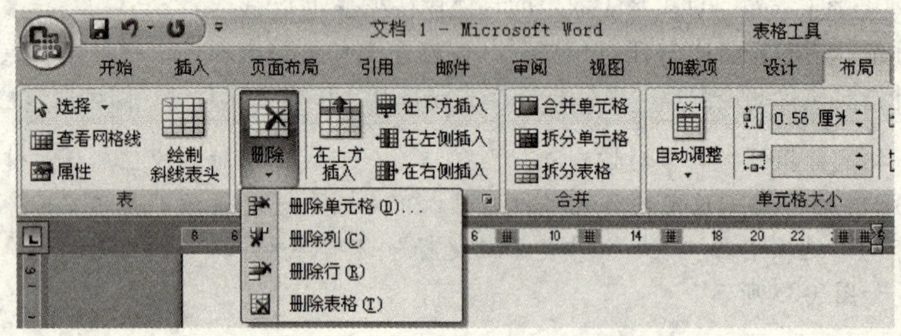

图 3-87 “删除”选项

8. 合并和拆分单元格

在编辑表格时，有时需要对选中的单元格进行合并或拆分，其具体操作步骤如下：

1）选中要合并或拆分的单元格。

2）在“表格工具”上下文工具的“布局”选项卡中，单击“合并”组中的“合并单元格”或“拆分单元格”按钮，如图 3-88 所示。或者右键单击选中的对象，从弹出的快捷菜单中选择“合并单元格”或“拆分单元格”命令即可。

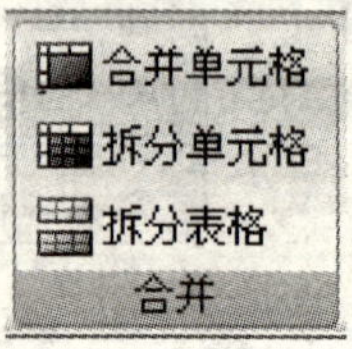

图 3-88 “合并”组

提示：拆分表格时需要将光标定位在要拆分表格的位置，在“表格工具”上下文工具中的“布局”选项卡的“合并”组中单击“拆分表格”按钮即可。

3.5.3 表格的格式化

表格的格式化即设置表格的外观效果，包括表格的行高、列宽、边框、底纹、对齐方式等。

1. 调整表格的行高和列宽

1）将光标定位在需要调整行高和列宽的表格中。

2）在“表格工具”上下文工具中的“布局”选项卡的“单元格大小”组的高度和宽度文本框中设置表格行高和列宽。或者单击“单元格大小”组中的对话框启动器按钮，弹出“表格属性”对话框，打开“行”或“列”选项卡进行调整即可，如图3-89所示。

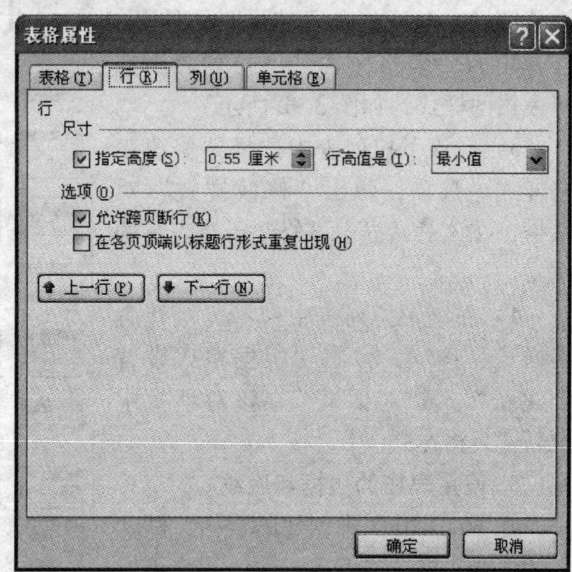

图3-89 “表格属性”对话框

提示：单击鼠标右键，从弹出的快捷菜单中选择“表格属性”命令，也可打开“表格属性”对话框。另外，将鼠标指针指向要调整行高或列宽的行或列的边框线上，当鼠标指针变成双向指向的箭头时，按住鼠标左键拖动，也可调整行高可列宽。

2. 自动调整表格

Word 2007还提供了自动调整表格功能，使用该功能，可以根据需要方便地调整表格。具体操作步骤如下：

1）选定要调整的表格或表格中的某部分。

2）在“表格工具”的上下文工具“布局”选项卡的“单元格大小”组中选择“自动调整”选项，弹出如图3-90所示的级联菜单。

3）在该菜单中选择相应的选项，对表格进行调整。

3. 表格的对齐方式

单元格中文本水平方向有左、中、右3种对齐方式，垂直方向有上、中、下3种对齐方式，水平方向和垂直方向组合起来共有9种对齐方式。对表格中的文本设置对齐方式的具体操作步骤如下：

1）选定要设置对齐方式的区域。

2）在“表格工具”上下文工具中的“布局”选项卡的“对齐方式”组设置文本的对齐方式，如图3-91所示。

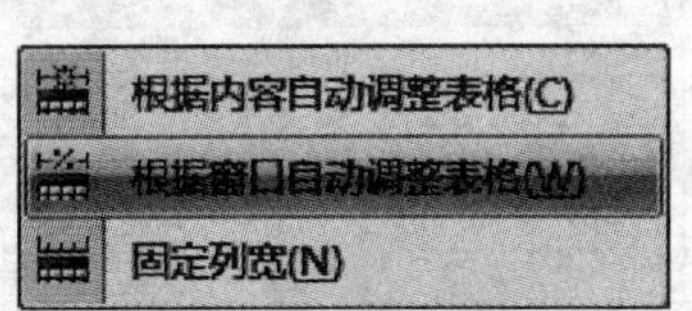

图3-90 “自动调整”级联菜单

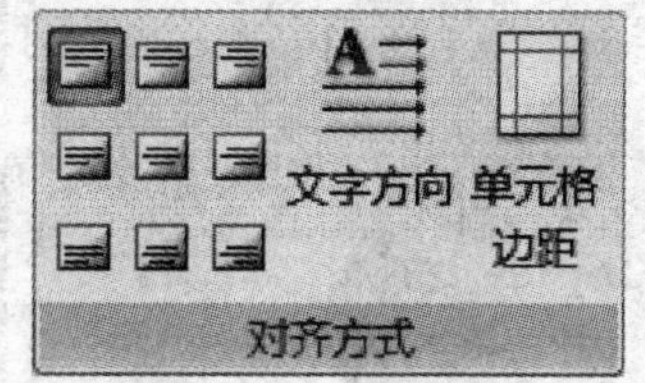

图3-91 “对齐方式”组

4. 表格的自动套用格式

Word 2007中提供了大量的预定义表格样式，用户可以直接套用这些样式来快速格式化表格。

使用表格自动套用格式的具体操作步骤如下：

1）将光标定位在需要套用格式的表格中的任意位置。

2）在“表格工具”上下文工具中的“设计”选项卡的“表样式”组中设置即可，也可单击“其他”按钮，在弹出的“表格样式”下拉列表中选择表格的样式，如图3-92所示。

3）在该下拉列表中选择“修改表格样式”选项，弹出“修改样式”对话框，在该对话框中可修改所选表格的样式。

4）在该下拉列表中选择“新建表格样式”选项，弹出“根据格式设置创建新样式”对话框，在该对话框中可新建表格样式。

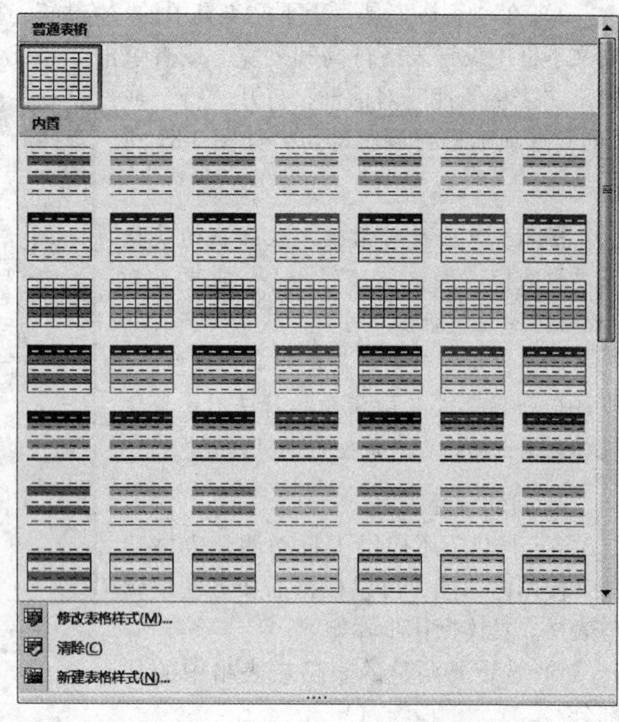

图3-92 “表格样式”下拉列表

5. 设置表格的边框和底纹

在Word 2007中创建的表格，默认使用单线边框，不设置底纹。用户可以根据需要为表格添加任意的边框和底纹效果。

设置表格边框和底纹的具体操作步骤如下：

1）选定要添加边框或底纹的单元格或表格。

2）在“表格工具”上下文工具中的“设计”选项卡的“表样式”组中单击“底纹”按钮，在弹出的下拉列表中设置表格的底纹颜色，或者选择“其他颜色”选项，弹出“颜色”对话框，如图3-93所示。在该对话框中可选择其他的颜色。

3）在“表格工具”上下文工具中的“设计”选项卡的“表样式”组中单击“边框”按钮，或者单击鼠标右键，从弹出的快捷菜单中选择“边框和底纹”命令，打开“边框和底纹”对话框，再打开“边框”选项卡，如图3-94所示。

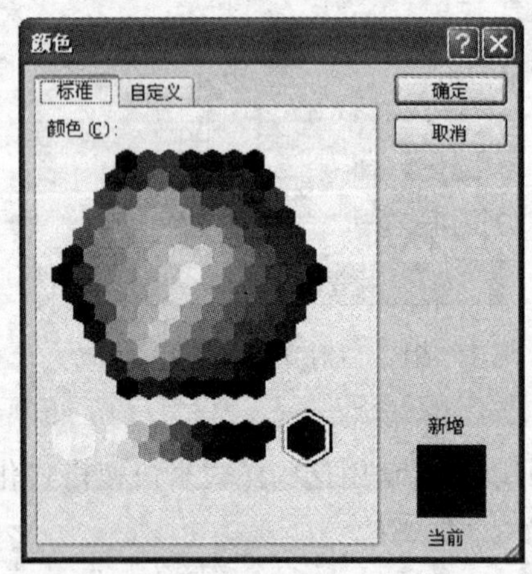

图3-93 “颜色”对话框

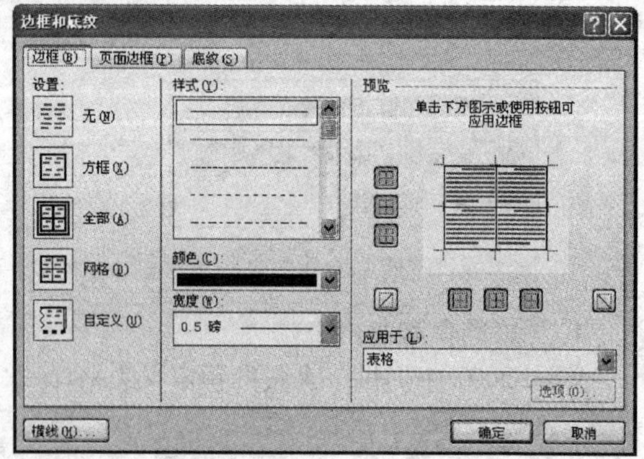

图3-94 “边框”选项卡

4）在该选项卡的“设置”选项区中选择相应的边框形式；在“样式”列表框中设置边框线的样式；在“颜色”和“宽度”下拉列表中分别设置边框的颜色和宽度；在“预览”选项区中设置相应的边框，或者单击“预览”选项区中左侧和下方的按钮进行设置；在“应用于”下拉列表中选择应用的范围。

5）设置完成后，单击“确定”按钮。

6. 绘制斜线表头

1）将光标定位在需要绘制斜线表头的单元格中。

2）在“表格工具”上下文工具中的“布局”选项卡的“表”组中选择“绘制斜线表头”选项，弹出“插入斜线表头”对话框，如图3-95所示。

3）在该对话框的“表头样式”下拉列表中选择一种样式；在“字体大小”下拉列表中选择一种字号。

4）设置表头的“行标题”和“列标题”，单击“确定”按钮完成设置。

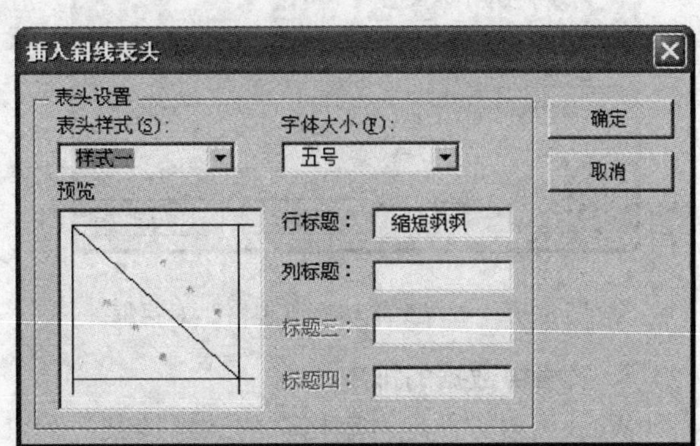

图3-95 “插入斜线表头”对话框

3.5.4 表格的高级应用

在这里主要介绍表格和文本的相互转换、表格的排序和计算以及由表格生成图等高级操作。

1. 文本转换成表格

在Word 2007中，可以将已经输入的文本转换成表格。要将文本转换成表格，文本之间要有有效的分隔符间隔（如制表符、逗号、空格等）。具体操作步骤如下：

1）选定要转换成表格的文本。

2）在“插入”选项卡的“表格”组中选择“表格”选项，然后在弹出下拉列表中选择“文本框转换成表格”选项，弹出“将文字转换成表格”对话框，如图3-96所示。

3）在该对话框“表格尺寸”选项区的“列数”微调框中的数值为Word自动检测出的列数。用户可以根据实际情况，在“‘自动调整’操作”选项区中选择所需的选项，在“文字分隔位置”选项区中选择或者输入一种分隔符。

4）设置完成后，单击“确定”按钮，即可将文本转换成表格。

2. 表格转换成文本

要将一个表格转换成文本的操作步骤如下：

1）选定要转换成文本的表格。

2）在“表格工具”上下文工具中的“布局”选项卡的“数据”组中选择“转换为文本”选项，弹出“表格转换成文本”对话框，如图3-97所示。

3）在该对话框中选择将原表格中各单元格文本转换成文字后的分隔符。

4）单击“确定”按钮。

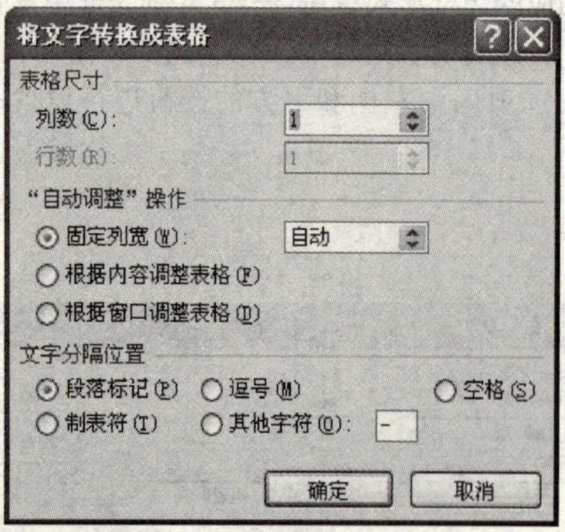

图 3-96 “将文字转换成表格”对话框

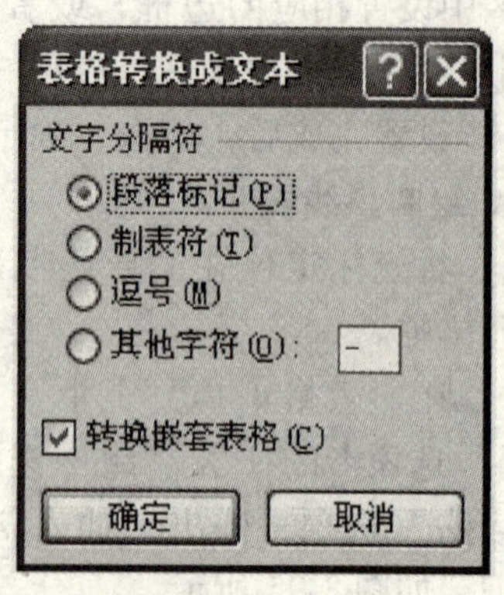

图 3-97 “表格转换成文本”对话框

3. 表格中数据的排序

Word 可以方便地对表格中的数据按某一列（单关键字）或某几列（多关键字）排序。具体操作步骤如下：

1）将光标定位在需要排序的表格中。

2）在“表格工具”上下文工具的“布局”选项卡中，选择“数据”组中的“排序”选项，弹出“排序”对话框，如图 3-98 所示。

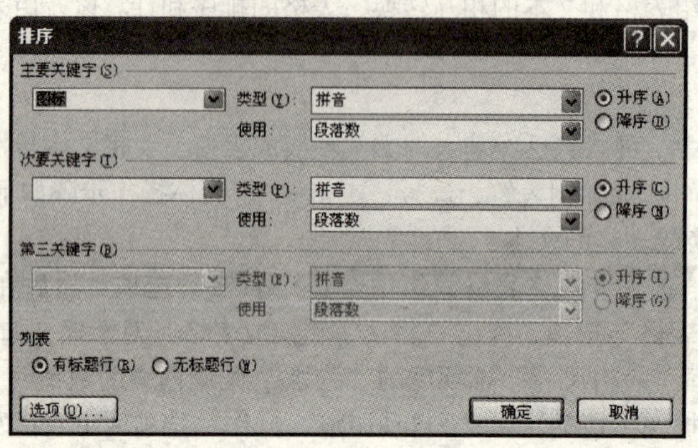

图 3-98 “排序”对话框

3）在该对话框中，排序依据可分别为“主要关键字”、“次要关键字”和“第三关键字”三级，下拉列表框用于选择排序的依据；“类型”下拉列表用于指定排序类型；“升序”或“降序”单选按钮用于选择排序的顺序。

4）单击“选项”按钮，在弹出的“排序选项”对话框中可设置排序选项。

5）设置完成后，单击“确定”按钮。

4. 表格中数据的计算

Word 提供了表格中数据的基本计算功能，可以完成大部分的计算操作。表格中列以 A、B、C 等字母编号，行以 1、2、3 等数字编号，行和列交叉部分的长方格称为单元格，单元格以相应的列号和行号标识，如C2表示第2行第3列的单元格。利用该单元格的标识符可以对表格中的数据进行计算，具体操作步骤如下：

1）将光标定位在存放计算结果的单元格中。

2）在“表格工具”上下文工具的“布局”选项卡的“数据”组中单击“公式”按钮，弹出“公式”对话框，如图3-99所示。

3）在该对话框中的“公式”文本框中输入公式；在“编号格式”下拉列表中选择一种合适的计算结果格式。可在“粘贴函数”下拉列表中选择一种函数。

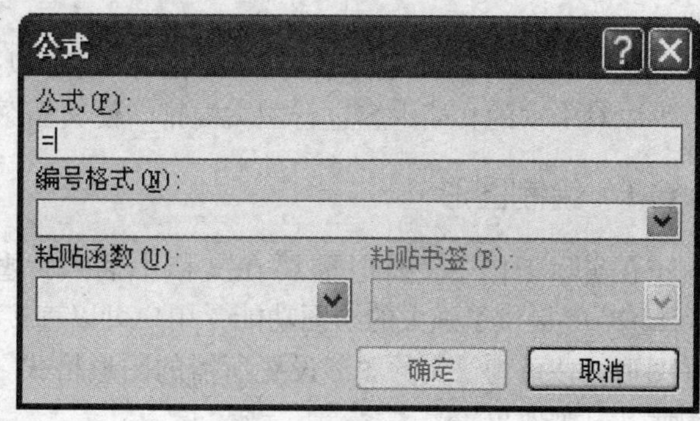

图3-99 “公式”对话框

4）单击“确定”按钮，即可在表格中显示计算结果。

5. 由表生成图

在Word中，用户可以根据表格的数据生成各种统计图，使得文档图文并茂。操作方法如下：

1）选定要生成图的数据表格。

2）在“插入”选项卡的“文本”组中单击“对象”按钮 对象 ，然后在弹出的下拉列表中选择“对象”选项，弹出“对象”对话框，选择“新建”选项卡，如图3-100所示。

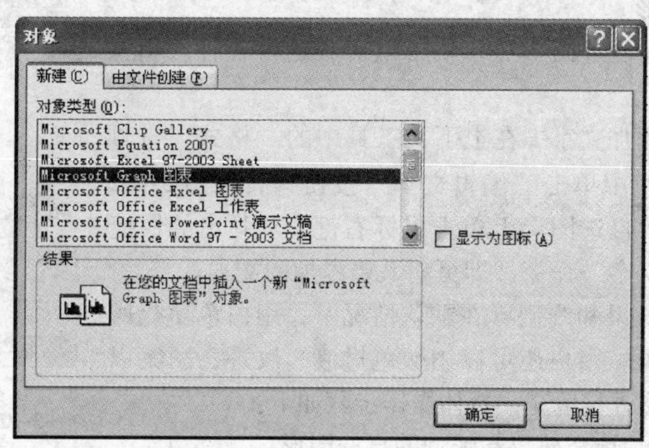

图3-100 “对象”对话框

3）在“对象类型”列表框中选择“Microsoft Graph”图表选项，单击“确定”按钮，进入图表编辑状态。

4）此时，屏幕上除了原来的文档之外，还有一个“数据表”窗口和根据“数据表”中的数据生成的图表。如果希望图表随着表格中数据的变化而变化，只需在“数据表”窗口中修改对应的数据即可。单击文档编辑区，关闭“数据表”窗口，恢复原来文档窗口状态，产生的图表即插入到表格下面。

3.6 图文混排

在 Word 文档中，除了文字和表格外，还可以插入图片、艺术字，绘制各种图形等。用户可以对丰富的文档内容进行图文混排，使文档图文并茂、生动活泼、引人入胜。

3.6.1 绘制图形

在实际工作中，有时需要在文档中插入一些简单的图形，来说明一些特殊的问题。Word 2007 提供了强大的绘图功能，用户可以直接绘制和编辑各种图形，并可为绘制的图形设置所需的图形格式（颜色、边框、图案、三维效果等）。

1. 绘制自选图形

Word 2007 提供了一系列现成的图形，如矩形等基本图形、各种线条和连接符、箭头总汇、流程图、星与旗帜、标注等。在“插入”选项卡的“插图”组中单击“形状”选项，弹出其下拉菜单，如图 3-101 所示。在该下拉列表中选择需要绘制的自选图形的形状，此时光标变为十形状，将鼠标指针移到要插入自选图形的位置，按住鼠标左键拖动到适当的位置释放鼠标，即可绘制相应的自选图形。要绘制正多边形（如正方形）则需在拖动时按住“Shift”键。

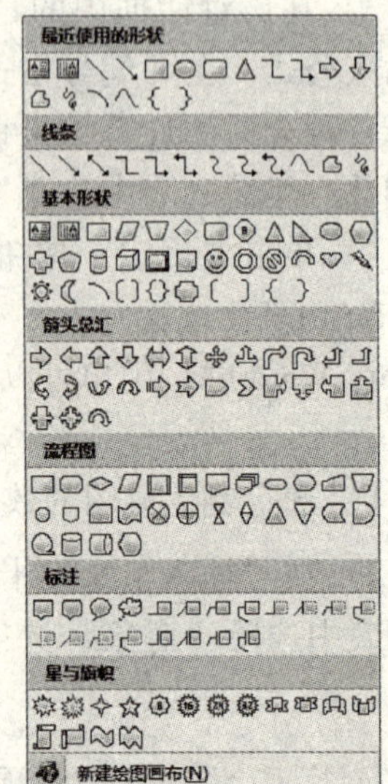

图 3-101 “形状”下拉列表

2. 编辑自选图形

在文档中绘制好自选图形后，就可以对其进行各种编辑操作。

（1）在图形中添加文字 在上下文工具中的“格式”选项卡的“插入形状”组中单击“编辑文本”按钮，如图 3-102 所示。或者在插入的自选图形上单击鼠标右键，从弹出的快捷菜单中选择“添加文字”命令，即可输入要添加的文本。

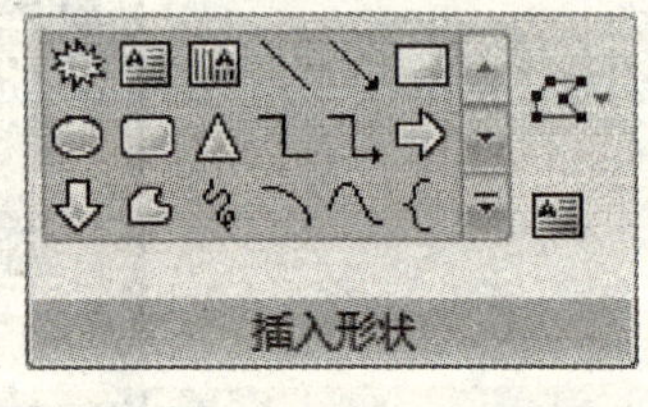

图 3-102 “插入形状”组

（2）设置填充效果和线型 在默认情况下，用白色填充所绘制的自选图形对象。用户还可以用颜色过渡、纹理、图案以及图片等对自选图形进行填充，具体操作步骤如下：

1）选定需要设置填充效果和线型的自选图形。

2）单击鼠标右键，从弹出的快捷菜单中选择“设置自选图形格式”命令；或在上下文工具中的“格式”选项卡的“文本框样式”组中单击“对话框启动器”按钮，弹出“设置自选图形格式”对话框。在该对话框中打开“颜色与线条”选项卡，如图 3-103 所示。

3）在该选项卡“填充”选项区的“颜色”下拉列表中选择“其他颜色”选项，在弹出的“颜色”对话框中设置填充颜色。单击“填充效果”按钮，在弹出的“填充效果”对话框中可设置图形的填充效果，如图 3-104 所示。在“线条”选项区可设置线条的“颜色”、“线型”、“虚实”及“粗细”。

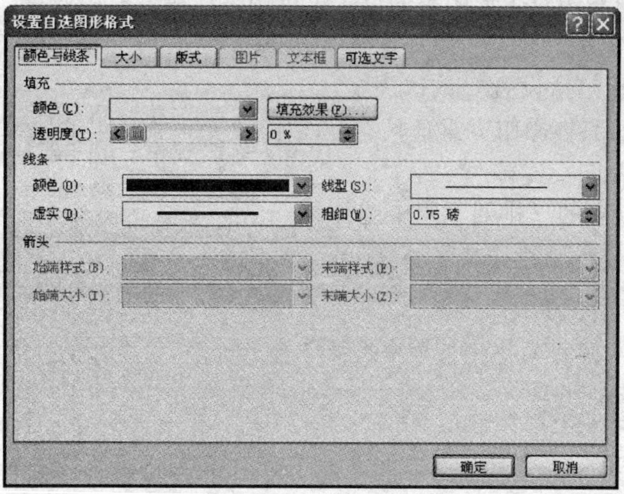

图3-103 “颜色与线条”选项卡

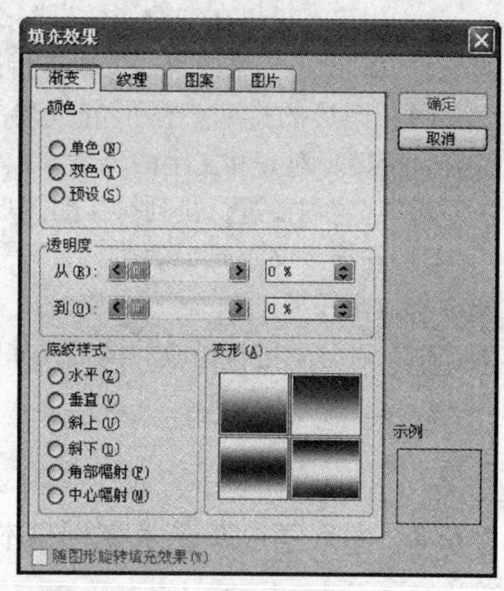

图3-104 “填充效果”对话框

提示：设置图形的填充效果可直接在上下文工具中的“格式”选项卡的“文本框样式”组中单击“形状填充”按钮；设置图形的线型和轮廓可直接在上下文工具中的“格式”选项卡的“文本框样式”组中单击“形状轮廓”按钮。

（3）设置阴影和三维效果 给自选图形设置阴影和三维效果，可以使图形对象更具深度和立体感，使图形更加逼真、形象。设置阴影和三维效果的具体操作步骤如下：

1）选定需要设置阴影和三维效果的图形。

2）在上下文工具中的“格式”选项卡的“阴影效果”组中选择“阴影效果”选项，弹出其下拉列表，如图3-105所示；在“三维效果”组中选择“三维效果”选项，弹出其下拉列表，如图3-106所示，然后分别设置阴影样式和三维效果。

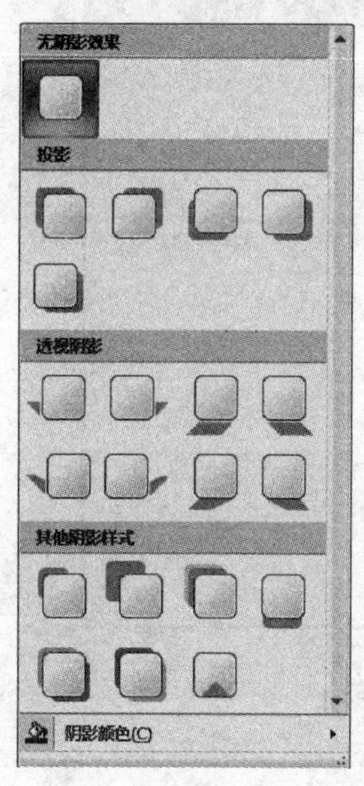

图3-105 “阴影效果”下拉列表

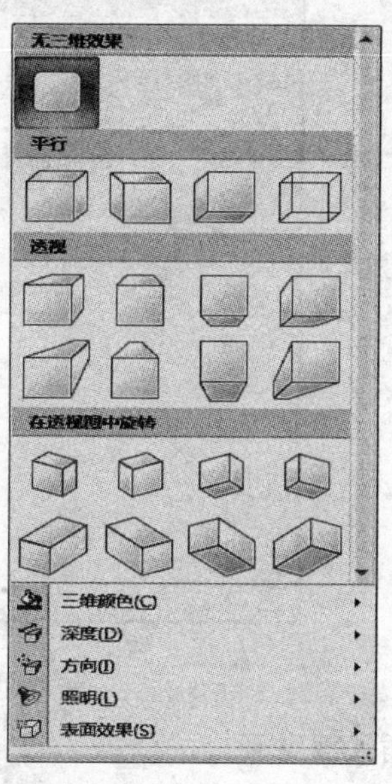

图3-106 “三维效果”下拉列表

3）用户还可以在“阴影效果”选项右边对图形阴影的位置进行调整；在“三维效果”选项右边对图形三维效果的位置进行调整。

（4）图形的排列　图形的排列主要包括设置叠放次序、组合、旋转、对齐和文字的环绕方式等。具体操作步骤如下：

1）选定需要进行排列操作的图形。

2）在上下文工具中的“格式”选项卡的“排列”组中选择“叠放次序”、“组合”、“旋转”、“对齐”和“文字环绕”等选项，可分别进行相应的设置，如图3-107所示。

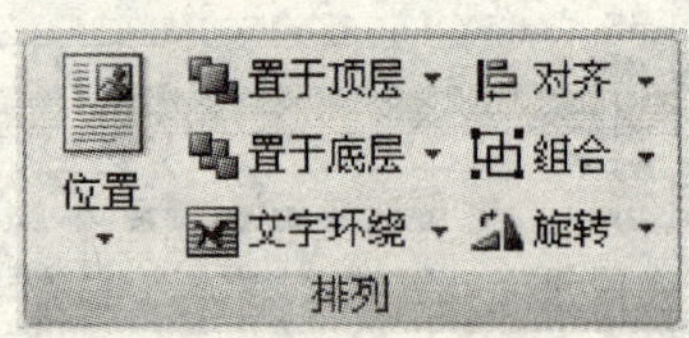

图3-107　“排列”组

提示：也可右键单击选定的对象，从弹出的快捷菜单中选择“叠放次序”、“组合”等操作。

3.6.2　插入图片、艺术字和文本框

在Word文档中，除了图形外，还可以插入图片、剪贴画、艺术字、文本框和复杂的公式等。

1. 插入图片

插入图片的具体操作步骤如下：

1）将光标定位在需要插入图片的位置。

2）在“插入”选项卡的“插图”组中选择“图片”选项，弹出“插入图片”对话框，如图3-108所示。

3）在“查找范围”下拉列表中选择图片所在的文件夹，在其列表框中选中所需的图片文件。

4）单击“插入”按钮，即可在文档中插入图片。

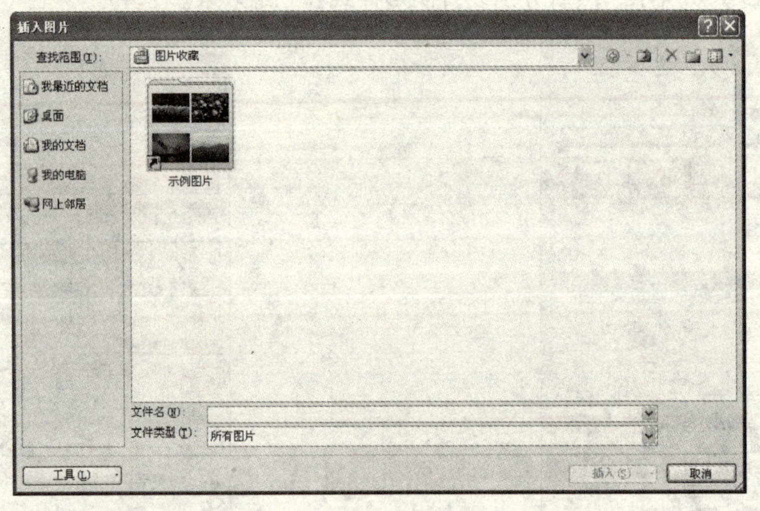

图3-108　“插入图片”对话框

2. 插入剪贴画

Word提供了一个剪贴画库，其中包含了大量的图片，如人物图片、动物图片、建筑类图片等。用户可以很容易地将它们插入到文档中。具体操作步骤是：

1）将光标定位在需要插入剪贴画的位置。

2）在“插入”选项卡的“插图”组中选择“剪贴画”选项，打开“剪贴画”任务窗格，如图3-109所示。

3）在“搜索文字”文本框中输入剪贴画的相关主题或类别；在“搜索范围”下拉列表中选择要搜索的范围；在“结果类型”下拉列表中选择文件类型。

4）单击“搜索”按钮，即可在“剪贴画”任务窗格中显示查找到的剪贴画。

5）单击要插入到文件的剪贴画，即可插入到文件中。

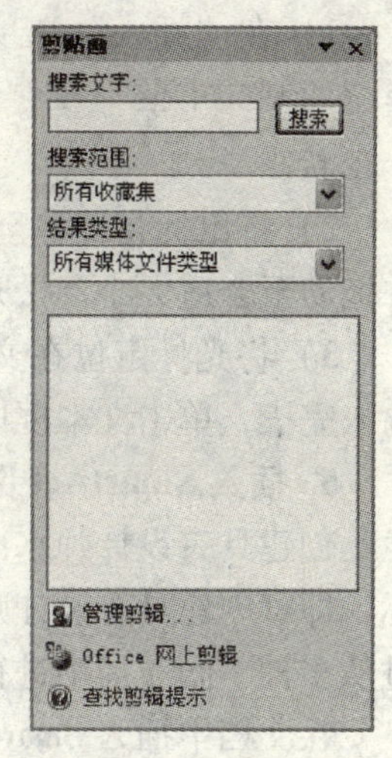

图3-109　“剪贴画”任务窗格

3. 插入艺术字

艺术字即具有一定艺术效果的文字。在Word 2007中，艺术字是作为一种图形对象插入的，所以用户可以像编辑图形对象那样编辑艺术字。

在文档中插入艺术字的具体操作步骤如下：

1）将光标定位在需要插入艺术字的位置。

2）在“插入”选项卡的“文本”组中选择“艺术字”选项，弹出其下拉列表，如图3-110所示。

3）在该下拉列表中选择一种艺术字样式，弹出“编辑艺术字文字”对话框，如图3-111所示。

4）在该对话框中的“文本”框中输入需要插入的艺术字；在“字体”下拉列表中设置艺术字字体；在“字号”下拉列表中设置艺术字大小。

5）设置完成后，单击“确定”按钮即可在文档中插入艺术字。

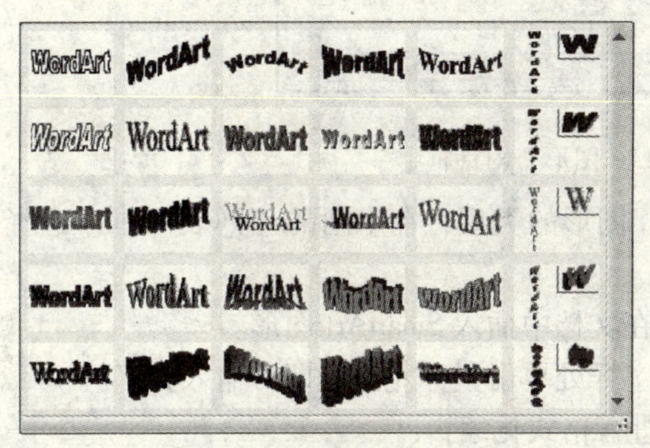

图3-110　“艺术字”下拉列表

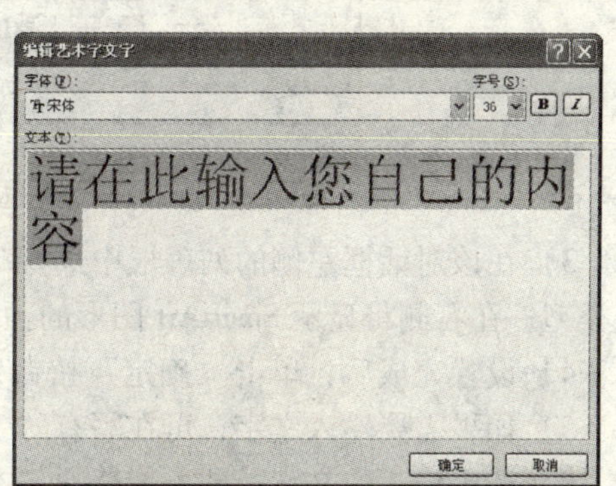

图3-111　“编辑艺术字文字”对话框

4. 插入文本框

文本框是Word 2007提供的一种可以在页面上任意处放置文本的工具。使用文本框可以将段落和图形组织在一起，或者将某些文字排列在其他文字或图形周围。例如，当在一页横排文档中的某处使用竖排文本时，使用正文文本的编辑方法就不可能做到，此时就可以利用文本框完成。

插入文本框的具体操作步骤如下：

1）在“插入”选项卡的“文本”组中选择“文本框”选项，在弹出的下拉列表中选择“绘制文本框”或“绘制竖排文本框”选项，此时光标变为十形状。

2）将鼠标指针移至需要插入文本框的位置，单击鼠标左键并拖动至合适大小，松开鼠标左键，即可在文档中插入文本框。

3）将光标定位在文本框内，就可以在文本框中输入文字。输入完毕，单击文本框以外的任意地方即可，如图 3-112 所示。

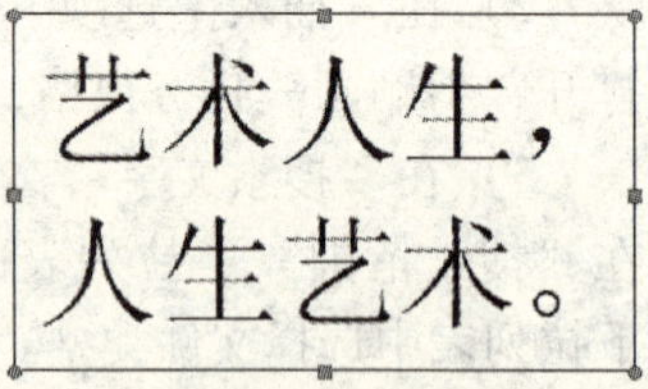

艺术人生，
人生艺术。

图 3-112　文本框

5. 插入 SmartArt 图形

创建具有设计师水准的插图很困难，用户可以使用 SmartArt 图形功能，只需单击几下鼠标，即可创建具有设计师水准的插图。SmartArt 图形是信息和观点的视觉表示形式。可以通过从多种不同布局中进行选择来创建 SmartArt 图形，从而快速、轻松、有效地传达信息。

在文档中插入 SmartArt 图形的具体操作步骤如下：

1）将光标定位在需要插入 SmartArt 图形的位置。

2）在功能区用户界面的“插入”选项卡的“插图”组中选择“SmartArt”选项，弹出“选择 SmartArt 图形”对话框，如图 3-113 所示。

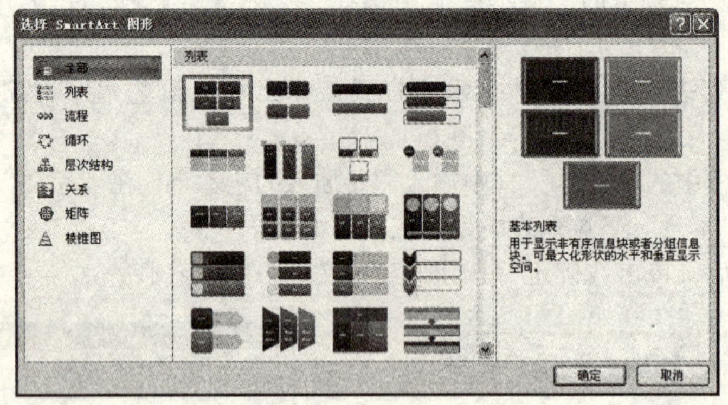

图 3-113　“选择 SmartArt 图形”对话框

3）在该对话框左侧的列表框中选择 SmartArt 图形的类型；在中间的“列表”框中选择子类型；在右侧将显示 SmartArt 图形的预览效果。

4）设置完成后，单击“确定”按钮，即可在文档中插入 SmartArt 图形。

5）如果需要输入文字，可在写有“文本”字样处单击鼠标左键，即可输入文字。

6）选中输入的文字，即可像普通文本一样进行格式化编辑。

3.6.3　图片的编辑和格式化

在文档中插入图片后，图片的大小、位置和格式等不一定符合要求，需要进行各种编辑才能达到令人满意的效果。选中图片，可在上下文工具的“格式”选项卡中对图片进行各种编辑和格式化操作，如图 3-114 所示。如果要进行详细的设置，只需单击相应的对话框启动器按钮即可。例如，单击“图片样式”组右侧的对话框启动器按钮就弹出“设置图片格式”对话框，如图 3-115 所示；单击“大小”组右侧的对话框启动器按钮就弹出“大小”对话框，如图 3-116 所示。然后可以对图片进行详细的格式设置。

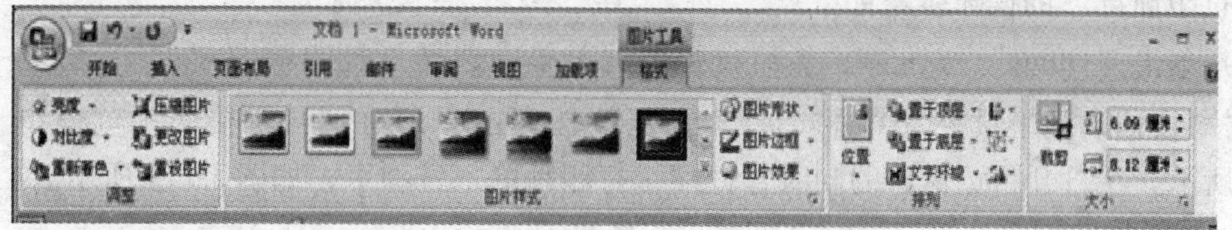

图 3-114 “图片格式”选项卡

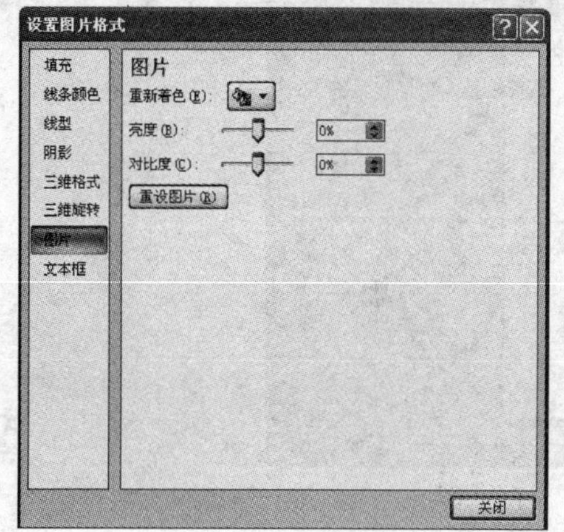

图 3-115 “设置图片格式”对话框

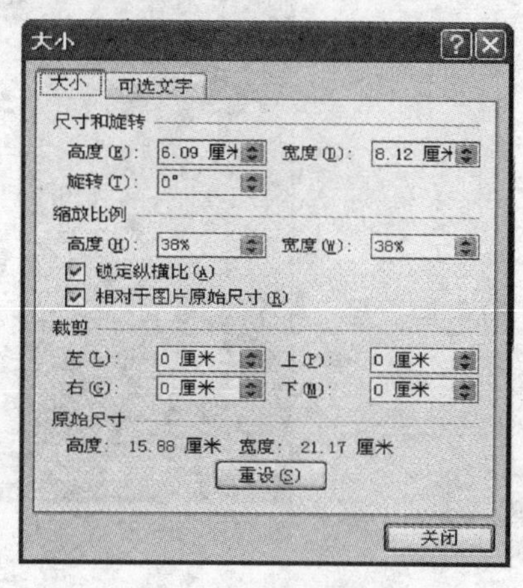

图 3-116 “大小”对话框

提示：也可以右键单击选中的图片，在弹出的快捷菜单中进行编辑和格式化操作。如图 3-117 所示。快速调整图片大小的操作方法如下：单击要缩放的图片，将鼠标指针指向图片四周的尺寸控点，当鼠标指针变成双向指向的箭头时，按住鼠标左键拖动，出现的虚线框表示缩放的大小，释放鼠标完成缩放。

由于文本框和艺术字具有类似于图形、图片的属性，所以对于文本框和艺术字的编辑和格式化方法与对图片的操作方法类似。

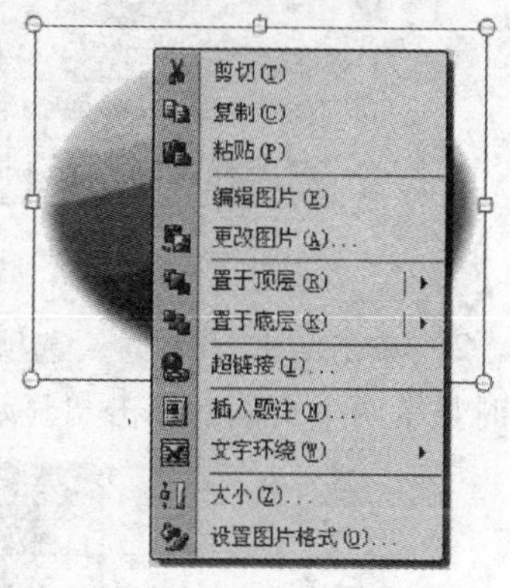

图 3-117 图片格式设置快捷菜单

3.7 打印设置与打印

文档编写完成后，经过页面排版，形成了一份比较理想的文档，这时就可以将文档打印出来。下面介绍如何在打印前进行打印设置和预览。

1. 打印预览

Word 2007 具有强大的打印功能，在打印前用户可以使用 Word 中的“打印预览”功能在屏幕上观看即将打印的效果，如果不满意还可以对文档进行修改。

“打印预览”的操作步骤如下：

1）单击“Office”按钮，然后在弹出的菜单中选择“打印”→“打印预览”命令，或单击“快速访问工具栏”中的“打印预览”按钮，即可打开文档的预览窗口，如图3-118所示。在打开预览窗口的同时，打开“打印预览”选项卡，如图3-119所示。

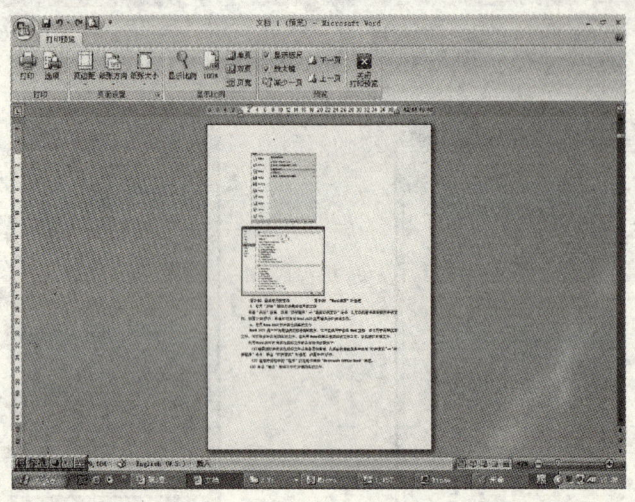

图3-118 文档的预览窗口

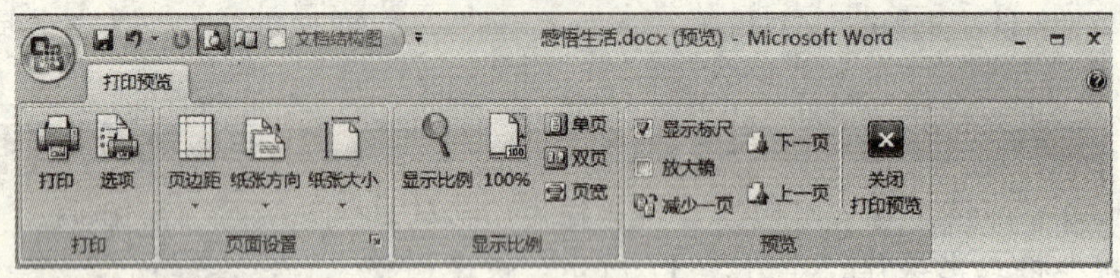

图3-119 “打印预览”选项卡

2）单击“打印预览”选项卡的“显示比例”组中的“双页”按钮，此时窗口中可以同时显示两个页面；单击“显示比例”按钮，则打开“显示比例”对话框，如图3-120所

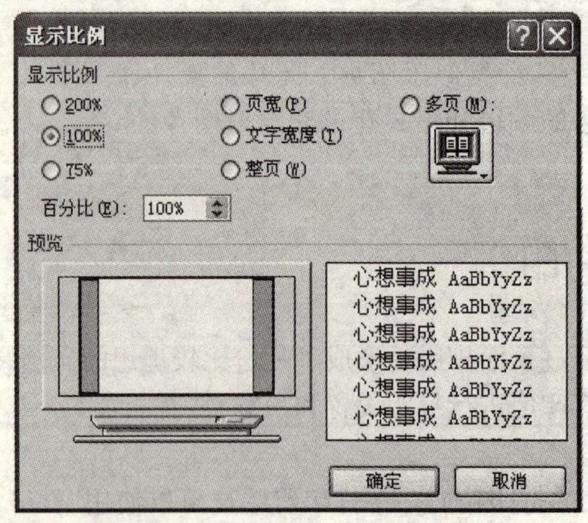

图3-120 “显示比例”对话框

示。可在其中设置显示比例或多页显示。

3）单击“预览”组中的“下一页”或“上一页”按钮可预览其他页。预览完毕，单击“关闭打印预览”按钮，即可关闭预览，返回到文档编辑窗口。

2. 打印

如果对打印预览的效果满意，就可以开始打印文档。在打印文档之前，应该对打印机进行检查和设置，确保计算机已正确连接了打印机，并安装了相应的打印机驱动程序。所有设置检查完成后，即可打印文档。具体操作步骤如下：

1）单击“Office”按钮，然后在弹出的菜单中选择“打印”→“打印”命令，弹出“打印”对话框，如图3-121所示。

2）在“打印机”选项区的“名称”下拉列表中可选择打印机的名称，并查看打印机的状态、类型、位置等信息。

3）单击“属性”按钮，弹出“打印机属性”对话框，如图3-122所示。在该对话框中可对选择的打印机的属性进行设置。

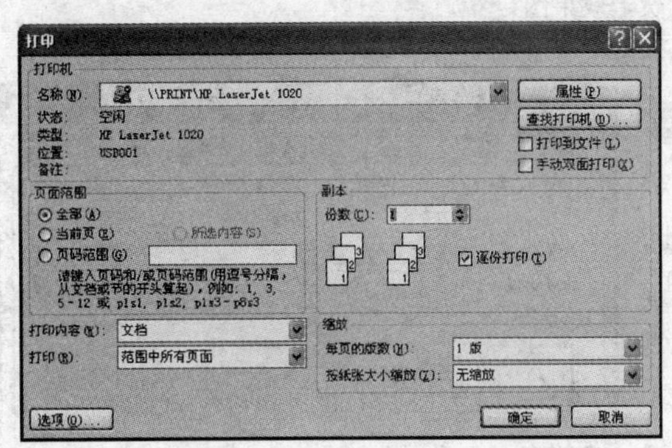

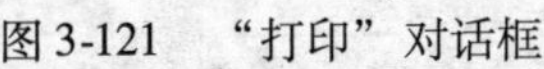
图3-121　“打印”对话框

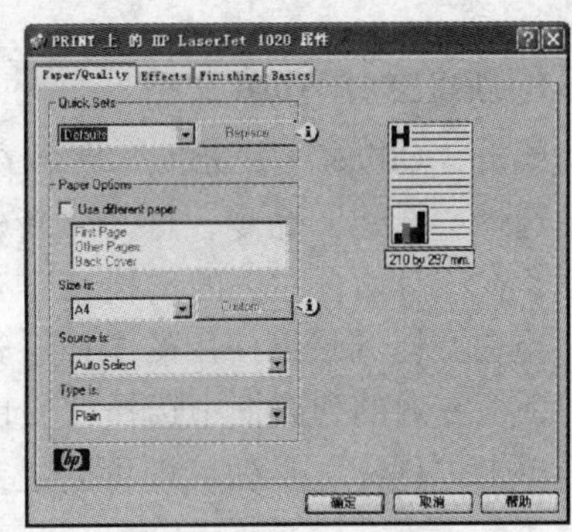

图3-122　“打印机属性”对话框

4）在“页面范围”选项区中设置打印文档的范围；在“份数”微调框中设置打印的份数；在“缩放”选项区中设置打印内容是否缩放及每页打印的版数。

5）设置完成后，单击“确定”按钮即可进行打印。

提示：如果不需要进行打印设置，则可以使用快速打印的功能。方法为：单击“Office”按钮，然后在弹出的菜单中选择“快速打印”命令，或单击“快速访问工具栏”中的“快速打印”按钮。

3.8　应用案例

下面以制作父亲节电子贺卡为例，介绍如何利用Word 2007来创建新文档，如何设置文档背景，如何插入艺术字、剪贴画以及如何设置文档格式等。贺卡的效果如图3-123所示。

在动手制作贺卡之前，首先必须准备好制作贺卡的素材，如图片、祝福文字和背景音乐等。素材准备好后，就可以按以下步骤来制作电子贺卡了。

图 3-123 贺卡效果图

1. 新建空白 Word 文档

单击“Office”按钮，然后在弹出的菜单中选择“新建”命令，打开“新建文档”对话框，在该对话框左侧的“模板”列表框中选择“空白文档和最近使用的文档”选项，然后在对话框右侧的列表框中选择“空白文档”选项，单击“创建”按钮，即可创建一个空白文档。

2. 设置纸张大小和页边距

单击“页面布局”选项卡的“页面设置”组中的“对话框启动器”按钮，弹出“页面设置”对话框，如图 3-124 所示。在该对话框的“页边距”和“纸张”选项卡中设置页边距、方向和纸张的大小，最后单击“确定”按钮完成设置。

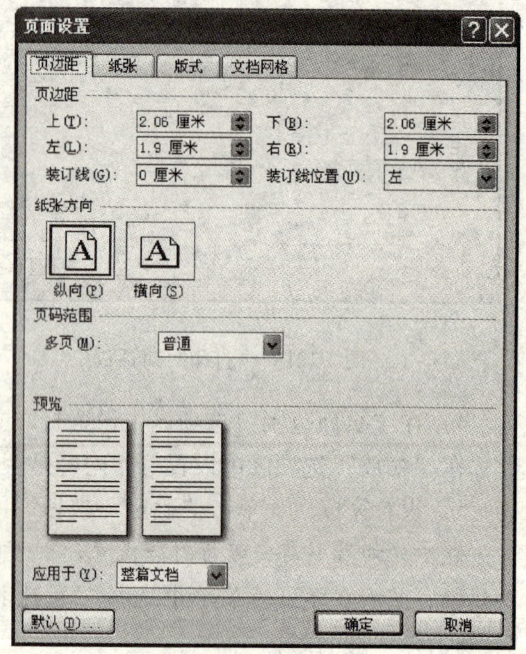

图 3-124 “页面设置”对话框

3. 设置贺卡的“背景”

在“页面布局”选项卡的“页面背景”组中单击“页面颜色”按钮，弹出“主题颜色”下拉列表，如图 3-125 所示。可以在其中选择一种颜色做背景色，也可单击“填充效果”选项，弹出“填充效果”对话框，如图 3-126 所示。打开“图片”选项卡，在该选项卡中单击“选择图片”按钮，在弹出的“选择图片”对话框中选择需要作为背景的图片，单击“插入”按钮，返回到“填充效果”对话框中，单击“确定”按钮即可。通过以上操作即为贺卡设置好了图片背景，效果如图 3-127 所示。

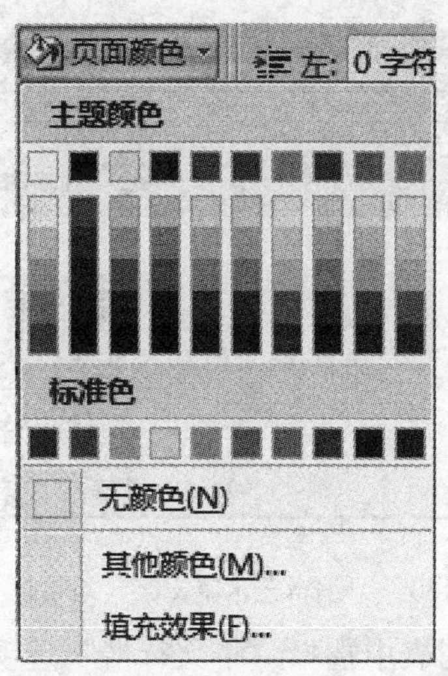

图3-125　“主题颜色”下拉列表

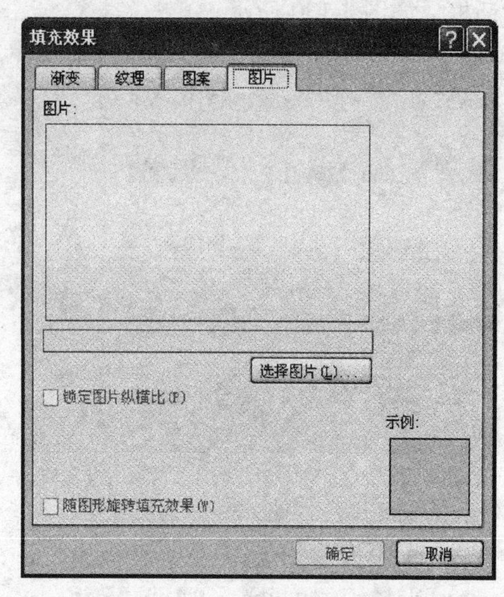

图3-126　“填充效果”对话框

4. 添加文字、图片、艺术字等素材

贺卡的大小、背景等主题风格确定之后，就可以把准备好的各种素材添加上去了。

（1）添加文字　在文档中输入文本“父爱如”，并设置“字体”为“华文行楷”，“字号”为“小初”。选中输入的文本，按“Ctrl + C”键复制文本。将光标定位在第二行的位置，按“Ctrl + V”键粘贴文本。

在文档中输入文本“父亲，辛苦了，祝您节日快乐!”，并设置“字体”为“华文行楷”；“字号”为“二号”。

设置文本的段落缩进和行间距，效果如图3-128所示。

图3-127　设置背景效果

图3-128　输入并设置文本后的效果

（2）插入艺术字　在“插入”选项卡的“文本”组中选择“艺术字”选项，弹出其下拉列表，如图3-129所示。在该下拉列表中选择一种艺术字样式，弹出“编辑艺术字文字”

对话框，如图3-130所示。

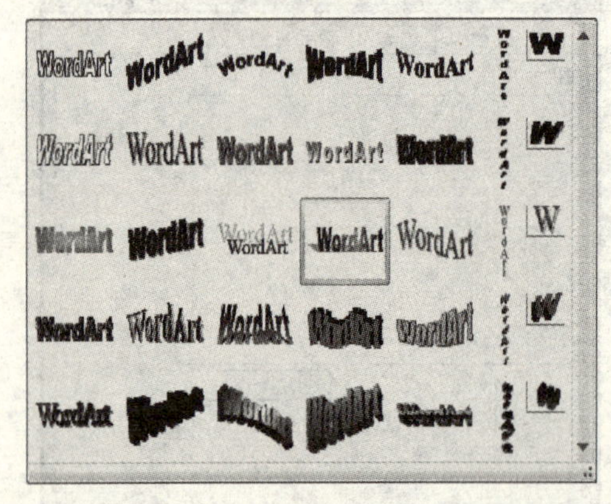

图3-129 “艺术字”下拉列表

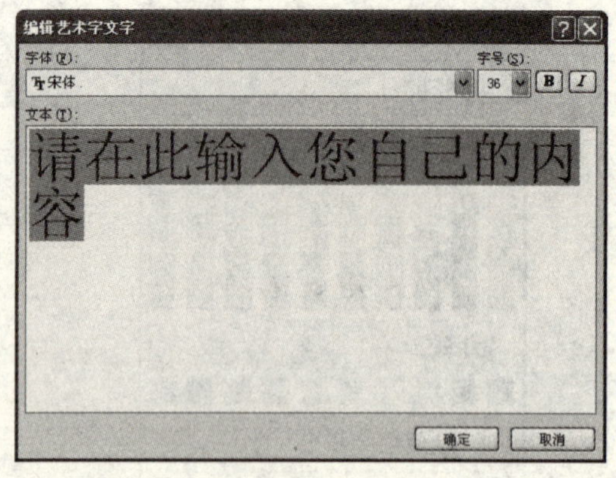

图3-130 “编辑艺术字文字”对话框

在“文本”框中输入文字“海”，在“字体”下拉列表中选择“华文行楷”选项；在“字号”下拉列表中设置字号为“60”，单击“加粗”按钮；设置完成后，单击“确定”按钮即可。插入艺术字“海”后，单击“艺术字工具”上下文工具“格式”选项卡的“排列”组中的文字环绕按钮，然后在弹出的下拉列表中选择“浮于文字上方”命令，就可以通过拖动的方法来调整艺术字“海”的位置，效果如图3-131所示。重复以上操作步骤，在文档中插入其他艺术字，效果如图3-132所示。

图3-131 插入艺术字“海”的效果

如果右键单击选中的艺术字，在弹出的快捷菜单中选择“设置艺术字格式”命令，则可打开“设置艺术字格式”对话框，如图3-133所示。在该对话框中可对选中的艺术字格式进行设置。当然，也可以先单击选中要设置格式的艺术字，然后单击“艺术字工具”上下文工具的“格式”选项卡，在该选项卡相应的各个组中对艺术字的格式进行详细设置。

图3-132　插入其他艺术字后的效果

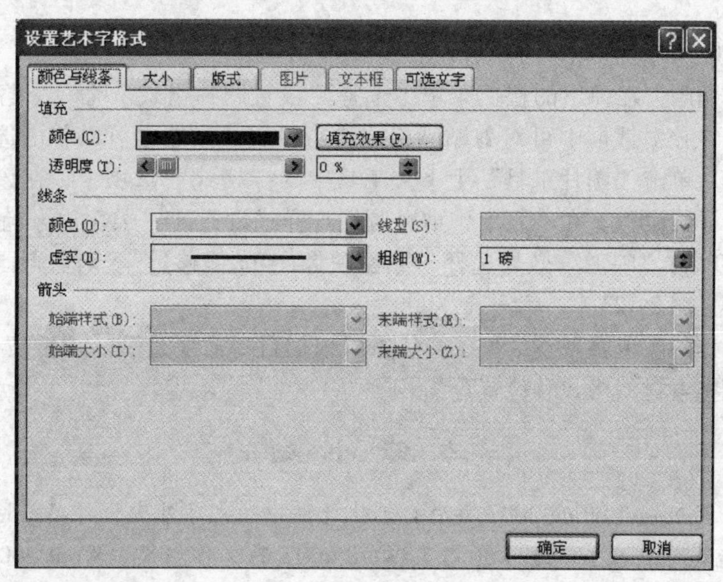

图3-133　“设置艺术字格式”对话框

（3）插入剪贴画　在“插入”选项卡的“插图”组中选择“剪贴画”选项，打开“剪贴画”任务导航栏，如图3-134所示。然后在“搜索文字”文本框中输入“父亲”，则将把和“父亲”有关的剪贴画都显示出来，单击所需的剪贴画即可插入到当前文档中。然后单击“图片工具”上下文工具“格式”选项卡的“排列”组中的文字环绕按钮，在弹出的下拉列表中选择“浮于文字上方”命令，然后即可通过拖动来调整剪贴画的大小和位置，如图3-135所示。

图 3-134 “剪贴画”任务导航栏

图 3-135 插入剪贴画

右键单击剪贴画，在弹出的快捷菜单中选择“设置图片格式”命令，打开“设置图片格式”对话框，在该对话框中可对剪贴画格式进行设置。当然也可以单击选中的要设置格式的剪贴画，然后单击“图片工具”上下文工具中的“格式”选项卡，在该选项卡中对剪贴画的格式进行详细设置。在本贺卡中剪贴画图片样式设置为“柔化边缘椭圆”，“柔化边缘”幅度选择 10 磅；“映像”效果选择“紧密映像，4pt 偏移量”。对剪贴画进行格式设置后的贺卡效果参见图 3-123。

至此，所制作的贺卡就基本成型了，还可以根据自身需要进一步调整贺卡的一些设置，如添加文字、调整素材的格式和位置等。

本章小结

本章介绍了 Microsoft office 2007 办公自动化软件中的文字处理软件 Word 2007。从 Word 2007 的新增功能和特点入手，逐步介绍了 Word 2007 的工作界面、Word 2007 的基本操作、文本的基本操作、文档格式设置、表格操作、图文混排和打印设置与打印。

通过本章循序渐进地学习，使用户对 Word 2007 的基本知识有一个初步的了解和掌握，从而可以灵活使用 Word 文字处理软件来进行编辑和排版工作，制作出各种满足实际需要的专业化文档，并为以后进一步的学习打好基础。

思考题

3-1 Word 2007 的新增功能和特点有哪些？

3-2 Word 2007 的窗口由哪些部分组成？

3-3 在快速访问工具栏上如何进行添加或删除工具按钮？

3-4　Word 2007 提供了几种文档窗口视图方式？各有什么特点？

3-5　如何把一个 Word 文档保存为其他类型的文件？

3-6　Word 中段落的对齐方式有哪几种？如何调整段落缩进？

3-7　如何实现文本的查找和替换？

3-8　如何新建和应用样式？

3-9　模板的用途是什么？如何应用模板创建文档？

3-10　Word 中创建表格有哪几种方法？如何设置表格中文字的对齐方式？

3-11　Word 中图片的环绕方式有哪几种？如何设置？

3-12　如何插入页眉、页脚？

第 4 章　电子表格处理软件 Excel 2007

4.1　Excel 2007 中文版概述

电子表格软件 Excel 2007 是微软公司办公自动化软件 Microsoft Office 2007 中的一个组件，是一个集表格处理、图表制作和数据库功能于一体的功能强大的分析工具。它不仅能够创建和处理各种精美的电子表格，而且通过公式和函数的使用，可以方便地对表格中的大量数据进行计算、统计、排序、筛选、汇总等。

4.1.1　Excel 2007 的新增功能和特点

Excel 2007 是 Office 2007 办公自动化软件中的一个组件，主要用来制作电子表格、完成复杂的数据运算、制作图表和对表格中的数据进行分析处理等。与 Excel 2003 等早期的 Excel 版本相比，Excel 2007 主要有以下几方面的新增功能。

1. 全新的用户界面

Excel 2007 放弃了老版本使用的菜单和工具栏，代之以新界面“选项卡和功能区”，提供了描述性的工具提示或示例预览功能。用户可以在包含命令和功能逻辑组的、面向任务的选项卡上更轻松地找到相关命令和功能。

2. 更大的工作表

Excel 2007 支持每个工作表中最多有 1048576 行和 16384 列。也就是说，每个工作表的单元格数为 1048576×16384 个，达到 171 亿之多。相当于 Excel 2003 工作表所拥有单元格的 1000 倍。

3. 主题和样式

Excel 2007 支持主题和样式的功能。可以通过应用主题和使用样式在工作表中快速设置数据格式。主题包括颜色、字体和填充效果，可应用于整个工作簿或特定项目。可以帮助用户创建外观精美的文档。主题还可以与其他 Office 2007 组件共享。用户可以使用 Excel 提供的预定义主题，也可以自己创建主题；样式是 Excel 中的预定义格式，只用于更改特定于 Excel 的项目（如 Excel 表格、图表等）的格式。如果 Excel 预定义样式不符合要求，用户可以自定义样式。但对于图表来说，用户不能创建自己的图表样式。

4. 轻松的公式编写格式

在 Excel 2007 中，公式的编写变得更加简单、方便。主要体现在以下几个方面：

（1）可调大小的编辑栏　当编辑冗长的公式时，可以通过单击并拖动编辑栏底端增加编辑栏的高度，从而防止公式覆盖工作表中的其他数据。

（2）公式的记忆式输入　Excel 2007 具有了“公式的记忆式输入”功能，当开始输入一个公式时，Excel 显示出不断更新匹配项下拉列表，当找到需要的项时，按“Tab”键或双击鼠标左键输入即可。

（3）结构化引用 除了单元格引用（如A1和R1：C1），Excel 2007还提供了在公式中引用命名区域和表格的结构化引用。

5. 改进的排序和筛选功能

Excel 2007增强了排序和筛选功能。例如，可以按颜色对数据排序，排序级别从最多3级扩展到最多64级；还可以按颜色或日期筛选数据，在“自动筛选”下拉列表中显示条目数扩展到最多10000个。

6. 新文件格式

Excel 2007增加了几种新的文件格式。

（1）基于XML的文件格式 在Excel 2007中，引入了新的基于XML（可扩展标记语言）的文件格式。这些新文件格式便于与外部数据源结合，改进了数据恢复功能。

在Excel 2007中，基于XML的新格式文件有：不启用宏的工作簿文件（*.xlsx）（默认格式）、启用宏的工作簿文件（*.xlsm）、不启用宏的工作簿模板文件（*.xltx）和启用宏的工作簿模板文件（*.xltm）。

（2）二进制文件格式 除了基于XML的文件格式以外，Excel 2007还引入了与旧版本的xls格式相同但可以兼容新特性的二进制文件（*.xlsb）。

（3）与Excel早期版本的兼容性 Excel 2007仍然支持旧版本的文件格式（.xls），可以打开Excel早期版本创建的所有文件。反之则不行，但微软公司已经为Excel早期版本发布了兼容包，安装了该兼容包后，Excel早期版本既可以打开用Excel 2007创建的文件，也可以用Excel 2007格式保存文件。

4.1.2 Excel 2007的启动与退出

启动与退出Excel 2007应用程序的方法有很多种，下面分别介绍。

1. 启动Excel 2007

Excel 2007的启动与Word 2007类似，有以下几种方法：

（1）通过“开始”菜单启动 单击任务栏左侧的“开始”按钮，在“所有程序”菜单中选择“Microsoft Office”选项，单击其中的“Microsoft Office Excel 2007”命令，即可启动Excel 2007。如果创建了该应用程序的快捷方式，可以通过双击该快捷方式图标来启动Excel 2007。

（2）通过创建工作簿启动 单击任务栏左侧的“开始”按钮（经典“开始”菜单模式下），在弹出的菜单中单击“新建Office文档”选项。这时会弹出一个“新建Office文档”对话框，单击“空工作簿”图标，然后单击“确定”按钮（或双击“空工作簿”图标），就会启动Excel 2007并创建一个新工作簿。

（3）通过“运行”对话框启动 选择“开始”→“运行”命令，弹出“运行”对话框。在“打开”文本框中输入“Excel.exe”，单击“确定”按钮。

（4）通过打开工作簿启动 打开一个已有的Excel工作簿时，会自动启动Excel应用程序，然后在该程序中打开并显示该工作簿。

2. 退出Excel 2007

退出Excel 2007的方法也有很多，一般常用的有以下几种：

1）单击窗口标题栏右侧的“关闭”按钮 x 。

2）单击窗口左上角的 Office 按钮→“退出 Excel”命令。

3）双击窗口左上角的 Office 按钮。

4）按“Alt + F4”组合键。

4.1.3 Excel 2007 的工作界面

启动 Excel 2007 后，系统自动新建一个名为“Book1”的工作簿，即可进入其工作界面，如图 4-1 所示。

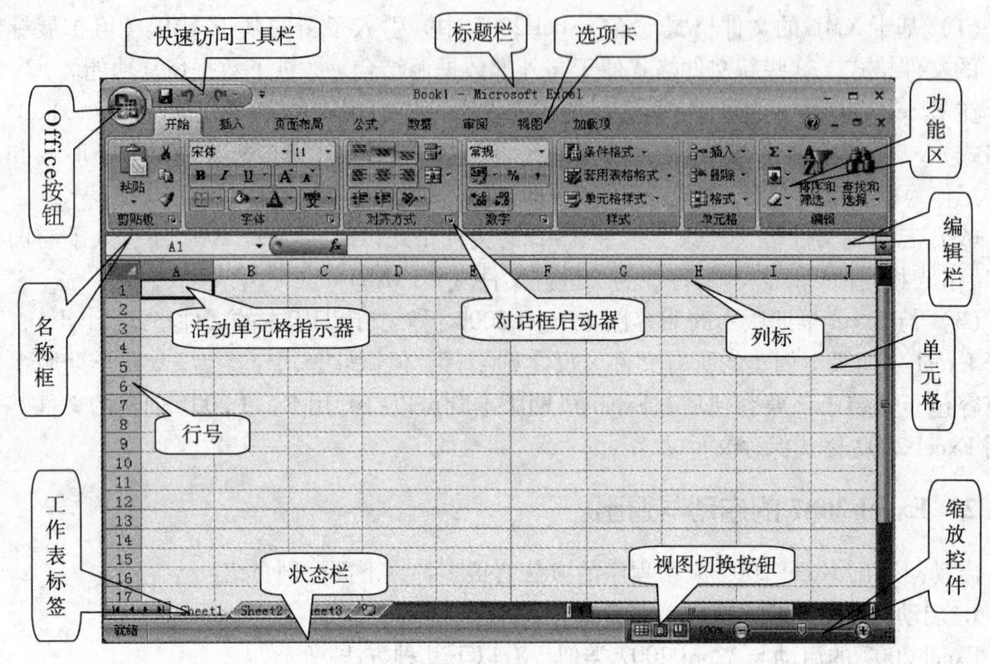

图 4-1　Excel 2007 工作界面

中文 Excel 2007 与早期 Excel 版本相比，其工作界面变化较大，主要有以下几个组成部分：

（1）Office 按钮　Office 按钮位于 Excel 窗口的左上角，该按钮可引出编辑文档时的很多选项，或是 Excel 的通用选项。单击该按钮，即可打开如图 4-2 所示的下拉菜单。

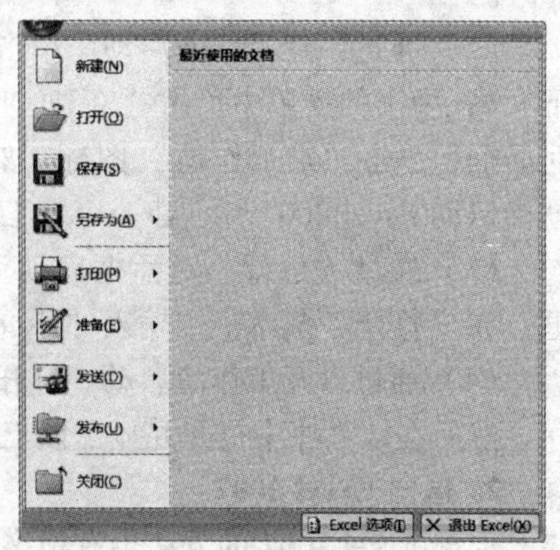

图 4-2　下拉菜单图

（2）快速访问工具栏　是通过自定义来显示常用命令的工具栏。

（3）选项卡　显示不同的功能区命令，类似于早期 Excel 版本中的菜单。当用户切换创作模式或视图（包括打印预览）时，程序选项卡会随之变化。图 4-3 所示为切换到打印预览时显示的选项卡。

（4）功能区　是查找 Excel 命令的主位置，单击选项卡列表中的项目可随之更改显示的功能区。每个选项卡的控件又细化为几个组。功能区能够比菜单和工具栏承载更加丰富的内容，包括按钮、库和对话框等内容。

（5）对话框启动器　对话框启动器是位于某些组名右侧的小图标。单击它将打开相关的对话框或任务窗格，其中提供了与该组相关的更多选项。

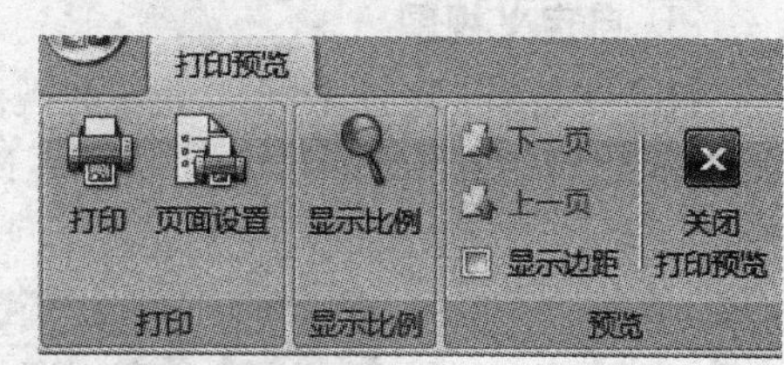

图4-3　“打印预览”选项卡

（6）名称框　显示活动单元格地址或所选单元格名称、范围或对象。

（7）编辑栏　将信息或公式输入Excel时，它们会出现在该行。

（8）视图切换按钮　主要用来更改工作簿的显示方式。

（9）缩放控件　主要用来放大和缩小工作表。

（10）工作表标签　代表工作簿中不同的工作表。

4.1.4 Excel 2007的视图方式

视图是应用程序窗口的显示方式。Excel 2007有普通视图、页面布局视图、分页预览视图、全屏显示和自定义视图5种视图。

1. 普通视图

普通视图是Excel默认的视图方式，在“视图”选项卡的“工作簿视图组”中单击“普通”按钮（或单击状态栏右侧的普通视图按钮），即可切换到普通视图。在普通视图中可以进行任意编辑和格式化操作。

2. 页面布局视图

在“视图”选项卡的“工作簿视图组”中单击“页面布局”按钮（或单击状态栏右侧的页面布局视图按钮），即可切换到页面布局视图。

在该视图方式下，不仅可以更改数据的布局和格式，还可以使用标尺测量数据的宽度和高度，更改页面方向，添加或更改页眉和页脚，设置打印边距以及隐藏或显示行标题与列标题。

3. 分页预览视图

在“视图”选项卡的“工作簿视图组”中单击“分页预览”按钮（或单击状态栏右侧的分页预览视图按钮），即可切换到分页预览视图。

分页预览视图是将活动工作表切换到分页预览状态，是按打印方式显示工作表的编辑视图。在分页预览视图中，可以通过鼠标上、下、左、右拖动分页符来调整工作表，使其行和列适合页面的大小。

4. 全屏显示视图

在“视图”选项卡的“工作簿视图组”中单击“全屏显示”按钮，即可切换到全屏显示视图中。

在该视图下，Excel窗口会尽可能多地显示文档内容，自动隐藏Office按钮、快速启动工具栏、选项卡和功能区等以增大显示区域。如果要关闭“全屏显示”视图，在标题栏上双击鼠标左键即可。

5. 自定义视图

在“视图”选项卡的“工作簿视图组”中单击“自定义视图”按钮，即可打开“视图管理器”对话框，如图4-4所示。在该对话框中即可进行自定义视图的添加、显示、关闭和删除等操作。

图4-4 “视图管理器”对话框

4.1.5 Excel 2007的基本概念

工作簿、工作表和单元格是Excel中三个最基本的概念，用户对Excel文档编辑操作，其实就是对工作簿、工作表和单元格的操作。因此在学习和使用Excel之前，首先要了解这些概念及其联系。

1. 工作簿

工作簿是Excel用来存储和处理数据的文件。工作簿名就是文件名，在用户未命名前自动以book1、book2……命名，Excel 2007工作簿默认扩展名为.xlsx。

每个工作簿中默认有三个工作表，可以根据需要插入或删除工作表。

2. 工作表

工作表也称为电子表格，由排列成行和列的单元格组成。它是工作簿的组成部分，主要用于存储和处理数据。工作簿中的若干工作表相互独立，任一时刻，用户只能在一张工作表中进行操作。当前正在编辑的工作表称为活动工作表或当前工作表，其标签以白底显示，其他工作表标签以蓝底显示。单击工作表标签可以在各工作表间切换。

在用户未命名前，工作表默认用sheet1、sheet2、sheet3……命名。

3. 单元格

单元格是工作表中行和列交叉处的长方格，是Excel最基本的操作单位。单元格地址由其所在的列标加行号表示。任一时刻，工作表中只有一个单元格处于活动状态，称为活动单元格，可在其中输入和编辑数据。活动单元格由粗线黑框框住，其地址显示在编辑栏左侧的名称框中，如图4-5所示。

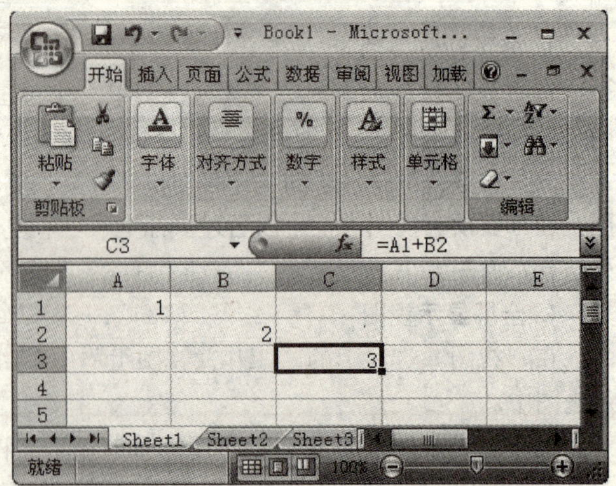

图4-5 单元格示例

4.2　工作簿的基本操作

工作簿的基本操作包括新建、打开、保存和关闭等。和对 Word 文件的基本操作方法是类似的。

4.2.1　新建工作簿

用户在启动 Excel 2007 后，系统会自动创建一个名为“Book1”的工作簿。另外，用户还可以通过以下方法新建工作簿：

1）单击“快速访问”工具栏中的“新建”按钮，即可新建一个空白工作簿。

2）单击“Office”按钮→“新建”命令，弹出“新建工作簿”对话框，选择“空工作簿”选项，单击“创建”按钮，即可创建一个空白的工作簿。或在该对话框的“模板”栏中选择“已安装的模板”选项，然后选择所需的模板，单击“创建”按钮，即可根据模板来创建一个工作簿。

3）按“Ctrl + N”组合键。

4.2.2　保存工作簿

为了长久保存工作簿中的数据，需要将工作簿保存到外部存储器上。常用以下几种方法保存工作簿。

(1) 首次保存工作簿　如果是首次保存工作簿，单击“Office”按钮→“保存”命令（或单击“快速访问”工具栏中的“保存”按钮，或按“Ctrl + S”组合键），会弹出“另存为”对话框，在其中设置保存路径和文件名，单击“保存”按钮即可，如图4-6所示。

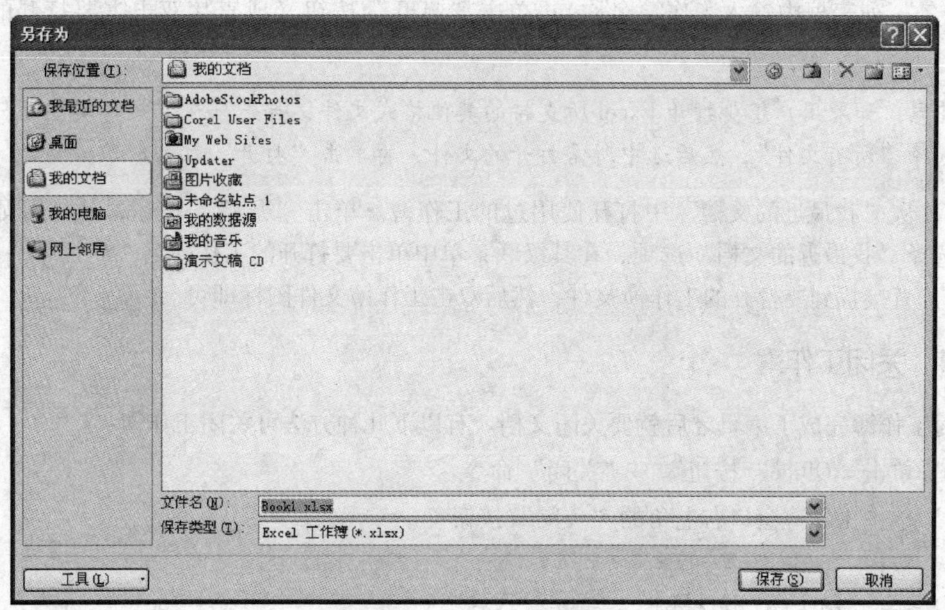

图4-6　“另存为”对话框

（2）对已经保存过的工作簿重新保存　如果对已经保存过的工作簿进行编辑修改后，需要重新保存则分两种情况：

1）如果不需要更改文件名、保存路径和文件保存类型，则单击“快速访问”工具栏中的“保存”按钮即可（或按“Ctrl + S”组合键，或单击“Office”按钮→“保存”命令）。

2）如果需要更改文件名、保存路径或文件保存类型，则需要单击“Office”按钮→“另存为”命令，在“保存文档副本”级联菜单中选择一种保存类型，打开“另存为”对话框，在其中进行相应设置即可。

（3）自动保存　Excel 2007具有自动保存功能，用户可以自行设置自动保存的时间间隔，具体操作步骤如下：

1）选择“Office”按钮→“Excel选项”命令，弹出“Excel选项”对话框。

2）单击“保存”标签，打开“保存”对话框。

3）选中“保存自动恢复信息时间间隔”复选框，设置对工作簿进行自动保存和恢复的时间间隔，如设定为“10分钟”。

4）单击“确定”按钮即可。

4.2.3 打开工作簿

当用户启动Excel 2007后，系统会自动打开一个空白的工作簿。如果要打开已经存在的工作簿，有以下几种方法：

1）单击“快速启动”工具栏中的“打开”按钮（或单击“Office”按钮→“打开”命令，或按组合键“Ctrl + O”），弹出“打开”对话框；在“查找范围”下拉列表框中，选择要打开文档所在的路径，在显示文件名窗口中选中需要打开的工作簿（或在“文件名”列表框中输入工作簿名称）；单击“打开”按钮（或直接双击需要打开的工作簿）。

注意：如果用户想要打开Excel所支持的其他格式文件，首先应在“文件类型”下拉列表中选择“所有文件”，然后选中所需打开的文件，再单击“打开”按钮。

2）从“我最近的文档”中打开使用过的工作簿。单击“开始”按钮，从“开始”菜单中选择“我最近的文档”选项，在其级联菜单中单击要打开的工作簿名。

3）直接找到要打开的工作簿文件，然后双击工作簿文件图标即可。

4.2.4 关闭工作簿

对工作簿完成了编辑之后就要关闭文档。有以下几种方法可关闭工作簿：

1）单击“Office”按钮→“关闭”命令。

2）单击工作簿窗口右上角的“关闭”按钮。

3）双击“Office”按钮。

4）按“Ctrl + F4”组合键。

5）按“Ctrl + W”组合键。

4.3 工作表的基本操作

工作表的基本操作包括选定单元格、编辑单元格、工作表的插入和删除、格式设置、显示设置及工作表中的计算等。

4.3.1 选定单元格和单元格区域

在对工作表进行编辑和格式化操作时，必须遵循“先选定、后操作”的原则。即先选中操作对象（单元格、单元格区域或工作表），然后再对它们进行相应的操作。

1. 选取单个单元格

选取单个单元格的常用方法有以下三种：

1）用鼠标直接单击单元格。当鼠标变为✚形状时，单击某单元格，此时该单元格的外侧出现一个黑色边框，说明该单元格成为活动单元格。

2）在工作表左上方的名称框内直接输入需要选定的单元格名称，按回车键即可选定该单元格。

3）使用键盘来选定。具体方法见表4-1。

表4-1 使用键盘选定单元格的按键

按 键	光标移动的方向
←，→，↑，↓	向左、右、上、下移动一个单元格
Home	移到光标所在行的第一个单元格
Ctrl + ←	向左移到光标所在行的行首
Ctrl + →	向右移到光标所在行的行尾
Ctrl + ↑	向上移到光标所在列的列首
Ctrl + ↓	向下移到光标所在列的列尾
PageUp	向上移动一屏
PageDown	向下移动一屏
Ctrl + PageUp	移到上一张工作表
Ctrl + PageDown	移到下一张工作表
Ctrl + Home	移到光标所在工作表的第一个单元格
Ctrl + End	移到光标所在工作表的已有数据的右下角最后一个单元格

2. 选取单元格区域

要对工作表中一个区域内的单元格进行操作，首先要选择该区域。选中区域的单元格突出显示为亮灰色，但活动单元格仍保持正常颜色。选取单元格区域的常用方法有以下几种：

1）移动鼠标指针到要选取区域的起始单元格位置，然后按住鼠标左键，拖动鼠标到终止单元格，释放鼠标左键。

2）按住“Shift”键的同时移动键盘上的方向键选择区域。

3）按住“Shift”键的同时用鼠标单击单元格，选取活动单元格和最终单击的单元格之间的矩形区域。

4）按住“Ctrl”键的同时多次拖动鼠标左键可选择多个单元格区域。

要取消对区域的选取，只要单击任意单元格即可。

3. 选取行和列

在工作表中选取整行和整列的常用方法有以下几种：

1）将鼠标移至要选定行（列）的行号（列标）上，当鼠标变为➡（⬇）形状时，单击鼠标即可选定该行（列）。

2）首先按住“Ctrl”键不放，然后分别单击需要选定的不连续的行（列）的行号（列标），即可选取多个不连续的行（列）。

3）将鼠标移至要选定连续多行（列）的开始行号（列标）上，然后按住鼠标左键并拖动，至适当的位置释放鼠标即可选定多个连续的行（列）。

4）单击要选定连续多行（列）的开始行号（列标），然后按住“Shift”键不放，再单击要选定的最后一行（列）即可选定连续多行（列）。

4. 选中整个工作表

如果要选取整个工作表，可以采用以下三种方法：

1）单击工作表左上角的“全选”按钮◢。将鼠标移至该按钮时，鼠标变为✚形状，此时单击鼠标即可选取整个工作表。

2）按“Ctrl + A”组合键。

3）参照选取行或列的操作方法。

4.3.2 数据的输入

在Excel中，用户可以在单元格中输入文本、数值、公式等数据。在这里首先介绍常量数据的输入，公式的输入和使用方法将在后续内容中详细介绍。

向单元格中输入数据，可以在选定（激活）单元格后，直接输入数据；也可以先选定单元格，然后单击编辑栏，在编辑栏中输入；还可以双击单元格，在单元格中定位插入点位置，然后再输入数据。第一种方法输入的内容将替换单元格中原有内容，后两种方法输入内容将插入在插入点位置，常用于修改单元格内容。

输入数据后，可以按“Enter”键、“Tab”键、方向键，或单击编辑栏的✔按钮或其他单元格来确认输入。按“Esc”键或单击编辑栏的✖按钮可取消输入。

1. 输入文本

文本包括任意字母、数字字符、汉字及其他键盘符号的组合，最多可输入32000个字符，默认左对齐。当输入的文本长度超过了单元格的宽度时，如果右侧相邻单元格为空，则超出的文本会延伸到右侧单元格显示；如果右侧单元格非空，则超出的文本就会被隐藏起来，此时只要适当增大列宽或设置单元格内容自动换行，就可以显示全部内容。

如果要将数字作为文本处理（如电话号码等），只需在输入时以单撇号开头，如'0001，则Excel将该数字作为文本处理，左对齐，单元格内容为0001。

在单元格中输入数据时，若要强行换行，按“Alt + Enter”组合键即可。

2. 输入数值

数值数据可以包括数字和＋、－、E、e、￥、$、%、/、,、( )及小数点等特殊字符，默认右对齐。输入和显示时可以使用十进制小数形式，如2.5，-34等，也可以使用科学记数法，如0.0025可输入为2.5E-3。需要注意的是输入数值与显示的数值未必相同，当输入数据长度超过单元格宽度时，则自动以科学记数法显示，当单元格宽度不足以显示数值时，以“###”符号填充。此外，单元格数据的显示还受单元格格式设置的影响，如设置了保留两位小数，输入3位小数时，则自动对末位四舍五入，但计算时以输入数据为准。

输入正数时，数字前面的“+”可以省略。输入负数时，可以用一对圆括号代替负号，如-12，可以输入-12或（12）。

为了避免Excel将输入的分数自动识别为日期，输入分数时，需在分数前加“0”和空格，如0 2/3。

3. 输入日期和时间

Excel内置了一些日期和时间格式，当输入数据与这些格式匹配时，Excel能够识别它们，并以内部的日期时间格式显示。默认是右对齐。

常用的日期格式为“年/月/日”或“年-月-日”，年份可省。例如，99/12/5，1/5，3-4分别表示1999年12月5日，1月5日，3月4日。若要输入当前系统日期，按“Ctrl+;”组合键。

常用的时间格式为“小时：分：秒”。时间格式分12小时制和24小时制。

若采用12小时制格式，需在时间后空一格，输入上午（AM或A）或下午（PM或P）标志，如5:18 P、18:32:25。若要输入当前系统时间，按“Ctrl+Shift+;”组合键。在同一单元格输入日期和时间，中间应用空格分隔。

4. 数据输入技巧

利用Excel的自动填充功能，可以快速地输入等差序列、等比序列等有规律的数据。

（1）填充文本　使用自动填充功能填充文本的具体操作如下：

1）选中文本所在的单元格。

2）单击该单元格右下角的填充柄并拖动，即可在鼠标经过的单元格中复制该文本。

（2）填充等差序列　使用自动填充功能填充等差序列的具体操作如下：

1）在选中单元格中输入一个数字，如1。

2）选择数字所在的单元格，按住“Ctrl”键的同时单击并拖动填充柄，即可以选中单元格中的数字为基数，在鼠标经过的单元格中创建等差序列。

（3）填充等比序列　使用自动填充功能填充等比序列的具体操作如下：

1）至少选择两个单元格作为序列的基础数据。

2）在填充柄上单击鼠标并拖动，即可在鼠标经过的单元格中创建等比序列。当然这种方法也适用于填充等差序列。

（4）填充日期　使用自动填充功能填充日期的具体操作如下：

1）至少选择两个单元格作为填充的基础数据。

2）单击并向下拖动填充柄，可按升序填充鼠标经过的单元格；单击并向上拖动填充柄，可按降序填充鼠标经过的单元格。

（5）通过“序列”对话框填充数据　在“序列”对话框中可以设置序列产生的行或列、序列的类型、步长值和终止值等内容。首先在指定单元格输入序列的起始值，然后打开“开始”选项卡，单击“编辑”组中的按钮，在弹出的菜单中选择“系列”选项，打开

“序列”对话框进行设置即可。

（6）填充相同数据　在某些单元格或单元格区域中填充相同数据的操作方法是：

1）选中要填充相同数据的单元格或区域。

2）在活动单元格中输入数据，然后按“Ctrl + Enter”组合键。

4.3.3 工作表的编辑

在默认情况下，每个工作簿有3个工作表。用户在实际的使用过程中，可根据需要对工作表进行选定、添加、删除、复制和移动等操作。

1. 选定工作表

一个工作簿通常包含多个工作表，要对某个工作表进行编辑，必须先选取该工作表。

1）要选定单个工作表，只要用鼠标单击相应的工作表标签即可。

2）要选定连续的多个工作表，可先单击要选取的第一个工作表标签，然后按住“Shift”键，再单击最后一个要选取的工作表标签。

3）要选定不连续的多个工作表，则按住“Ctrl”键，再依次单击要选取的工作表标签。

选定多个工作表时，在标题栏的文件名右侧将出现“［工作组］”字样，此时在被选定的任一工作表的单元格中输入数据或设置格式时，工作组中其他工作表相同位置的单元格将出现相同的数据和格式。

要取消工作表的选定，只需单击任意一个未选定的工作表标签即可。

2. 插入和删除工作表

（1）添加工作表　要在某个工作表前插入一个或多个新工作表，只需先选定一个或多个工作表，然后在“开始”选项卡的“单元格”选项组中单击“插入”按钮，从弹出的下拉菜单中选择“插入工作表”命令即可（或在工作表标签中单击鼠标右键，从弹出的快捷菜单中选择“插入”命令，从弹出的“插入”对话框中选择“工作表”图标，单击“确定”按钮）。系统会在选定工作表之前插入与选定工作表个数相同的工作表，插入的第一个工作表成为活动工作表。

（2）删除工作表　选定要删除的一个或多个工作表，在“开始”选项卡的“单元格选项”组中单击“删除”按钮，从弹出的下拉菜单中选择“删除工作表”命令。或右键单击选定的工作表标签，在弹出的快捷菜单中选择“删除”命令。此时，若选定工作表为空表，则直接删除；若选定工作表中存有数据，则会出现一个提示框，进行删除确认。

3. 复制和移动工作表

复制工作表是指增加原工作表的副本，移动工作表是指改变工作表在工作簿中排列的位置。下面介绍两种移动和复制工作表的方法。

（1）使用鼠标拖动　选中要移动的工作表标签，按住鼠标左键并拖动，此时工作表标签上方会出现一个黑色下三角箭头▼，提示工作表插入的位置，鼠标指针变成🗋形状，将指针拖动到要移到的位置释放鼠标左键即可。若要复制工作表，只需按住“Ctrl”键，再拖动要复制的工作表到要复制到的位置，然后释放鼠标左键，再松开“Ctrl”键即可。

（2）使用菜单移动和复制工作表　选中要移动或复制的工作表，单击鼠标右键，从弹出的快捷菜单中选择“移动或复制工作表”命令，弹出“移动或复制工作表”对话框，如

图4-7所示。在“下列选定工作表之前”列表框中选择要移动或复制的位置。如果是移动工作表，在该对话框中取消对“建立副本”复选框的选中；如果要复制工作表，则选中“建立副本”复选框。单击“确定”按钮即可。

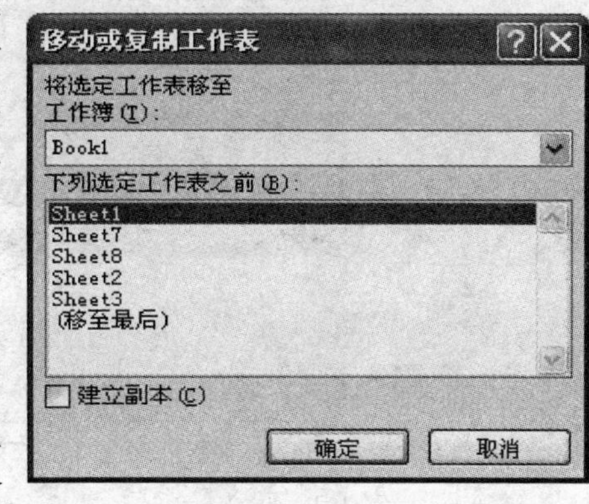

图4-7　“移动或复制工作表”对话框

4. 重命名工作表

创建工作簿时，默认的工作表名为sheet1、sheet2等。为了方便使用，用户可以根据需要重新为工作表起一个有意义的名字。右键单击要重命名的工作表标签，在弹出的快捷菜单中选择“重命名”命令，或双击要重命名的工作表标签，此时标签名呈黑色背景显示，然后输入新的工作表名，并按回车键确认（或单击标签外的任何位置）即可。

5. 隐藏和显示工作表

当用户打开的工作簿数量太多时，屏幕会较乱。可以将暂时不使用的工作簿隐藏起来，需要对其操作时，再将它们显示出来。具体操作如下：

在“视图”选项卡的“窗口”选项组中单击“隐藏”按钮，即可将当前工作簿隐藏。如果要重新显示该工作簿，可在“视图”选项卡的“窗口”选项组中单击“取消隐藏”按钮，即可弹出“取消隐藏”对话框。在该对话框中选择要显示的工作簿，单击“确定”按钮即可。

如果想只隐藏或显示工作簿中的某些工作表，可在工作表标签上单击鼠标右键，从弹出的快捷菜单中选择“隐藏”命令，即可将选中的工作表隐藏。如果要重新显示该工作表，可在工作表标签上单击鼠标右键，从弹出的快捷菜单中选择“取消隐藏”命令，再在弹出的“取消隐藏”对话框中选择要显示的工作表，单击“确定”按钮即可。

6. 工作表的拆分与冻结

Excel 2007为用户提供了拆分和冻结工作表窗口的功能，有了这些功能可以更加合理地利用屏幕空间。

（1）拆分工作表　拆分工作表就是将工作表当前窗口拆分成几个窗格，在各窗格中都可以通过滚动条来显示或查看工作表的不同部分。具体操作方法如下：选定工作表要拆分处的单元格，该单元格的左上角就是拆分的分隔点；在“视图”选项卡中的“窗口”选项组中单击“拆分”按钮即可。如果需要对窗格大小进行更改，按下鼠标左键拖动拆分框即可。拆分效果如图4-8所示。

取消拆分有以下两种方法：

1）在“视图”选项卡中的“窗口”选项组中再次单击“拆分”按钮，即可取消拆分。

2）在分隔条的交点处双击鼠标左键，可取消拆分。如果要删除一条分隔条，则在该分隔条上方双击即可。

（2）冻结工作表　如果工作表较大，在滚动显示其中数据时，为了保持行列标志始终可见，需要使用冻结窗口功能。冻结窗口的操作步骤如下：

1）选定工作表中的一个单元格作为冻结点，即冻结点以上和左边的所有单元格都将被冻结，始终显示在屏幕上。

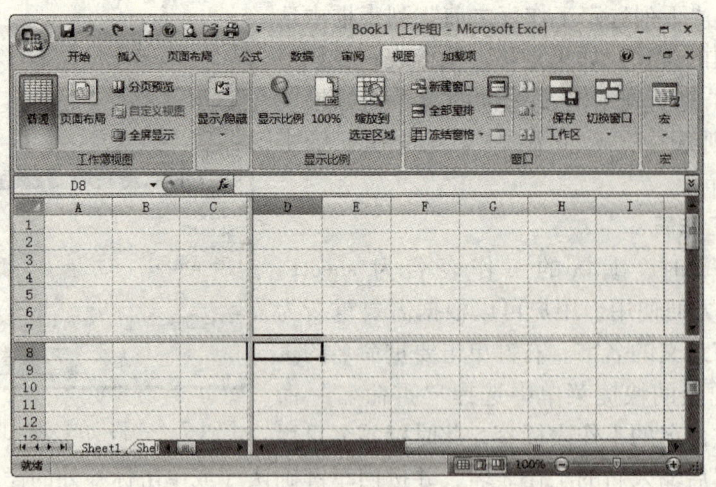

图4-8 拆分工作表窗口

2）在“视图”选项卡中的“窗口”组中单击“冻结窗格”按钮，从弹出的下拉菜单中选择“冻结拆分窗格”命令即可，如图4-9所示。如果只需冻结首行或首列，则选择“冻结首行”或“冻结首列”命令。如果用户要撤销冻结的窗口，选择“取消冻结窗格”命令即可。

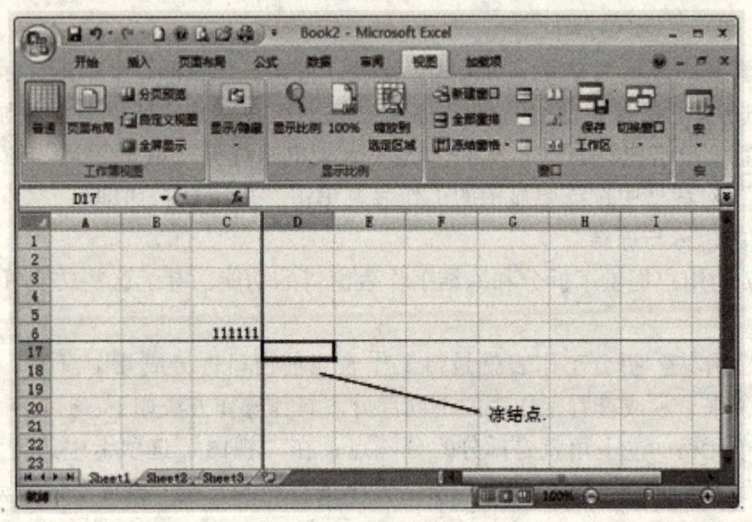

图4-9 冻结拆分窗格

技巧：*在被冻结的工作表中，按“Ctrl + Home”快捷键，活动单元格指针将返回到冻结点所在的单元格。*

4.3.4 工作表的格式设置

有时需要给工作表设置一些格式，如背景色、文本对齐方式、边框等，这样可以使工作表更加美观大方、层次分明。工作表的格式设置并不影响工作表中所存放的内容。下面主要介绍单元格格式、条件格式和自动套用格式的设置。

1. 设置单元格格式

在 Excel 2007 中，用户可以对工作表中的单元格或单元格区域进行各种格式设置，如设置单元格中数字的类型、文本的对齐方式、字体等。

（1）设置字符格式　字符格式主要包括字体、字号、字形以及字符颜色等。在 Excel 2007 中，用户可以使用以下几种方法设置字符格式：

1）使用“设置单元格格式”对话框设置字符格式。　使用“设置单元格格式”对话框设置字符格式的具体操作步骤如下：

选中要设置字符格式的文本或数字。在“开始”选项卡的“字体”选项组中单击“对话框启动器”按钮，弹出“设置单元格格式”对话框，如图 4-10 所示。打开“字体”选项卡，然后分别设置字符的字体、字号、字形、颜色等即可。具体方法和在 Word 2007 中的设置方法相同。

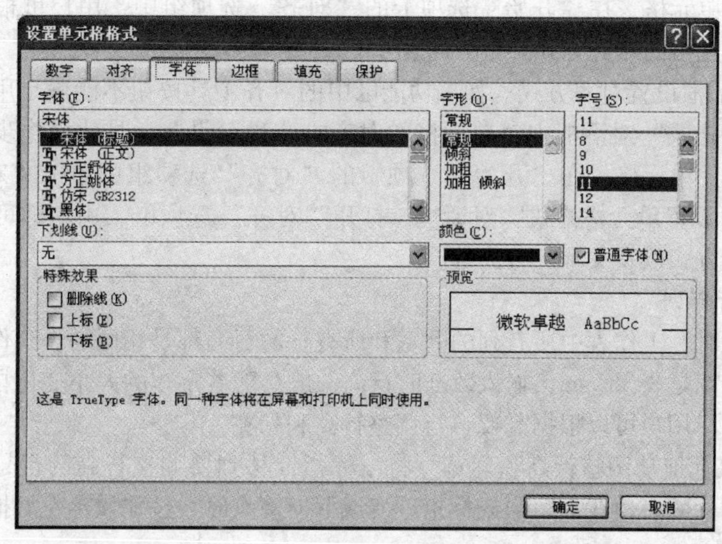

图 4-10　“设置单元格格式”对话框

2）使用功能区按钮设置字符格式。　与使用“设置单元格格式”对话框相比，使用字体功能区中提供的设置字符格式的工具按钮，可以更加方便快捷。

3）设置默认字体格式。　新建 Excel 文档并在单元格中输入数据时，如果用户对单元格格式不加以设置，则单元格将使用系统默认的格式设置。默认的字符格式可以更改，具体的操作步骤如下：

单击“Office”按钮→“Excel 选项”命令，弹出“Excel 选项”对话框。用户可在“常用”选项卡的“新建工作簿时”选项区中对字符的格式进行设置。设置完成后，单击“确定”按钮，则所做设置将成为系统默认设置。如果要使用新的默认字体格式，必须重新启动 Excel 2007 程序。新的字体和字体大小只应用于重新启动后创建的新工作簿中，已有的工作簿不受影响。

（2）设置数字格式　数字格式是指数字、货币、百分比、分数、日期、时间等各种数值数据在工作表中的显示方式。设置数字格式的方法有以下两种：

1）使用功能区设置数字格式。使用功能区设置数字格式的具体操作步骤如下：选中要设置数字格式的单元格或单元格区域，在“开始”选项卡的“数字”选项组中单击“常规”选项右侧的下拉按钮，弹出其下拉列表，用户可在其中选择合适的数字格式。

2）使用对话框设置数字格式。使用对话框设置数字格式的具体操作步骤如下：选中要设置数字格式的单元格，在“开始”选项卡中的“数字”选项组中单击“对话框启动器”按钮，即可弹出“设置单元格格式”对话框；打开“数字”选项卡，然后进行详细设置；设置完成后，单击“确定”按钮即可。

(3) 设置对齐方式　在Excel 2007中，默认情况下单元格中的文本是左对齐，数字是右对齐。用户也可以根据自己的需要重新设置对齐方式。

在Excel 2007中，用户可以使用两种方法设置单元格的对齐方式。

1）使用功能区设置对齐方式。使用功能区设置数字格式的具体操作步骤如下：选中要设置对齐方式的单元格，在“开始”选项卡的“对齐”选项组中，用户可根据需要单击相应的按钮设置单元格的对齐方式。

2）使用对话框设置对齐方式。如果功能区中的对齐工具按钮不能满足用户的需要，可在“设置单元格格式”对话框中对单元格的对齐方式进行设置，具体操作步骤如下：选中要设置对齐方式的单元格，在“开始”选项卡的“对齐”选项组中单击“对话框启动器”按钮，弹出“设置单元格格式”对话框，打开“对齐”选项卡，用户即可在该选项卡中设置文本的对齐方式以及文本的方向等。

2. 格式化行与列

新建工作簿时，工作表中所有列的列宽和所有行的行高都是相同的。工作表的默认行高是13.5 mm，列宽是8.38 mm，输入数据时行高一般会随着字体的大小变化自动调整，列宽则不会自动调整。用户可以根据需要自行调整行高和列宽。

(1) 使用鼠标拖动调整行高和列宽　将鼠标指针移到要调整行高的行号的下边线上或要调整列宽的列标的右边线上，当鼠标指针变成双向箭头时，按住鼠标左键拖动鼠标，即可改变行高或列宽。

(2) 使用菜单命令设置行高和列宽　使用鼠标拖动，只能粗略地调整行高和列宽，如果要精确地对行高和列宽进行调整，则需要使用相应的菜单命令和对话框，具体操作步骤如下：

选定要调整行高（列宽）的行（列），在“开始”选项卡中的“单元格”选项组中单击“格式”按钮，在弹出的下拉菜单中选择“行高”（“列宽”）命令，然后在弹出的对话框中输入所需的“行高”（“列宽”）的值，单击“确定”按钮即可精确设置行高（列宽）。如果要将行或列隐藏起来，则在下拉菜单中选择“隐藏和取消隐藏”命令，然后从其级联菜单中选择隐藏的对象即可。

3. 表格自动套用格式

Excel 2007内置了多种预定义的表格样式，使用这些内置的表格样式可以快速地格式化工作表，使表格更加美观。使用自动套用格式的具体操作步骤如下：

1）选中要自动套用格式的单元格区域。

2）在“开始”选项卡中的“样式”选项组中单击“套用表格格式”按钮，弹出其下拉菜单，如图4-11所示。

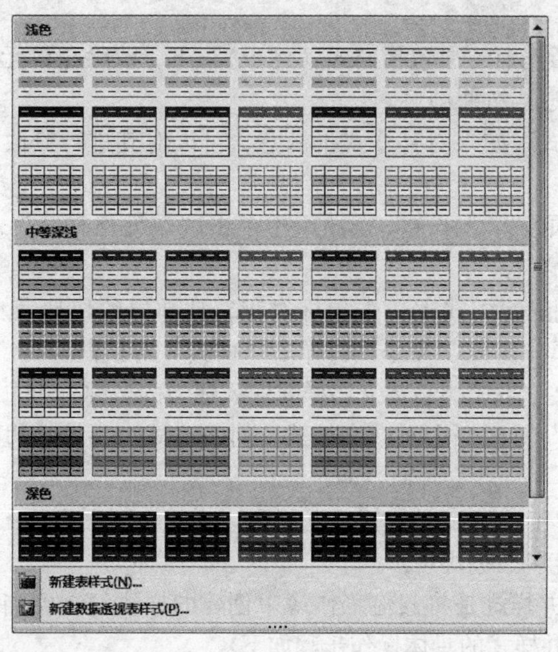

图 4-11　“套用表格格式”下拉菜单

3）在该菜单中选择合适的样式，弹出“套用表格式”对话框，如图 4-12 所示。在该对话框中默认“表数据的来源”下拉列表中的设置。

4）在该对话框中选中“表包含标题”复选框，单击“确定”按钮。

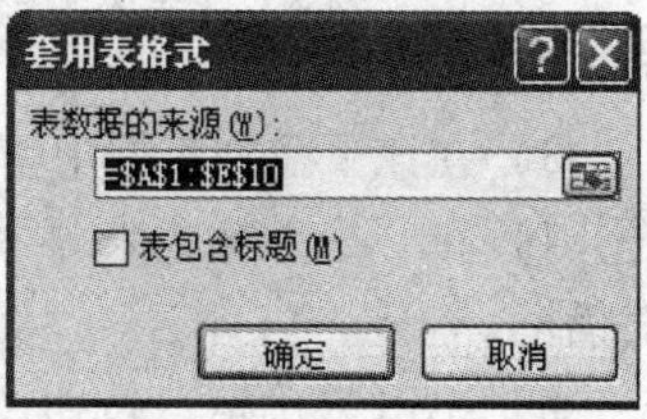

套用表格式
表数据的来源(W):
=$A$1:$E$10
表包含标题(M)
确定　取消

图 4-12　“套用表格式”对话框

4. 单元格样式

在 Excel 2007 中不仅内置了工作表样式，还提供了多种单元格样式，用户可以使用它们为单元格设置填充色、边框色及字体格式等。还可以自己创建新样式，以及对样式进行修改。

（1）应用样式　应用样式的具体操作步骤如下：

1）选中要应用样式的单元格或单元格区域。

2）在“开始”选项卡的“样式”选项组中单击“单元格样式”按钮，即可弹出样式下拉列表框。

3）在“主题单元格样式”选项区中单击要应用的样式，即可将其应用到选中的单元格区域。

（2）创建新样式　如果用户对系统提供的样式不满意，可以创建新的样式，具体操作步骤如下：

1）在“开始”选项卡的“样式”选项组中单击“单元格样式”按钮，弹出样式下拉列表框，单击“新建单元格样式”按钮，弹出“样式”对话框。

2）在“样式名”文本框中输入新的样式名，单击“格式”按钮，弹出“设置单元格格式”对话框。

3）在“设置单元格格式”对话框中的各个选项卡上选择所需的格式后单击“确定”

按钮。

4）在“样式”对话框中的“包括样式（例子）”下，清除在单元格样式中不需要的格式的复选框，单击“确定”按钮即可。

（3）修改和删除样式　如果对某样式不满意，可以对其进行修改或删除，具体操作步骤如下：

1）在“开始”选项卡的“样式”选项组中单击“单元格样式”按钮，弹出样式下拉列表框。

2）在需要修改或删除的样式上单击鼠标右键，从弹出的快捷菜单中单击“修改”或“删除”命令。如果选择“修改”命令，将弹出“样式”对话框。

3）在“样式名”文本框中为新单元格样式输入适当的名称，单击“格式”按钮，在弹出的“设置单元格格式”对话框中对数字格式、对齐方式、字体、边框和底纹以及图案等进行设置。

4）设置完成后，单击“确定”按钮，返回到“样式”对话框。

5）再次单击“确定”按钮即可。

（4）合并样式　合并样式是将其他工作簿中创建的样式复制到当前工作簿中，以便在当前工作簿中使用。合并样式的具体操作步骤如下：

1）打开源工作簿和目标工作簿，并激活目标工作簿。

2）在“开始”选项卡的“样式”选项组中单击“单元格样式”按钮，弹出样式下拉列表框。

3）在该下拉列表框中单击“合并样式”按钮，弹出“合并样式”对话框。

4）在“合并样式来源”列表框中选择源工作簿，单击“确定”按钮，返回到“样式”对话框。

5）单击“确定”按钮，弹出“是否合并具有相同名称的样式?”的提示框。

6）单击“是”按钮，返回到“样式”对话框，单击“确定”按钮即可。

5. 条件格式

条件格式指的是基于数值格式化的单元格，可突出显示某些值，用于快速识别错误的单元格条目或特定类型的单元格。例如，可以将区域中负值的背景颜色全部设为浅灰色，当输入或修改这一区域的数值时，Excel会对数值进行检查并核对单元格的条件格式规则，如果数值为负，背景色变为浅灰色；如果为正，单元格将不会应用此格式。

应用条件格式的操作步骤是：选定单元格或单元格区域，在“开始”选项卡的“样式”选项组中单击“条件格式”按钮，打开“条件格式”下拉菜单，如图4-13所示。在其中选择相应的命令进行详细设置即可。

这里主要介绍其中的可视化功能：色阶、数据条和图标集的使用方法。

（1）使用双色阶设置所选单元格的格式　双色阶是使用两种颜色的深浅程度来帮助用户比较某个区域的单元格。

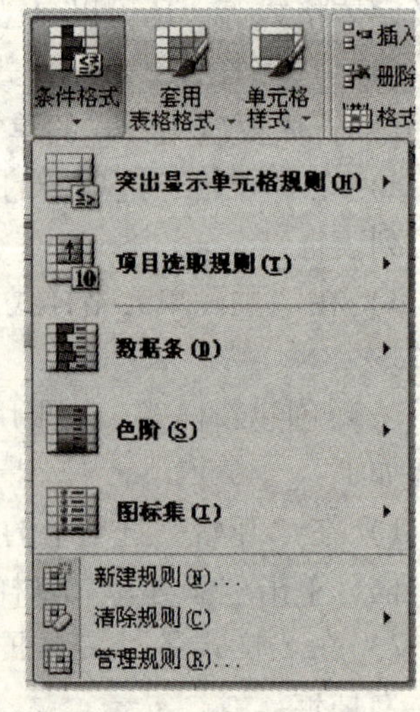

图4-13　“条件格式”下拉菜单

颜色的深浅表示值的高低。例如，在绿色和红色的双色阶中，可以指定较高值单元格的颜色更绿，而较低值单元格的颜色更红。使用双色阶设置单元格格式的操作步骤如下：首先选中要设置格式的单元格区域，然后在“开始”选项卡的“样式”选项组中单击“条件格式”按钮，从弹出的下拉菜单中单击“色阶”按钮，弹出色阶下拉列表框，如图4-14所示。在该列表框的第二行任选一种样式，即可将其应用到所选的单元格区域中，图4-15所示即为选中“黄-红”色阶时的效果。

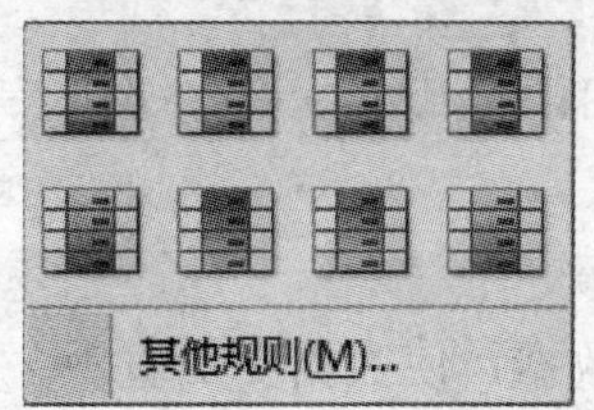

图4-14　色阶下拉列表框

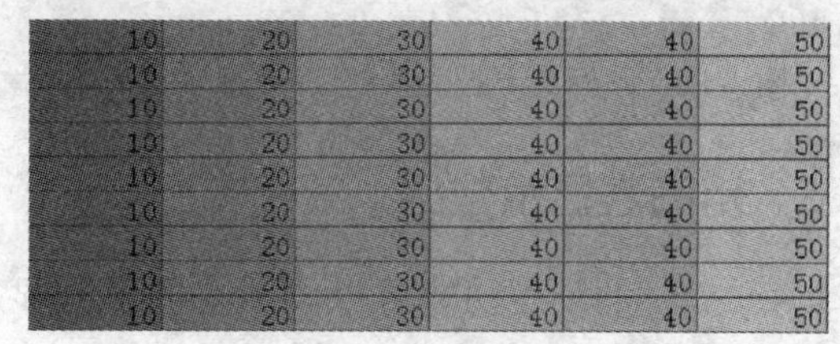

10	20	30	40	40	50
10	20	30	40	40	50
10	20	30	40	40	50
10	20	30	40	40	50
10	20	30	40	40	50
10	20	30	40	40	50
10	20	30	40	40	50
10	20	30	40	40	50
10	20	30	40	40	50

图4-15　应用双色阶设置单元格格式

（2）使用三色阶设置所选单元格的格式　三色阶是使用三种颜色的深浅程度来帮助用户比较某个区域的单元格。颜色的深浅表示值的高、中、低。例如，在绿色、黄色和红色的三色刻度中，可以指定较高值单元格的颜色为绿色，中间值单元格的颜色为黄色，而较低值单元格的颜色为红色。使用三色阶设置单元格格式的具体操作步骤与使用双色阶设置单元格格式的具体操作步骤类似。不同之处是要在“色阶下拉列表框”第一行任选一种样式。

（3）使用数据条设置所选单元格的格式　数据条的长度代表单元格中的值。数据条越长，表示值越高，数据条越短，表示值越低。在观察大量数据中的较高值和较低值时，数据条尤其有用。使用数据条设置单元格格式的具体操作步骤如下：首先在工作表中选中要设置格式的单元格区域，然后在“开始”选项卡的“样式”选项组中单击“条件格式”按钮，打开“条件格式”下拉菜单，单击其中的“数据条”命令，弹出数据条下拉列表框，如图4-16所示。在该列表框中选择要应用的样式，即可将其应用到所选单元格区域中，如图4-17所示。

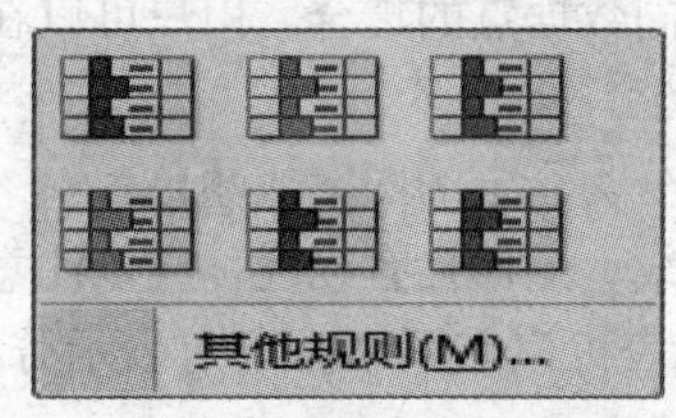

图4-16　数据条下拉列表框

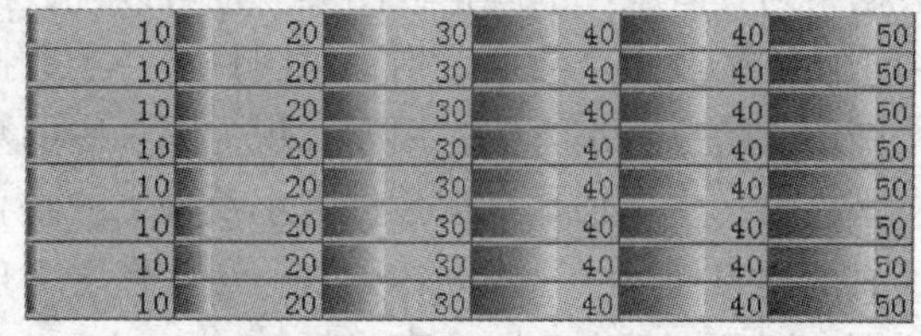

10	20	30	40	40	50
10	20	30	40	40	50
10	20	30	40	40	50
10	20	30	40	40	50
10	20	30	40	40	50
10	20	30	40	40	50
10	20	30	40	40	50
10	20	30	40	40	50

图4-17　使用数据条设置单元格格式

（4）使用图标集设置所选单元格的格式　使用图标集可以对数据进行注释，并可以按阈值将数据分为3～5个类别。每个图标代表一个值的范围。例如，在三向箭头图标集中，红色的下箭头代表较低值，黄色的横向箭头代表中间值，绿色的上箭头代表较高值。使用图标集设置单元格格式的具体操作步骤如下：首先在工作表中选中要设置格式的单元格区域，然后在“开始”选项卡的“样式”选项组中单击“条件格式”按钮，在弹出的下拉菜单中单击“图标集”按钮，弹出其下拉列表框，如图4-18所示。在该列表框中选择要应用的样式，即可将其应用到所选单元格区域中，如图4-19所示。

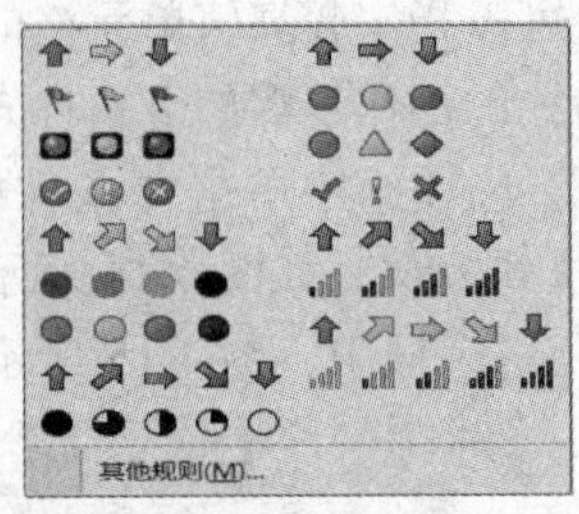

图4-18 图标集下拉列表框

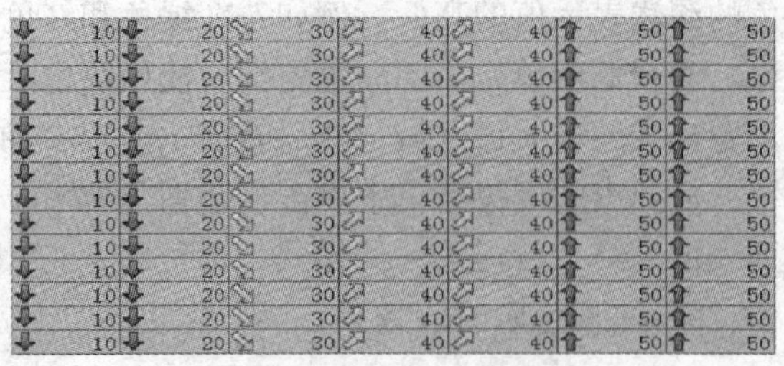

10	20	30	40	40	50	50
10	20	30	40	40	50	50
10	20	30	40	40	50	50
10	20	30	40	40	50	50
10	20	30	40	40	50	50
10	20	30	40	40	50	50
10	20	30	40	40	50	50
10	20	30	40	40	50	50
10	20	30	40	40	50	50
10	20	30	40	40	50	50
10	20	30	40	40	50	50
10	20	30	40	40	50	50
10	20	30	40	40	50	50
10	20	30	40	40	50	50

图4-19 使用图标集设置单元格格式

4.3.5 用图表显示数据

Excel 提供的图表功能可以以图表的形式显示表格中的数据，使数据更加直观、生动。图表本质上是按照工作表中的数据而创建的对象。对象由一个或者多个以图形方式显示的数据系列组成。数据系列的外观取决于选定的图表类型。而且，当工作表中的数据变化时，图表会自动更新。

图表不仅可以放在工作表中，也可以放在图表工作表中。直接放在工作表中的图表被称为嵌入图表。工作簿中只包含图表的工作表称为图表工作表。

1. 图表的类型和组成

Excel 2007 提供了多种样式的图表类型，包括柱形图、条形图、饼图、折线图、XY 图(散点图)、面积图、圆环图、曲面图、股市图、气泡图、圆锥和圆柱图等基本图表样式。

组成图表的一些常用术语及其功能如下：

数据点：在图表中绘制的单个值，这些值由条形、柱形、折线、饼图或圆环图的扇面、圆点和其他被称为数据标记的图形表示。

数据标签：为数据标记提供附加信息的标签。数据标签代表源于数据表单元格的单个数据点和值。

数据系列：在图表中绘制的相关数据点，这些数据来源于数据表的行或列。图表中的每个数据系列具有唯一的颜色或图案。也可以说数据系列是相同数据点的集合。用户可以在图表中绘制一个或多个数据系列。饼图只有一个数据系列。

图例：是一个小方框，用于标识为图表中的数据系列或分类指定的图案或颜色。

坐标轴：坐标轴是标识数据大小及分类的垂直线和水平线，上面标有刻度。应该注意的是，有的图表使用了三维立体图表，还应包含 Z 轴，三维图表可以在两个方向上表示分类。而饼图、圆环图等图表不含有坐标轴。

网格线：将坐标轴的刻度记号向上对 X 轴或向右对 Y 轴，延伸到整个绘图区的直线。网格线可以使用户更清楚数据点与坐标轴的相对位置，以便更容易估计图表上数据点的实际数值。

图表标题：图表标题分为 3 种，即图表标题、分类 X 轴标题和数值 Y 轴标题。这里图表标题为该图表的标题。

背景墙和基底：背景墙和基底是三维图表的组成部分，它以 X 轴和 Z 轴、Y 轴和 Z 轴所构成的平面为背景墙，以 X 轴和 Y 轴所构成的平面为基底。

绘图区：在二维图表中，是指通过轴来界定的区域，包括所有数据系列。在三维图表中，同样是通过轴来界定的区域，包括所有数据系列、分类名、刻度线标志和坐标轴标题。

2. 创建图表

在Excel 2007中，用户只需简单的几步操作，即可创建出各种实用的图表。在Excel 2007中创建图表的具体操作步骤如下：

1）在工作表中选中要创建图表的数据区域。

2）在“插入”选项卡的“图表”组中单击任意一种图表类型按钮，即可打开其对应的子类型列表，如图4-20所示。然后选择一种具体类型，即可创建出该种样式的图表。也可以单击图表组中的“对话框启动器按钮”，打开“插入图表”对话框，如图4-21所示。这里有更多的图表类型可供选择。

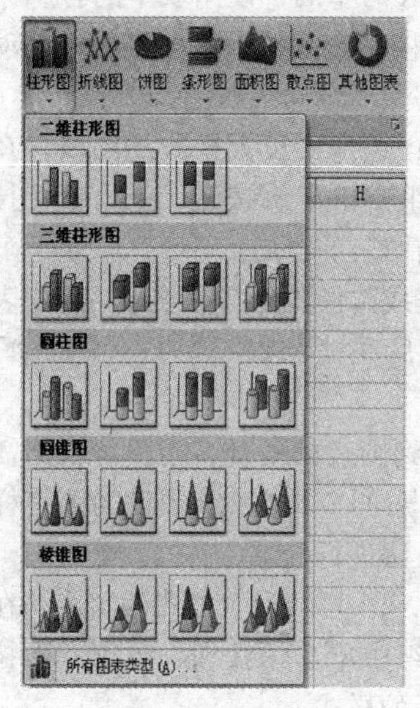

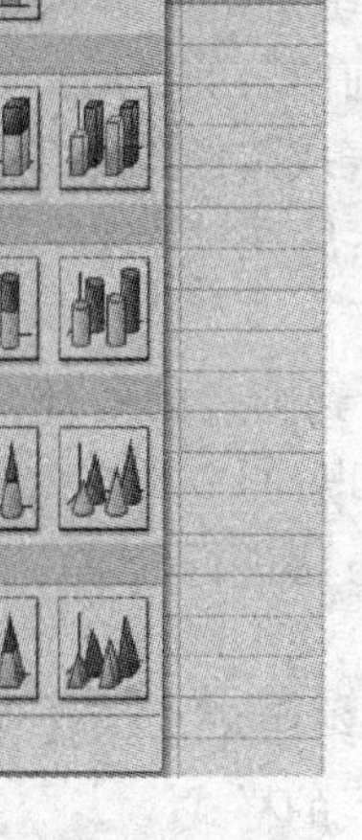

图4-20 图表组

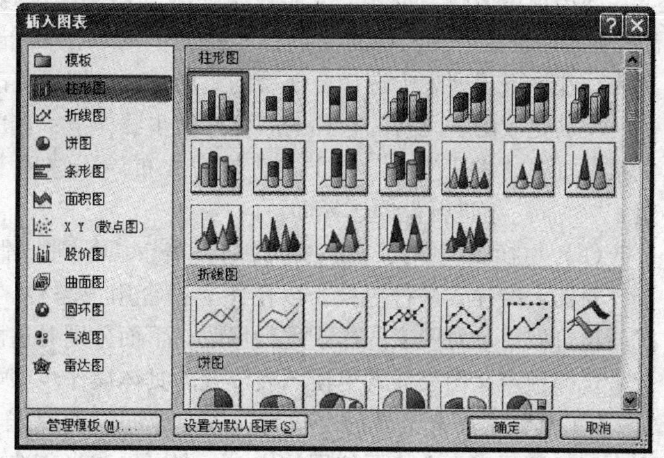

图4-21 “插入图表”对话框

3. 编辑图表

图表创建好后，如果对默认的类型、位置、布局以及大小等不满意，可以对其进行修改。下面对这些编辑操作分别进行介绍。

（1）更改图表类型 对于大多数二维图表，可以更改整个图表的图表类型以赋予其完全不同的外观，也可以为任何单个数据系列选择另一种图表类型，使图表转换为组合图表。对于气泡图和大多数三维图表，只能更改整个图表的图表类型。

下面以更改二维图表的图表类型为例，介绍更改图表类型的方法，具体操作步骤如下：选中已创建的图表，单击“图表工具”上下文工具中的“设计”选项卡，在其“类型”选项区中单击“更改图表类型”按钮，再单击“确定”按钮，即可更改图表的类型。

（2）切换行/列位置 在Excel 2007中，创建的图表的行、列位置由系统确定，用户可根据需要，重新更改行列的位置，以便用户查看图表。其具体操作步骤如下：选中创建的图表。在“图表工具”上下文工具的“设计”选项卡的“数据”组中单击“切换行/列”按钮，即可切换图表的行列。

（3）移动图表及改变图表大小 当图表创建完成后，通常要对图表进行移动、调整大小及删除等操作。

移动图表的具体操作步骤如下：选中需要移动的图表，此时图表的四周会出现8个控制点。将鼠标放置在图表的空白区域，按住鼠标左键并拖动，此时鼠标指针变成✣形状，移动图表即可。

改变图表大小的具体操作步骤如下：选中需要改变大小的图表，此时图表的四周会出现8个控制点。将鼠标指针放在任意一个控制点上，当鼠标指针变成⤢、⤡或↔形状时，按住鼠标左键并拖动，即可改变图表的大小。当鼠标指针变成⤢或⤡形状时，按住“Shift”键并拖动鼠标，即可等比例缩放图表。

（4）更改图表布局　创建图表后，用户可以快速调整图表的布局，使图表中的各个元素显示得更完整。Excel提供了多种预定义布局，用户可以直接从中选择，也可以通过手动更改单个图表元素的布局来进一步自定义布局。

使用预定义图表布局更改图表布局的具体操作步骤如下：选择要设置格式的图表，在“图表工具”上下文工具的“设计”选项卡的“图表布局”组中单击▾按钮，弹出其下拉列表。在该下拉列表中选择要使用的布局样式，即可更改当前图表的布局。

手动更改图表元素的布局的具体操作步骤如下：选中图表或选择要为其更改布局的图表元素，打开“图表工具”上下文工具的“布局”选项卡，然后在“标签”组、“坐标轴”组、“背景”组进行设置选择即可。

（5）更换图表样式　图表样式与图表布局相同，都关系到图表的外观，用户可根据需要，对图表的样式进行更换，以使图表符合用户需要。用户既可以选择系统预设的图表样式，也可以手动对图表的样式进行修改，下面分别对这两种方法进行介绍。

选择预定义图表样式更换图表样式的具体操作步骤如下：选中需要设置格式的图表，在“图表工具”上下文工具的“设计”选项卡的“图表样式”组中单击▾按钮，弹出其下拉列表。在该列表中选择要使用的样式，即可更改当前选中图表的样式。

手动修改图表样式的具体操作步骤如下：单击图表，选中要设置格式的图表元素，在“图表工具”上下文工具的“格式”选项卡的“当前所选内容”组中单击“设置所选内容格式”按钮，即可弹出设置该格式对应的对话框。在该对话框中设置绘图区的格式即可。

4. 格式化图表

创建图表后，将会自动显示“设计”、“布局”和“格式”3个选项卡，通过这些选项卡各个组中的工具按钮即可对图表各个部分的样式和格式进行重新设置和美化。

（1）设置图表标题　为使图表更易于理解，可以对任何类型的图表添加标题（图表标题是说明性的文本，可以自动与坐标轴对齐或在图表顶部居中），如图表标题和坐标轴标题。坐标轴标题通常用于能够在图表中显示的所有坐标轴，包括三维图表中的竖（系列）坐标轴。有些图表类型（如雷达图）有坐标轴，但不能显示坐标轴标题。没有坐标轴的图表类型（如饼图和圆环图）也不能显示坐标轴标题。

1）应用包含标题的图表布局。用户可直接应用包含标题的图表布局以快速为图表添加标题，具体操作步骤如下：单击要应用图表布局的图表，在“图表工具”上下文工具的“设计”选项卡的“图表布局”组中单击包含标题的布局，即可为图表添加标题。

2）手动添加图表标题的操作步骤如下：单击要添加标题的图表，在“图表工具”上下文工具的“布局”选项卡的“标签”组中单击“图表标题”按钮，弹出其下拉列表，在该下拉列表中选择“居中覆盖标题”或“图表上方”选项，即可在图表中创建一个标题文本框。在该文本框中输入所需文本，即可设置图表标题。

3）手动添加坐标轴标题。图表中的坐标轴标题需要手动添加，其具体操作步骤如下：单击要对其添加坐标轴标题的图表，在“图表工具”上下文工具的“布局”选项卡的“标签”组中单击“坐标轴标题”按钮，弹出其下拉列表。如果要为主要水平（分类）轴添加标题，可以选择“主要横坐标轴标题”选项，然后在弹出的下拉列表中选择所需选项。如果要为主要垂直（数值）轴添加标题，可以选择“主要纵坐标轴标题”选项，然后在弹出的下拉列表中选择所需选项。设置好坐标轴标题后，在各自的文本框中输入所需文本，即可创建坐标轴标题。

（2）设置图例格式　如果用户要对图表中的图例格式进行设置，可按照以下操作步骤进行：选中要设置图例格式的图表，在“图表工具”上下文工具的“布局”选项卡的“标签”组中单击“图例”按钮，弹出其下拉列表。在该列表中选择合适的选项，即可设置图例的位置。如果用户要对图例中的文字、边框、背景等进行设置，可在“图表工具”上下文工具的“布局”选项卡的“当前所选内容”组中单击“设置所选内容格式”按钮，弹出“设置图例格式”对话框。在该对话框中可以设置图例的位置、填充、边框颜色、边框样式以及阴影等效果。

（3）设置数据标签　要快速标识图表中的数据系列，可以向图表的数据点添加数据标签。默认情况下，数据标签链接到工作表中的值，在对这些值进行更改时它们会自动更新。

1）添加/删除数据标签。如果要添加/删除数据标签，可按照以下操作步骤进行：

首先选中要添加/删除数据标签的对象（图表、数据系列或数据点），然后在“图表工具”上下文工具的“布局”选项卡的“标签”组中单击“数据标签”按钮，弹出其下拉列表，如图4-22所示。在该下拉列表中选择合适的选项，即可为所选对象添加或删除数据标签。

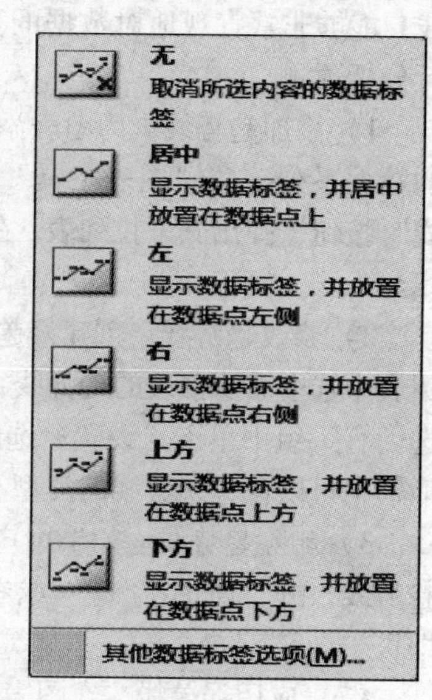

图4-22　数据标签下拉列表

2）更改显示的数据标签项。如果要更改显示的数据标签项，可按照以下操作步骤进行：

首先选中要更改的数据标签项（某个数据系列的所有数据标签、单个数据点的数据标签），然后在“图表工具”上下文工具的“格式”选项卡的“当前所选内容”组中单击“设置所选内容格式”按钮，弹出“设置数据标签格式”对话框，如图4-23所示。在该对话框中设置数据标签的格式即可。

（4）设置网格线　为了便于阅读图表中的数据，可以在图表的绘图区显示从水平轴和垂直轴延伸出的水平和垂直网格线。在三维图表中还可以显示竖网格线。可以为主要和次要刻度单位显示网格线，并且使其与坐标轴上显示的主要和次要刻度线对齐。在工作表中设置网格线的具体操作步骤如下：单击要向其中添加网格线的图表，在“图表工具”上下文工具的“布局”选项卡的“坐标轴”组中单击“网格线”按钮，弹出其下拉列表，如果要向图表中添加横网格线，可选择“主要横网格线”命令，然后在其下拉菜单中选择所需的选项即可；如果要向图表中添加纵网格线，可选择“主要纵网格线”命令，然后在其下拉菜单中选择所需的选项即可。

（5）设置绘图区格式　绘图区在图表区中占有较大的区域，用户可设置绘图区的格式，以使整个图表更加美观。具体操作步骤如下：首先选中图表，然后在“图表工具”上下文工具的“布局”选项卡的“背景”组中单击“绘图区”按钮，在弹出的下拉菜单中选择“其他绘图区选项”命令，弹出“设置绘图区格式”对话框。在该对话框中可以设置绘图区的填充、边框颜色、边框样式、阴影以及三维格式等属性。

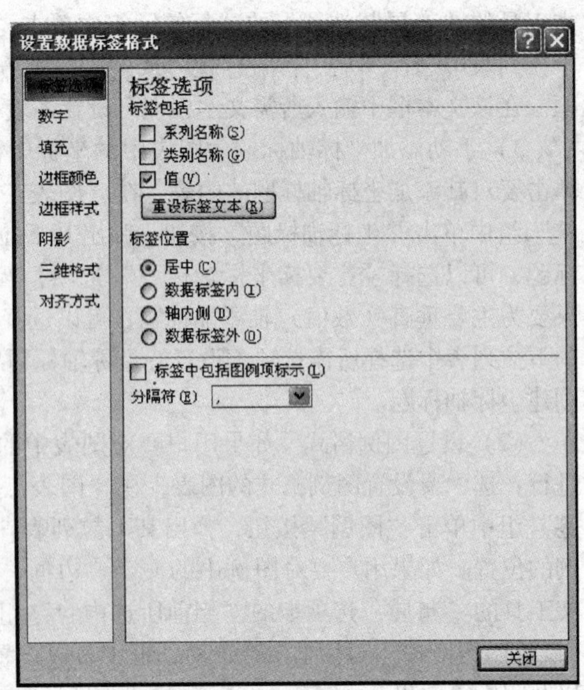

图4-23　“设置数据标签格式”对话框

（6）应用趋势线　在图表中添加趋势线，能够非常直观地对数据的变化趋势进行分析预测。

1）添加趋势线。为图表添加趋势线的具体操作步骤如下：在图表中选中要添加趋势线的数据系列，在“图表工具”上下文工具的“布局”选项卡的“分析”组中单击“趋势线”按钮，弹出其下拉列表。在该下拉列表中选择合适的趋势线，即可在图表中添加该趋势线。

2）修改趋势线。创建好趋势线后，用户还可以对其进行修改，具体操作步骤如下：在图表中选中需要修改的趋势线，在“图表工具”上下文工具的“布局”选项卡的“当前所选内容”组中单击“设置所选内容格式”按钮，弹出“设置趋势线格式”对话框。在该对话框中可以设置趋势线的类型、线条颜色、线型以及阴影等。

3）删除趋势线。如果用户要将图表中的趋势线删除，可采用以下方法：选中图表中的趋势线，按“Delete”键（或右键单击趋势线，从弹出的快捷菜单中选择“删除”命令）即可。

（7）应用误差线　在图表中可以添加误差线。误差线是代表数据系列中每一数据与实际值偏差的图形线条。常用的误差线是Y误差线。对误差线的操作方法和对趋势线的操作方法基本相同。

4.3.6　公式和函数的使用

利用公式和函数实现复杂的计算和统计，是Excel的核心功能和突出特色，是Excel强大功能的具体体现。使用公式和函数不仅可以避免手工计算的繁琐，降低出错率，而且数据修改后，Excel还可以根据新的数据自动更新计算结果。

1. 公式

公式是以“=”开头，由运算符和运算量组成，可以对数据进行各种运算的式子。运算符包括算术运算符、比较运算符、文本运算符等，运算量可以是常量、单元格地址、标志名称和函数等。公式输入到单元格后，Excel 自动进行运算，然后将结果显示在存放公式的单元格中，而公式则显示在编辑栏中。

（1）常用的运算符及其优先级　公式中常用的运算符有算术运算符、比较运算符、文本运算符和引用运算符。

1）算术运算符。算术运算符包括加（+）、减（-）、乘（*）、除（/）、乘幂（^）、百分号（%），用来完成基本的算术运算，运算结果为数值型数据。

2）比较运算符。比较运算符包括等于（=）、小于（<）、大于（>）、小于等于（<=）、大于等于（>=）、不等于（<>），用来比较两个数值的大小关系，其结果为逻辑值 TRUE 或 FALSE。

3）文本运算符。文本运算符（&）又称字符串连接运算符，用来将两个或两个以上的字符串按顺序连接成一个字符串，其结果为字符型数据。例如，在 A1 单元格中输入“文化”，在 B2 单元格输入“基础”，在 C3 单元格输入公式“=A1&B2”，则 C3 单元格的值为“文化基础”。

4）引用运算符。引用运算符包括区域运算符（:）、联合运算符（,）和交叉运算符（空格），用于单元格或单元格区域的引用。例如，A1：C3 表示引用以 A1 为左上角、C3 为右下角的矩形区域，A1，C1 表示同时引用 A1 和 C1 两个单元格，A1：C2 B2：D3 表示引用区域 A1：C2 和 B2：D3 重叠部分的单元格，即 B2 和 C2。

5）运算符的优先级。Excel 中各种运算符的优先级由高到低依次为：区域运算符（:）、联合运算符（,）、交叉运算符（空格）、负号（-）、百分号（%），乘幂（^）、乘和除（*和/）、加和减（+和-）、文本运算（&）、比较运算（=、>、<、>=、<=、<>）。当公式中同时用到多个运算符时，将按照运算符的优先级由高到低的顺序进行运算，优先级相同的按由左到右的顺序计算。如果要修改运算顺序，则要把公式中需要首先计算的总值括在圆括号内。

（2）单元格的引用与公式复制　公式复制可以避免大量重复输入公式的工作，复制公式的方法与复制数据的方法相同。不同的是：公式中含有单元格或单元格区域的引用，引用方法的不同，将对复制公式的结果产生不同的影响。

在 Excel 中，单元格的引用分相对引用、绝对引用和混合引用三种引用方式。

1）相对引用。相对引用是 Excel 默认的单元格引用方式，即用列号加行号直接表示单元格地址，如 A1、B2 等。相对引用是基于单元格间相对位置关系的一种引用，当将公式复制到其他位置时，公式中对单元格的引用会随着公式所在单元格位置的改变而改变。例如，在 C1 单元格输入了公式“=A1+B1”，若把公式复制到 C2 单元格，公式所在列未变，而行数增 1，为保持公式与其引用单元格之间的相对位置关系不变，则复制到 C2 单元格中的公式变为“=A2+B2”；若将公式复制到 D2 单元格，则公式变为“= B2+C2”。

2）绝对引用。绝对引用是在列号和行号前均加上符号“$”的单元格引用方式，如 $A $1、$B $2。绝对引用指向工作表中固定位置的单元格，公式复制时，采用绝对引用方式引用的单元格地址将不随公式位置的变化而变化。例如，在 C1 单元格输入了公式

"= $ A $1 + $B $1"，若把公式复制到C2单元格，公式保持不变。

3）混合引用。混合引用指单元格地址部分采用相对引用，部分采用绝对引用。例如，行采用相对引用，列采用绝对引用；或列采用相对引用，行采用绝对引用，如 $A1、A $1。复制公式时，地址中相对引用部分会随公式位置的变化而变化，而绝对引用部分则保持不变。

在Excel中，还允许在当前工作表的单元格中引用其他工作表中的单元格，方法是在单元格地址引用前加上工作表名和"!"。例如，要在Sheet1工作表中引用Sheet2工作表中的B2单元格，则应在公式中输入"Sheet2!B2"。

（3）使用名称。在Excel中，可以为经常使用的区域定义一个名称，以名称来引用区域，这样不仅含义清晰、易读，而且便于记忆和引用。

1）单元格区域的命名。选定要命名的单元格或区域，在编辑栏左侧的名称框中输入名称，然后按回车键确认即可。区域命名后，可以通过在编辑栏左侧的名称框中单击区域名称来快速选择该区域。

2）在公式和函数中使用命名区域。区域命名后，可以在公式和函数中直接使用区域名称来引用该区域。例如，已经为张华的各门课成绩定义了区域名"张华成绩"，则在求其总分时，可输入公式"=SUM（张华成绩）"。

（4）公式错误值及其含义　在使用公式时，如果输入的公式格式不正确，将会出现错误值。了解这些错误值的含义可以帮助用户修改单元格中的公式。Excel中的错误值及其含义见表4-2。

表4-2　错误值及其含义

错误值	含义
#VALUE!	使用了错误的参数或操作数类型不正确
####!	列宽不够
#DIV/0!	公式中除数为零
#NAME?	未识别公式中的文本
#N/A	数值不可用
#REF!	单元格引用失效
#NUM!	无效的数字值
#NULL	对两个不相交的单元格区域引用使用了交叉引用运算符

（5）创建公式　在Excel 2007中可以通过6种方式创建公式，分别为创建包含常量和计算运算符的简单公式、包含函数的公式、包含嵌套函数的公式、包含引用和名称的公式、计算单个结果的数组公式、计算多个结果的数组公式。在Excel中通过以下方法创建公式：

1）选定要输入公式的单元格。

2）首先输入等号"="，然后输入组成公式的内容。

3）单击编辑栏中的"输入"按钮✔或者按回车键，此时，选定的单元格内将显示计算结果，单元格中的公式内容显示在编辑栏中。

2. 函数

函数是Excel预定义的公式，其格式为：函数名（参数1，参数2，…），其中参数可以是常量、单元格引用、公式或其他函数。Excel 2007提供了多种函数，使用函数可以方便地对工作表中的数据进行计算。

（1）函数的输入　如果用户对函数的语法比较熟悉，可以采用输入公式的方法直接在单元格或编辑栏中输入函数，如输入“=SUM（B2:D4）”。

对于不熟悉的函数可以使用“插入函数”对话框来插入，方法如下：

1）选定要插入函数的单元格。

2）单击“公式”选项卡的“函数库”组中的“插入函数”按钮，或单击编辑栏上的“插入函数”按钮，弹出如图4-24所示的“插入函数”对话框。

3）在“选择类别”下拉列表框中选择所需的函数类型，然后在“选择函数”列表框中选择所需的函数。例如，选择“常用函数”，然后选择“SUM”。

4）单击“确定”按钮，弹出如图4-25所示的“函数参数”对话框。

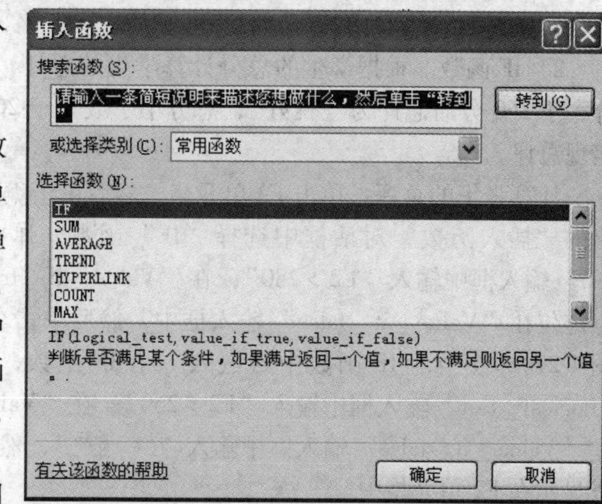

图4-24　“插入函数”对话框

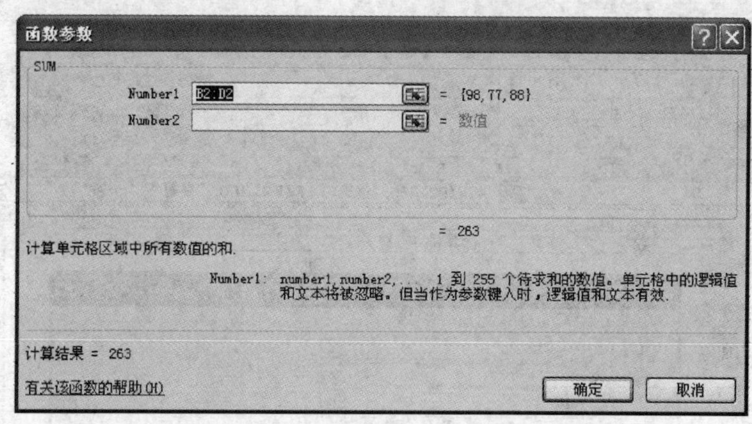

图4-25　“函数参数”对话框

5）在参数输入框中输入参数值，或者用鼠标在工作表中选定所需区域。参数设定完成后，单击“确定”按钮，则计算结果显示在选定单元格中。

（2）常用函数举例　在图4-26所示的成绩表中，计算所有学生的总分、总评及优秀率。

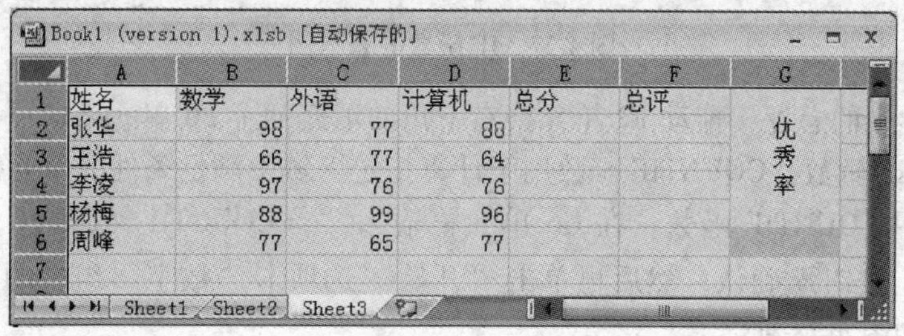

	A	B	C	D	E	F	G
1	姓名	数学	外语	计算机	总分	总评	
2	张华	98	77	88			优秀率
3	王浩	66	77	64			
4	李凌	97	76	76			
5	杨梅	88	99	96			
6	周峰	77	65	77			
7							

图4-26　学生成绩示例

1）自动求和。首先单击E2单元格，然后单击“开始”选项卡的“编辑”组中的“自动求和”按钮Σ ▾（也可以通过上述插入函数的方法来求和）。

插入函数后单击编辑栏的“输入”按钮✓（或按回车键），则张华的总分显示在E2单元格。拖动E2单元格右下角的填充柄至E6单元格，即可计算出所有学生的总分。

2）IF函数。根据学生的总分计算学生的总评，总分大于280分时总评为“优秀”，总分大于260分时总评为“良好”，总分小于或等于260分的总评为“一般”。可使用IF函数实现总评。

计算张华的总评：单击F2单元格，然后单击编辑栏左侧的“插入函数”按钮f_x，在弹出的“插入函数”对话框中选择“IF”函数，弹出“函数参数”对话框。在“Logical_test”输入框中输入“E2 >280”，在“Value_if_true”输入框中输入“"优秀"”，将插入点定位在“Value_if_false”输入框中，然后单击名称框位置的函数按钮 IF ▾（见图4-27），在当前IF函数中再嵌入一个IF函数，则弹出一个新的函数参数对话框。在“Logical_test”输入框中输入“E2 >260”，在“Value_if_true”输入框中输入“"良好"”，在“Value_if_false”输入框中输入“"一般"”，然后单击“确定”按钮，则张华的总评等级显示在F2单元格中。

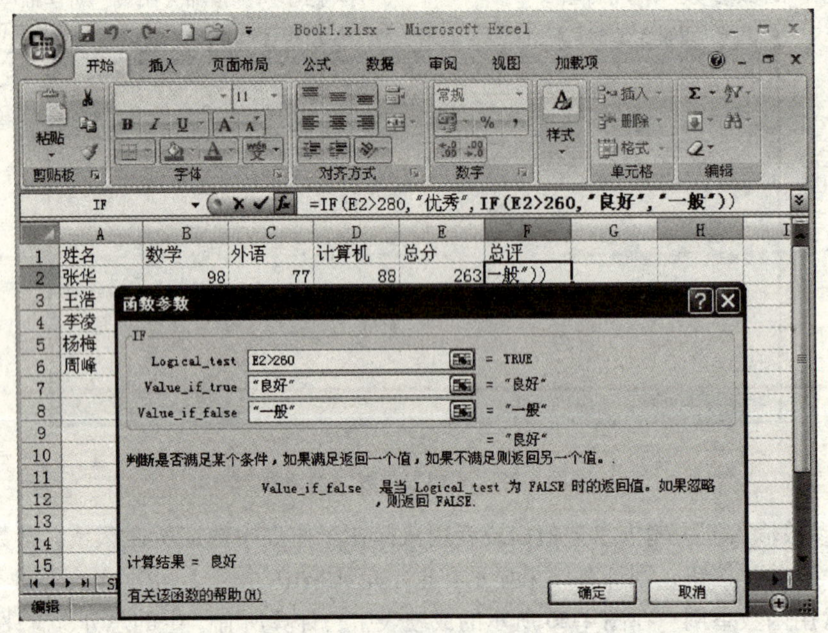

图4-27 IF函数嵌套示例

计算其他学生的总评：拖动F2单元格右下角的填充柄至F6单元格即可。

3）COUNTIF函数。COUNTIF函数用于计算指定区域中满足条件的单元格数目。优秀率的计算需要使用COUNTIF函数。在G6单元格输入“=COUNTIF（F2:F6,"优秀"）/5”，并单击“输入”按钮✓确认，然后再单击“开始”选项卡“数字”组中的“百分比样式”按钮%即可，如图4-28所示。

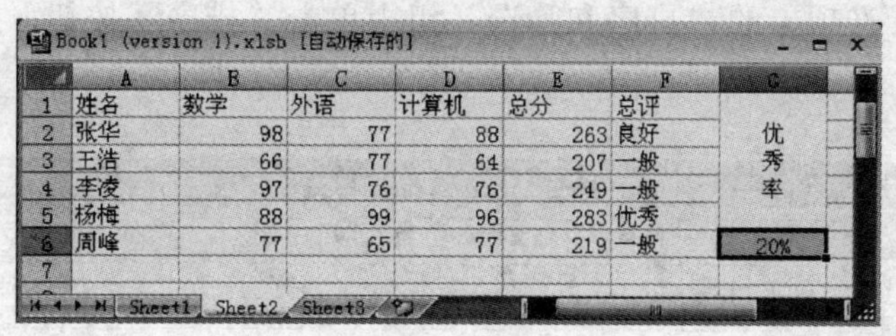

Book1 (version 1).xlsb [自动保存的]

	A	B	C	D	E	F	G
1	姓名	数学	外语	计算机	总分	总评	
2	张华	98	77	88	263	良好	优秀率
3	王浩	66	77	64	207	一般	
4	李凌	97	76	76	249	一般	
5	杨梅	88	99	96	283	优秀	
6	周峰	77	65	77	219	一般	20%
7							

Sheet1　Sheet2　Sheet3

图 4-28　优秀率计算

4.4　数据的管理和分析

Excel 除了具有强大的制表、计算和图表处理能力外，数据库管理是其另一重要功能，通过数据清单，用户可以轻松完成数据的排序、筛选和分类汇总等管理与统计工作。

4.4.1　建立数据清单

数据清单即一个具有固定格式的二维表，每一列相当于数据库中的一个字段，每一列有一个标题，相当于数据库中的字段名，每一行相当于数据库中的一条记录。它具备数据库的多种管理功能，是 Excel 中常用的工具。在工作表中创建数据清单时，应遵守以下规则：

1）在数据清单的第一行输入列标题。

2）每一列的数据类型必须一致。

3）数据清单中不要有空白行或空白列，单元格不要以空格开头。

4）不要在一个工作表中创建多个数据清单。

在工作表中创建如图 4-29 所示的数据清单，其具体操作步骤如下：

1）选定当前工作簿中的某个工作表用于创建数据清单。

2）在要创建数据清单的单元格区域的第一行，输入各行的标题名，如“姓名”、“英语”、“数学”、“语文”、“总分”等。

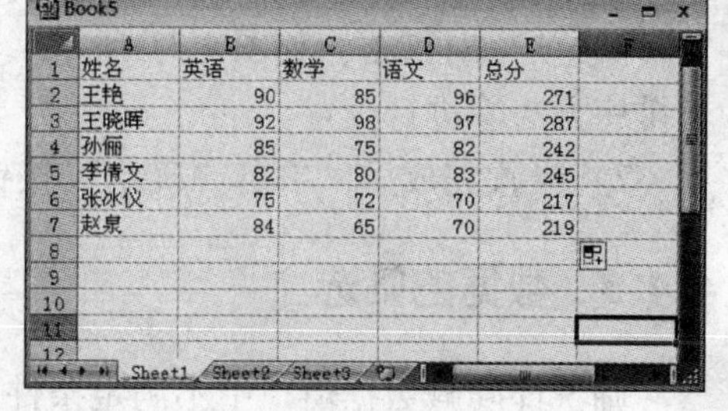

Book5

	A	B	C	D	E	F
1	姓名	英语	数学	语文	总分	
2	王艳	90	85	96	271	
3	王晓晖	92	98	97	287	
4	孙丽	85	75	82	242	
5	李倩文	82	80	83	245	
6	张冰仪	75	72	70	217	
7	赵泉	84	65	70	219	

Sheet1　Sheet2　Sheet3

图 4-29　数据清单

3）在各行标题下方的单元格区域中输入数据内容，如学生姓名，英语、语文和数学成绩等。

4）设置标题名称和字段名称的表格边框、字体格式等，然后保存数据清单。

4.4.2　数据的排序

排序即按照一个或几个字段的值重新排列数据清单中的记录，从而为数据的进一步处理做好准备。排序所依据的字段值称为“关键字”，在 Excel 2007 中，最多可以指定 64 个关键字。

数据排序的具体操作步骤如下：

1）选择要排序的列或确保活动单元格在要排序的列中。

2）在“数据”选项卡的“排序和筛选”组中单击“排序”按钮，打开“排序”对话框，如图4-30所示。

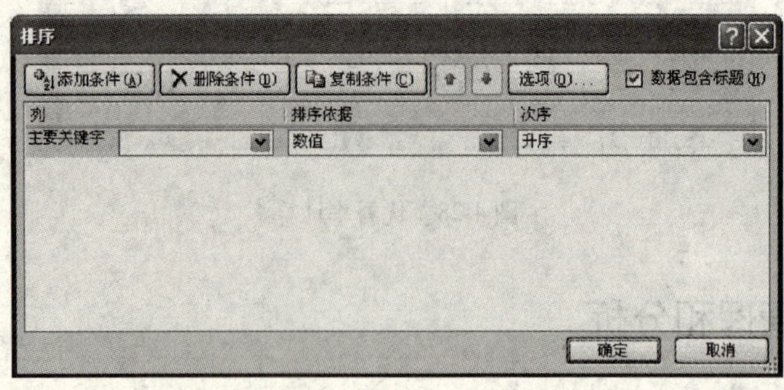

图4-30 “排序”对话框

3）在“列”选项区中设置排序关键字，在“排序依据”选项区中选择排序类型（数值、单元格颜色、字体颜色或单元格图标）。

4）在“次序”下拉列表框中选择排序方式，排序次序选项随着排序依据的不同会有所不同。

5）如果需要按多关键字排序，则单击“排序”对话框中的“添加条件”按钮，可以增加排序的条件。

6）如果单击“排序”对话框中的“选项”按钮，则会打开“排序选项”对话框，如图4-31所示。在该对话框中可对排序方向和排序方法等进行设置。

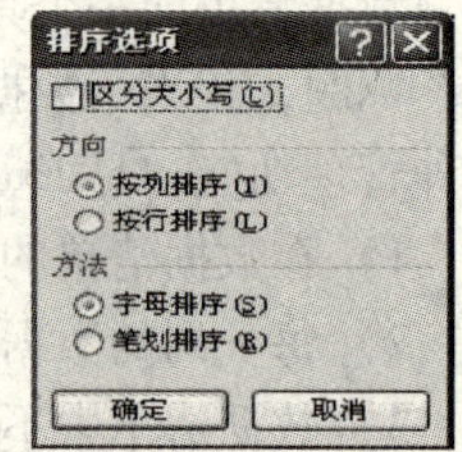

图4-31 “排序选项”对话框

7）设置完成后，单击“确定”按钮即可。

4.4.3 数据的筛选

筛选即隐藏数据清单中不满足条件的记录，只显示满足条件的记录。在Excel中提供了“自动筛选”和“高级筛选”两种筛选方法。

1. 自动筛选

自动筛选是按照选定的内容进行筛选，适用于简单条件的筛选。它为用户提供在大量数据记录的数据清单中快速查找符合条件记录的功能。自动筛选一次只能对工作表中的一个区域应用筛选。如果用户要在其他数据清单中使用筛选，则需要删除本次筛选，然后才可以在其他数据清单中重新进行筛选。

自动筛选的操作步骤如下：

1）选择要进行数据筛选的单元格区域或单击数据清单中的任一单元格。

2）在“数据”选项卡的“排序和筛选”组中单击“筛选”按钮，则各字段名右侧会出现筛选箭头，如图4-32所示。

3）单击某个字段名右侧的筛选箭头，将弹出其下拉菜单。例如，单击“外语”字段右侧的筛选箭头，将弹出其筛选下拉列表，如图4-33所示。

Book1（自动保存的）.xlsx

	A	B	C	D	E
1	姓名	数学	外语	计算机	总分
2	王浩	66	77	64	207
3	周峰	77	65	77	219
4	杨梅	88	99	96	283
5	李凌	97	76	76	249
6	张华	98	77	88	263
7					

Sheet1 Sheet2 Sheet3

图 4-32 显示筛选箭头

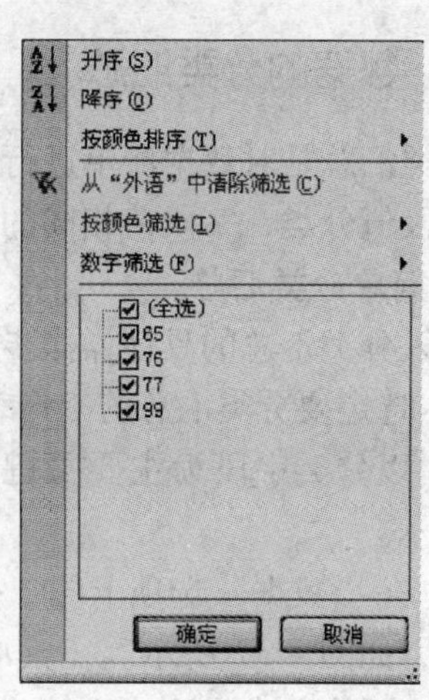

图 4-33 筛选下拉菜单

4）在其中选择相应的筛选项即可。

提示：要取消自动筛选，则再次单击"数据"选项卡的"排序和筛选"组中的"筛选"按钮即可。

2. 高级筛选

当筛选条件过于复杂，自动筛选无法满足时，可使用高级筛选。如要筛选出总分大于280分或数学成绩大于90分的学生记录，按以下步骤操作：

1）在数据清单以外的单元格输入筛选条件，字段名单元格在上，条件单元格在下，如图4-34所示。同一行的条件表示要同时满足，不同行的条件表示只要有一个满足即可。

2）单击要筛选的数据清单中的任一单元格，然后单击"数据"选项卡的"排序和筛选"组中的"高级"按钮，打开如图4-35所示的"高级筛选"对话框。

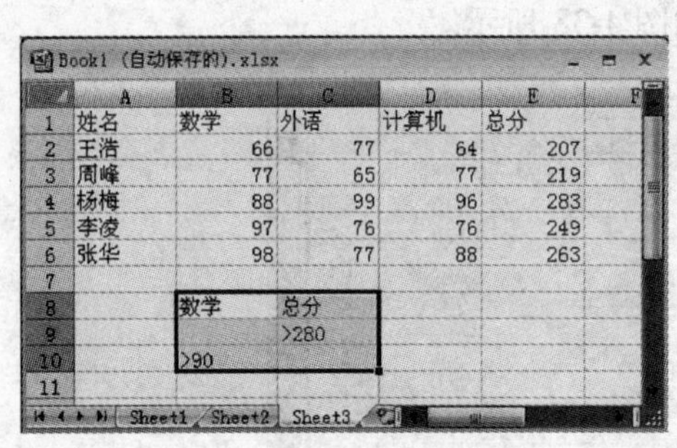

Book1（自动保存的）.xlsx

	A	B	C	D	E
1	姓名	数学	外语	计算机	总分
2	王浩	66	77	64	207
3	周峰	77	65	77	219
4	杨梅	88	99	96	283
5	李凌	97	76	76	249
6	张华	98	77	88	263
7					
8		数学	总分		
9			>280		
10		>90			
11					

Sheet1 Sheet2 Sheet3

图 4-34 输入高级筛选条件

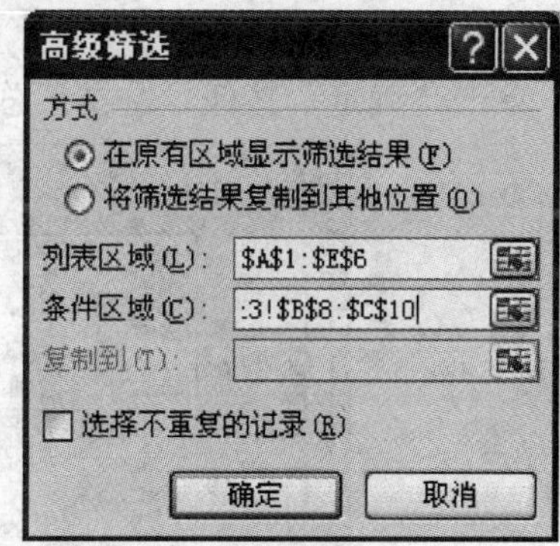

图 4-35 "高级筛选"的对话框

3）在"条件区域"文本框中指定设置好的条件区域。默认的数据显示方式为"在原有区域显示筛选结果"，如果不想扰乱原数据，选择"将筛选结果复制到其他位置"单选钮，并在"复制到"文本框中指定筛选结果要放置位置的起始单元格。单击"确定"按钮，则从指定的单元格开始显示筛选结果。

4.4.4 数据的分类汇总

分类汇总是对数据清单进行数据分析的一种方法。分类汇总是指先将数据清单中的记录按某字段值分类，字段值相同的为一类，然后再对指定字段分别进行指定的运算。

1. 简单分类汇总

插入分类汇总的具体操作步骤如下：

1）选定要分类汇总的工作表中的任意单元格。

2）以分类字段为主要关键字进行排序（如以专业字段为分类依据），排序结果如图4-36所示。

3）在“数据”选项卡的“分级显示”组中单击“分类汇总”按钮，弹出“分类汇总”对话框，如图4-37所示。在其中“分类字段”列表中选择分类依据（本例选择的是“专业”），“汇总方式”列表中选择汇总方式（本例选择的是“求和”），然后选择“选定汇总项”（本例选择的是“总分”）。

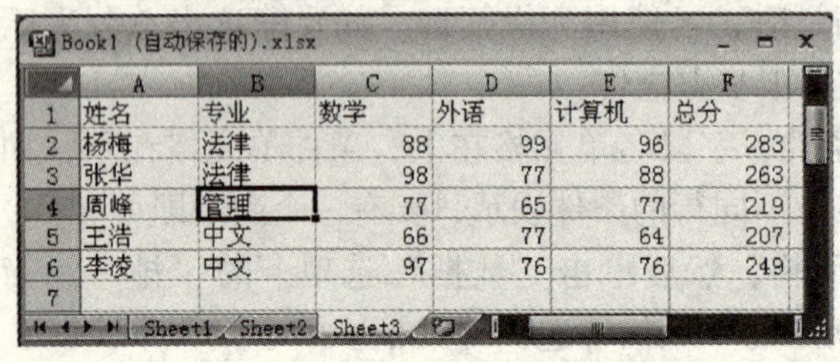

Book1（自动保存的）.xlsx

	A	B	C	D	E	F
1	姓名	专业	数学	外语	计算机	总分
2	杨梅	法律	88	99	96	283
3	张华	法律	98	77	88	263
4	周峰	管理	77	65	77	219
5	王浩	中文	66	77	64	207
6	李凌	中文	97	76	76	249
7						

Sheet1 Sheet2 Sheet3

图4-36 排序后的数据清单

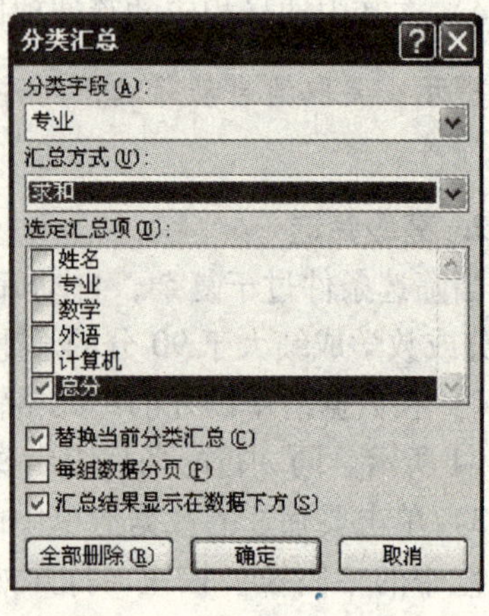

图4-37 “分类汇总”对话框

4）单击“确定”按钮，分类汇总后的表格如图4-38所示。

Book1（自动保存的）.xlsx

	A	B	C	D	E	F
1	姓名	专业	数学	外语	计算机	总分
2	杨梅	法律	88	99	96	283
3	张华	法律	98	77	88	263
4		**法律 汇总**				546
5	周峰	管理	77	65	77	219
6		**管理 汇总**				219
7	王浩	中文	66	77	64	207
8	李凌	中文	97	76	76	249
9		**中文 汇总**				456
10		**总计**				1221

Sheet1 Sheet2 Sheet3

图4-38 分类汇总后的表格

为数据清单添加自动分类汇总时，Excel自动将数据清单分级显示（如工作表左侧的分级显示符号1 2 3），以便用户根据需要查看其结构。例如，只显示分类汇总和总计的汇总，可单击行数值旁的分级显示符号1 2 3中的符号2，如图4-39所示。或者单击+和-

符号来显示或隐藏单个分类汇总的明细数据行。

Book1 (自动保存的).xlsx

	A	B	C	D	E	F
1	姓名	专业	数学	外语	计算机	总分
4		**法律 汇总**				546
6		**管理 汇总**				219
9		**中文 汇总**				456
10		**总计**				1221

图 4-39 显示分类汇总和总计汇总

2. 嵌套分类汇总

所谓嵌套分类汇总，是指在现有的分类汇总表的基础上再以其他字段为分类依据进行新的分类汇总。其具体操作步骤如下：

1）打开要进行嵌套分类汇总的数据清单，单击数据清单中的任意单元格。

2）对数据清单中需要分类汇总的字段进行排序（本例选择“专业”和“姓名”两个字段）。

3）在“数据”选项卡的“分级显示”组中单击“分类汇总”按钮，弹出“分类汇总”对话框。在“分类字段”下拉列表中选择要分类汇总的字段，这里选择“专业”选项；在“汇总方式”下拉列表中选择汇总方式，这里选择“求和”选项；在“选定汇总项”下拉列表中选择汇总项，这里选择“总分”复选框。

4）单击“确定”按钮，即可建立一个以“专业”字段为分类依据的分类汇总表。

5）单击该分类汇总表中的任意单元格，然后单击“分类汇总”按钮，弹出“分类汇总”对话框。在“分类字段”下拉列表中选择要分类汇总的字段，这里选择“姓名”选项；在“汇总方式”下拉列表中选择汇总方式，这里选择“计数”选项；在“选定汇总项”下拉列表择选择汇总项，这里选择“数学”、“外语”和“计算机”复选框。

6）在插入嵌套分类汇总时，为防止覆盖已存在的分类汇总，需取消选中“替换当前分类汇总”复选框。

7）设置完成后，单击“确定”按钮，得到嵌套的分类汇总表如图 4-40 所示。

Book1 (自动保存的).xlsx

	A	B	C	D	E	F
1	姓名	专业	数学	外语	计算机	总分
2	杨梅	法律	88	99	96	283
3	**杨梅 计数**		1	1	1	
4	张华	法律	98	77	88	263
5	**张华 计数**		1	1	1	
6		**法律 汇总**				546
7	周峰	管理	77	65	77	219
8	**周峰 计数**		1	1	1	
9		**管理 汇总**				219
10	王浩	中文	66	77	64	207
11	**王浩 计数**		1	1	1	
12	李凌	中文	97	76	76	249
13	**李凌 计数**		1	1	1	
14		**中文 汇总**				456
15	**总计数**		5	5	5	
16		**总计**				1221

图 4-40 嵌套分类汇总

3. 清除分类汇总

进行分类汇总后，要恢复到汇总之前的状态，具体操作步骤如下：

1）单击分类汇总表中的任意单元格。

2）在“数据”选项卡的“分级显示”组中单击“分类汇总”按钮，弹出“分类汇总”对话框。

3）在“分类汇总”对话框中，单击“全部删除”按钮即可。

4.4.5 数据透视表和数据透视图

1. 数据透视表

数据透视表本质上是从数据库中产生的一个动态汇总表，只需单击几下鼠标，就能按照许多不同的方式切分数据表。数据库可以在一个工作表中，也可以在外部数据文件中。数据透视表可以把无穷多的行列数据转换成有意义的数据表示。在数据透视表中，源数据中的列或行字段可以变成汇总多行信息的数据透视表字段。使用此工具还可以旋转其行和列以看到源数据的不同汇总，而且还可以只显示需要的数据清单。

（1）数据透视表的术语　理解和数据透视表相关的术语是掌握数据透视表的第一步。下面介绍一些与数据透视表有关的术语。

1）源数据。即用来创建数据透视表的数据。该数据可以位于工作表中，也可以位于一个外部的数据库中。

2）标签。从工作表或数据库中的字段衍生的数据分类。

3）组。作为单一项目看待的一组项目的集合。可手动或自动地为项目组合。

4）项目。字段中的一个元素，在数据透视表中作为行或列的标题显示。

5）行标签。在数据透视表中具有行方向的字段。字段的每个项目占用一行。允许行字段的嵌套。

6）列标签。在数据透视表中拥有列方向的字段。字段的每一项目占用一列。列字段允许嵌套。

7）报表筛选。在数据透视表中拥有分页方向的字段，和三维立方体的一个片段相似。在一个页面字段内一次可显示一个项目（或所有项目）。

8）数值区域。数据透视表中包含汇总数据的单元格。Excel 提供若干汇总数据的方法（如求和、求平均值、计数等）。

9）分类汇总。在数据透视表中，显示一行或一列中的详细单元格的分类汇总。

10）总计。在数据透视表中为一行或一列的所有单元格显示总和的行或列。可以指定为行（或为列）求和。

（2）创建数据透视表　在有了大量原始数据以后，就可以建立数据透视表了。创建数据透视表是一个不断交互的过程，需要不断尝试各种布局，直到得出满意的结果。创建数据透视表可以按下述操作步骤进行：

1）如果要用数据清单创建数据透视表，则选中数据清单中的任意一个单元格。

2）在“插入”选项卡的“表”组中单击“数据透视表”按钮（或单击其下面的“数据透视表”按钮，从弹出的下拉菜单中选择“数据透视表”命令），弹出“创建数据透视表”对话框，如图4-41所示。

3）在对话框中分别选择要分析的数据源和放置数据透视表的位置，然后单击“确定”按钮，即可创建一个空的数据透视表，并显示“数据透视表字段列表”，以便用户添加字段、创建布局和自定义数据透视表，如图4-42所示。

4）在“选择要添加到报表的字段”选项区选择需添加的字段。添加的字段放置在布局部分的默认区域中。用户可通过把相应字段拖动到“数据透视表字段列表”底部的不同区域来改变数据透视表的布局。

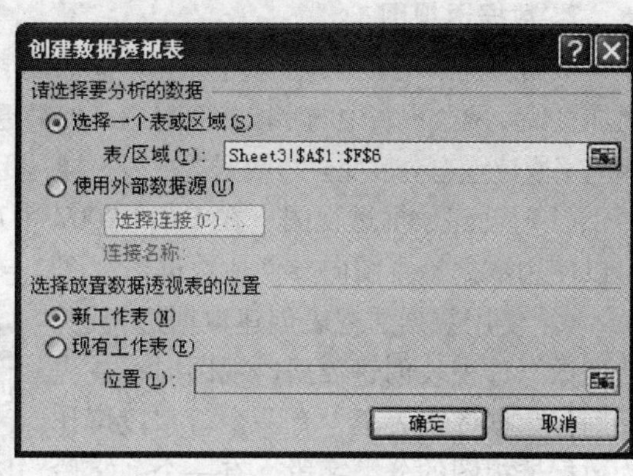

图4-41　“创建数据透视表”对话框

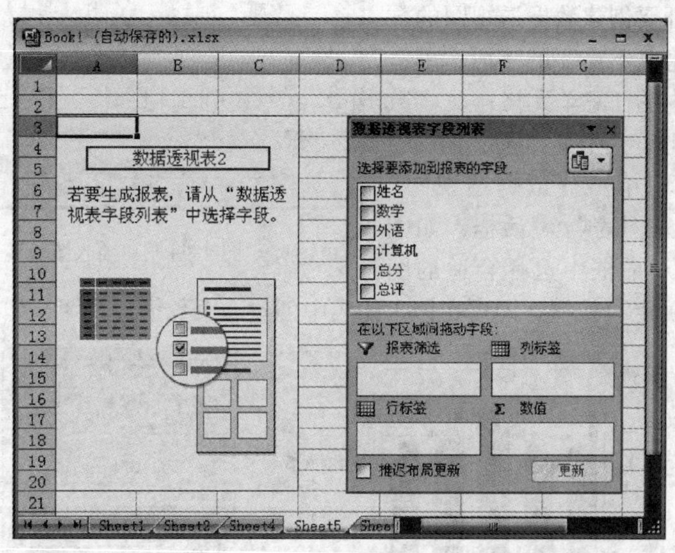

图4-42　使用“数据透视表字段列表”建立数据透视表

5）本例的数据透视表的效果如图4-43所示。

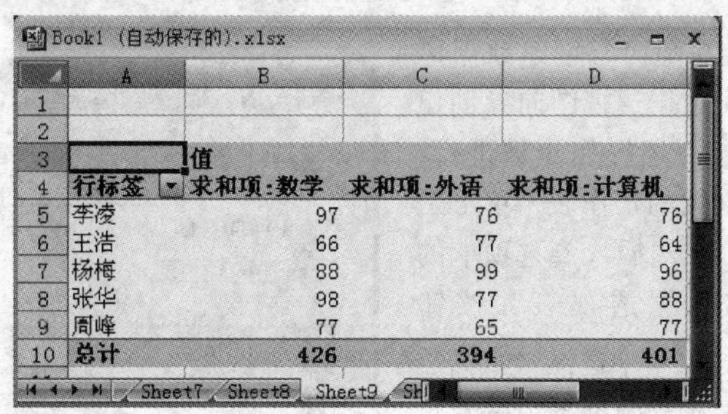

行标签	求和项:数学	求和项:外语	求和项:计算机
李凌	97	76	76
王浩	66	77	64
杨梅	88	99	96
张华	98	77	88
周峰	77	65	77
总计	**426**	**394**	**401**

图4-43　创建好的数据透视表

（3）编辑数据透视表　如果用户对已经创建好的数据透视表不满意，可以对其进行修改，如重新排列字段、删除字段、更改数据透视表字段列表视图等。

2. 数据透视图

数据透视图是数据透视表中数据汇总的图形表示，它总是基于数据透视表，但比数据透视表更加直观。两个报表中的字段相互对应，如果更改了某一报表的某个字段位置，则另一报表中的相应字段位置也会改变。与数据透视表一样，用户也可以更改数据透视图的布局和显示的数据。

（1）创建数据透视图　在 Excel 2007 中可以在数据透视表基础上创建数据透视图，也可以使用数据透视图向导创建数据透视图。

1）使用数据透视表创建数据透视图。使用数据透视表创建数据透视图时，首先要确保数据透视表至少有一个行字段可作为数据透视图的分类字段，有一个列字段可作为数据透视图的系列字段。其具体操作步骤如下：打开要创建数据透视图的数据透视表，然后隐藏不需要的字段；单击数据透视表区域中的任意单元格；在“数据透视表工具”上下文工具“选项”选项卡的“工具”组中单击“数据透视图”按钮，弹出“插入图表”对话框，如图 4-44 所示。在该对话框中选择合适的图表样式，单击“确定”按钮，即可在该工作表中创建一个数据透视图，如图 4-45 所示。

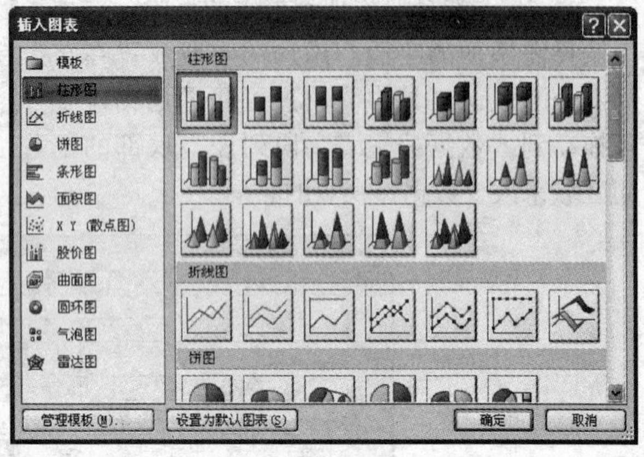

图 4-44　“插入图表”对话框

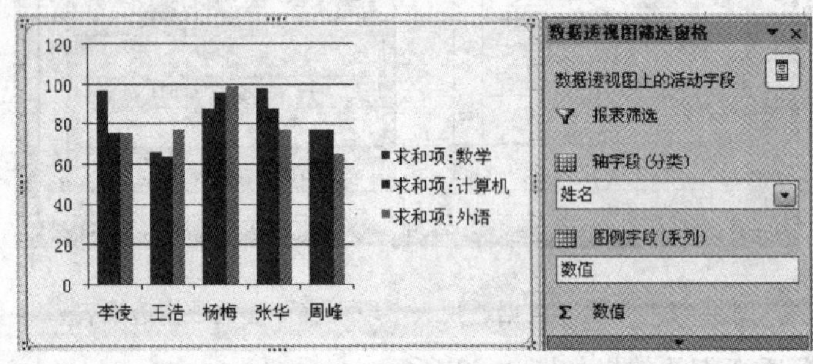

图 4-45　创建的数据透视图

2）使用数据透视图向导创建数据透视图。如果用户使用数据透视图向导创建数据透视图，可以按下述操作步骤进行：打开要创建数据透视图的工作表，单击工作表中任意单元格；在“插入”选项卡的“表”组中单击“数据透视表”按钮 数据透视表，从弹出的下拉菜单中选择“数据透视图”命令，弹出“创建数据透视表及数据透视图”对话框，如图 4-46 所示；在对话框中分别选择要分析的数据源和放置数据透视图的位置；单击“确定”按钮，

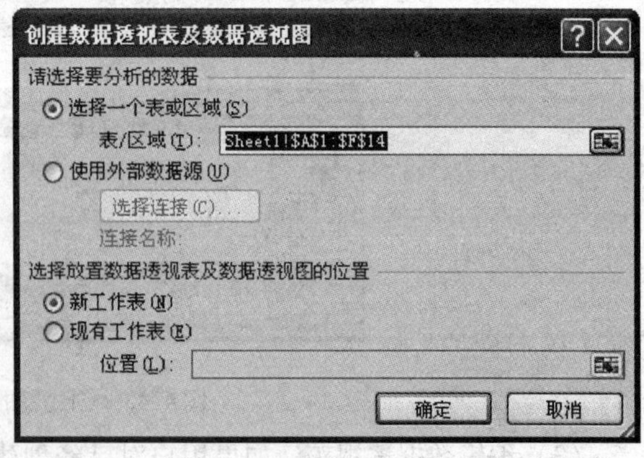

图 4-46　“创建数据透视表及数据透视图”对话框

即可在工作表中创建一个空白数据透视图，且同时打开“数据透视图工具”上下文工具，如图4-47所示。在“数据透视表字段列表”任务窗格中选中要添加到数据透视图中的字段名，并在“设计”选项卡的“图表样式”选项区中选择图表的样式，即可在工作表中创建好数据透视图，如图4-48所示。

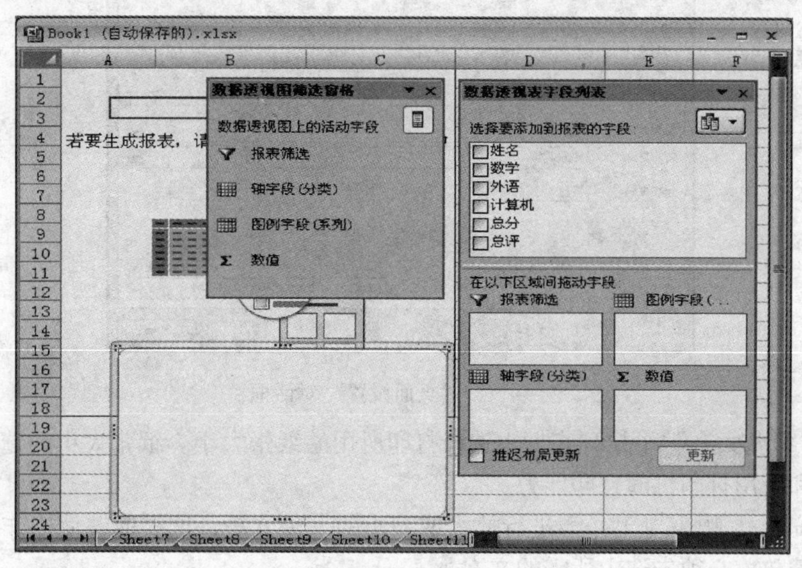

图4-47　创建的空白数据透视图

（2）编辑数据透视图　用户在创建好数据透视图后，也可以对数据透视图的图表名称及其中的内容进行编辑修改，以使其符合用户的需要。主要通过“数据透视图工具”上下文工具中的“布局”、“分析”、“设计”等选项卡对数据透视图进行重命名、清除、更改图表布局和图表类型等操作。

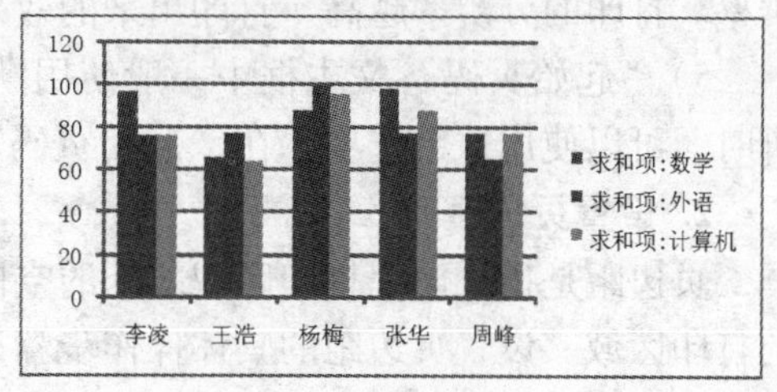

图4-48　创建的数据透视图

4.5　打印设置与打印

本节主要介绍打印工作簿，包括页面设置、打印预览和打印。

4.5.1　页面设置

如果要进行页面设置，首先单击“页面布局”选项卡，在“页面设置”组中单击“对话框启动器”按钮，弹出“页面设置”对话框，如图4-49所示。在其中可分别设置页面、页边距、页眉页脚和工作表等。设置后的工作表会更加合理、美观。下面对这些操作分别进行介绍。

1. 设置页面

首先在“页面设置”对话框中打开“页面”选项卡。

1）在“方向”选项区可以设置打印纸的方向。分为纵向打印和横向打印两种，“纵向”

可打印长页面（默认设置），“横向”可打印宽页面。

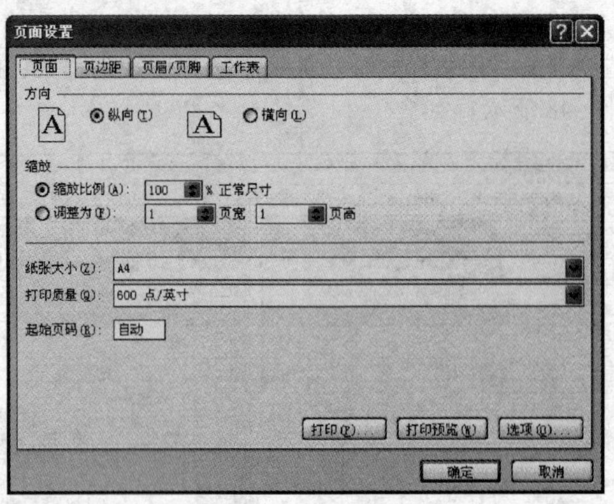

图4-49 “页面设置”对话框

2）在“纸张大小”下拉列表框中选择打印所用的纸张大小。纸张大小的选择取决于实际工作需要和所用打印机的打印能力。

3）“缩放”是用来对工作簿进行放大或缩小的一种方法，这样能够使工作簿更好地适应纸张。在缩放前必须先选中所需的文本。

4）在“打印质量”下拉列表框中选择所需的打印质量，这实际上是改变了打印机的分辨率。打印的分辨率越高，打印出来的效果越好，打印时间越长。

5）“起始页码”文本框中一般使用默认状态。当工作簿中设置了包含页码的页眉或页脚时，可以使用这个选项。在“起始页码”文本框中输入要打印的实际起始页码。

2. 设置页边距

页边距是指页面上打印区域之外的空白空间。为页面设置合适的页边距，可以设置有效的打印区域。设置页边距的具体操作步骤如下：

1）在“页面设置”对话框中打开“页边距”选项卡，如图4-50所示。

2）在“上”、“下”、“左”、“右”4个微调框中输入数值，可以调整打印内容到页边缘上、下、左、右的距离。数值越大，表示打印内容到页边缘的距离越大。

3）在“页眉”和“页脚”微调框中输入数值，调整它们与上下边之间的距离，这个距离应小于数据的页边距，以免页眉和页脚被数据覆盖。

4）“居中方式”选项组中包括“水平”和“垂直”两个复选框。水平居中是指打印内容与页面左、右边缘的距离相等，垂直居中是指打印内容与页面上、下边缘的距离相等。

5）设置完成后，单击“确定”按钮即可。

3. 设置页眉和页脚

页眉是每一打印页顶部所显示的一行信息，可以用于表明名称和标题等内容；页脚是每一打印页底部所显示的一行信息，可以用于表明页号、打印日期和时间等。设置页眉和页脚的具体操作步骤如下：

1）在“页面设置”对话框中单击“页眉/页脚”标签，打开“页眉/页脚”选项卡，如图4-51所示。

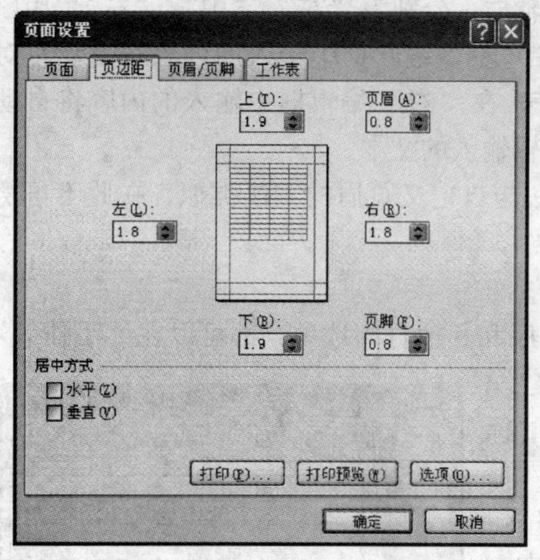

图4-50 “页边距”选项卡

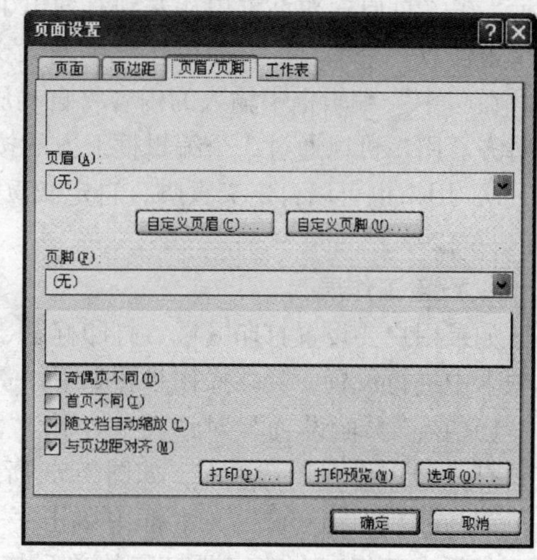

图4-51 “页眉/页脚”选项卡

2）在“页眉”下拉列表中选择预定义的页眉或用户自定义的页眉，选择其中之一即可在页面中插入打印页眉。如果不需要在打印工作中显示页眉，则在列表框中选择“无”选项。

3）在“页脚”下拉列表中选择一种页脚显示方式，在该下拉列表下方的预览框中可以显示打印时的页脚外观。如果不需要在工作表中显示页脚，则在列表框中选择“无”选项。

4）若要在奇数页上插入奇数页页眉或页脚，在偶数页上插入与奇数页不同的偶数页页眉或页脚，可选中“奇偶页不同”复选框。

5）若要从首页中删除页眉和页脚，可选中“首页不同”复选框。

6）要使用与工作表相同的字号和缩放比例，可选中“随文档自动缩放”复选框。要使页眉或页脚的字号和缩放比例与工作表缩放比例无关，从而在多个页面上获得一致的显示效果，可取消选中该复选框。

7）若要确保页眉边距或页脚边距与工作表的左右边距对齐，可选中“与页边距对齐”复选框。若要为页眉和页脚的左右边距设置一个与工作表的左右边距无关的特定值，可取消选中该复选框。

8）用户也可以自定义页眉，单击“自定义页眉”按钮，弹出“页眉”对话框，如图4-52

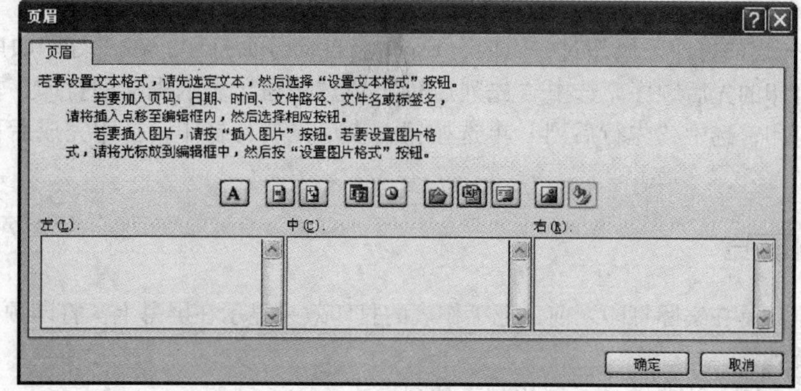

图4-52 “页眉”对话框

所示。在“页眉”对话框中从左到右列出了3个编辑框，分别为“左”、“中”、“右”。用鼠标单击任意一个编辑框，即可在其中输入文本。在“左”编辑框中输入的内容将自动左对齐，在“中”编辑框中输入的内容将自动居中对齐，在“右”编辑框中输入的内容将自动右对齐。用户可以通过3个编辑框上方的按钮来编辑输入的文本。

9）用户也可以自定义页脚，自定义页脚的方法与自定义页眉的方法类似，在此不再赘述。

4. 设置工作表

如果用户要设置打印区域、打印标题、打印顺序和其他打印选项，都可以在“工作表”选项卡中进行设置，具体操作步骤如下。

1）在“页面设置”对话框中单击“工作表”标签，打开“工作表”选项卡，如图4-53所示。

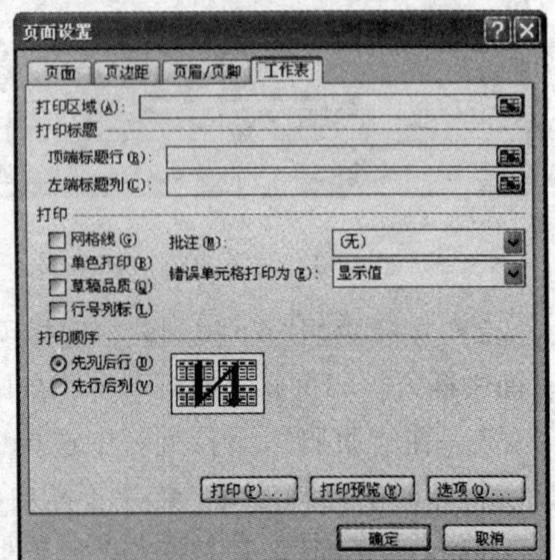

图4-53 “工作表”选项卡

2）在“打印区域”文本框中单击“折叠”按钮，然后在工作表中选定要打印的单元格区域，即可在打印页面中指定打印的部分内容。

3）在“打印标题”选项区可以设置打印的标题。在“顶端标题行”文本框中输入顶端标题所在的单元格引用或直接输入标题名称；在“左端标题列”文本框中输入左端标题所在的单元格引用或直接输入标题名称。

4）在“打印”选项区中包含一组选项，其作用如下：

“网格线”复选框：选中该复选框，在打印时增加水平和垂直网格线。

“单色打印”复选框：选中该复选框，将把彩色数据或图表以黑白格式打印。

“草稿品质”复选框：选中该复选框，在打印时不打印大部分图形和网格线，大大减少打印时间。

“行号列标”复选框：选中该复选框，以A1或A1:B1的单元格引用方式打印行号或列标。

“批注”下拉列表：在该下拉列表中设置打印批注的方式，如果不打印批注则选择“无”。

5）当工作表的打印区域超过一页时，Excel会自动分页打印。在“打印顺序”选项组中可以设置打印的先后顺序。选中“先列后行”单选按钮，表示先从列打印，打印完成后再从行进行打印；选中“先行后列”单选按钮，表示先从行打印，打印完成后再从列进行打印。

4.5.2 打印预览

打印预览就是在实际打印之前，把工作表的打印效果显示在屏幕上。打印预览工作表的具体操作步骤如下：

1）单击“Office按钮”，弹出其下拉列表。

2）在该列表中单击“打印”按钮，弹出其下拉菜单，如图4-54所示。

3）在该菜单中选择“打印预览”命令，即可进入“打印预览”状态。

4）这时在屏幕窗口底部的状态栏中显示了当前打印页的页码和总页码，在窗口的上方有一排按钮，可对工作表进行设置和查看。

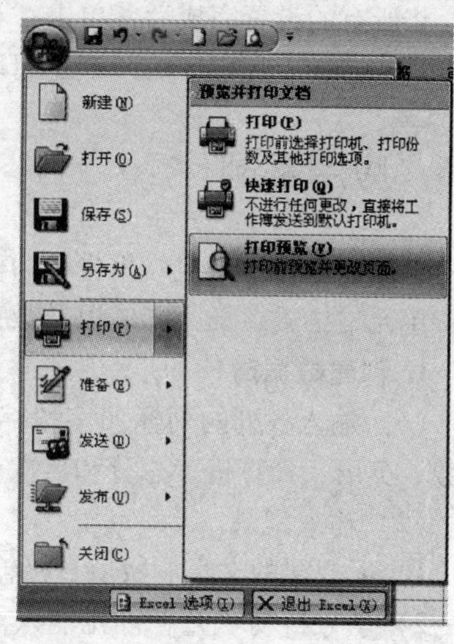

图4-54　“预览并打印文档”下拉菜单

4.5.3　打印

工作表设置完成后，就可以打印工作表了。单击“Office按钮”，弹出其下拉列表，在该列表中单击“打印”选项，从弹出的下拉菜单中选择“打印”命令，弹出“打印内容”对话框，如图4-55所示。

下面介绍“打印内容”对话框中各选项的作用。

（1）“打印机”选项组　包括以下几项。

“名称”：在其下拉列表中选择可以使用的打印机。单击“属性”按钮，将弹出所选打印机“属性”对话框，可对打印机属性进行设置。

“状态”：描述所选打印机的工作状态。

“类型”：显示所选打印机的类型。

“位置”：如果连接的是网络打印机，显示网络打印机的位置；如果连接的是本地打印机，则标识本地打印机的连接端口。

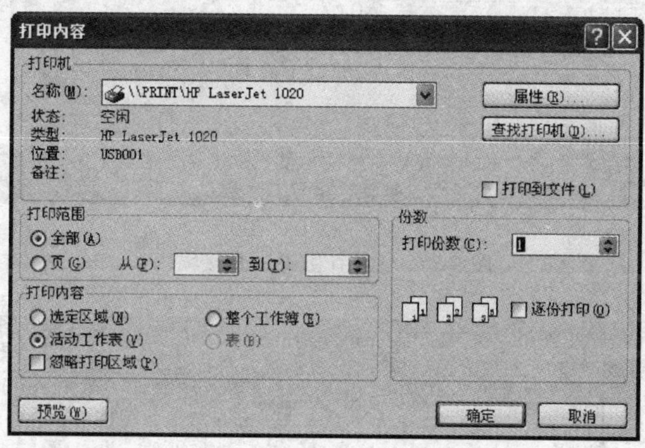

图4-55　“打印内容”对话框

（2）“打印范围”选项组　在“打印范围”选项组中可以指定文档中要打印的页数。选中“全部”单选按钮，表示打印工作表中的所有页；选中“页”单选按钮，可以在其后的文本框中输入打印的起止页码。

（3）“打印内容”选项组　在“打印内容”选项组中，可以指定文档中要打印的内容。

（4）“份数”选项组　在“份数”选项组中，可以设置打印的份数。

将所有的设置完成后，单击“确定”按钮开始打印。如果不需要进行打印设置可直接单击快速访问工具栏中的“快速打印”按钮。

4.6 应用案例

下面以制作学生成绩报告单为例，介绍如何利用 Excel 2007 生成数据清单、进行计算、设置单元格格式、插入图表以及数据的分析和管理。

1. 创建数据清单

(1) 输入各列的列标（字段名） 在工作表的第一行输入学号、姓名、系部、性别、高数、英语、计算机、总分和名次。

(2) 输入记录

1) 无规律的文字和数值直接输入，如图 4-56 所示。

2) 学号自动填充。首先输入前两名学生的学号 2010201 和 2010202（如果学号很长，需要以字符类型输入），如图 4-57 所示。然后选定这两个单元格，将鼠标指针移到单元格区域右下角的填充柄的位置，当鼠标指针变成✚形时，向下拖动鼠标至最后一名学生的学号为止。

应用案例.xlsx

	A	B	C	D	E	F	G	H	I
1	学号	姓名	系部	性别	高数	英语	计算机	总分	名次
2		白信子			88	89	86		
3		林质媛			68	70	61		
4		张静然			76	55	73		
5		李欣华			71	75	78		
6		赵上余			88	87	89		
7		李力强			57	63	61		
8		王一鸣			77	75	74		
9		郭海滔			75	87	82		
10		李自学			76	70	79		
11		周新凤			65	61	69		
12		白雪莹			74	76	81		
13		钟正谦			89	87	88		
14		赵书淬			88	85	89		

Sheet1 Sheet2 Sheet3

图 4-56 无规律数据的直接输入

应用案例.xlsx

	A	B	C	D	E	F	G	H	I
1	学号	姓名	系部	性别	高数	英语	计算机	总分	名次
2	2010201	白信子			88	89	86		
3	2010202	林质媛			68	70	61		
4		张静然			76	55	73		
5		李欣华			71	75	78		
6		赵上余			88	87	89		
7		李力强			57	63	61		
8		王一鸣			77	75	74		
9		郭海滔			75	87	82		
10		李自学			76	70	79		
11		周新凤			65	61	69		
12		白雪莹			74	76	81		
13		钟正谦			89	87	88		
14		赵书淬			88	85	89		

Sheet1 Sheet2 Sheet3

图 4-57 输入前两名学生的学号

3）系部名称复制。先在系部列标下的第一个单元格中输入“机电系”，然后选定该单元格，并将鼠标指针移至单元格右下角的填充柄的位置，当鼠标指针变成✚形时，向下拖动鼠标至最后一名学生即可。

4）使用多单元格同时输入学生的性别。首先按住“Ctrl”键不放，选定性别相同的所有单元格，然后输入男（女），按“Ctrl + Enter”组合键确认输入。

经过以上的填充和输入得到如图4-58所示的数据清单。

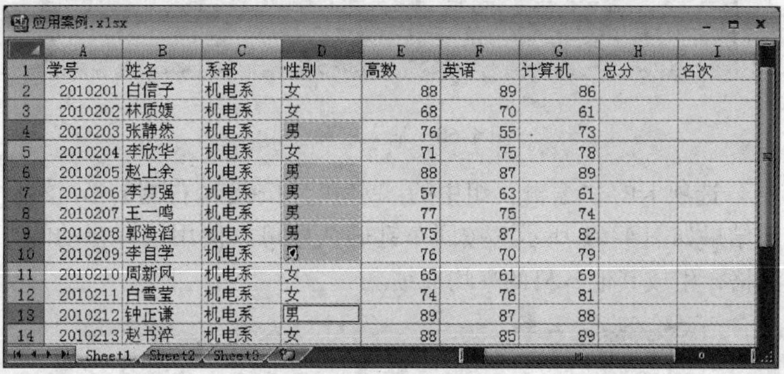

应用案例.xlsx

	A	B	C	D	E	F	G	H	I
1	学号	姓名	系部	性别	高数	英语	计算机	总分	名次
2	2010201	白信子	机电系	女	88	89	86		
3	2010202	林质媛	机电系	女	68	70	61		
4	2010203	张静然	机电系	男	76	55	73		
5	2010204	李欣华	机电系	女	71	75	78		
6	2010205	赵上余	机电系	男	88	87	89		
7	2010206	李力强	机电系	男	57	63	61		
8	2010207	王一鸣	机电系	男	77	75	74		
9	2010208	郭海滔	机电系	男	75	87	82		
10	2010209	李自学	机电系	男	76	70	79		
11	2010210	周新凤	机电系	女	65	61	69		
12	2010211	白雪莹	机电系	女	74	76	81		
13	2010212	钟正谦	机电系	男	89	87	88		
14	2010213	赵书淬	机电系	女	88	85	89		

Sheet1 Sheet2 Sheet3

图4-58 数据清单

（3）添加标题 首先在数据清单第一行上边插入一行，选定该行要合并的列，然后单击“开始”选项卡的“对齐方式”组中的“合并后居中”按钮，输入标题“学生成绩单”，如图4-59所示。

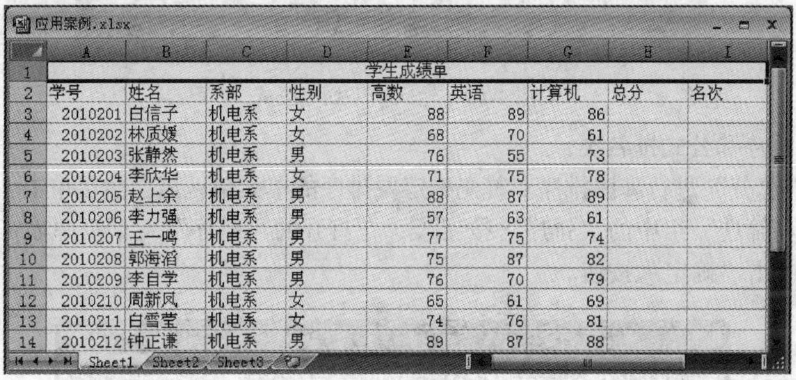

应用案例.xlsx

	A	B	C	D	E	F	G	H	I
1	学生成绩单								
2	学号	姓名	系部	性别	高数	英语	计算机	总分	名次
3	2010201	白信子	机电系	女	88	89	86		
4	2010202	林质媛	机电系	女	68	70	61		
5	2010203	张静然	机电系	男	76	55	73		
6	2010204	李欣华	机电系	女	71	75	78		
7	2010205	赵上余	机电系	男	88	87	89		
8	2010206	李力强	机电系	男	57	63	61		
9	2010207	王一鸣	机电系	男	77	75	74		
10	2010208	郭海滔	机电系	男	75	87	82		
11	2010209	李自学	机电系	男	76	70	79		
12	2010210	周新凤	机电系	女	65	61	69		
13	2010211	白雪莹	机电系	女	74	76	81		
14	2010212	钟正谦	机电系	男	89	87	88		

Sheet1 Sheet2 Sheet3

图4-59 添加标题

（4）保存文件 单击“Office”按钮，从下拉菜单中选择“保存”命令，打开“另存为”对话框。然后选择保存位置，输入文件名，单击“保存”按钮即可。

2. 输入函数及公式进行计算

（1）计算每名学生的总成绩 选择H3单元格，单击“开始”选项卡的“编辑”组中的“求和”按钮Σ，结果如图4-60所示。按回车键确定即可。接着使用鼠标拖动的方法复制公式到H4～H15之间的所有单元格，求出其他学生的总成绩。

（2）计算所有学生的单科平均成绩 单击A16单元格，输入“平均值”。选择E16单元

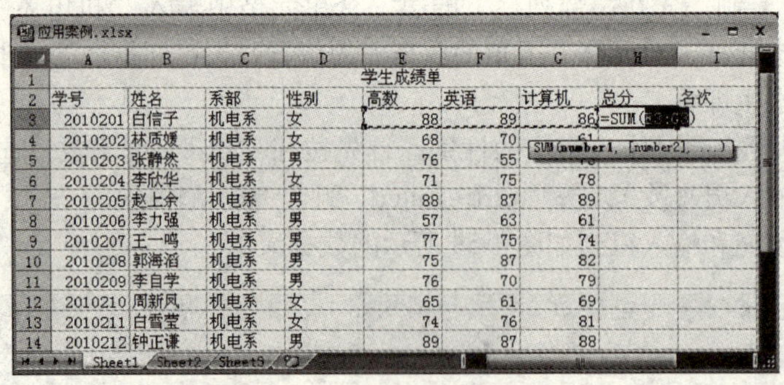

	A	B	C	D	E	F	G	H	I
1					学生成绩单				
2	学号	姓名	系部	性别	高数	英语	计算机	总分	名次
3	2010201	白信子	机电系	女	88	89	86	=SUM(E3:G3)	
4	2010202	林质媛	机电系	女	68	70	61		
5	2010203	张静然	机电系	男	76	55			
6	2010204	李欣华	机电系	女	71	75	78		
7	2010205	赵上余	机电系	男	88	87	89		
8	2010206	李力强	机电系	男	57	63	61		
9	2010207	王一鸣	机电系	男	77	75	74		
10	2010208	郭海滔	机电系	男	75	87	82		
11	2010209	李自学	机电系	男	76	70	79		
12	2010210	周新凤	机电系	女	65	61	69		
13	2010211	白雪莹	机电系	女	74	76	81		
14	2010212	钟正谦	机电系	男	89	87	88		

图4-60　输入求和公式

格，单击“开始”选项卡的“编辑”组中的“求和”按钮Σ右侧的▾，然后从其下拉菜单中选择平均值，结果如图4-61所示。按回车键确认即可。使用鼠标拖动的方法复制公式到F16和G16单元格，生成其他各科的平均成绩。

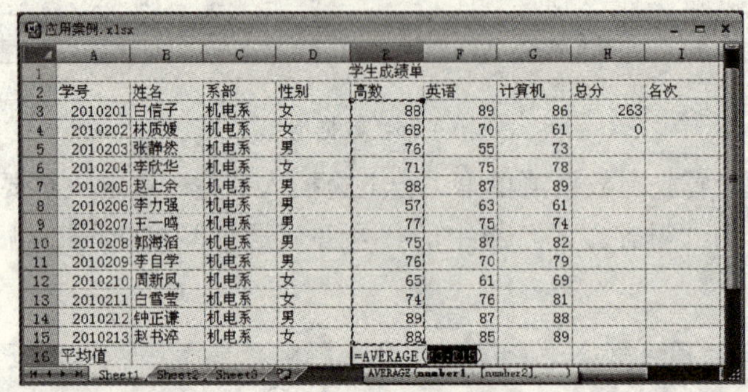

	A	B	C	D	E	F	G	H	I
1					学生成绩单				
2	学号	姓名	系部	性别	高数	英语	计算机	总分	名次
3	2010201	白信子	机电系	女	88	89	86	263	
4	2010202	林质媛	机电系	女	68	70	61	0	
5	2010203	张静然	机电系	男	76	55	73		
6	2010204	李欣华	机电系	女	71	75	78		
7	2010205	赵上余	机电系	男	88	87	89		
8	2010206	李力强	机电系	男	57	63	61		
9	2010207	王一鸣	机电系	男	77	75	74		
10	2010208	郭海滔	机电系	男	75	87	82		
11	2010209	李自学	机电系	男	76	70	79		
12	2010210	周新凤	机电系	女	65	61	69		
13	2010211	白雪莹	机电系	女	74	76	81		
14	2010212	钟正谦	机电系	男	89	87	88		
15	2010213	赵书淬	机电系	女	88	85	89		
16	平均值				=AVERAGE(E3:E15)				

图4-61　输入求平均值公式

3. 使用排序和公式排名次

1）按“总分”进行降序排序。首先选定要排序的单元格区域，然后单击“数据”选项卡的“排序和筛选”组中的“排序”按钮，在打开的“排序”对话框中输入如图4-62所示的数据，单击“确定”按钮。

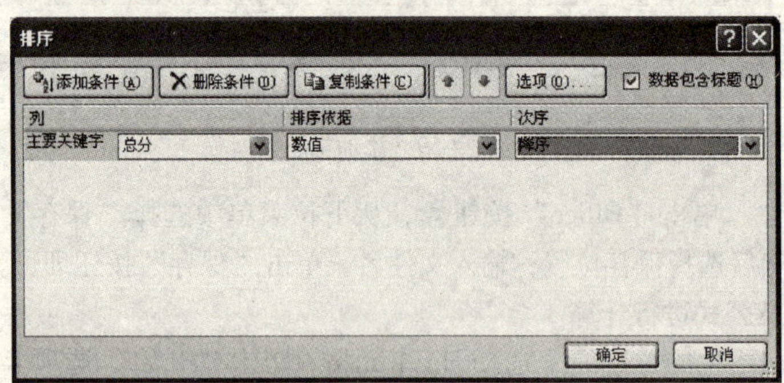

图4-62　“排序”对话框

2）在“名次”字段前插入“排序”列，在I3～I15中自动填充序列1、2、3…13，结果如图4-63所示。

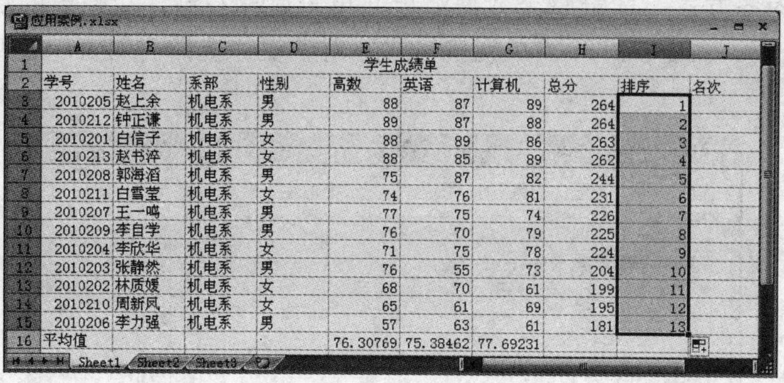

应用案例.xlsx

	A	B	C	D	E	F	G	H	I	J
1					学生成绩单					
2	学号	姓名	系部	性别	高数	英语	计算机	总分	排序	名次
3	2010205	赵上余	机电系	男	88	87	89	264	1	
4	2010212	钟正谦	机电系	男	89	87	88	264	2	
5	2010201	白信子	机电系	女	88	89	86	263	3	
6	2010213	赵书淬	机电系	女	88	85	89	262	4	
7	2010208	郭海滔	机电系	男	75	87	82	244	5	
8	2010211	白雪莹	机电系	女	74	76	81	231	6	
9	2010207	王一鸣	机电系	男	77	75	74	226	7	
10	2010209	李自学	机电系	男	76	70	79	225	8	
11	2010204	李欣华	机电系	女	71	75	78	224	9	
12	2010203	张静然	机电系	男	76	55	73	204	10	
13	2010202	林质媛	机电系	女	68	70	61	199	11	
14	2010210	周新凤	机电系	女	65	61	69	195	12	
15	2010206	李力强	机电系	男	57	63	61	181	13	
16	平均值				76.30769	75.38462	77.69231			

Sheet1 Sheet2 Sheet3

图4-63 插入“排序”字段

3）在J3单元格中输入“1”，在J4单元格中输入“=IF（H4>=H3，J3，IF（H4<H3，I4））”。使用鼠标拖动的方法复制公式到J5～J15之间的所有单元格，求出其他学生名次，如图4-64所示。

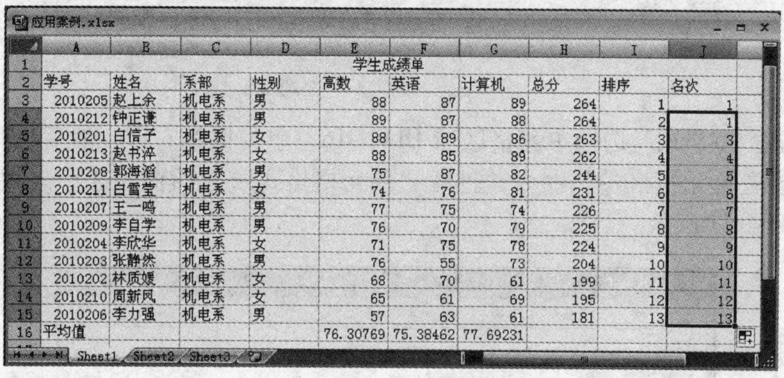

应用案例.xlsx

	A	B	C	D	E	F	G	H	I	J
1					学生成绩单					
2	学号	姓名	系部	性别	高数	英语	计算机	总分	排序	名次
3	2010205	赵上余	机电系	男	88	87	89	264	1	1
4	2010212	钟正谦	机电系	男	89	87	88	264	2	1
5	2010201	白信子	机电系	女	88	89	86	263	3	3
6	2010213	赵书淬	机电系	女	88	85	89	262	4	4
7	2010208	郭海滔	机电系	男	75	87	82	244	5	5
8	2010211	白雪莹	机电系	女	74	76	81	231	6	6
9	2010207	王一鸣	机电系	男	77	75	74	226	7	7
10	2010209	李自学	机电系	男	76	70	79	225	8	8
11	2010204	李欣华	机电系	女	71	75	78	224	9	9
12	2010203	张静然	机电系	男	76	55	73	204	10	10
13	2010202	林质媛	机电系	女	68	70	61	199	11	11
14	2010210	周新凤	机电系	女	65	61	69	195	12	12
15	2010206	李力强	机电系	男	57	63	61	181	13	13
16	平均值				76.30769	75.38462	77.69231			

Sheet1 Sheet2 Sheet3

图4-64 排名次的结果

4）利用选择性粘贴使名次列中只保留数值，然后删除排序列，再按“学号”为主要关键字升序排序，结果如图4-65所示。

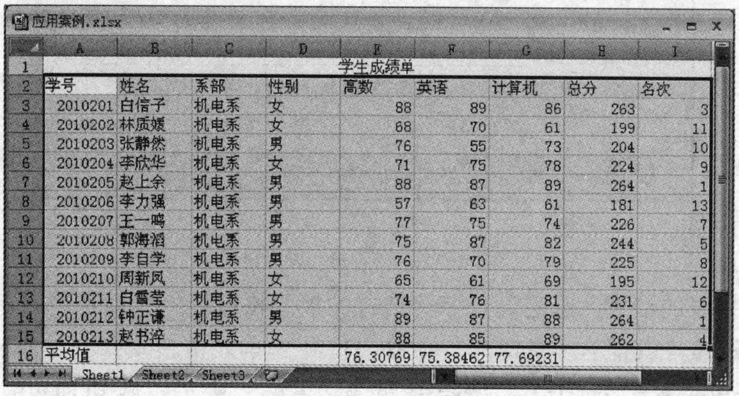

应用案例.xlsx

	A	B	C	D	E	F	G	H	I
1					学生成绩单				
2	学号	姓名	系部	性别	高数	英语	计算机	总分	名次
3	2010201	白信子	机电系	女	88	89	86	263	3
4	2010202	林质媛	机电系	女	68	70	61	199	11
5	2010203	张静然	机电系	男	76	55	73	204	10
6	2010204	李欣华	机电系	女	71	75	78	224	9
7	2010205	赵上余	机电系	男	88	87	89	264	1
8	2010206	李力强	机电系	男	57	63	61	181	13
9	2010207	王一鸣	机电系	男	77	75	74	226	7
10	2010208	郭海滔	机电系	男	75	87	82	244	5
11	2010209	李自学	机电系	男	76	70	79	225	8
12	2010210	周新凤	机电系	女	65	61	69	195	12
13	2010211	白雪莹	机电系	女	74	76	81	231	6
14	2010212	钟正谦	机电系	男	89	87	88	264	1
15	2010213	赵书淬	机电系	女	88	85	89	262	4
16	平均值				76.30769	75.38462	77.69231		

Sheet1 Sheet2 Sheet3

图4-65 按“学号”升序排序

4. 设置单元格格式

（1）设置对齐方式　选定整个数据清单并单击鼠标右键，在弹出的快捷菜单中选择“设置单元格格式”命令，打开“单元格格式”对话框，选择“对齐”选项卡，设置如图4-66所示。

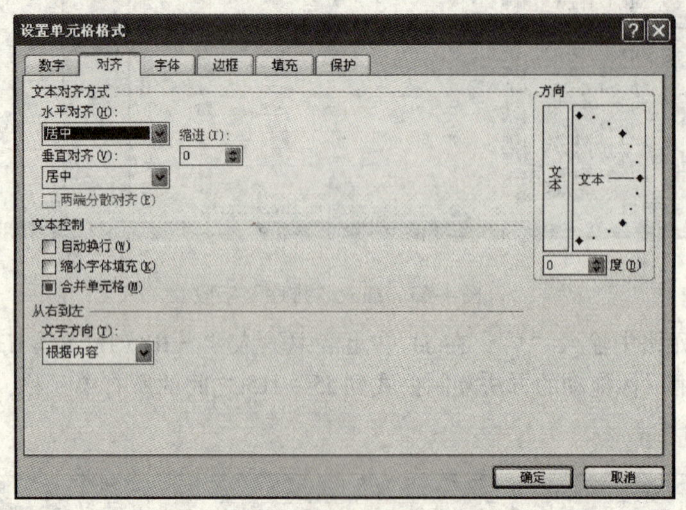

图4-66　“对齐”选项卡

（2）设置数字格式　选择单元格区域E16:G16，单击鼠标右键，然后从弹出的快捷菜单中选择“设置单元格格式”命令，打开“单元格格式”对话框，选择“数字”选项卡，设置结果如图4-67所示。

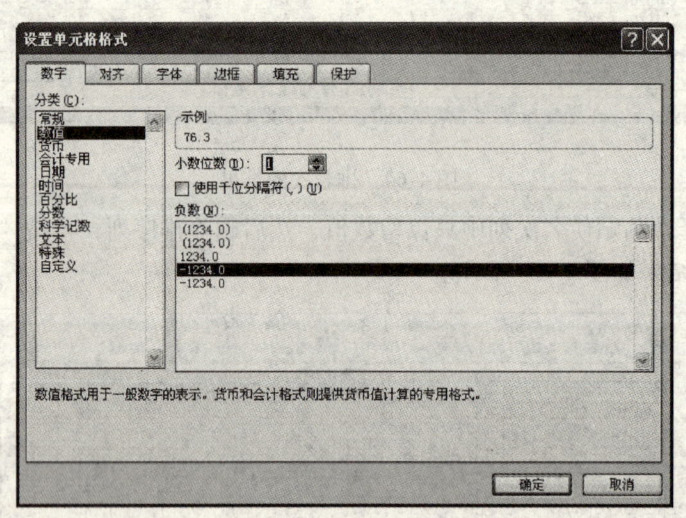

图4-67　“数字”选项卡

（3）设置字符的格式　选定设置字符格式的单元格区域，然后单击鼠标右键，从弹出的快捷菜单中选择“设置单元格格式”命令，打开“单元格格式”对话框；选择“字体”选项卡，设置字体、字形、字号、颜色等属性，单击“确定”按钮即可。设置结果如图4-68所示。

应用案例.xlsx

	A	B	C	D	E	F	G	H	I
1	学生成绩单								
2	学号	姓名	系部	性别	高数	英语	计算机	总分	名次
3	2010201	白信子	机电系	女	88	89	86	263	3
4	2010202	林质媛	机电系	女	68	70	61	199	11
5	2010203	张静然	机电系	男	76	55	73	204	10
6	2010204	李欣华	机电系	女	71	75	78	224	9
7	2010205	赵上余	机电系	男	88	87	89	264	1
8	2010206	李力强	机电系	男	57	63	61	181	13
9	2010207	王一鸣	机电系	男	77	75	74	226	7
10	2010208	郭海滔	机电系	男	75	87	82	244	5
11	2010209	李自学	机电系	男	76	70	79	225	8
12	2010210	周新凤	机电系	女	65	61	69	195	12
13	2010211	白雪莹	机电系	女	74	76	81	231	6
14	2010212	钟正谦	机电系	男	89	87	88	264	1
15	2010213	赵书淬	机电系	女	88	85	89	262	4
16	平均值				76.3	75.4	77.7		

Sheet1　Sheet2　Sheet3

图4-68　设置字符格式

5. 创建图表

1）按住“Ctrl”键不放，然后用鼠标拖动的方法选定要创建图表的数据清单中的列，如图4-69所示。

应用案例.xlsx

	A	B	C	D	E	F	G	H	I
1	学生成绩单								
2	学号	姓名	系部	性别	高数	英语	计算机	总分	名次
3	2010201	白信子	机电系	女	88	89	86	263	3
4	2010202	林质媛	机电系	女	68	70	61	199	11
5	2010203	张静然	机电系	男	76	55	73	204	10
6	2010204	李欣华	机电系	女	71	75	78	224	9
7	2010205	赵上余	机电系	男	88	87	89	264	1
8	2010206	李力强	机电系	男	57	63	61	181	13
9	2010207	王一鸣	机电系	男	77	75	74	226	7
10	2010208	郭海滔	机电系	男	75	87	82	244	5
11	2010209	李自学	机电系	男	76	70	79	225	8
12	2010210	周新凤	机电系	女	65	61	69	195	12
13	2010211	白雪莹	机电系	女	74	76	81	231	6
14	2010212	钟正谦	机电系	男	89	87	88	264	1
15	2010213	赵书淬	机电系	女	88	85	89	262	4
16	平均值				76.3	75.4	77.7		

Sheet1　Sheet2　Sheet3

图4-69　选择数据源

2）单击“插入”选项卡的“图表组”右侧的对话框启动器按钮，打开“插入图表”对话框，如图4-70所示。然后选择一种“图表类型”，并从其右侧选择一种子图表类型。单

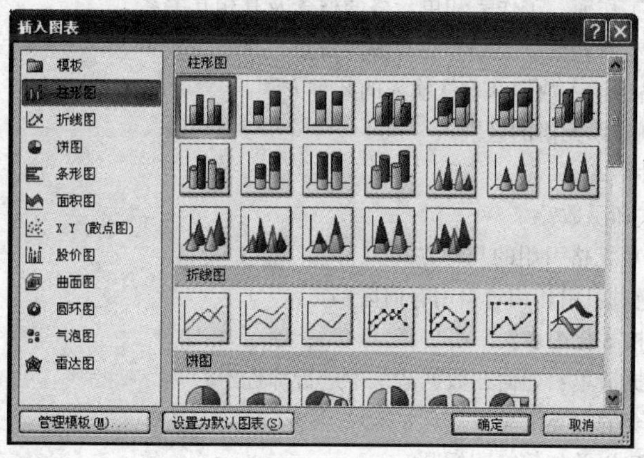

图4-70　“插入图表”对话框

击“确定”按钮，即可创建一个如图 4-71 所示的图表。

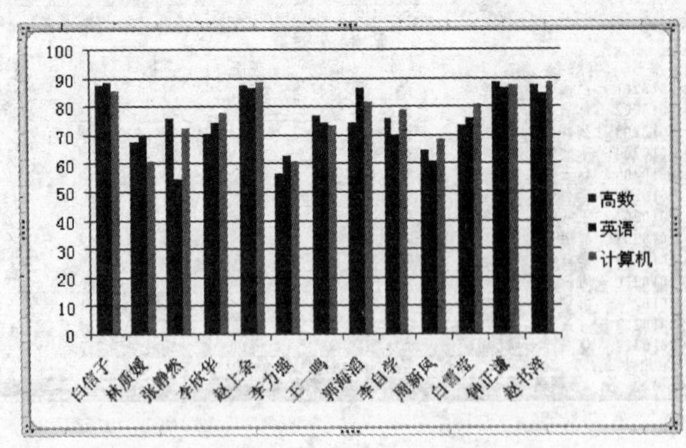

图 4-71 簇状柱形图

创建图表后，还可通过“图表工具”上下文工具的“设计”、“布局”或“格式”三个选项卡对图表进行诸如切换行/列、更改图表类型、更改图表的布局样式、移动图表、添加图表标题、坐标轴标题、设置网格线、设置所选内容的格式等操作。这里不再一一赘述。

本章小结

本章介绍了 Microsoft office 2007 办公自动化软件中的电子表格处理软件 Excel 2007。从 Excel 2007 的新增功能和特点入手，逐步介绍了 Excel 2007 的工作界面、工作簿的基本操作、工作表的基本操作、数据的管理和分析、打印设置与打印等内容。

通过本章循序渐进地学习，使用户对 Excel 2007 的基本知识有一个初步的了解和掌握，从而可以灵活使用电子表格处理软件 Excel 来进行电子表格的制作、编辑、格式化以及数据的分析和管理等工作，制作出各种满足实际需要的精美的电子表格，并为以后进一步的学习打好基础。

思考题

4-1 简述 Excel 2007 的新增功能和特点。

4-2 简述 Excel 中工作簿、工作表和单元格的概念及其相互关系。

4-3 Excel 2007 中有哪些数据类型？各有哪些特点？

4-4 简述在单元格中输入数据和确认输入的几种方法。

4-5 简述清除和删除单元格的区别。

4-6 如何设置条件格式？

4-7 如何输入公式和函数？

4-8 简述 Excel 中单元格引用的几种方式。

4-9 复制公式时绝对引用和相对引用有何区别？

4-10 如何创建和格式化图表？

4-11 如何创建数据清单？如何在数据清单中进行筛选？

4-12 如何进行嵌套的分类汇总？

4-13 如何冻结窗口以及如何打印标题？

第 5 章　文稿演示软件 PowerPoint 2007

5.1　PowerPoint 2007 中文版概述

PowerPoint 2007 是 Office 2007 的一个重要组件，用于幻灯片的制作和播放，其功能强大，使用方便，现已成为学术交流、产品展示、工作汇报、讲课培训等许多场合必不可少的工具软件。PowerPoint 制作的文稿是一种演示文稿，其组成是一套可以在计算机屏幕上演示的幻灯片。使用 PowerPoint 可以制作出集文字、图形、图像、声音以及视频等多媒体元素为一体的演示文稿。中文版 PowerPoint 2007 在继承旧版本的强大功能的基础上，更以全新的界面和便捷的操作模式引导用户制作图文并茂、声形兼备的多媒体演示文稿。

PowerPoint 可以很方便地与 Word、Excel、Access 等其他 Office 组件的内容进行互相调用、互相链接，或利用复制、粘贴功能实现资源共享。也可以将这些组件结合在一起使用，以便使字处理、电子表格、演示文稿、数据库、时间表、出版物以及 Internet 通信等结合起来，从而创建出适用于不同场合的、专业水平的、生动的、直观的电子文档。

Microsoft 公司最新推出的 PowerPoint 2007 办公软件除了拥有全新的界面外，还添加了许多新功能，使软件应用更加方便、快捷。

5.1.1　PowerPoint 2007 的启动和退出

安装完 PowerPoint 2007 之后，它的名字会自动添加到“开始”菜单中，PowerPoint 2007 的快捷方式图标也会在桌面上显示，可以利用它们启动 PowerPoint 2007。

单击 Windows 桌面任务栏上的“开始”按钮，在弹出的“开始”菜单中指向“程序”，在子菜单中选择“Microsoft Office PowerPoint 2007”命令，如图 5-1 所示。

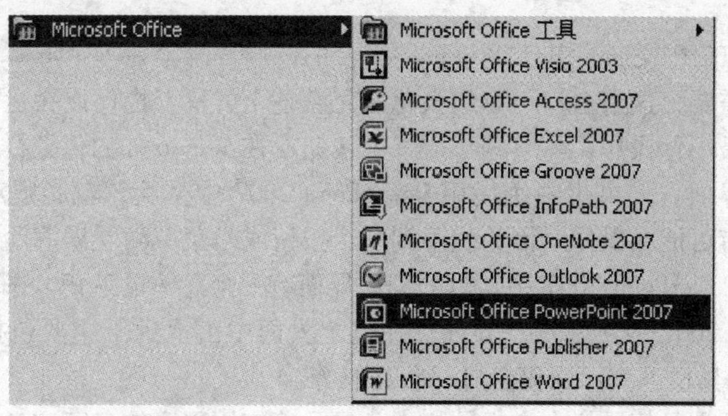

图 5-1　启动 PowerPoint 2007

启动 PowerPoint 2007 之后，会出现 PowerPoint 2007 工作窗口，用户可在该窗口中设计演示文稿。

当完成了演示文稿的编辑之后，需要存盘退出。退出 PowerPoint 2007 有两种方法：一种方法是直接单击 PowerPoint 2007 窗口"标题栏"的"关闭"按钮；另一种方法是选择"Office 按钮"中的"关闭"命令，如图 5-2 所示。

如果在退出之前没有保存演示文稿，则在执行退出命令之后，PowerPoint 2007 会出现如图 5-3 所示的对话框，提示用户保存演示文稿。如果单击"是"按钮，则 PowerPoint 2007 将保存对演示文稿的修改，然后退出。如果单击"否"按钮，则 PowerPoint 2007 不保存修改而退出，对文稿的修改将丢失，文稿回到最近一次保存时的状态。如果单击"取消"按钮，则将取消退出，返回 PowerPoint 2007 窗口。

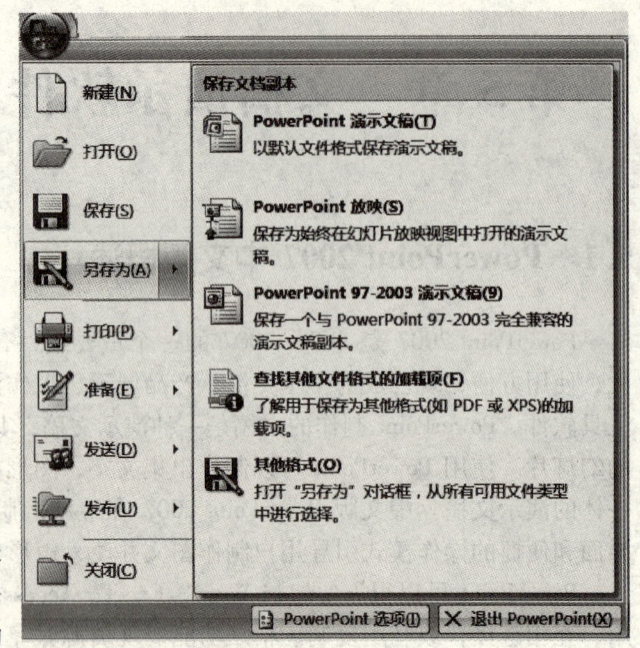

图 5-2 Office 按钮

图 5-3 关闭对话框

5.1.2 PowerPoint 2007 窗口

PowerPoint 2007 中文版是基于 Windows 平台的，用户总是在一个屏幕窗口中进行各种各样的操作。根据需要，这个窗口可以最大化而充满整个屏幕，也可以在运行其他软件或程序时对该窗口进行最小化操作，将它缩小成一个按钮放在 Windows 的任务栏上。这个窗口就是我们所说的用户界面。如果想熟练使用 PowerPoint 2007 中文版，就必须对它的用户界面有所了解，否则就有可能在操作时因为找不到某个按钮或是菜单而耽误演示文稿的制作。

首先，要对 PowerPoint 2007 中文版的用户界面有一个总体的认识。图 5-4 所示即是一个典型的 PowerPoint 2007 中文版用户界面。在这个界面中由上到下主要包括标题栏、一级菜单（选项卡）、工具栏、演示文稿窗口、状态栏等。

在屏幕的最顶端是标题栏。在标题栏中，显示着应用程序的名字"Microsoft PowerPoint"和当前正打开的演示文稿的名字"演示文稿 2"。标题栏的最左边是 PowerPoint 2007 Office 按钮，单击该按钮可以弹出对应的菜单，选择菜单中的命令，进行演示文稿的创建、打开等操作。在标题栏的最右边依次是"关闭"按钮、"向下还原/最大化"按钮和"最小化"按钮。

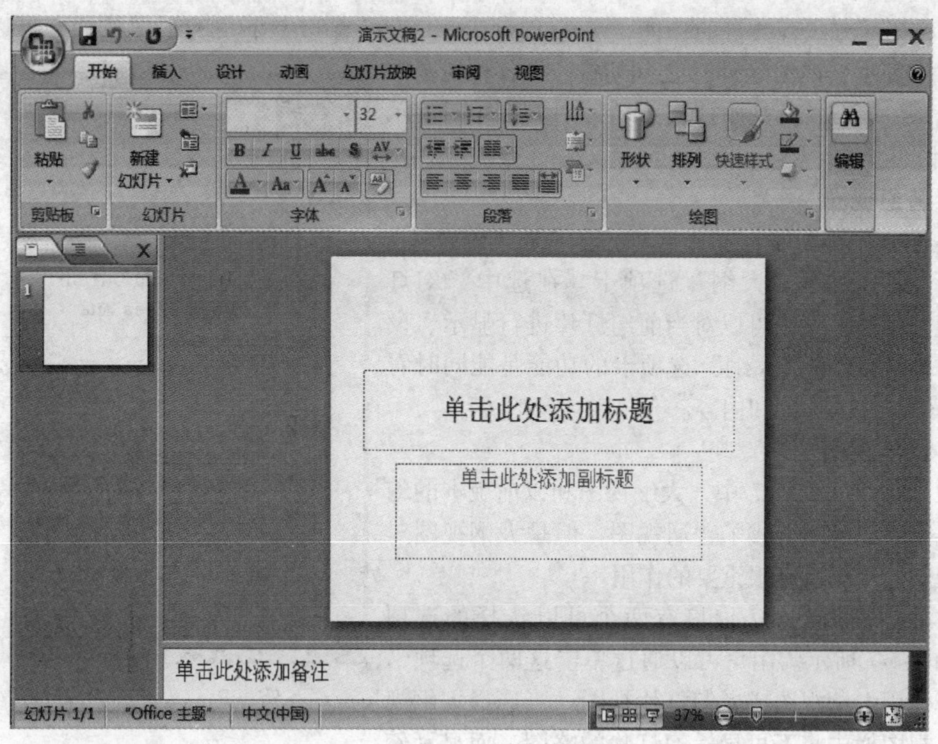

图 5-4　PowerPoint 2007 用户界面

一级菜单如图 5-5 所示。在菜单栏的最左边是控制菜单图标，最右边是窗口关闭按钮。中间依次是“开始”、“插入”、“设计”、“动画”、“幻灯片放映”、“审阅”、“视图”、“格式”和“帮助”9 个菜单。在菜单中可以选择相应的命令，实现某种功能。

图 5-5　PowerPoint 2007 菜单栏

一级菜单下面是功能区，实际上是与一级菜单相关联的二级菜单。图 5-6 所示为选中一级菜单中的“开始”菜单时，功能区的显示情况。可以看出，与该一级菜单关联的菜单包括“剪贴板”、“幻灯片”、“字体”、“段落”、“绘图”以及“编辑”等菜单。

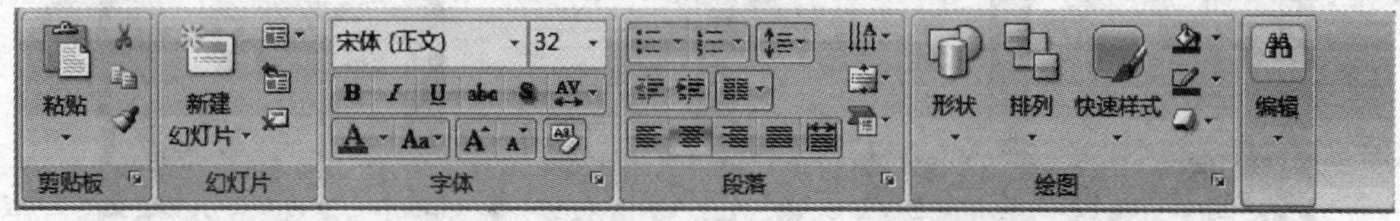

图 5-6　PowerPoint 2007 功能区

5.1.3　PowerPoint 2007 的视图方式

在 PowerPoint 2007 中，演示文稿的所有幻灯片全部存放在一个文件中，所以必须提供多种方式来观察幻灯片。PowerPoint 2007 有 5 种不同的视图方式，依次是普通视图、大纲视图、幻灯片浏览视图、幻灯片放映视图和备注页视图。

每种视图方式有各自的功能，单击 PowerPoint 2007 窗口左下角的视图按钮，可以在各个视图（备注页视图除外）之间切换。在各种视图中可以对演示文稿进行特定的加工，在一种视图中对演示文稿所作的修改，会自动反映在演示文稿的其他视图中。

1. 普通视图

普通视图包括两个选项卡，左边的是“幻灯片”选项卡，右边的是“大纲”选项卡。在选中“幻灯片”视图的情况下，可以对当前幻灯片进行显示、设计和美化等操作。“大纲”选项卡的功能是能同时看到整个幻灯片的标题和内容。

2. 大纲视图

在 PowerPoint 2007 中，大纲视图和以前版本的幻灯片视图一起被融合成了普通视图，但是大纲视图对于编辑幻灯片仍具有很重要的作用。

在 PowerPoint 2007 窗口有两个可以选择的选项卡，如图 5-7 所示。用户可以通过单击这两个选项卡来选择使用大纲视图或者幻灯片视图。当选择大纲视图后，视图栏中将不再显示幻灯片的略图，而显示幻灯片内容的大纲。用户可以用鼠标拖动视图窗格的右边框，将其放大，以便编辑大纲文本。

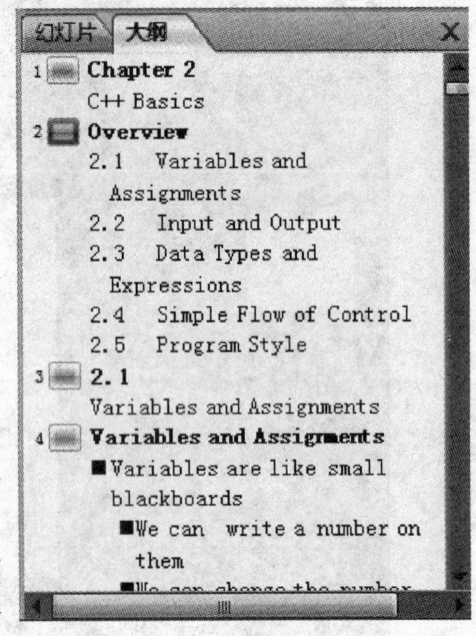

图 5-7 “大纲”视图标签

3. 幻灯片浏览视图

幻灯片浏览视图显示演示文稿中各幻灯片的缩略图。单击“幻灯片浏览视图”按钮（位于状态栏右边），切换到幻灯片浏览视图，如图 5-8 所示。使用幻灯片浏览视图可以给演

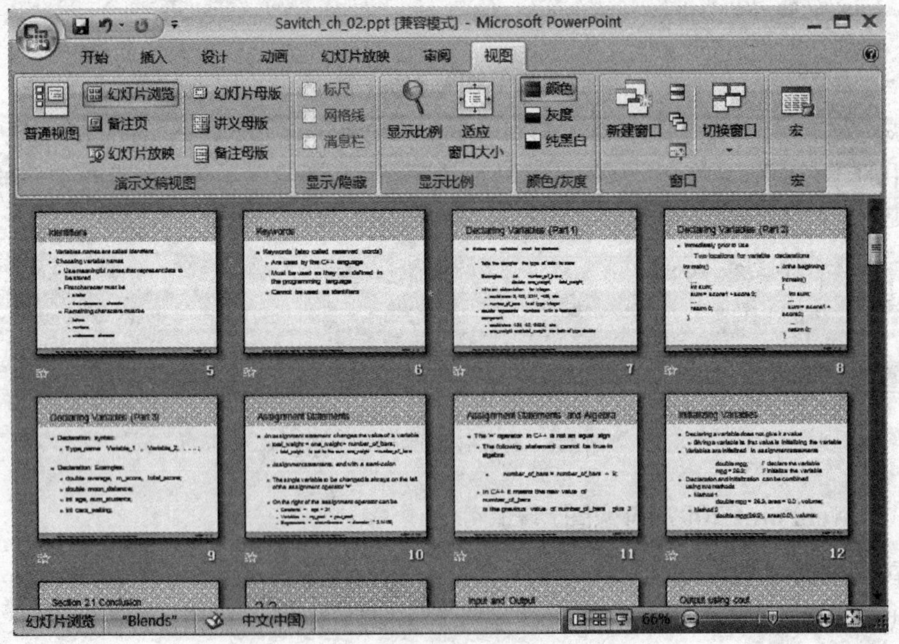

图 5-8 幻灯片浏览视图

示文稿增加一些特殊效果，如可以给演示文稿添加切换效果，或用幻灯片浏览视图来移动、删除和复制幻灯片，但不能改变幻灯片的内容。

4. 幻灯片放映视图

幻灯片放映视图并不显示单个静止的画面，而是像播放真实的35mm幻灯片那样，一幅一幅动态地显示演示文稿的幻灯片，在编辑时，如果想将演示文稿作为屏幕演示来显示，则可以单击“视图”功能区中的“幻灯片放映”按钮（位于状态栏右边），出现幻灯片放映视图，如图5-9所示。要从一张幻灯片切换到另一张，只需单击鼠标即可，直到演示文稿末尾。若中间想退出，可按键盘上的“Esc”键，则退出幻灯片放映视图。

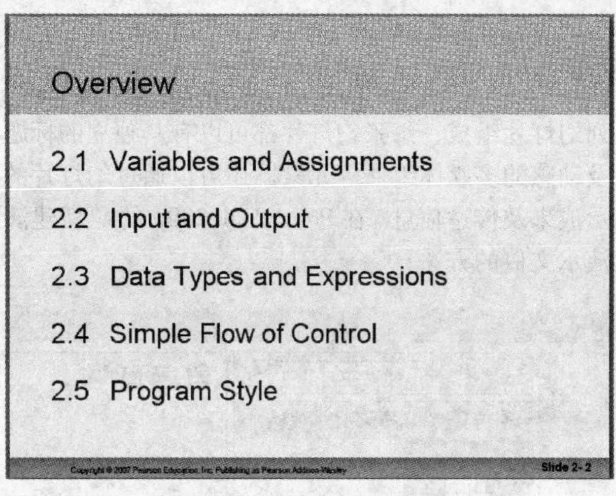

图5-9 幻灯片放映视图

5. 备注页视图

PowerPoint 2007没有在视图控制栏中设置备注页视图按钮，如果要从其他的视图方式切换到备注页视图，只能单击“视图”功能区中的“备注页”命令。备注页视图在屏幕的上半部分显示幻灯片，下半部分用于添加备注，如图5-10所示。

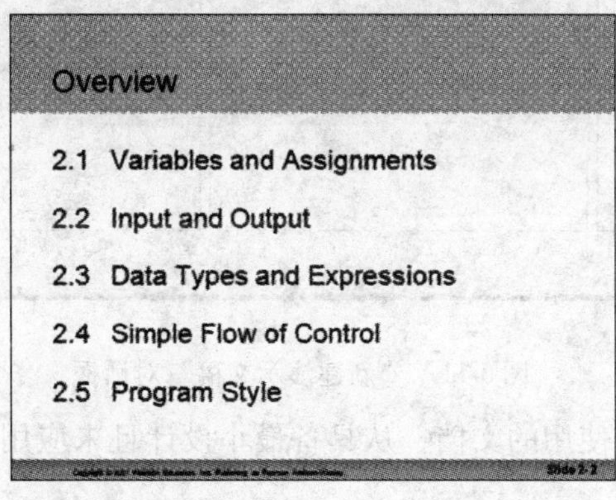

图5-10 备注页视图

5.2 演示文稿的建立与编辑

在 PowerPoint 2007 中文版中，并不将用户所创建的演示文稿的每一张幻灯片单独保存起来，而是将这些幻灯片及其相关信息作为一个整体加以保存，形成一个扩展名为“.pptx”的单独文件；这个文件不仅仅是保存幻灯片，而是将与幻灯片相关联的观众参考、发言人注释以及演示大纲等内容一起保存起来。

简单来说，PowerPoint 2007 演示文稿的制作大致经过创建演示文稿、设置幻灯片格式、文本编辑等过程。

5.2.1 创建演示文稿

演示文稿由一系列幻灯片组成，每张幻灯片都可以有其独立的标题、说明文字、数字和图表、生动的图像以及动感的多媒体组件等元素。还可以通过幻灯片的各种切换和动画效果向观众表达观点、演示成果及传达信息。在 PowerPoint 2007 的“新建演示文稿”（见图5-11）中提供了一系列创建演示文稿的方法：

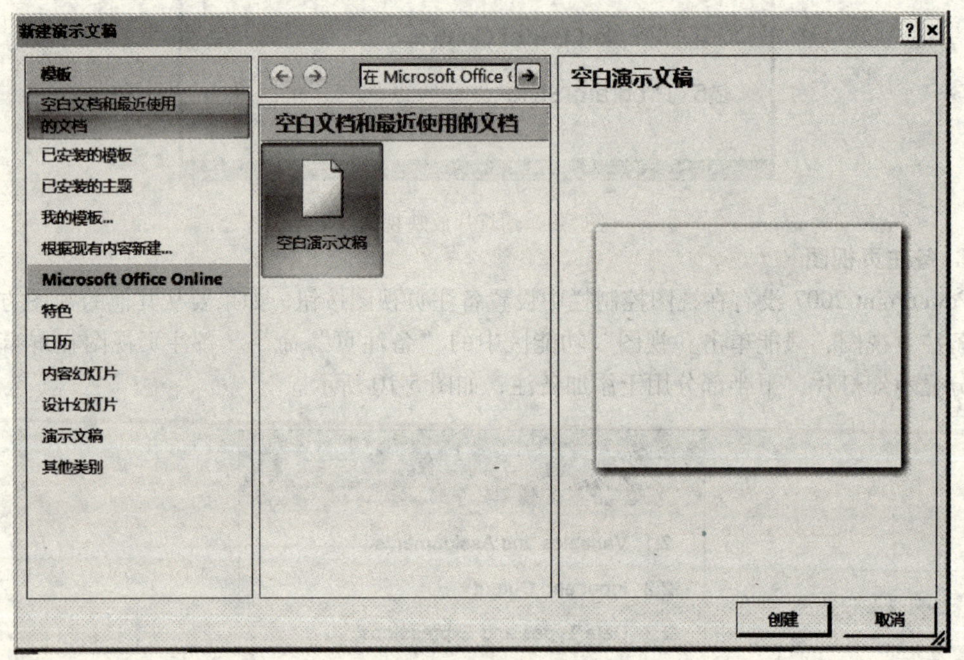

图5-11 “新建演示文稿”对话框

（1）空白文档和最近使用的文档　从具备最小设计且未应用颜色的幻灯片开始创建演示文稿。

（2）已安装的模板　在已经具备设计概念、字体和颜色方案的 PowerPoint 模板的基础上创建演示文稿。

（3）已安装的主题　使用“已安装的主题”应用设计文稿，该主题会提供有关幻灯片的设计模式，然后输入所需的文本。

（4）我的模板　根据自己曾经设计的模板来创建新的演示文稿。

（5）根据现有内容新建　在已经书写和设计过的演示文稿的基础上创建演示文稿。使用此命令创建现有演示文稿的副本，以对新演示文稿进行设计或内容更改。

5.2.2　幻灯片格式的设置

用 PowerPoint 2007 制作演示文稿的最终目的是向他人展示，文本的格式化显得尤为重要。对文本进行适当的格式化，会增强演示效果，使演示文本赏心悦目。

1. 设置字符格式

（1）改变字体　如果要改变文本的字体，可以按照下述步骤进行操作：

1）在普通视图或幻灯片视图中，选定要改变字体的文本。

2）单击“开始”菜单，再单击其下部功能区中“字体”列表框右边的向下箭头，出现如图 5-12 所示的下拉列表。

3）从“字体”下拉列表中选择所需的字体。

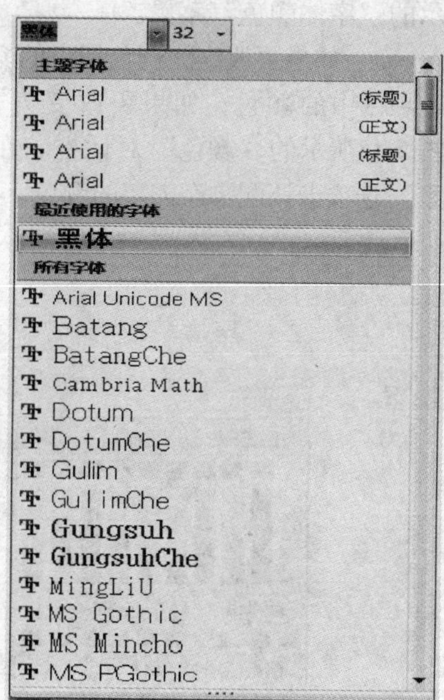

图 5-12　“字体”列表框

（2）改变字号　改变字号是指改变字符的大小，用户可以按照下述步骤进行操作：

1）选定要改变字号的文本。

2）单击“开始”菜单，再单击其下部功能区中“字号”列表框右边的向下箭头，出现如图 5-13 所示的下拉列表。

3）从“字号”下拉列表中选择所需的字号。如果“字号”下拉列表中没有所需的字号，可以单击“字号”文本框，直接输入字号大小。另外，用户还可以通过单击“字体”工具栏上的“增大字号”按钮或者“减小字号”按钮来改变选定文本的字号。单击“增大字号”按钮，可使所选文本的字号比“字号”文本框中显示的字号再大一级；单击“减小字号”按钮，可使所选文本的字号比“字号”文本框中显示的字号再小一级。

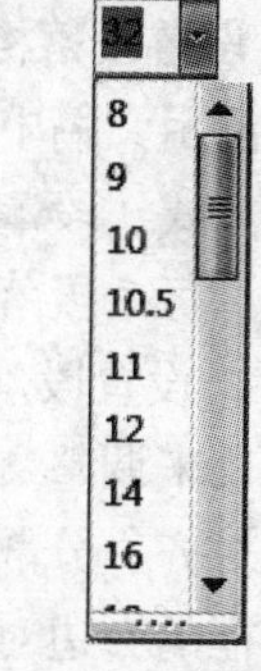

图 5-13　“字号”下拉列表框

如果要将文本设置为加粗、倾斜、下划线等字形，首先选定这些文本，然后单击“字体”工具栏上的“加粗”按钮、“倾斜”按钮或者“下划线”按钮。用户也可以同时单击这 3 个按钮，使选定的文本变为加粗、倾斜和下划线格式。这 3 个按钮属于开关型按钮，可同时选中。

（3）添加阴影　如果要给文本添加阴影，可以按照下述步骤进行操作：

1）选定要添加阴影的文本。

2）单击“字体”工具栏上的“阴影”按钮。

如果要取消文本的阴影效果，可以再次选定这些文本，然后单击“格式”工具栏上的“阴影”按钮。

（4）改变文本的颜色　演示文稿主要用于演示，可以改变文本的颜色，使演示文稿更加多姿多彩。具体操作步骤如下：

1）选定要改变颜色的文本。

2）单击“字体”工具栏中“字体颜色”按钮右边的向下箭头，会出现如图5-14所示的“字体颜色”菜单。

3）如果要改变为调色板中的颜色，单击“主体颜色”选项区提供的颜色或“标准色”选项区中的颜色；如果要改变为非调色板中的颜色，单击“其他颜色”选项，出现如图5-15所示的“颜色”对话框。在“标准”选项卡中单击所需的颜色，或者单击“自定义”选项卡调配自己需要的颜色，再单击“确定”按钮。

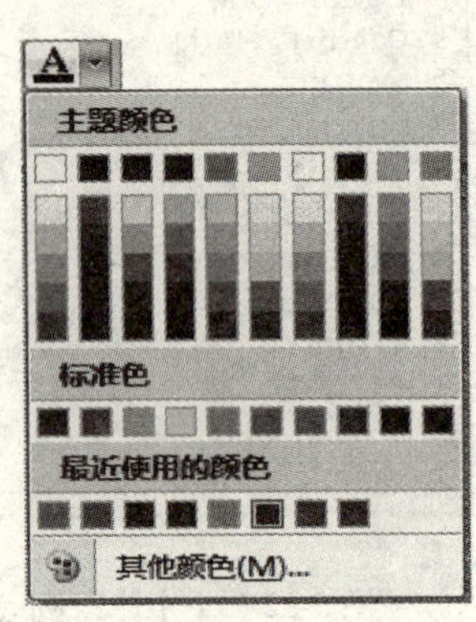

图5-14　“字体颜色”菜单

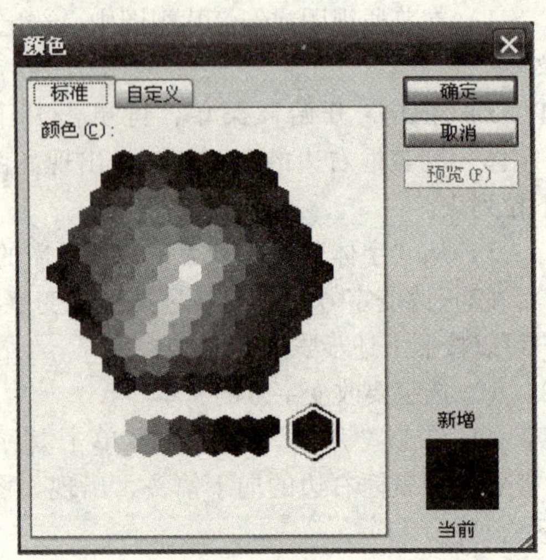

图5-15　“颜色”对话框

2. 设置段落格式

在演示文稿中，除了可以设置字符的格式外，还可以设置段落的格式。例如，设置段落的对齐方式、段落缩进和行距调整等。在PowerPoint 2007中，段落是指只带有一个回车符的文字，每个段落都可以拥有自己的格式。

（1）设置段落的对齐方式　在演示文稿中输入的文本均有文本框，设置段落的对齐方式主要用来调整文本在文本框中的排列方式。段落的对齐方式有5种，即左对齐、居中对齐、右对齐、分散对齐和两端对齐。左对齐将文本沿着文本框的左边对齐；右对齐将文本沿着文本框的右边对齐；居中对齐将文本沿着文本框的中间对齐；分散对齐将文本同时沿着文本框左右两边对齐，使每行中的字符占满文本框的整个宽度；两端对齐将所选段落（末行除外）的左右两边同时对齐。

如果要设置段落的对齐方式，可以按照下述步骤进行操作：

1）选定要设置对齐方式的段落，或者将插入点置于段落中的任何位置。

2）单击“开始”菜单，在其下的功能区中选择“段落”中的“左对齐”、“居中对齐”、“右对齐”或者“分散对齐”按钮。另外，也可以在选定要对齐的段落后，单击“段落”旁边的按钮，在该对话框中选择“对齐方式”命令，再从其下拉列表框中选择相应的对齐命令，如图 5-16 所示。

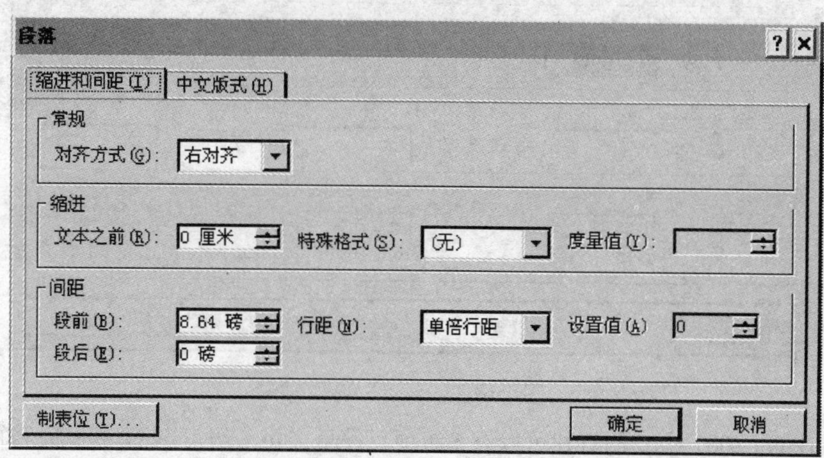

图 5-16 “对齐方式”命令

（2）设置段落缩进 对于每个文本框，用户可以设置其段落的缩进。缩进分为左缩进、首行缩进和悬挂缩进。左缩进标记控制段落与文本框左边距的距离；首行缩进标记控制段落第一行第一个字符的起始位置；悬挂缩进标记使段落首行不缩进，其余部分相对于首行进行缩进。如果要设置段落缩进，可以按照下述步骤进行操作：

1）如果操作界面尚未显示标尺，可从“视图”菜单所对应的功能区中选择“显示/隐藏”工具栏的“标尺”命令。

2）如果要改变一个段落的格式，可将插入点置于段落中的任何位置；如果要改变多个段落的格式，需要选定多个段落的文本。

3）拖动下面的缩进标记之一为段落设置缩进。

（3）更改段落行距和间距 在 PowerPoint 2007 中输入文本时，每按一次“Enter”键，系统就将之当做一个新的段落。在每一个段落中，增大行距可以使文本阅读起来更方便，增大段落间距可以使段落分得更清楚。如果用户选定了整个对象，而不是具体的某个段落，则设置的间距将应用于对象中的所有段落。用户可以设置段落与段落的距离，也可以设置段落中行与行之间的距离。具体操作步骤如下：

1）选定要更改间距的段落或对象。

2）单击“开始”菜单，在其下面的功能区选择“段落”选项“行距”按钮的向下箭头，出现如图 5-17 所示的“行距”列表框。

3）在“行距”列表框中设置行距。

4）或选择“行距”选项，弹出图 5-18 所示的“段落”对话框，在该对话框中进行详细的行距设定。

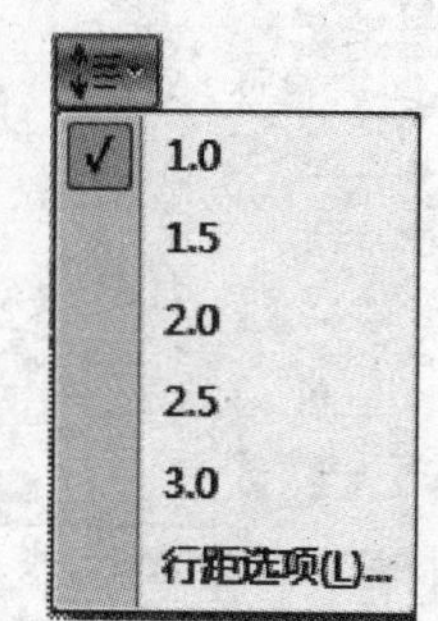

图 5-17 “行距”列表框

3. 使用项目符号和编号

在演示文稿中，经常看到段落的前面有一个项目符号或编号。项目符号和编号列表会使演示文稿更加有条理性，易于阅

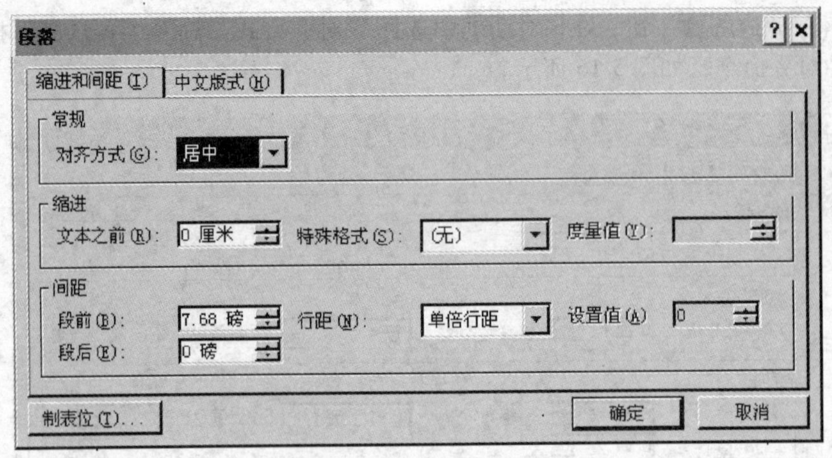

图5-18 “段落”对话框

读。在PowerPoint 2007中，幻灯片可以有5级项目符号，每一级可有不同的项目符号。创建项目符号的文本后，可以更改项目符号的外观（如形状、大小或颜色），以及项目符号和文本之间的距离。如果要更改项目符号，需要选择与此项目符号相关的段落，而不是项目符号本身。

（1）创建项目符号列表　如果要创建项目符号列表，可以按照下述步骤进行操作：

1）选定要添加项目符号的段落。

2）单击“开始”菜单，在其下面的功能区的“段落”选项中选择“项目符号”按钮☰，即在选定的文本中添加默认的项目编号。

（2）更改项目符号的字符　默认情况下，单击“开始”菜单，在其下面功能区的“段落”选项中选择“项目符号”按钮插入项目符号时，PowerPoint会插入一个选中的方式作为项目符号。如果要更改项目符号，可以按照下述步骤进行操作：

1）选定要更改项目符号字符的段落。

2）选择图5-19所示列表框中的“项目符号和编号”命令，出现如图5-20所示的“项目符号和编号”对话框。

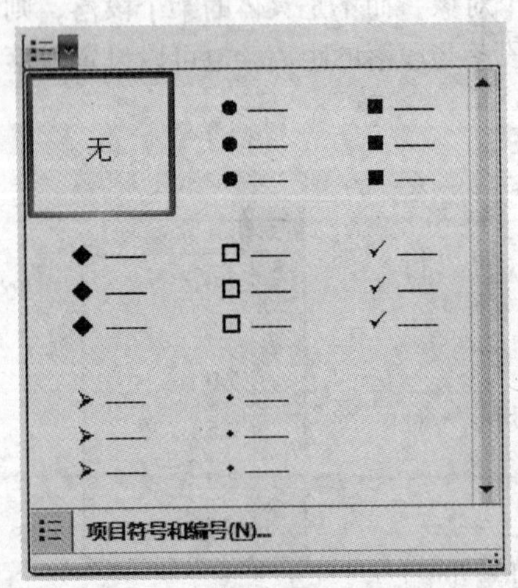

图5-19 “项目符号和编号”列表框

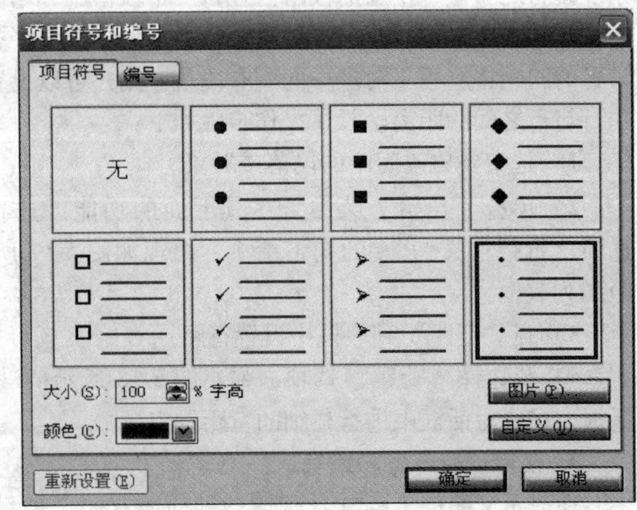

图5-20 “项目符号和编号”对话框

3）在“项目符号”选项卡中，选择一种合适的项目符号字符。如果不满意这几种预设的项目符号字符，可以单击“自定义”按钮，出现如图 5-21 所示的“符号”对话框。

4）用户可以通过“符号”对话框设计自己所需要的项目符号。

5）要设置项目符号的大小，可在“大小”文本框中输入百分比。

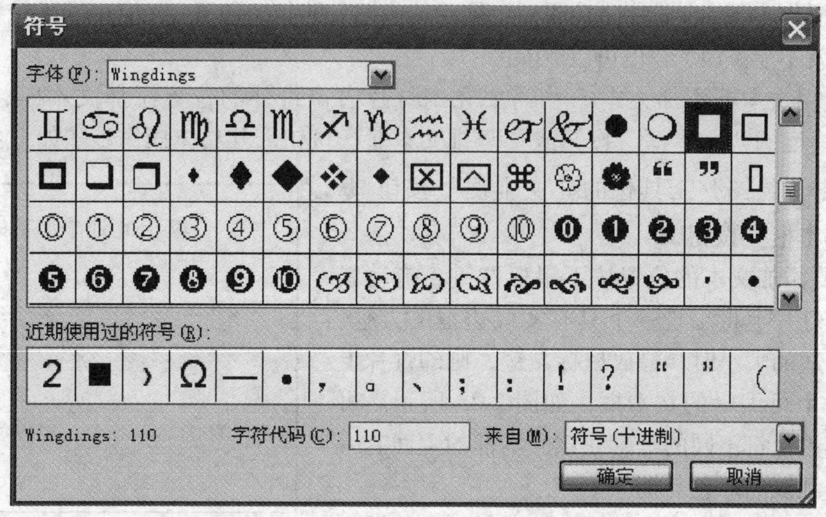

图 5-21　“符号”对话框

6）要为项目符号选择一种颜色，在“颜色”下拉列表框中选择所需的颜色。

7）单击“确定”按钮。

（3）使用编号列表　可以用与创建项目符号列表类似的方法创建编号列表。编号列表是按编号的顺序排列，如可以将操作步骤按先后顺序依次编号。

5.2.3　幻灯片文本的编辑

PowerPoint 2007 提供了多种输入文本的方法，用户不但可以在幻灯片窗格中输入文本，还可以在“大纲”选项卡中输入文本。另外，还可以插入 Word 文档和网页等文件中的文本。若想把各张幻灯片的标题作为一张幻灯片的内容，还可以制作摘要幻灯片。

在幻灯片窗格中输入文本的方法有 4 种：

方法 1：直接将文本输入到占位符中。

方法 2：利用“文本框”按钮或“竖排文本框”按钮输入文本。

方法 3：输入艺术字。

方法 4：在箭头自选图形中输入文本。

这里只介绍前两种方法，其他两种方法将在其他小节中讲解。

（1）在占位符中输入文本　占位符是带有虚线或影线标记边框的框，如图 5-22 所示。它能容纳标题和正文，以及图表、表格和图片等对象。在输入文本之前，占位符中是一些提示性的文字。当用鼠标单

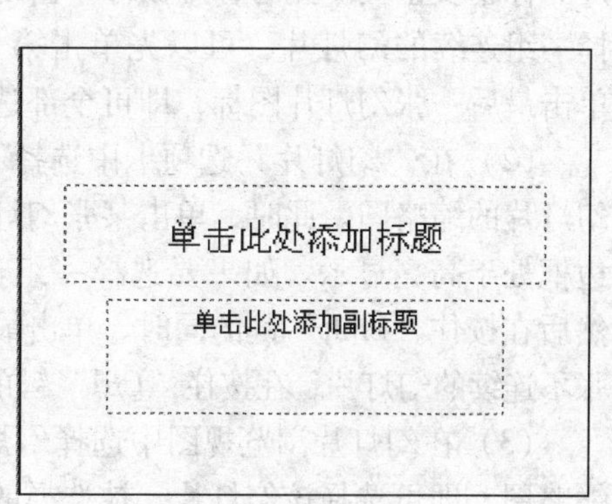

图 5-22　占位符

击占位符中的提示后，这些提示就消失了，而且光标的形状变成一个短竖线，这时用户就可以在占位符中输入文本了。图 5-22 所示是在主标题占位符中输入文本后的效果。可以看出，当在占位符中输入文本后，若不选中该占位符，其边框就不显示出来。可以调整占位符的位置，其操作步骤为：选中占位符后，拖动占位符边框到合适的位置释放即可。若要调整占位符的大小，其操作步骤为：选中占位符后，拖动其边框上的句柄即可。在应用了版式后，幻灯片中的占位符就不能添加了，但可以删除。

（2）使用文本框添加文本　当需要在幻灯片占位符外的位置添加文本时，可以利用“绘图”工具栏的“文本框”按钮或“竖排文本框”按钮。其具体操作步骤如下：

1）单击“绘图”工具栏的“文本框”按钮或“竖排文本框”按钮。

2）在要添加文本的位置按下鼠标左键，拖动鼠标，则在幻灯片上将出现一个具有实线边框的方框。当方框到合适的大小时，释放鼠标左键，则幻灯片上就会出现一个可编辑的文本框，如图 5-23 所示。可以看到，和占位符不同的是，在该文本框的上面有一个带有一条细线的绿色句柄。

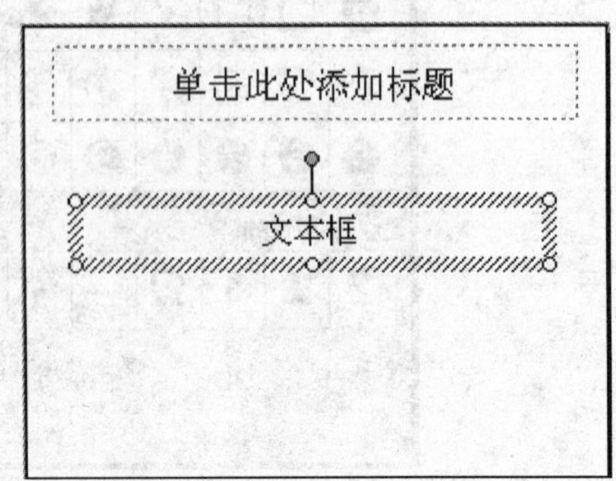

图 5-23　插入文本框

3）此时，在该文本框中会出现一个闪烁的插入点，用户可以输入文本内容。

4）如果要调整宽度，拖动文本框左右两条边上的句柄即可。如果输入的文本超过文本框的宽度，文本就会自动换行，文本框也会自动增加高度。

5.2.4　幻灯片的操作

制作完成一个演示文稿后，就可以在幻灯片浏览视图中观看幻灯片的布局，检查前后幻灯片是否符合逻辑。用户可以通过对幻灯片的调整管理，使之更加具有条理性。下面介绍幻灯片的各种管理操作。

1. 选择幻灯片

根据当前视图方式的不同，选择幻灯片的方法也各不相同。

（1）在“大纲”选项卡中选择幻灯片　在普通视图的“大纲”选项卡中，显示了幻灯片的标题及正文。此时，用鼠标单击幻灯片标题前面的图标，即可选择该幻灯片。如果要选择一组连续的幻灯片，可以先单击第 1 张幻灯片的图标，然后在按住“Shift”键的同时，单击最后一张幻灯片图标，即可全部选中。

（2）在“幻灯片”选项卡中选择幻灯片　在普通视图的“幻灯片”选项卡中，显示了幻灯片的缩略图。此时，单击某张幻灯片的缩略图，即可选择该幻灯片。被选择的幻灯片的边框处于高亮显示。如果要选择一组连续的幻灯片，可以先单击第 1 张幻灯片的缩略图，然后在按住“Shift”键的同时，单击最后一张幻灯片的缩略图，即可全部选中。如果要选择多张不连续的幻灯片，在按住“Ctrl”键的同时，分别单击需要选择的幻灯片的缩略图即可。

（3）在幻灯片浏览视图中选择幻灯片　在幻灯片浏览视图中，只需单击相应幻灯片的缩略图，即可选择该幻灯片。被选择的幻灯片的边框处于高亮显示。选择一组连续的或多张不连续的幻灯片，其方法与在“幻灯片”选项卡中选择幻灯片的方法相同。

2. 插入新幻灯片

在各种视图中，插入新幻灯片的方法是不同的。

（1）在普通视图中插入新幻灯片　在普通视图中插入新幻灯片，其具体操作步骤如下：

1）选中要插入新幻灯片位置之前的幻灯片。

2）选择“开始”菜单功能区中的“新建幻灯片”命令，将插入点放在“大纲”或“幻灯片”选项卡上，然后按“Enter”键，在PowerPoint工作窗口中将出现等待编辑的新插入的幻灯片，如图5-24所示。

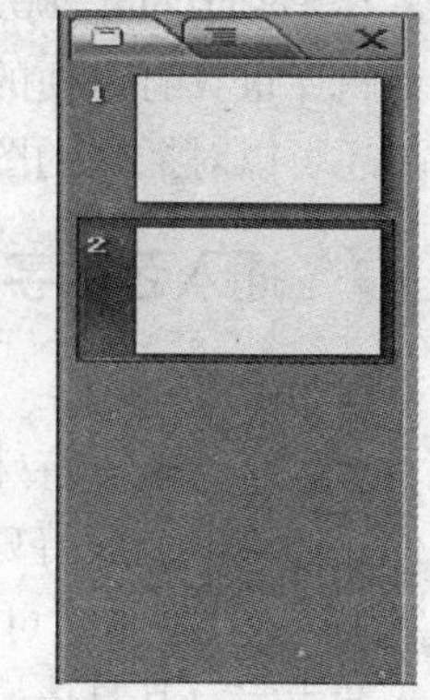

图5-24　幻灯片2为新幻灯片

3）在出现的“新建幻灯片”下拉列表框中，可选择一种需要的版式，即可向新插入的幻灯片中输入内容。

（2）在幻灯片浏览视图中插入新幻灯片　如果要在一种视图中添加或删除幻灯片，幻灯片浏览视图无疑是最佳的选择。因为这样可以很快看到演示文稿在改变后的整体效果。其具体操作步骤如下：

1）将插入点插入到目标位置。

2）选择“开始”菜单功能区中的“新建幻灯片”命令，在PowerPoint工作窗口中将出现等待编辑的新插入的幻灯片。

3）在出现的“幻灯片版式”下拉列表框中，选择一种需要的版式，即可向新插入的幻灯片中输入内容。

3. 复制幻灯片

复制幻灯片有多种方法，这里只介绍两种，用户可以使用其中的任何一种方法来复制幻灯片。

（1）使用“复制”与“粘贴”按钮复制幻灯片　使用剪贴板中的“复制”按钮与“粘贴”按钮复制幻灯片，其具体操作步骤如下：

1）选中所要复制的幻灯片。

2）选择“开始”菜单功能区“剪贴板”中的“复制”按钮。

3）将插入点置于想要插入幻灯片的位置，然后单击“粘贴”按钮即可。

（2）使用鼠标右键菜单复制幻灯片　使用鼠标右键菜单复制幻灯片，其具体操作步骤如下：

1）选中所要复制的幻灯片。

2）单击鼠标右键，打开快捷菜单，选择“复制幻灯片”命令，然后在指定的插入位置单击右键，在弹出的快捷菜单中选择“粘贴”即可。

4. 删除幻灯片

删除幻灯片，其具体操作步骤如下：

1）在幻灯片浏览视图中，选择要删除的幻灯片。

2）选择“开始”菜单功能区“幻灯片”菜单中的“删除”按钮，即可删除该幻灯片。

5. 移动幻灯片

移动幻灯片，其具体操作步骤如下：

1）在幻灯片浏览视图中，选定要移动的幻灯片。

2）按住鼠标左键，并拖动幻灯片到目标位置。

5.3 在幻灯片上添加对象

在 PowerPoint 2007 中，用户既可以插入剪贴画，也可以插入来自文件的图片。同时，其剪辑库也具有方便的管理功能，包括如何在“剪辑管理器”中删除和添加剪贴画。另外，用户还可以对插入的图片进行修改。

5.3.1 插入艺术字和图片

1. 插入艺术字

艺术字就是有特殊效果的文字，可以有各种颜色、字体，可以带有阴影、倾斜、旋转和延伸，还可以变成特殊的形状。因为艺术字是图形对象，所以“插入艺术字”按钮位于“绘图”工具栏中，可以使用“绘图”工具栏中的其他功能按钮对艺术字的效果进行设置。插入艺术字，其具体操作步骤如下：

1）单击“插入”菜单，在与之关联的功能区中选择“文本”菜单中的“艺术字”按钮，打开“艺术字样式”菜单，如图 5-25 所示。

2）在这个部分中提供了多种艺术字的式样，单击需要的“艺术字”式样（是指在图 5-25 中的大写字母 A）。

图 5-25 “艺术字样式”菜单

3）在“文字”文本框中输入所需的内容，如输入“艺术字”。然后在“字体”下拉列表框中选择“宋体”字体，在“字号”下拉列表框中选择字号为“96”，完成对艺术字的初始设置。

4）单击“文本填充”按钮，可完成对文本进行纯色、渐变、图片或纹理样式的填充。其列表框如图 5-26 所示。单击“文本轮廓”按钮，可指定文本轮廓的颜色、宽度和线型，如图 5-27 所示。单击“文本效果”按钮，可对文本应用外观效果进行设定，如图 5-28 所示。

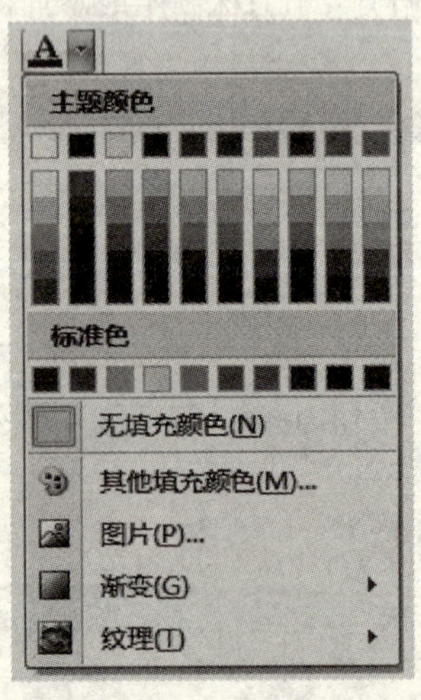

图 5-26 文本填充

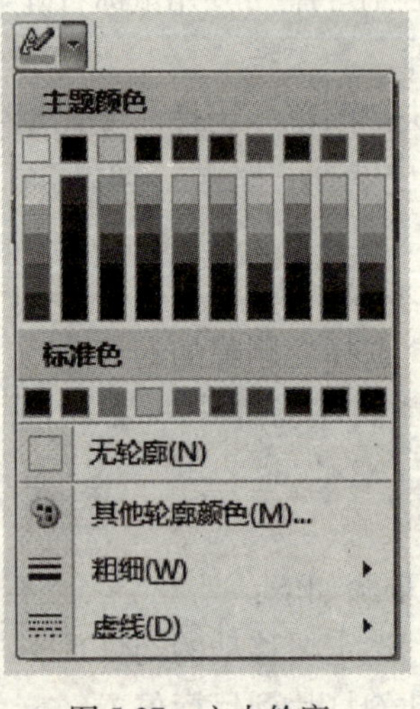

图 5-27 文本轮廓

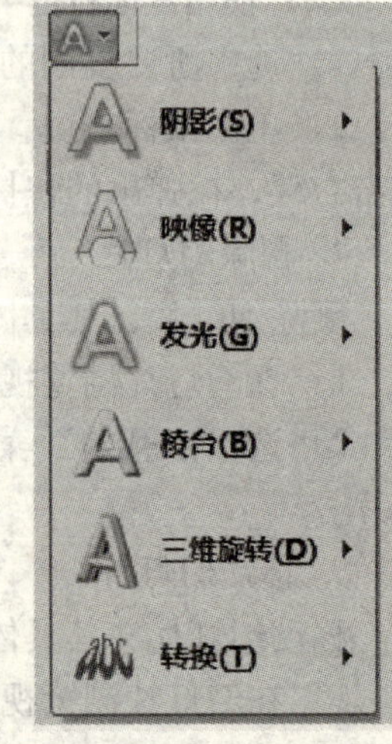

图 5-28 文本效果

2. 插入图片

PowerPoint 2007 的剪辑库中储存了人物、植物、建筑物和形状等大量的图片，其内容和形式可谓丰富多彩，用户可以方便快捷地将它们插入到幻灯片中。

（1）插入剪贴画　其具体操作步骤如下：

1）打开普通视图，然后选择“插入”菜单功能区“插图”命令中的“剪贴画”按钮，打开“剪贴画”对话框，如图 5-29 所示。

2）指定剪贴画插入的位置，选择要插入的剪贴画，弹出如图 5-30 所示菜单。单击“插入”按钮，即可插入选中的剪贴画。

图 5-29　“剪贴画”对话框

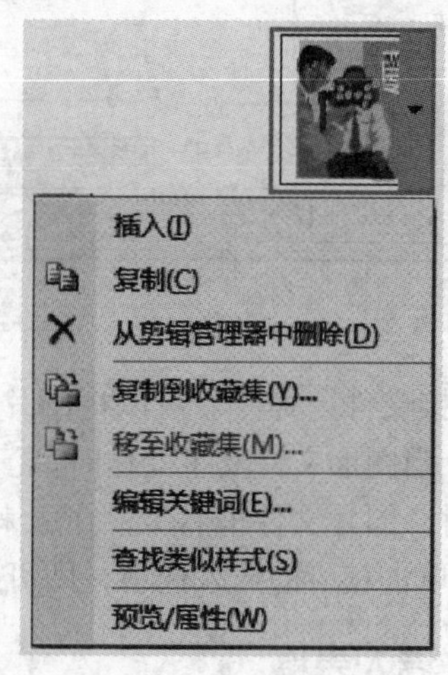

图 5-30　“剪贴画”菜单

（2）插入来自文件的图片　在 PowerPoint 2007 中，除了可以插入剪贴画之外，还允许用户插入在其他图形图像程序中创建的图片。在幻灯片中插入来自文件的图片，其具体操作步骤如下：

1）在幻灯片窗格中选择要插入图片的幻灯片。

2）选择“插入”选项卡的“插图”命令中的“图片”命令，打开“插入图片”对话框，如图 5-31 所示。

3）在“查找范围”下拉列表框中，选择图片文件所在的位置，或者在“文件名”下拉列表框中输入文件的路径，并选择要插入的图片文件。如果要预览插入的图片文件，可以单击“视图”按钮右边的下三角按钮，从其下拉列表中选择“预览”命令。

4）单击对话框右下角的“插入”按钮右边的下三角按钮，会弹出一个下拉列表，如图 5-32 所示。其中：

“插入”命令。可将选定的图片文件直接插入到演示文稿的幻灯片中，成为演示文稿的一部分。当图片文件发生变化时，演示文稿不会自动更新。

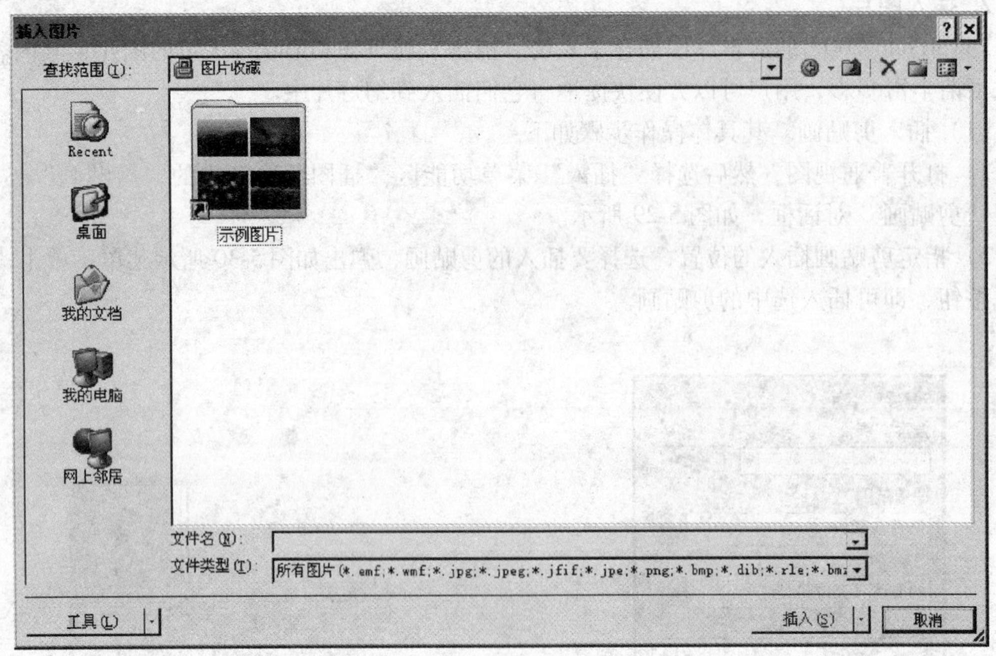

图5-31 “插入图片”对话框

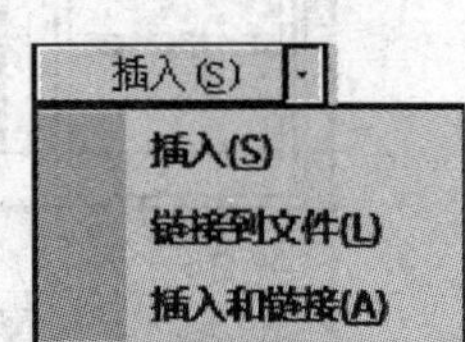

图5-32 “插入”按钮

“链接文件”命令。可以将图片文件以链接的方式插入到演示文稿中。当图形文件发生变化时，演示文稿会自动更新。在保存演示文稿时，图片文件仍然保存在原来保存的位置。

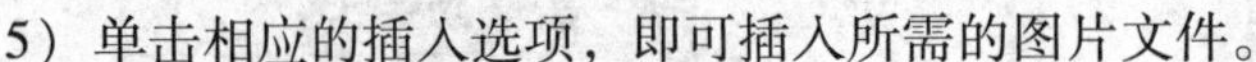

5）单击相应的插入选项，即可插入所需的图片文件。

5.3.2 插入表格

在 PowerPoint 中还可以直接绘制出多种样式的表格、知识结构框图和统计图表，它们是重要的工具。在 PowerPoint 中可以直接插入、编辑表格。

1. 使用“插入表格”命令自动创建表格

使用“插入表格”命令自动创建表格，其操作步骤如下：

1）选择幻灯片，选择“插入”→“表格”菜单命令，打开“表格”列表框，如图 5-33 所示。从中选择“插入表格”选项，打开如图 5-34 所示的“插入表格”对话框。

2）在“列数”文本框中和“行数”文本框中输入数值，单击“确定”按钮，一个表格就插入到幻灯片中了。同时还自动切换到“表格工具”选项卡中，如图 5-35 所示。上面的表格只是 PowerPoint 为用户生成一个基本框架，利用“表格工具”可以很方便地对其进行各种修改。

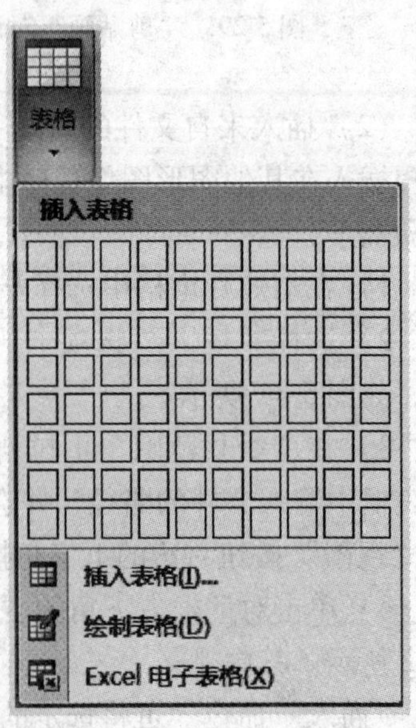

图5-33 “表格”列表框

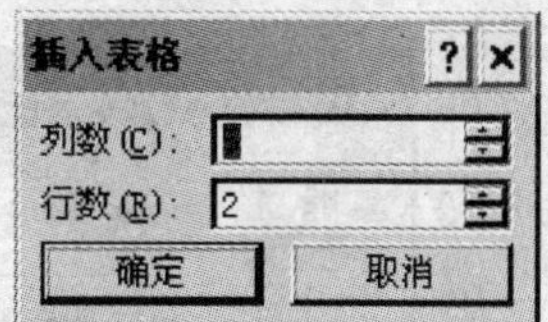

图 5-34　“插入表格”对话框

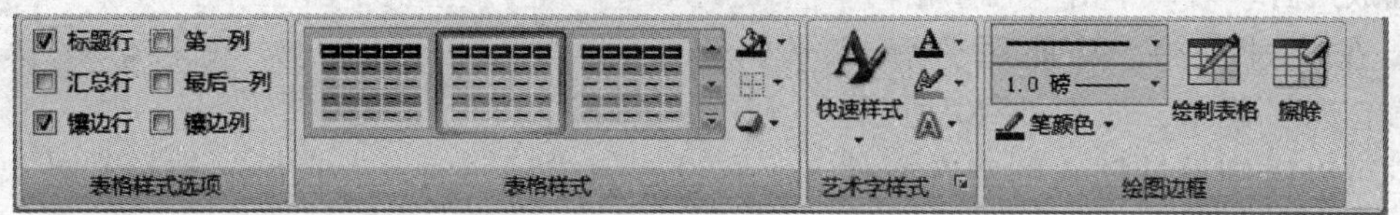

图 5-35　“表格工具”选项卡

2. 使用“插入表格”按钮创建表格

单击选择“插入”→“表格”菜单命令，将会出现“表格”列表框，如图 5-33 所示。这时移动鼠标，可以看到鼠标拖过的方格颜色发生改变，同时在窗口上部出现“$m \times n$ 表格”字样，其中 m 是鼠标拖过方格的行数，n 是鼠标拖过方格的列数，“$m \times n$ 表格”表示要创建的表格是 m 行 n 列。在到达所需的行数和列数后，单击左键，一个表格就插入到了当前光标处。这个表格没有套用任何样式，而且列宽是按窗口调整的，如图 5-36 所示。

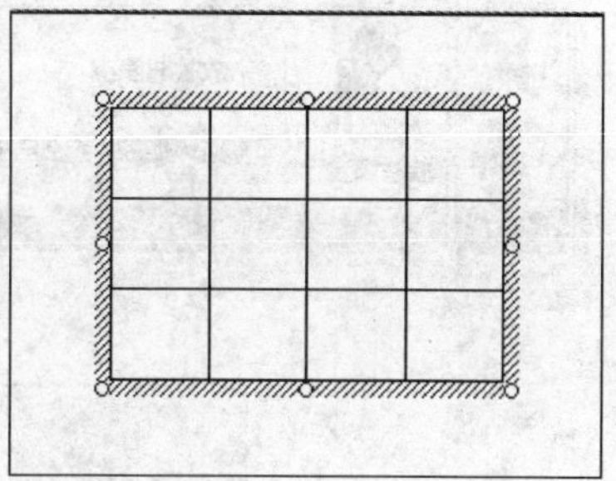

图 5-36　执行“插入表格”命令形成的表格

5.3.3　插入声音

1. 插入剪辑库中的声音

插入剪辑库中的声音的具体操作步骤如下：

1）在普通视图中，选择要添加声音的幻灯片。

2）执行“插入”→“媒体剪辑”→“声音”命令，弹出下拉菜单，如图 5-37 所示。

3）从列表中选择“剪辑管理器中的声音”选项，将弹出如图 5-38 所示的对话框，从中

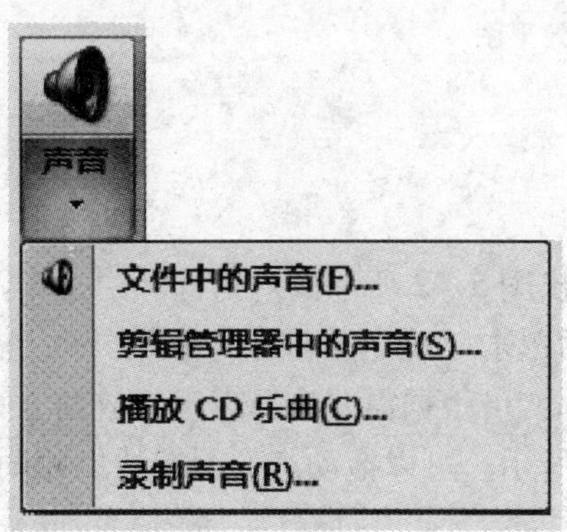

图 5-37　“声音”菜单

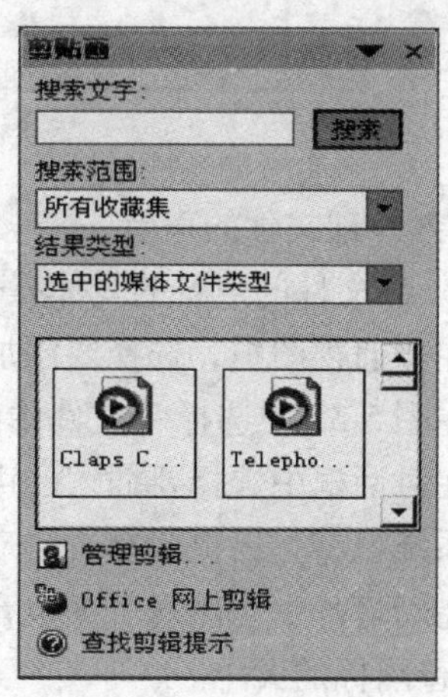

图 5-38　“剪贴画”对话框

选择所需要的声音，并插入到指定位置，同时出现图5-39所示提示是否自动播放声音的对话框。如果幻灯片放映时自动播放，可以单击“自动”按钮；如果希望单击幻灯片上的声音图标再播放声音，可以单击“在单击时”按钮。在此过程中，功能区会弹出“声音工具”菜单，如图5-40所示。通过它可以详细设计插入的声音文件。所有设置完成后，插入声音后的幻灯片效果如图5-41所示。

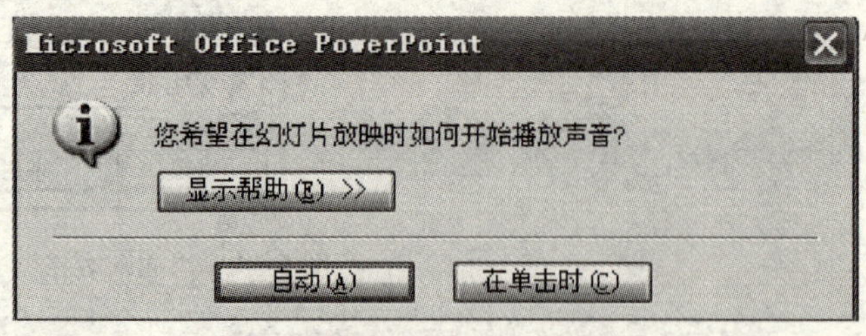

图5-39 提示对话框

图5-40 “声音工具”菜单

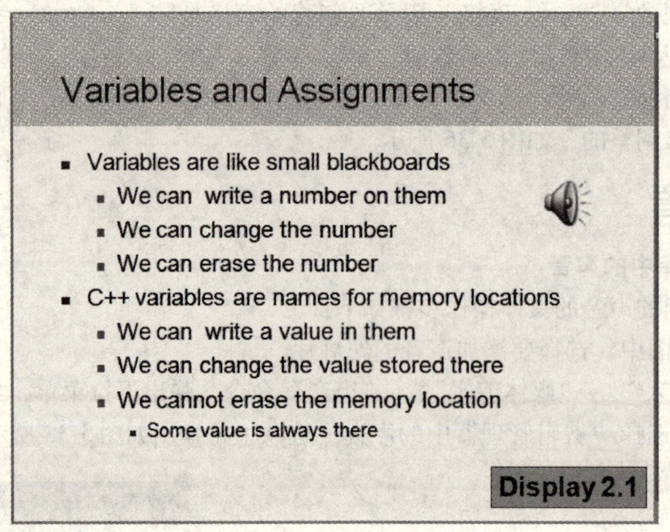

图5-41 插入声音后的效果图

2. 插入外部文件的声音

插入外部文件的声音的具体操作步骤如下：

1）在普通视图中，选择要添加声音的幻灯片。

2）在图5-37中选择“文件中的声音”选项，弹出图5-42所示的对话框。

3）在对话框中选择要插入的声音的文件名，然后单击“确定”按钮。

4）系统也将弹出提示是否自动播放声音的对话框，可根据需要选择声音播放的方式。

5）在幻灯片上会出现一个声音图标，如图5-41所示。可以拖动声音图标的尺寸调节块来改变声音图标的大小。

插入其他声音文件的具体操作步骤与此相似。

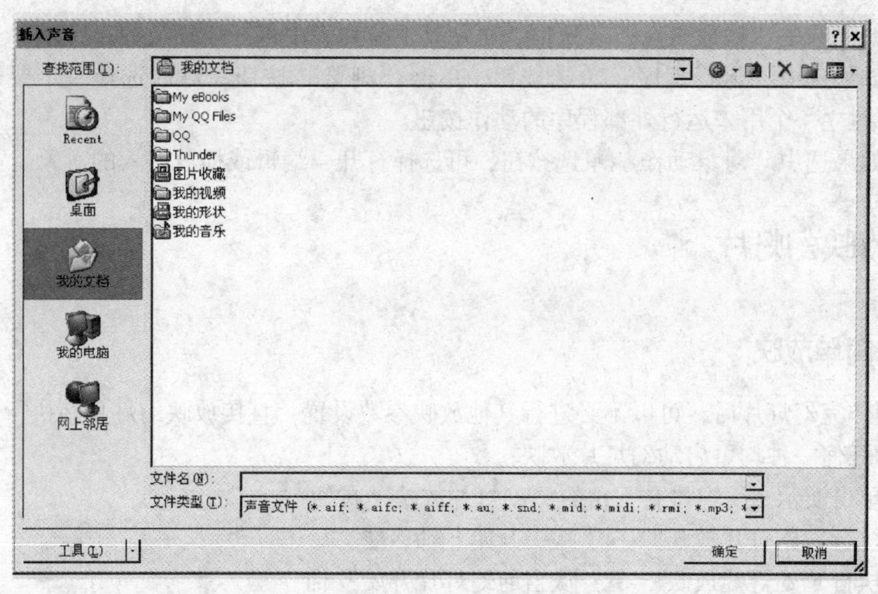

图 5-42　“插入声音”对话框

5.3.4　插入动作按钮

PowerPoint 2007 的动作按钮和动作设置可用于向幻灯片中添加按钮，观众通过单击这些按钮可切换到任一张幻灯片或跳到一个互联网主页，也可启动另一个应用程序，放映者也可以用动作按钮控制幻灯片的放映。在幻灯片中添加动作按钮的操作步骤是：

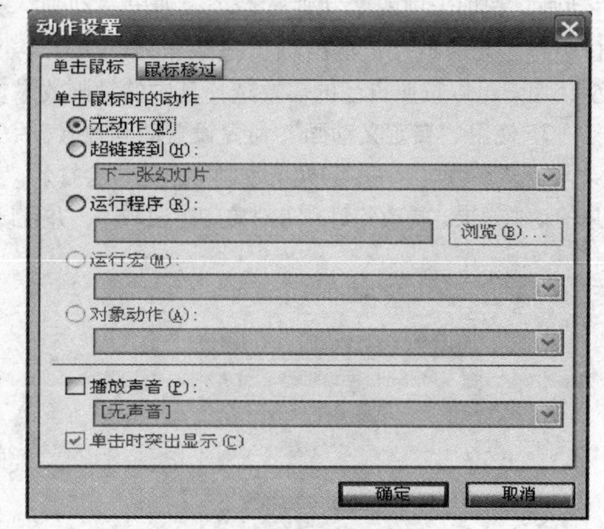

图 5-43　“动作设置”对话框

1）执行“插入”→“链接”→“动作”命令，弹出设置动作的子菜单，如图 5-43 所示。

2）选择子菜单中的一个按钮。

3）用鼠标在幻灯片中拖出一个长方形，使之符合对按钮的位置和大小的要求，松开鼠标，在幻灯片中会出现刚刚选中的动作按钮，同时弹出“动作设置”对话框，如图 5-43 所示。

4）如果希望采用单击鼠标执行动作的方式，可以单击“单击鼠标”选项卡；如果希望采用鼠标移过执行动作的方式，可以单击“鼠标移过”选项卡。

5）在“超链接到”下拉列表中进行选择。如果选择了幻灯片，将打开“超链接到幻灯片”对话框，然后从幻灯片列表中选择一张特定的幻灯片。

6）如果在“超链接到”下拉列表中选择“URL”选项，则必须输入完整的互联网或内部网地址。

7）如果选中“播放声音”复选框，可从其下拉列表中选择要播放的声音。

8）如果选中“运行程序”单选按钮，单击“浏览”按钮，然后选择一个要运行的程序，即可建立一个用来运行外部程序的动作按钮。

9）如果选中“对象动作”单选按钮，可选择打开、编辑或播放嵌入的对象。

5.4 放映幻灯片

5.4.1 简单放映

在制作完幻灯片后，可以不必进行其他放映参数设置，直接放映幻灯片。执行下列几种方法中的任何一种均可启动幻灯片放映：

1）单击演示文稿窗口右下角的“幻灯片放映”按钮。

2）执行“幻灯片放映”→“从头开始”命令。

3）执行“幻灯片放映”→“从当前幻灯片开始”命令。

5.4.2 动画效果

1. 使用预设动画效果

创建基本动画的快速方法是：在幻灯片视图中选择需要动态显示的对象之后，单击“动画”选项卡中的“动画”命令，弹出“动画”列表框，如图5-44所示。在动画方案窗口中有“无动画”、“淡出”、“擦除”、“飞入”4类预设的动画效果，每类中又有多种子类型，用户可以按照自己的需要选择其中的动画效果。

2. 使用“自定义动画”命令设置动画效果

单击“动画”→“自定义动画”按钮，会打开“自定义动画”对话框，以便设置所需幻灯片的动画效果、更改幻灯片上对象的出现顺序，并且设置每个对象的播放时间，如图5-45所示。

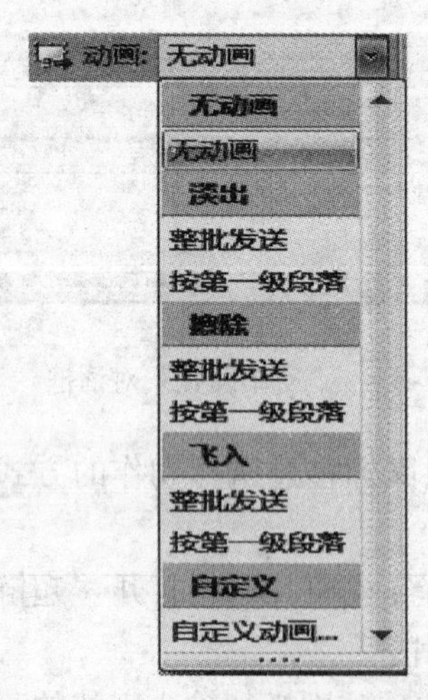

图5-44 “动画”列表框

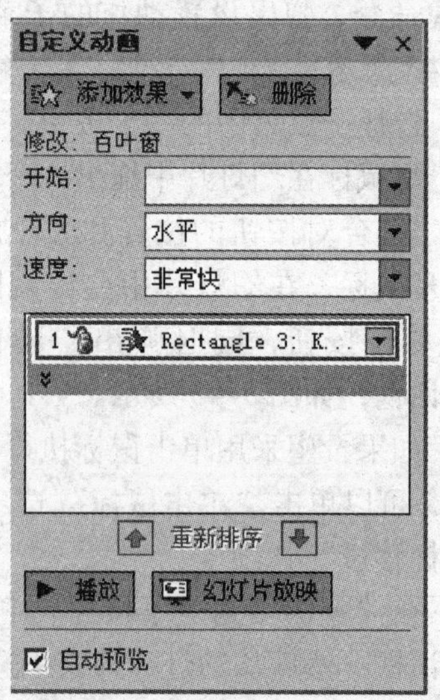

图5-45 “自定义动画”对话框

5.4.3 切换效果

在幻灯片放映的过程中，由一张幻灯片转换到另一张幻灯片时，可以设置多种不同的过渡切换效果。其具体操作步骤如下：

1）在幻灯片窗格中，打开要添加切换效果的幻灯片。

2）选择“动画”→“切换到此幻灯片”命令，显示“切换到此幻灯片”功能区，如图5-46所示。

3）在功能区左面选择切换效果，如选择按钮，即将当前幻灯片切换效果设定为“向右擦除”效果。其他切换效果的选择过程是一样的。

4）设定完切换效果后，在功能区中部可设定切换声音。在“切换声音”下拉列表框中可以选择自己需要的切换声音，同时可在“切换速度”下拉列表框中设置切换速度。

5）在功能区的右部可设置换片方式，可选择单击鼠标时切换幻灯片，也可以设定一段时间后切换幻灯片。

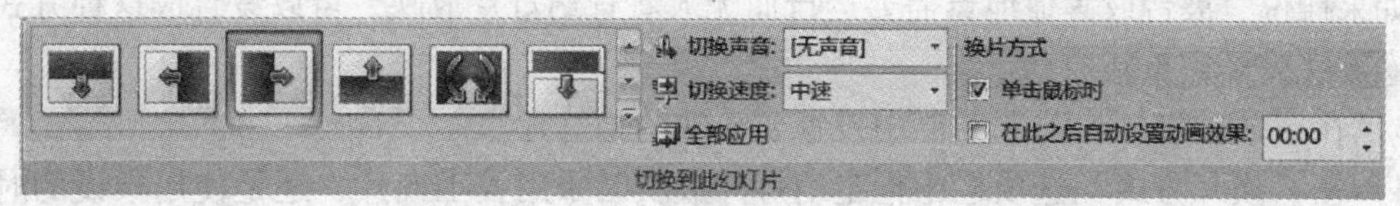

图5-46 “切换到此幻灯片”功能区

5.4.4 设置放映方式

设置幻灯片放映方式的具体操作步骤如下：

1）选择“幻灯片放映”→“自定义幻灯片放映”命令，打开如图5-47所示的“设

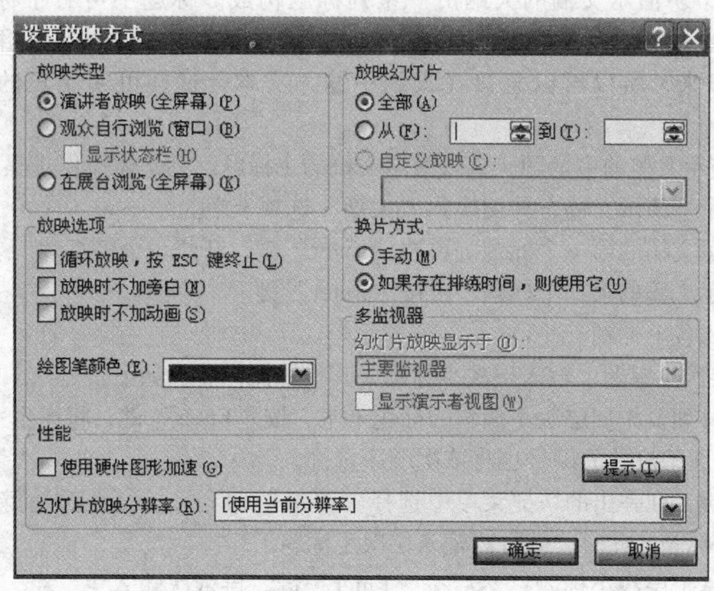

图5-47 “设置放映方式”对话框

置放映方式”对话框。

2）在“放映类型”选项栏中选择适当的选项。其中：

“演讲者放映（全屏幕）”。选择此选项可运行全屏显示的演示文稿。这是最常用的方式，通常用于演讲者自行播放演示文稿。采用这种放映方式，演讲者具有完整的控制权，并可采用自动或人工方式运行放映；演讲者可以将演示文稿暂停，添加会议细节或即席反应；还可以在放映过程中录下旁白。需要将幻灯片放映投射到大屏幕上或使用演示文稿进行说明时，也可以使用此方式。

“观众自行浏览（窗口）”。选择此项可运行小规模的演示。例如，个人通过公司的网络浏览，这种演示文稿将出现在小型窗口内，并提供在放映时移动、编辑、复制和打印幻灯片的命令。在此方式中，不能单击鼠标进行放映，可以使用滚动条从一张幻灯片移动到另一张幻灯片，也可以使用键盘上的“PageDown”、“PageUp”键进行控制。也可显示“Web”工具栏，以便打开其他的演示文稿和 Office 文档。

“在展台浏览（全屏幕）”。选择此项可自动运行演示文稿。例如，在展览会场或会议中，如果摊位、展台或其他地点需要运行而无人看管幻灯片放映，可以设置成这种方式，并且每次放映完毕后重新启动。

3）在“放映幻灯片”选项栏中设置要放映的幻灯片。

4）在“换片方式”选项栏中指定幻灯片放映时采用人工换片，还是使用预设的时间自动进行幻灯片放映。

5.5 其他相关功能

5.5.1 在大纲视图中编辑文稿

PowerPoint 2007 演示文稿的大纲由一系列标题构成。标题下可有子标题，子标题下还可以再有层次小标题，不同层次的文本有不同程度的左缩进。由于大纲中的文本也在幻灯片上显示出来，所以可以直接在大纲中输入文本，这样可使用户的层次更加条理化。

（1）输入演示文稿的主标题　输入演示文稿的主标题，其具体操作步骤如下：

1）新建一个空演示文稿，并切换到“大纲”选项卡中。

2）输入演示文稿的第一个标题。再按“Enter”键，新建一个幻灯片。

3）输入演示文稿的第二个标题。再按“Enter”键。

4）依次输入各个标题。

（2）输入层次小标题　输入层次小标题，其具体操作步骤如下：

1）把光标移到要添加层次小标题的标题末尾，按“Enter”键，将产生一个新的幻灯片图标。同时，下面幻灯片的编号也将依次顺序重排。

2）单击右键，在弹出的快捷菜单中选择“降级”命令，就会使当前新建的幻灯片标题降为低一级的标题，此时，就可以输入层次小标题了。

3）输入第一个层次小标题。然后按“Enter”键。再依次输入第二个、第三个小标题，直至输入完毕。

4）如果要在某个层次小标题下再加入一层小标题，可以重复以上步骤。设定完的大纲视图效果如图 5-48 所示。

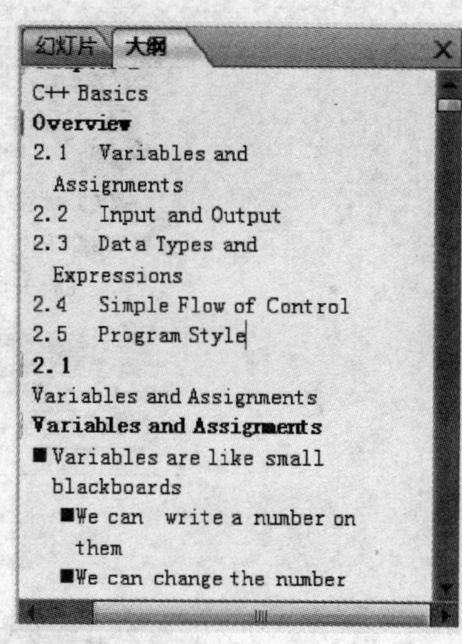

图 5-48 大纲视图

5.5.2 演示文稿的打包

若要在另一台计算机上运行演示文稿，但不知道该计算机上是否安装有 PowerPoint 软件时，可以使用“打包”功能将所有需要打包的文件放到一个文件中，播放时就不再需要 PowerPoint 2007 的支持了。打包演示文稿时，包中可包含任何链接文件，并且如果使用了 TrueType 字体，也可将其嵌入到包中。嵌入字体可确保在不同的计算机上运行演示文稿时该字体可用。

由于有“打包”程序，所以其过程非常简单，其具体操作步骤如下：

1）打开要进行打包的演示文稿。

2）选择“Office ”按钮→“发布”命令，如图 5-49 所示。在其中选择“CD 数据包”子命令，打开“打包成 CD”对话框，如图 5-50 所示。

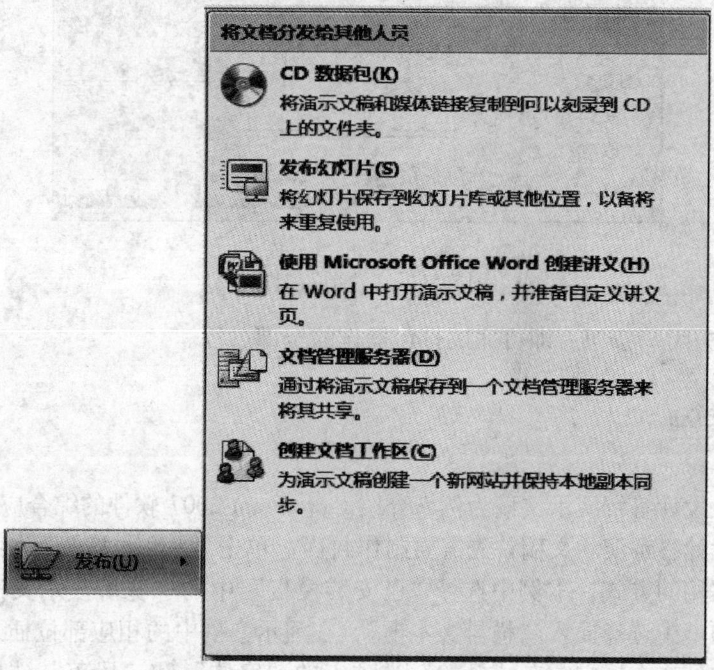

将文档分发给其他人员

CD 数据包(K)
将演示文稿和媒体链接复制到可以刻录到 CD 上的文件夹。

发布幻灯片(S)
将幻灯片保存到幻灯片库或其他位置，以备将来重复使用。

使用 Microsoft Office Word 创建讲义(H)
在 Word 中打开演示文稿，并准备自定义讲义页。

文档管理服务器(D)
通过将演示文稿保存到一个文档管理服务器来将其共享。

创建文档工作区(C)
为演示文稿创建一个新网站并保持本地副本同步。

发布(U)

图 5-49 “发布”命令

3）单击“添加文件”按钮，可以向包中添加所需要的文件。

4）单击“选项”按钮，可以设置播放演示文稿所需要的一些系统文件，如 PowerPoint 播放器、字库等，如图 5-51 所示。

5）单击“复制到文件夹”按钮，可将打包的文件复制到目标文件夹中。

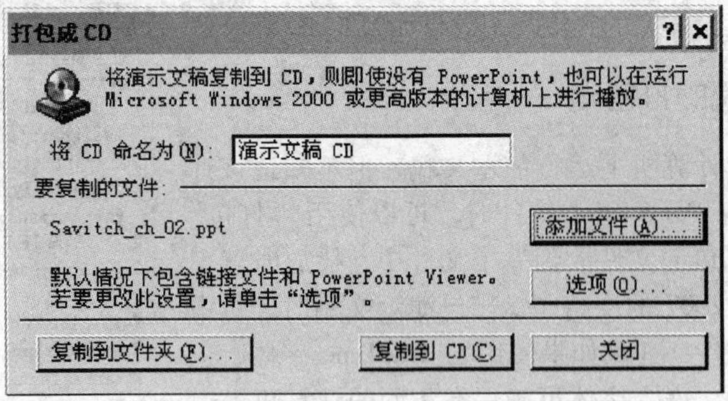

打包成 CD
将演示文稿复制到 CD，则即使没有 PowerPoint，也可以在运行 Microsoft Windows 2000 或更高版本的计算机上进行播放。
将 CD 命名为(N):
演示文稿 CD
要复制的文件:
Savitch_ch_02.ppt
添加文件(A)...
默认情况下包含链接文件和 PowerPoint Viewer。若要更改此设置，请单击“选项”。
选项(O)...
复制到文件夹(F)...
复制到 CD(C)
关闭

图 5-50 “打包成 CD”对话框

选项
包含这些文件
PowerPoint 播放器(在没有使用 PowerPoint 时播放演示文稿)(V)
选择演示文稿在播放器中的播放方式(S):
按指定顺序自动播放所有演示文稿
链接的文件(L)
嵌入的 TrueType 字体(E)
(这些文件将不显示在“要复制的文件”列表中)
帮助保护 PowerPoint 文件
打开文件的密码(O):
修改文件的密码(M):
确定
取消

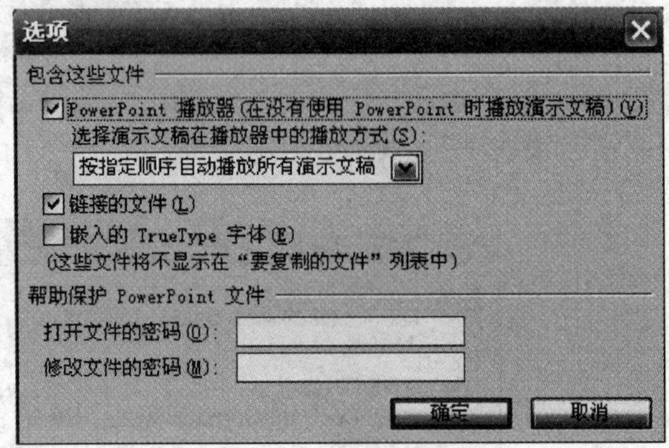

图 5-51 “选项”对话框

6）单击“关闭”按钮，即可完成打包操作的全部过程。

5.6 应用案例

下面以毕业设计答辩演示文稿为例来介绍 PowerPoint 2007 软件的综合应用。

制作毕业设计答辩演示文稿首先需要制作封面。单击“Office 按钮”→“新建”菜单，选择新建演示文稿的方式，本例中选择“已安装模板”中的“宽屏演示文稿”模板。然后在“插入”选项卡中选择插入“横排文本框”，在演示文稿中的相应部位插入文本框，并将需要的文字添加到文本框中。在“开始”选项卡的“字体”和“段落”选项组中对插入的文字进行相应设定，其效果如图 5-52 所示。

基本内容设定完成后，可以对该页演示文稿进行美化工作，如添加艺术字等。本例中在演示文稿的右下角添加汽车图片。单击“插入”选项卡中的“剪贴画”命令，弹出“剪贴画”对话框，单击“搜索”按钮，将剪贴画搜索出来，从中选择汽车图片并将其插入到演示文稿中。利用鼠标将图片移动到相应位置，其效果如图 5-53 所示。

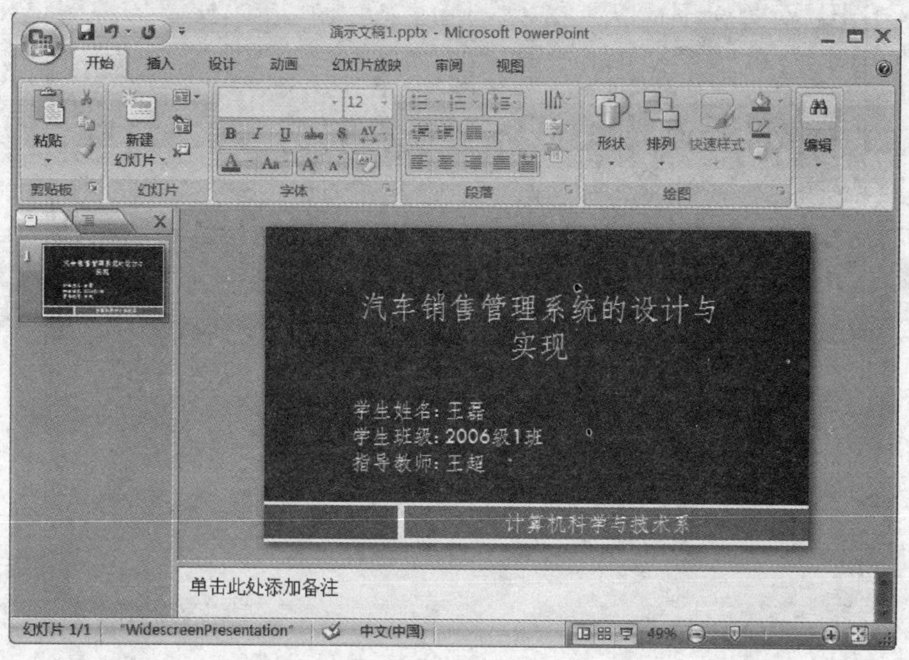

图 5-52 毕业设计封面

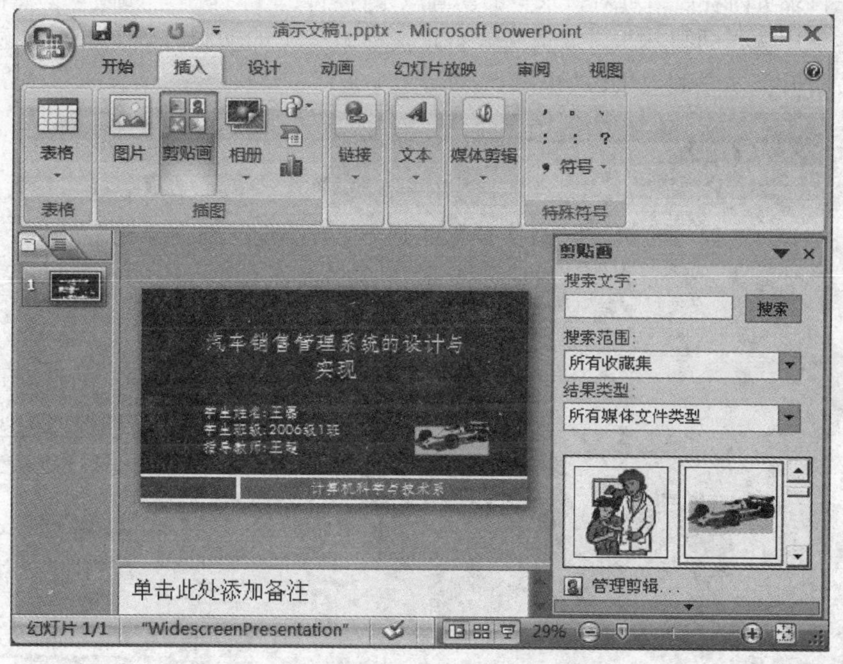

图 5-53 插入剪贴画

封面制作完成后，还需要制作答辩演示文稿的目录页，新建文稿页的过程与封面页的建立类似。在建立的目录页中添加内容，本例中的内容是在文稿的大纲视图中添加的，效果如图 5-54 所示。

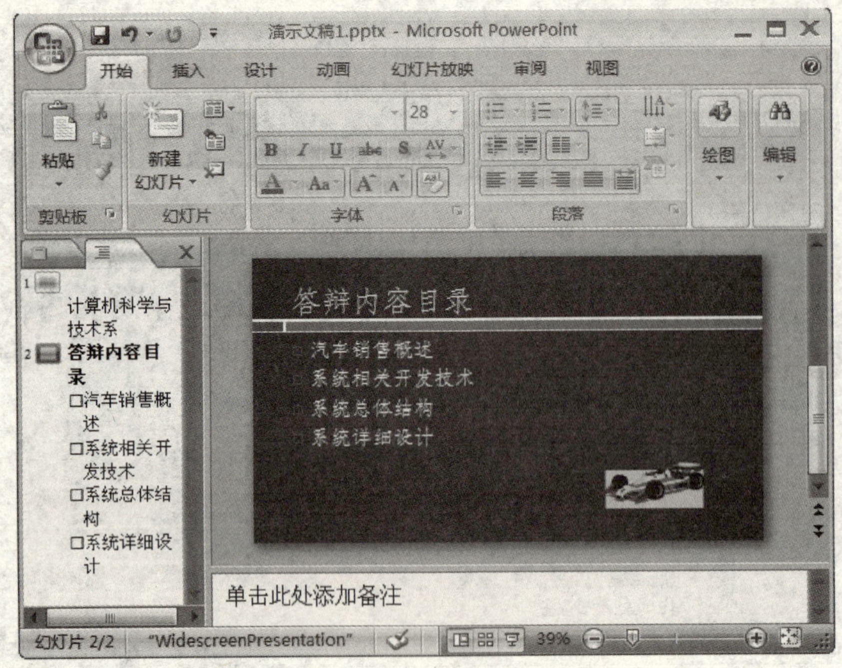

图 5-54　目录页效果

设置完目录页内容后，可对目录页的动画效果进行设定。选择“动画”选项卡中的“动画”命令，从中选择动画方式，或选择“自定义动画”中的动画方式。本例中选择自定义动画中的“百叶窗”动画效果，如图 5-55 所示。

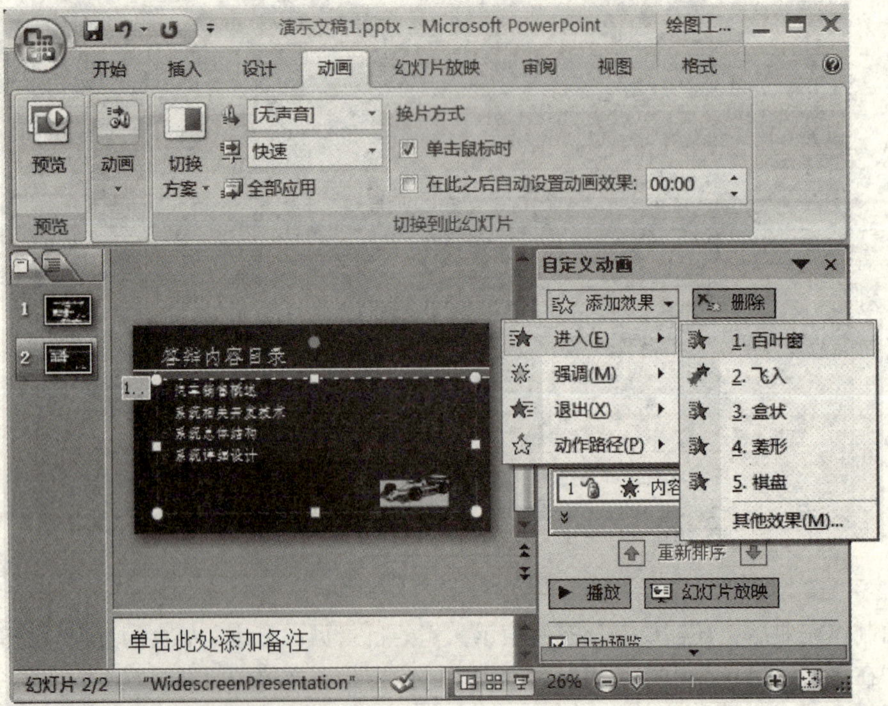

图 5-55　动画定义过程

设计完目录页后，还需要设计正文页。正文页的设计过程同目录页类似，本例不再重复说明。

演示文稿所有内容设定完后，还需设定各页幻灯片在放映中的切换方式。可选择“动画”选项卡“切换到此幻灯片”中的各项内容进行设计，可以设定幻灯片切换方式、换片声音和换片速度等。本例中选择的切换方式是“向下擦除”，切换声音选择“打印机”，切换速度选择“中速”，如图5-56所示。

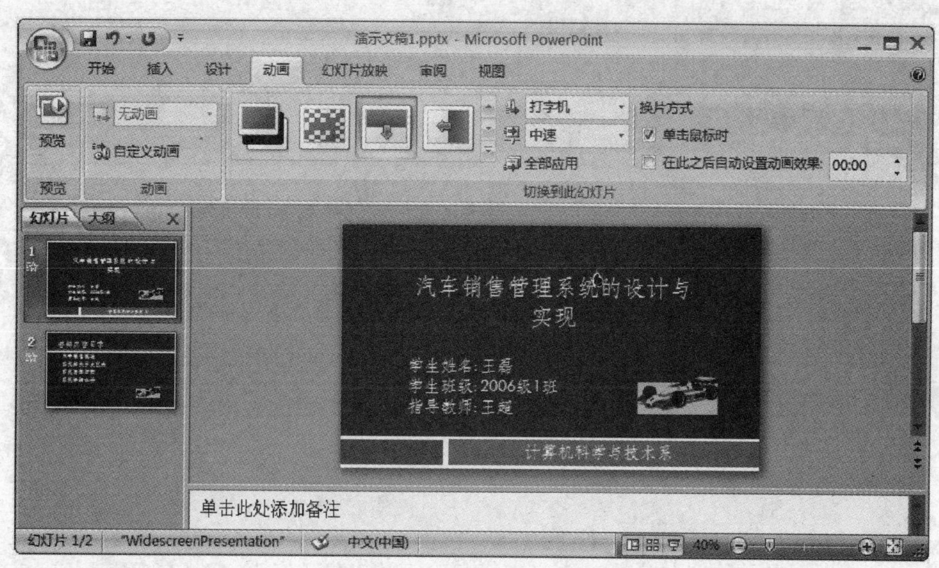

图5-56　切换方式设定

所有内容设定完后，还需要对该毕业设计演示文稿进行打包，以方便放映。

本章小结

PowerPoint 2007 是 Microsoft 公司推出的 Office 办公套装软件的一个重要成员，是当前最流行的演示文稿制作软件之一，广泛应用于各种讲座和宣传活动中。

本章重点介绍了 PowerPoint 的启动与退出、PowerPoint 的窗口组成以及几种视图方式和作用；如何创建一份简单的演示文稿，并重点介绍了 PowerPoint 的基本操作以及创建演示文稿的多种方法；如何在演示文稿中添加表格、绘制图形、插入图片、添加图表和添加组织结构图等对象，以便制作出图文并茂、极富说服力的幻灯片；如何直接在计算机上放映演示文稿以及对放映过程所进行的一些相关的设定。通过本章的学习，能让 PowerPoint 2007 在我们的日常工作、学习和生活中发挥其应有的功能。

思考题

5-1　简述 PowerPoint 2007 的主要功能。

5-2　启动和退出演示文稿的方法有哪些。

5-3　新建演示文稿有几种方法？各是什么？

5-4　幻灯片有几种视图？各有什么作用？

5-5　如何进行幻灯片切换？

5-6 如何在幻灯片中添加艺术字？

5-7 简述幻灯片的几种放映方式。

5-8 简述演示文稿的打包过程。

5-9 简述设定幻灯片动作按钮的过程。

5-10 简述设置动画效果的过程。

第6章　多媒体技术基础

多媒体技术是基于计算机、网络和电子技术发展起来的一门新技术，它与计算机技术和网络技术相互融合、相辅相成。现代多媒体技术的发展和应用，正在对信息社会及人们的工作、学习和生活产生着重大影响。

6.1　多媒体技术的基本概念

6.1.1　多媒体的概念

1. 多媒体与多媒体技术

“多媒体”一词源自英文“Multimedia”，其关键词是媒体（Media)。媒体在计算机领域有两种含义：一是指存储信息的实体，如磁盘、光盘、磁带等；二是指传递信息的载体，如数字、文字、声音、图形、图像等。多媒体技术中的“媒体”指的是后者。

所谓多媒体，是指由文本、声音、图形、动画、图像、影视等媒体中两种以上媒体的有序组合。多媒体不是几个媒体简单地随意拼凑，而是为了表达一个共同的较为复杂的信息，实现某个技术目标，采用相应的多媒体技术，有规律地组合在一起。

多媒体技术是指对多媒体信息进行获取（采集)、处理（数字化、压缩、解压)、编辑、存储、传输、显示等的技术。通常情况下，“多媒体”并不仅仅指多媒体本身，而主要指处理和应用它的一整套技术，因此，“多媒体”实际上常被看做是“多媒体技术”的同义语。

2. 多媒体技术的发展史

多媒体技术是和计算机技术、网络技术融合在一起的综合技术。计算机技术和网络技术的发展，不断提出对多媒体技术的新需求。多媒体技术的发展与应用，反过来又促进计算机技术和网络技术的发展，使得多媒体技术和计算机网络技术的应用更加深入广泛。

多媒体技术的发展有以下几个具有代表性的阶段：

1）1984年，美国Apple公司开创了适应计算机进行图像处理的先河，创造性地使用了位映射、窗口、图符等技术，同时引入了鼠标作为交互设备，对多媒体技术的发展作出了重要贡献。

2）1985年，美国Commodore公司将世界上第一台多媒体计算机Amiga系统展示在世人面前，这是多媒体计算机的雏形。

3）1986年3月，荷兰Philips公司和日本Sony公司共同制定了CD-I交互式紧凑光盘系统标准，使多媒体信息的存储实现了规范化和标准化。

4）1987年3月，RCA公司制定了DVI（Digital Video Interactive）技术标准，在交互式视频技术方面进行了规范化和标准化，使计算机能够利用激光盘以DVI标准存储图像，并能存储声音等多种信息模式。

5）随着多媒体技术应用日益广泛，业界和用户根据各自的利益，都迫切需要一个统一的国际标准，用以规范技术、规范市场。多媒体技术标准是多媒体技术发展的必然产物，可以保证多媒体技术的有序发展。1990、1991、1993年和1995年，多媒体个人计算机的MPC-Ⅰ标准、MPC-Ⅱ标准和MPC-Ⅲ标准陆续出台，表6-1列出了这三种标准配置。多媒体技术标准的制定，也预示着多媒体技术的更大发展。先后制定的多媒体技术标准有：多媒体个人计算机的性能标准、数字化音频压缩标准、电子乐器数字接口（MIDI）标准、静态图像数据压缩标准、音视频数据压缩标准、网络的多媒体传输标准与协议及多媒体其他标准。

表6-1 MPC-I、MPC-II和MPC-III标准配置

基本部件	MPC-Ⅰ	MPC-Ⅱ	MPC-Ⅲ
CPU	16MHz的80386SX	25MHz的80486SX	75MHz的Pentium
内存	2MB	4MB	8MB
软盘	1.44MB	1.44MB	1.44MB
硬盘	30MB	160MB	540MB
CD-ROM	数据传输率150KB/s，符合CD_DA规格	数据传输率300KB/s，平均存取时间400ms，符合CD-XA规范	数据传输率600KB/s，平均存取时间250ms，符合CD-XA规范
音频卡	量化位数8位，8个音符合成器	量化位数16位，8个音符合成器	量化位数16位，波形合成技术
显示适配器	VGA 640×480，16色或320×200，256色	Super VGA 640×480，65535色	Super VGA 640×480，65535色
用户接口	101键IBM兼容键盘	101键IBM兼容键盘	101键IBM兼容键盘
I/O	串行接口、并行接口、MIDI接口、游戏杆串口	串行接口、并行接口、MIDI接口、游戏杆串口	串行接口、并行接口、MIDI接口、游戏杆串口

6）随着多媒体模拟信号数字化技术、多媒体数字压缩技术、调制解调技术和网络宽带技术的发展，使本来就传输数字信号的计算机网络，传输数字化了的多媒体信息成为现实，本来就传输模拟信号的广播电视网与电信网的数字化也同时得以实现，于是三网合一成为定局。三网合一，大大推动了多媒体技术的发展，扩大了多媒体信息的共享范围与多媒体技术的应用范围。多媒体技术渗透到各行各业，深入到各家各户，影响到每一个人的工作、学习与生活，世界从此变得绚丽多彩。

6.1.2 多媒体技术的基本特性

构成多媒体的基本要素有图形、图像、文字、动画、视频和声音等素材。图形和图像都作为图片，但图像是自然空间的照片，即任务、景物等实际场景拍摄下来的静止画面；图形是图像的一种抽象，是计算机通过算法生成的画面或画家笔下的作品。文字本身是图形的一种再抽象，这里的字体是指各种不同风格的文字以及艺术字等。动画是指一系列静止画面组成的，按一定顺序播放，产生出活动感觉的画面。视频是指由摄像机、摄影机等拍摄的反映真实生活场景的活动画面。声音是指各种声音信号，包括人类语言、音乐和自然界的各种声音等。

多媒体计算机技术具有多维化、数字化、集成性、交互性、实时性等特点。

1. 多维化

多维化即信息媒体的多样化和媒体处理方式的多样化。它使用文本、图形、图像、声

音、动画以及视频等多种媒体来表示信息。这些信息媒体的处理方式又可分为一维、二维和三维三种不同方式。例如，文本属于一维媒体，图形属于二维或三维媒体。

2. 数字化

数字化是指多媒体中的各种信息都是以数字形式存储、处理和传输的。

3. 集成性

集成性是指以计算机为中心，综合处理多种信息媒体的特性。它包括信息媒体的集成和处理这些信息媒体的设备与软件的集成。相对于独立的单一媒体而言，多媒体将各种不同的媒体有机地集成为一体，使它们能够充分发挥综合作用，效应更加明显。

4. 交互性

没有交互性的系统就不是多媒体系统。交互性指用户可以通过与计算机内的多媒体信息进行交互的方式，来更有效地控制和使用多媒体信息。具体来讲，用户可以在操作或播放多媒体软件时，根据自己的意愿做出某种程度的人工干预，从内容上、方式上实现有选择的操作或播放。同时计算机系统也会向用户提供方便友好的界面，提供更有效的控制和使用信息的手段，以便提高多媒体软件的使用效果，开辟更广泛的应用领域。

5. 实时性

在多媒体播放系统中，各种媒体（特别是声音和视频）之间是同步的，播放的时序、速度及各媒体之间的其他关系也必须符合实际规律。多媒体系统在进行存储、压缩、传输和其他处理时，必须重视实时性，支持实时播放。

6.1.3　多媒体关键技术

现在，多媒体技术得到了长足的发展。在硬件方面，人们购买计算机时，已经没有人像20世纪90年代那样关心有没有多媒体功能，而是关心声卡、显卡、音箱的品质，显示器的分辨率。多媒体软件的发展更是惊人，无论是开发工具还是应用软件，现在已经不可枚举。多媒体涉及的技术范围越来越广，已经发展成为多种学科和多种技术交叉的领域。

多媒体的关键技术主要包括以下几个方面。

1. 音频和视频数据的压缩和编码技术

目前大部分电视机、收音机得到的信息是模拟信号，而多媒体计算机技术中的视频、音频技术是数字化技术，所以，信号的数字化处理是多媒体技术的基础。

数字化的声音和图像的数据量大得惊人。例如，用11.02kHz采样的1min声音，每个采样点用8位（bit）表示时的数据量约为660KB；一幅分辨率为640×480的彩色图像，每个像素用24位表示，数据量约为7.37KB。因此，多媒体中的声音、视频等连续媒体，都是具有很大数据量的信息，实时地处理这些信息对计算机系统来说是一个严峻的挑战。

多媒体数据压缩和编码技术是多媒体系统的关键技术。利用先进的数据压缩和编码技术，多媒体计算机系统就具有了综合处理声音、文字、图形图像的能力，并能够面向三维图形、立体声音和真彩色高保真全屏幕运动画面。

2. 超大规模集成（VLSI）电路制造技术

多媒体信息的压缩处理需要进行大量的计算，视频图像的压缩处理还要求实时完成。对于这样的处理，如果由通常的计算机来完成，需要用中型机甚至大型机才能胜任，而其高昂的成本将使多媒体技术无法推广。由于VLSI技术的进步使得价格低廉的数字信号处理器

(DSP）芯片得以实现，使通常的个人计算机完成上述任务成为可能。DSP 芯片是为完成某种特定信号处理设计的，而且价格便宜，在通常的个人计算机上需要多条指令才能完成的处理在 DSP 上可用一条指令完成。DSP 完成特定处理时的计算能力与普通中型计算机相当。因此，VLSI 技术为多媒体技术的普及创造了必要条件。

3. 大容量光盘存储技术

数字化的多媒体信息虽然经过了压缩处理，但仍然包含了大量的数据。视频图像在未经压缩处理时，每秒播放的数据量为 28MB，经压缩处理后每分钟的数据量则为 8.4MB，不可能存储于一张软盘上，而一般硬盘的存储介质由于不方便携带和交换，不适宜用于多媒体信息和软件的大量发行。

大容量只读光盘存储器 CD-ROM 的出现，正好适应了这样的需要。目前常用的 CD-ROM 光盘的外径为 5in（英寸），容量约为 700MB，并像软盘那样可用于信息交换，大量生产时的价格也相当低廉。

存储容量更大的是 DVD 光盘。DVD（Digital Video Disc）意思是“数字电视光盘”。DVD 的特点是存储容量比现在的 CD-ROM 光盘大得多，最高可达到 17GB。一张 DVD 光盘的容量大约相当于现在的 25 张 CD-ROM，而它的尺寸与 CD-ROM 相同。DVD 所包含的软硬件要遵照由计算机、消费电子和娱乐公司联合制定的规格，目的是能够根据这个新一代的 CD 规格开发出存储容量大且性能高的兼容产品，用于存储数字电视的内容和多媒体软件。

4. 多媒体同步技术

多媒体技术需要同时处理声音、文字、图像等多种媒体信息。在多媒体系统处理的信息中，各个媒体都与时间有着或多或少的依从关系。例如，图像、语音都是时间的函数；声音和视频图像要求实时处理同步进行；视频图像更是要求以 25 帧/s 视频速率更新图像数据。此外，在多媒体应用中，通常要对某些媒体执行加速、放慢、重复等交互性处理。多媒体系统允许用户改变事件的顺序并修改多媒体信息的表现形式。各媒体具有本身的独立性、共存性、集成性和交互性。系统中各媒体在不同的通信路径上传输，将分别产生不同的延迟和损耗，造成媒体之间协同性的破坏。因此，多媒体同步是一个关键问题。

5. 多媒体网络技术

Internet 是一个通过网络设备把世界各国的计算机相互连接在一起的计算机网络。在这个网络上，使用普通的语言就可以相互通信、协同研究、从事商业活动、共享信息资源。现在人们越来越多地在通信中使用多媒体信息。多媒体技术的发展必然要与计算机网络技术相结合，以便使丰富的多媒体信息资源得以共享。为此，要解决网络中心的大容量存储和网络数据库管理的问题，使用户的本地操作和远端的网络中心数据库相连接，以便顺利地对各种信息进行访问、创建、复制、编辑和处理，达到共享信息资源的目的。多媒体网络技术是目前最热门的计算机多媒体技术之一。

6. 多媒体计算机硬件体系结构的关键——专用芯片

多媒体计算机需要快速、实时完成视频和音频信息的压缩和解压缩、图像的特技效果、图形处理、语言信息处理，这些都要求有高速的芯片。

7. 多媒体信息检索技术

随着接触到的视听多媒体信息越来越多，需要使用这些信息时，首先就要找到和定位这些信息。要在日益增长和大量潜在的有用信息中找到某一具体的多媒体信息，这一挑战使人们急需一种能在各种多媒体信息中快速定位有用信息的方法，这就是多媒体信息检索技术。MPEG-7（多媒体内容描述接口）建立了一种对多媒体数据的描述标准。建立在符合这些标准的多媒体信息上的模型将使信息的检索、过滤更加方便和容易，以便用户能够用尽量少的时间找到自己感兴趣的信息。

6.1.4 多媒体技术的应用

多媒体技术、网络技术及通信技术的有机结合，使得多媒体的应用领域越来越广泛，几乎覆盖了计算机应用的绝大多数领域，而且还开拓了涉及人类工作、学习、生活和娱乐等多方面的新领域，多媒体技术正在不断地成熟和进步。

1. 计算机辅助教学 CAI（Computer Assisted Instruction）

教育领域是应用多媒体技术最早的领域，也是进展最快的领域。多媒体技术的特点最适合教育，它将声、文、图集成一体，使计算机表示的信息更丰富、形象，这是一种更合乎自然的交流环境和方式。人们在这种多媒体环境中通过多种感觉器官接受信息，可以加速理解和接受知识信息的过程，有助于联想和推理等思维活动。这种形式还可以提高学习者的兴趣和注意力，使学习者在较短的时间内获得更多的信息量，并留下深刻的印象，提高知识吸收率。

CAI是利用多媒体技术设计和制作的多媒体教学软件来进行教学的，它的最大优点是具有个别性、交互性、灵活性和多样性。多媒体教学软件是一种根据教学目标设计的能表现特定的教学内容，反映一定教学策略的计算机教学系统。它具有存储、传递和处理教学信息，让学生与计算机进行交互操作的功能。多媒体教学软件的基本任务是：正确和生动地表达课程的知识内容、确定教学过程和教学策略、提供学生与计算机进行信息交换的交互界面、提出问题、判断正误和教学指导等。多媒体教学软件的基本模式包括课堂演示模式、个别化交互模式、训练复习模式、资料查询模式和教学游戏模式。

2. 计算机辅助设计

计算机辅助设计是指利用多媒体技术中的二维、三维绘图技术和动画技术、RGB调色技术等进行各种设计，如美术图案设计、服装设计、工艺设计、动画设计、土木建筑设计、园林设计等。计算机辅助设计迅速准确、模拟与修改灵活方便、设计效果好，同时又便于计算机辅助制造和自动化作业。

3. 远程工作系统

远程教育是利用多媒体网络技术、多媒体教学软件和多媒体课件，通过课程上网、网上培训和网上学历教育等形式，完成教学、答疑、布置与批改作业、考试与答辩、教学管理等任务。远程教育可以共享教育资源（教学环境和设备、教学资料、师资等），使受教育者不受时间和地点的限制，自主地接受教育，而且成本低、效果好。

至于远程教学，目前，中央电大、各大专院校都在花力量重点实施，以提高边远地区的教育质量，普及专业文化。一般的解决办法是通过卫星发射和接收，只要是能接收到卫星频道的地方，就可以接受一流学校优秀教师的现场教学。

远程医疗是利用多媒体网络技术进行远程数据检查与图表分析、远程诊断与会诊、远程治疗与健康咨询等。远程医疗可以共享医疗资源，不论相隔多远，如同面对面一般。

利用电视会议双向或双工音频及视频，可以实现与病人面对面交谈，进行远程咨询和检查，从而进行远程会诊，在远程专家的指导下进行复杂的手术，并为医院与医院之间，甚至国与国之间的医疗系统建立信息通道，实现信息共享。

远程工作的内容还包括视频会议、远程查询、文件的接收与发布、协议/合同的签订以及分布式多媒体计算机系统支持的远程协同工作等。

4. 多媒体家电

多媒体家电是计算机应用中一个很大的领域。过去人们常说计算机和电视机合一，即计算机电视和电视计算机。现在，在计算机上插上一块板就可以看电视了。数字电视也即将走入市场，它是将电视信号进行数字化采样，经过压缩后进行播放。

5. 商业和文化服务业

多媒体技术广泛应用于商业活动中，有商业广告（包括影视广告、市场广告、企业广告等）、网上购物和电子商务等。利用多媒体技术制作的广告不同于平面广告，它使人们的视觉、听觉和感觉全部处于兴奋状态。其绚丽的色彩、变化多端的形态和特殊创意的效果，不但使人们了解了广告的意图，而且得到了艺术的享受。

声、文、图并茂的逼真实体模拟的游戏，画面、声音更加逼真，特技、编辑技术更加高超，趣味性、娱乐性更强，文化娱乐业出现了空前繁荣景象。在多媒体网络上，电影、电视、歌曲和广播的点播业务发展很快，深受广大用户的欢迎。

6. 多媒体数据库

多媒体数据库支持文字、文本、图形、图像、视频、声音等多种媒体的集成管理和综合描述，支持同一媒体的多种表现形式，支持复杂媒体的表示和处理，能对多种媒体进行查询和检索。多媒体数据库有非常广阔的应用领域，能给人们带来极大的方便。

7. 虚拟现实

虚拟现实是用多媒体计算机及其他装置虚拟现实环境，其实质是人与计算机之间或人与人借助计算机进行交流，这种交流十分逼真。人的所有感觉都能在虚拟的环境中得到体现。虚拟现实技术广泛用于科学研究、各种训练、多维电影和游戏等方面，用户不仅有身临其境的感觉，而且效果好、成本低。

8. 多媒体技术在其他方面的应用

多媒体技术在其他很多方面都得到了广泛应用。例如，军事方面的应用有军事指挥与通信、目标识别与定位、导航等；在设备运行、化学反应、天气预报等自然现象的诸多方面，采用多媒体技术可以模拟其发生过程，使人们更形象地了解事物变化发展的原则和规律；多媒体技术应用于旅游业，可以为顾客提供对景点更真实的介绍、提供检索和咨询等服务信息，并通过国际互联网快速传送到世界各地。

6.2 多媒体计算机系统的组成

具有多媒体功能的计算机被称为多媒体计算机，其中最广泛、最基本的是多媒体个人计算机 MPC（Multimedia Personal Computer）。多媒体计算机系统是指能对文字、声音、图形图像、视频等多种媒体进行处理的计算机系统，即具有多媒体功能的计算机系统。

多媒体计算机系统是由多媒体硬件系统和多媒体软件系统两大部分组成。

多媒体硬件系统是多媒体技术的基础，为多媒体的采集、存储、传输、加工处理和显示提供了物理条件，使多媒体技术的实现成为可能。多媒体软件系统是多媒体技术的灵魂，它综合利用计算机处理各种媒体的最新技术，如数据采集、数据压缩、声音的合成与识别、图像的加工与处理、动画等，能灵活地调度、使用多媒体数据，使多媒体硬件和软件协调地工作。

多媒体计算机系统应具有以下三个基本特性：

1）高度的集成性。即能高度地综合集成各种媒体信息，使得各种多媒体设备能够相互协调地工作。

2）良好的交互性。即用户能够根据自己的意愿很方便地调度各种媒体数据和指挥各种媒体设备。

3）具有完善的多媒体操作系统、相关功能强大的多媒体工作平台和创作工具。

6.2.1　多媒体计算机的硬件系统

在个人计算机系统上增加声卡、视频卡和 CD-ROM 驱动器，就构成了多媒体计算机（MPC）。由于 MPC 与普通的 PC 在处理对象上的区别，所以对硬件的性能和功能上的要求有所不同。此外，MPC 要处理多种媒体形式，因而需要支持各种不同媒体表现的输入输出设备。由此可见，多媒体计算机硬件系统除了需要传统的显示器、硬盘、鼠标、键盘外，还必须有 CD-ROM 驱动器、声卡和视频卡。功能比较完全的多媒体计算机系统，还应配有视霸卡、解压卡，甚至还配有数码相机、数字摄像机、立体声音响系统和扫描仪等设备。

1. 带多媒体功能的 CPU 与内存

随着计算机技术的发展，带多媒体功能的 CPU 面市并快速发展。带多媒体功能的 CPU 是在传统的 CPU 芯片中增加一些专门用于处理多媒体信息的指令，这些包含在 CPU 中的特定程序，提高了计算机处理多媒体信息的性能，更好地协调了多媒体设备的使用。同时，各种功能强大的多媒体工作平台和性能优越的多媒体应用软件在 Windows 98、Windows 2000、Windows XP、Windows NT 等 32 位操作系统的流行中陆续推向市场。目前。多媒体计算机的内存基本在 64MB 或 128MB 以上。

2. 声卡

多媒体技术的特点就是计算机交互式综合处理声、文、图信息。声音是携带信息的重要媒体。音乐与解说的加入，使得静态图像变得更加丰富多彩。音、视频的同步，也使得视频图像更具有真实性。然而在声卡面世前，计算机除了用 PC 扬声器发出简单的声音之外，从某种程度来说，基本上就是一个“哑巴”。从新加坡创新公司 20 世纪 80 年代末发明声卡至今，声卡已得到了广泛的应用，包括计算机游戏、多媒体教育软件、语音识别、人机对话、电视会议、影视娱乐节目等。

声卡是最基本的多媒体设备，是实现数/模、模/数转换的器件。声卡由音频技术范围内的各类电路做成的芯片组成，插入计算机主板的扩展槽内，实现计算机的声音功能。

声卡用来处理音频信息，它可以把传声器、激光唱机、录音机、电子乐器等输入的声音信息进行模数转换和压缩处理，也可以把经过计算机处理的数字化声音信号通过解压缩和数模转换，用扬声器放出或记录下来。声卡还具有提供 MIDI 接口、输出功率放大等功能。

声卡有 3 个主要技术指标：采样频率（支持 11.025kHz、22.05kHz 和 44.1kHz）、采样数据位数（支持 8 位、12 位、16 位和 32 位）、声道数（支持单声道和多声道）。声卡的类型主要根据声音采样量的二进制位数确定，通常分为8位、12位、16位、32位或更高。位数越高，其量化精度越高，音质也越好，但占用空间也越多。

声卡的种类很多，目前国内外市场上至少有上百种不同型号、不同性能和不同特点的声卡。图6-1所示为几种声卡的图片。

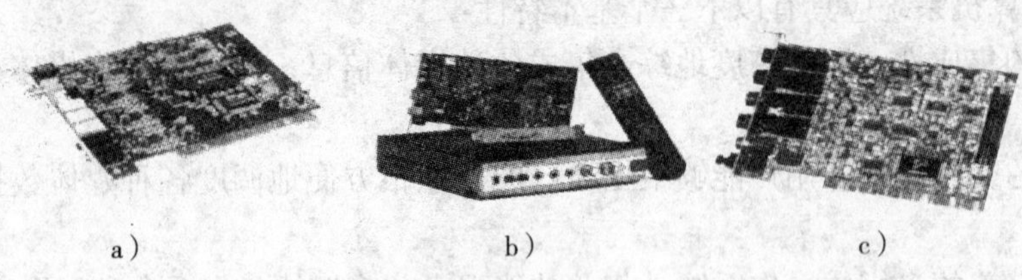

a） b） c）

图6-1 声卡

a）多声道声卡 b）民用高级声卡 c）专业录音卡

3. 视频卡

多媒体技术中的一大支柱是视频技术，它使得动态映象能在计算机中输入、编辑和播放。视频技术通过软、硬件都能实现，但目前用得较多的是视频卡。视频卡是一种多媒体视频信号处理平台，它可以汇集录像机、摄像机、视频源、音频源等多种信息，经过编辑处理产生最终的画面，而且这些画面可以被捕捉、数字化处理、存储、输出等。视频卡的种类繁多，没有统一的分类标准。按功能可分为视频转换卡、视频采集卡、视频压缩卡、动态视频捕捉播放卡等。

（1）视频转换卡　视频转换卡可以将视频图像的模拟信号经过模/数转换成数字化的混合视频信号，然后依次经过解码、颜色空间变换形成RGB数字信号。RGB数字信号经过视频转换卡的一系列操作处理后，将保存在计算机硬盘中或被显示在显示器上。

电视卡（TV卡）是一种特殊的视频转换卡，它是能够接收全频道、全制式彩色电视节目的视频信号的转换卡。因此，在多媒体计算机上插入电视卡，便可以将一台普通的计算机变为一台彩色电视机。

（2）视频采集卡　视频采集卡的主要功能是从活动的视频图像中捕捉静态的或短时间动态图像并存储于硬盘中，以便以后进行编辑。它可以实现将摄像机、录像机中的模拟视频信号采集到计算机内，也可以通过摄像机将现场的图像实时输入计算机。

（3）视频压缩卡　视频压缩卡的主要功能是将静止和动态的图像按照国际压缩标准（JPEG标准或MPEG标准）进行压缩和还原。

（4）动态视频捕捉播放卡　动态视频捕捉播放卡的主要功能是实现动态视频、声音的同时捕获，并对其进行压缩、存储和播放等，它是一种功能比较全面的视频卡。

此外，视频卡还包括MPEG影音解压卡、模拟视频叠加卡、视窗动态视频卡和视频输出图形卡等。

视频卡与声卡必须要有相应的软件系统，并能与计算机的硬件和软件相配合，才能在各种多媒体技术中运用。

4. CD-ROM驱动器

CD-ROM驱动器简称光驱，其作用是通过伺服机构控制光盘的转速，控制光束的定位、聚焦，以检测并读出光盘上所携带的信息。

CD-ROM 驱动器是多媒体计算机应用的关键技术之一。为了存储大量的影像、声音、动画、程序数据和高分辨率的图像信息，必须使用容量大、体积小、价格低的 CD-ROM 盘片，否则多媒体无法得到推广。图 6-2 所示为两种常用光驱。

按传输速率，CD-ROM 驱动器分为单速（150KB/s）、双倍速（300KB/s）、三倍速（450KB/s）、四倍速（600KB/s）、六倍速（900KB/s）、八倍速（1200KB/s）、十倍速（1500KB/s）、四十倍速等。随着技术的进步和工艺的提高，支持高倍速的 CD-ROM 驱动器不断地推入市场，性能越来越好，价格越来越低，对多媒体技术的发展和应用起到了很大的促进作用。同时，可写的和可擦写的光驱（即光盘刻录机）已成为广大开发多媒体软件的用户的必选设备。

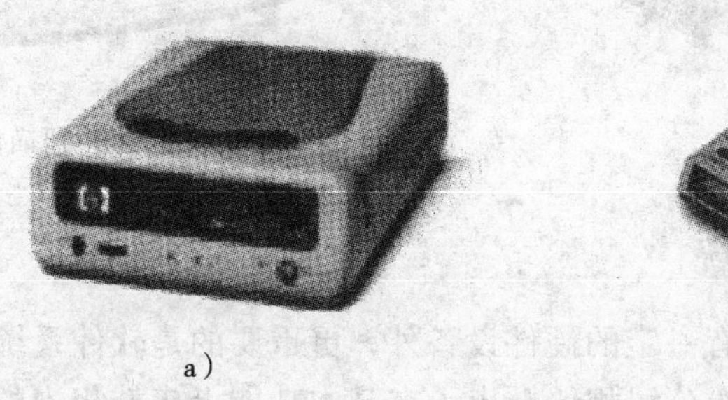

a） b）

图 6-2 光驱

a）HP CDRW9600se 外置式光驱 b）Ricoh CDRW8040se PC 笔记本两用光驱

5. 触摸屏

多媒体硬件技术的发展强调用户界面的改善，笔式计算机和触摸技术就是用户界面的一大发展。随着计算机应用技术的发展和普及，多媒体计算机产品需要更复杂的图形控制功能和无键盘操作，这就促进了触摸屏技术的发展。

触摸屏是一种坐标定位装置，属于输入设备。图 6-3 所示的是巨而威 ST 系列触摸屏。触摸屏有红外线触摸屏、电阻式触摸屏、电容式触摸屏、压感式触摸屏、电磁感应式触摸屏等。作为一种特殊的计算机外部设备，它提供了简单、方便和自然的人机交互方式。输入人员只要用手去触摸屏幕，即可启动计算机、查询资料、分析数据、输入数据或调出下一级菜单。

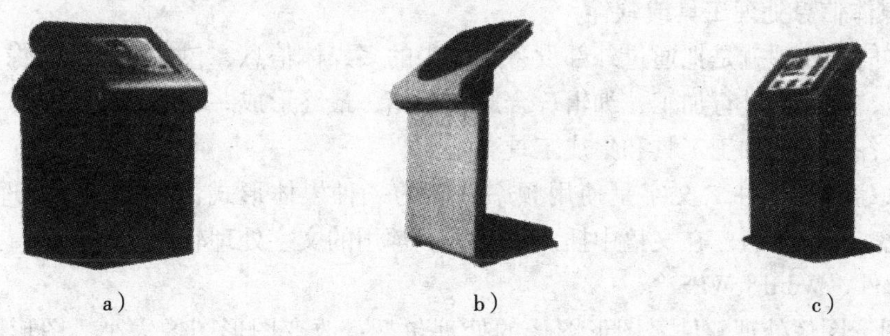

a） b） c）

图 6-3 巨而威 ST 系列触摸屏

a）巨而威 ST1 系列 b）巨而威 ST5 系列 c）巨而威 ST7 系列

触摸屏广泛应用于银行资金查询、股票交易操作、导游查询、计算机点歌、游戏厅的游戏娱乐和控制系统等。

6. 其他设备

在实际应用中，为适应不同需要，经常配置的其他硬件设备还有扫描仪、数码照相机、数码摄像机、立体声音响系统等。图6-4所示是两种数码照相机，图6-5所示是扫描仪。

图6-4 数码照相机

图6-5 扫描仪

6.2.2 多媒体计算机的软件系统

多媒体计算机的应用除了要具有一定的硬件设备外，更重要的是软件系统的开发和应用。著名的Microsoft、IBM、Apple等公司相继推出了在基本功能上旗鼓相当的多媒体软件平台，而其特点又都是在已有的操作系统上追加实现多媒体功能的扩充模块而形成的，这就为用户提供了较为方便和实用的使用环境。

多媒体计算机软件系统包括支持多媒体功能的操作系统、多媒体信息处理工具或软件和多媒体应用软件。

1. 支持多媒体功能的操作系统

目前市场上常见的Windows 9X、Windows 2000、Windows XP等操作系统，在传统的操作系统基础上，增加了同时处理多种媒体的功能，具有多任务的特点，并能控制和管理与多种媒体有关的输入、输出设备。例如，对计算机硬件的检测和设置是智能化的，当计算机上增加某种多媒体设备时，操作系统能感受到新设备的增加，并提示安装驱动程序，使该设备能方便地进入可使用状态，这就是所谓的“即插即用”功能，这一功能大大方便了新硬件的添加。

2. 多媒体信息处理工具或软件

多媒体信息处理就是把通过外部设备采集来的多媒体信息，包括文字、图像、声音、动画、影视等，用软件进行加工、编辑、合成、存储，最终形成一个多媒体产品。在这一过程中，会涉及各种媒体加工工具和集成工具。

（1）文字处理软件　文字是使用频率最高的一种媒体形式，对文字的处理包括输入、文本格式化、文稿排版、在文稿中插入图片等。常用的文字处理软件有Windows中的记事本和写字板软件、Word、WPS等。

（2）图形图像处理软件　图形图像的处理包括：改变图形图像大小，图形图像的合成和编辑，添加诸如马赛克、模糊、玻璃化、水印等特殊效果，图形图像的输出打印等。常用的图形图像处理软件有Photoshop、PhotoDraw、CorelDraw、Freehand等。

（3）声音处理软件　声音的处理包括录音、剪辑、去杂音、混音和声音合成等。常用的声音处理软件有 Ulead Audio Edit 、Creative 的录音大师、Cake Walk 等。

（4）动画处理软件 处理动画的软件主要有 3DS、3DS MAX、Flash 等。利用这些软件制作动画，能产生逼真的效果。

（5）视频处理软件 视频的处理主要指利用影像、动画、文字和图片等素材进行编辑处理，或利用与其他外部设备如摄像机、录像机等的连接，完成影视等节目的编辑、制作等工作。比较优秀的视频处理软件有 Adobe Premiere、Storm Edit、MGI Video Wave 等。

（6）多媒体集成工具 除了单个媒体的加工处理软件外，开发一个多媒体软件产品时，必须有一个多媒体集成软件，把各种单媒体有机地集成为一个统一的整体。目前应用比较广泛的多媒体集成软件有图标式多媒体制作软件 Authorware，基于时间顺序的多媒体制作软件 Director，用于网页制作的 FrontPage、Dreamweaver 等。

3. 多媒体应用软件

多媒体应用软件是利用多媒体加工和集成工具制作的、运行于多媒体计算机上的具有某种具体功能的软件，如教学软件、游戏软件、电子工具书等。这些软件的一般特色是：

（1）多种媒体的集成 多媒体应用软件中往往集成了文字、声音、图像、视频和动画等多种媒体信息，在使用这些软件时，可同时从两种以上的感官得到信息。

（2）超媒体结构 多媒体最早起源于超文本。超文本是一种非线性结构，以节点为单位组织信息，在节点与节点之间通过表示它们之间的关系链加以连接，构成特定内容的信息网络，用户可以有选择地查阅自己感兴趣的内容。这种组织信息的方式与人类的联想记忆方式有着相似之处，从而可以更有效地表达和处理信息。这种表达方式用于文本、图像、声音等形式时，就称为超媒体。

（3）交互操作 多媒体应用软件强调人的主动参与。通过超媒体结构，应用软件中的不同媒体能够有机地结合，用户可以按照自己的方式方法对多媒体信息进行操作。

6.3 多媒体信息处理技术基础

多媒体计算机具有信息集成、交互等功能。多媒体技术在对各种媒体信息处理时一般采取转换、集成、管理、控制和传输等方式。这里，转换可以分为两个阶段：信息采集和信息回放。信息采集是将不同的媒体信息转换成计算机能够识别的数字信号；信息回放则是把计算机处理后的数字信息还原成人们所能接受的各种媒体信息。集成是对不同类型的媒体信息进行组合。管理和控制是在应用媒体信息过程中对各种媒体素材进行编辑、剪辑和重组等处理或操作。传输则是将处理后的媒体信息以各种方式传递给用户。

6.3.1 音频信息处理技术

声音是携带信息的重要媒体，是多媒体技术研究中的一个重要内容。声音的种类很多，如人的语音、乐器的声音、机器产生的声音、动物发出的声音以及自然界的风声、雨声等。用计算机处理这些声音时，既要考虑它们的共性，又要利用它们各自的特性。

1. 声音的振幅和频率

声音是由于物体震动而产生，并通过空气传播的一种连续的波，称为声波。最简单的声波是正弦波，如图6-6所示。

在正弦波中，波峰和波谷的排列非常整齐，波峰之间的距离也是相同的，所以，正弦波表示了一个纯正声波的图像。但自然界中的声波往往是许多不同声音的叠加，一般常见的声波如图6-7所示。

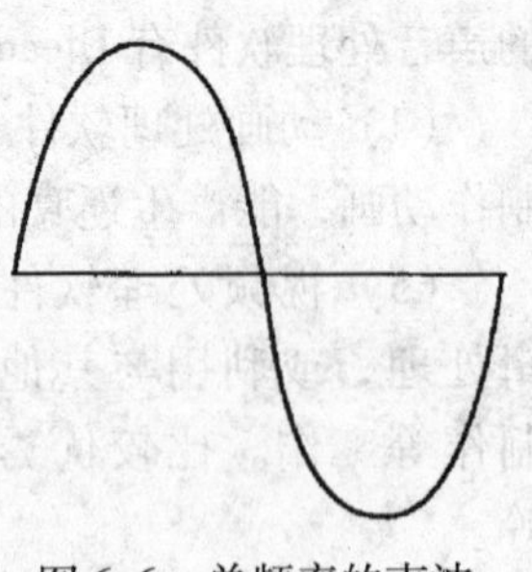
图6-6 单频率的声波——正弦波

用声波表示声音时，可以看到波峰越高，声音越响，波峰之间的距离越小，音调就越高。声音的响亮程度用振幅表示，波峰之间的距离被称为周期，如图6-8所示。

周期的倒数称为频率，一般用1/s表示，专业上称为Hz（赫兹）。频率范围为20Hz～20kHz的信号称为音频信号。多媒体技术中处理的信号主要是音频信号，包括音乐、语音、风雨声、鸟叫声、机器声等。

图6-7 自然界一般的声波

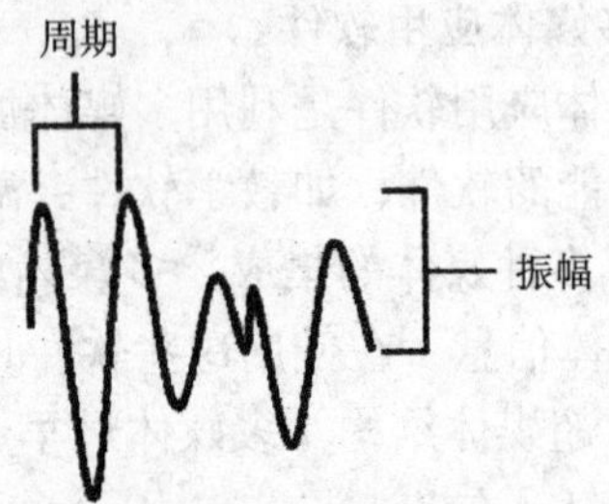

图6-8 声波的周期和振幅

2. 声音的采样和量化

在计算机内，所有的信息均以数字0或1表示，声音信号也用一组数字表示，称为数字音频。数字音频与模拟音频的区别在于：模拟音频在时间上是连续的，而数字音频是一个数据序列，在时间上是断续的。用数字量而不用模拟量进行信号处理的主要优点是：

1）数字信号计算是一种精确的运算方法，它不受时间和环境变化的影响。

2）表示部件功能的数学运算不是物理的功能部件，而是使用数学运算模拟，其中的数学运算也相对容易实现。

3）可以对数字运算数据进行程序控制，如可以改变算法或改变某些功能，还可以对数字部分进行再编程。

从声音波形的连续变化特性来看，声音是一种模拟量。利用计算机录音时，要将这些模拟量转换成能够在计算机中进行存储和处理的二进制数字量，这是通过对模拟声波的采样和量化得到的。

声音的采样是按一定的时间间隔采集该时间点的声波幅度值，采样得到的表示声音强弱的数据以二进制形式表示和存储（称为量化），在需要播放时再将这些二进制数据还原成模拟波形。采样的时间间隔称为采样周期，单位时间内的采样数称为采样频率，其单位也是Hz。图6-9所示是声音波形的采样与还原示意图。

对模拟音频信号进行采样量化后，即得到数字音频。数字音频的质量取决于采样频率、量化位数和声道数三个因素。

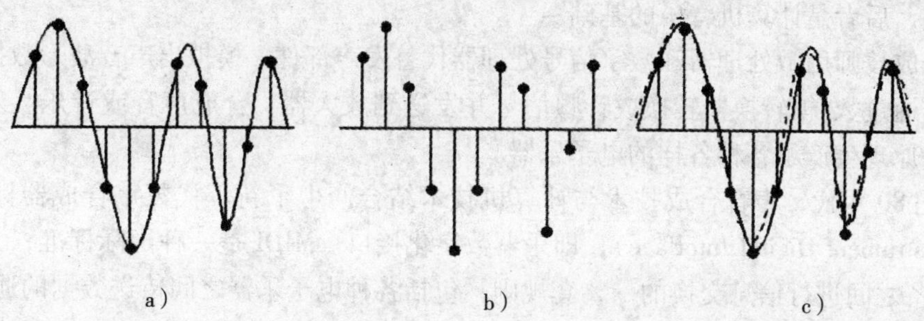

图6-9　声音波形的采样与还原
a）对原始声波采样　b）采样后得到的数据　c）还原后的声波与原始声波的比较

（1）采样频率　采样频率是指一秒钟内采样的次数。在计算机多媒体音频处理中，采样频率通常有三种：11.025kHz（语音效果）、22.05kHz（音乐效果）、44.1kHz（高保真效果）。一般人的语音使用11.025kHz的采样频率就能较好地还原。CD音质需要44.1kHz的采样频率。

（2）量化位数　量化位数也称为量化精度，是描述每个采样点样值的二进制位数。在采样频率确定的情况下，如何存储采样后得到的数据呢？由于随着时间的推移，声音波形变化的幅度会有所不同，采样后得到的样本数据并不是简单的0或1两个状态的数据，如图6-9b中所示，采样得到的样本数据有1种幅度等级。计算机将采样得到的数据按一定大小进行存储的过程即量化。量化的级别有8位、16位、32位等。例如，8位量化位数表示每个采样值可以用256个不同的量化值来表示，即在最大值与最小值之间划分256个等级。而16位量化位数表示每个采样值可以用65536个不同的量化值来表示。显然量化位数越多，则越可以表现细微的变化。

（3）声道数　声音通道的个数称为声道数，即一次采样所记录产生的声音波形个数。记录声音时，如果每次生成一个声波数据，称为单声道。每次生成两个声波数据，称为双声道，即立体声。

3. 数字音频的存储与编码

数字音频文件的存储量以字节为单位，模拟声波被数字化后音频文件的存储量（未压缩）可表示为

$$存储量=采样频率\times量化位数\times声道数\times时间/8$$

例如，用44.1kHz的采样频率进行采样，量化位数选用16位，则录制1s的立体声音，其波形文件所需的存储量为：$44100\times16\times2\times1/8=176400$（字节）。

一般情况下，声音的制作通过传声器或录音机来完成。例如，由声卡上的WAVE合成器（模/数转换器）对模拟音频采样后，量化编码为一定字长的二进制序列，并在计算机内传输和存储。在数字音频回放时，再由数/模转换器解码将二进制编码恢复成原始的声音信号后通过音响设备输出。

数字波形文件数据量很大，所以数字音频的编码必须采用高效的数据压缩编码技术。有关技术将在下一小节具体介绍，此处不予赘述。

4. 声音合成技术

计算机中的声音有两种产生途径：一种是通过数字化录制直接获取，另一种是利用声音

和技术实现，后者是计算机音乐的基础。

声音合成技师用微处理器和数字信号处理器代替发声部件，模拟出声音波形数据，然后将这些数据通过数/模转换器转换成音频信号并发送到放大器，合成声音或音乐。乐器生产商利用这一原理生产了各种各样的电子乐器。

20世纪80年代，声音合成技术与计算机技术结合产生了新一代数字合成器标准MIDI（Musical Instrument Digital Interface），即乐器数字化接口。MIDI是一种国际标准，是计算机和MIDI设备之间进行信息交换的一整套规则，包括各种电子乐器之间传送数据的通信协议。该协议允许电子合成器互相通信，保证不同牌号的电子乐器之间能保持适当的硬件兼容性。它也是MIDI兼容的设备之间传输和接收数据的标准化协议。

MIDI音频是将电子乐器键盘上的弹奏信息记录下来，是乐谱的一种数字式描述。乐谱是由音符序列、定时和多达16个通道的称作合成音色的演奏音符定义所组成。每个通道的演奏音符定义由键号、力度、通道号、音长、音量等组成。当需要播放时，只需从相应的MIDI文件中读出MIDI消息，生成所需要的声音波形，经放大后由扬声器输出。

由于MIDI文件只是一系列指令的集合，而不是波形，因此它比数字波形文件小得多，大大节省了存储空间。例如，一个8位、22.05kHz的波形文件，记录1.8s的声音需要316.8KB的空间；而演奏2min乐曲的MIDI文件，其存储空间不到8KB。另外，预先装载MIDI文件比波形文件容易得多。这样，在设计多媒体节目时，音乐的设置就变得十分灵活。

MIDI声音适于重现打击乐或一些电子乐器的声音。利用MIDI声音方式可用计算机进行作曲。对MIDI的编辑很灵活，在音序器的帮助下，用户可自由地改变音调、音色以及乐曲速度等，以达到需要的效果。

MIDI设备就是处理MIDI信息所需的硬件设备，基本包括MIDI端口、MIDI键盘、音序器和合成器。

一台MIDI设备可以有1~3个MIDI端口。MIDI In接收来自其他MIDI设备的MIDI信息；MIDI Out发送本设备生成的MIDI信息到其他设备；MIDI Thru将从MIDI In端口传来的信息转发到相连的另一台MIDI设备上。

MIDI键盘是用于MIDI乐曲演奏的。MIDI键盘本身并不发出声音，当作曲人员触动键盘上的按键时，就发出按键信息，所产生的仅仅是MIDI音乐消息，从而由音序器录制生成MIDI文件。

音序器用于记录、编辑及播放MIDI的声音文件。音序器可捕捉MIDI消息，将其存入MIDI文件。MIDI文件扩展名为“.mid”，音序器还可编辑MIDI文件。

合成器解释MIDI文件中的指令符号，生成所需要的声音波形，经放大后由扬声器输出，声音的效果比较丰富。

6.3.2 视觉信息处理技术

多媒体创作最常用的视觉信息分静态图像和动态图像两大类。静态图像根据其在计算机中生成的原理不同，又分为位图图像和矢量图形两种。动态图像又分为视频和动画。视频和动画之间的界限并不能完全确定，习惯上将通过摄像机拍摄得到的动态图像称为视频，而利用计算机或绘画的方法生成的动态图像称为动画。

1. 静态图形图像的数字化和存储

在计算机科学中，图形（Graphic）和图像（Image）是两个不同的概念。图形一般指用计算机绘制（Draw）的画面，如直线、圆、圆弧、矩形、任意曲线和图表等。图像则是指由输入设备捕捉的实际场景画面，或以数字化形式存储的任意画面。

图像经摄像机或扫描仪输入到计算机后，转换成了由一系列排列成行列的点（像素）组成的数字信息。计算机中的数字图像又可分为矢量图和位图两种表示形式。

（1）矢量图及表示　矢量图用一组指令集合来描述图形的内容，这些指令用来构成该图形的所有直线、圆、圆弧、曲线等图元的位置、维数和形状等。矢量图与分辨率无关，放大或缩小矢量图的尺寸不会使图像变形或变模糊。所以在缩放时，矢量图不会因为放大而产生马赛克现象。如图6-10所示，左边是一幅原始的矢量图，右边是将其放大后的局部。

由于矢量图的每个对象都是一个独立的实体，因此，绘图程序易于编辑其中的每一个组成对象，可以任意移动、缩放、旋转、变形等，即使相互重叠和覆盖，仍然保持各自的特性。基于这些特点，矢量图形主要用于线条图、美术字、工程制图及三维图像的设计等。由于不用对图形中的每一个点进行量化保存，因此矢量图形文件通常较小。

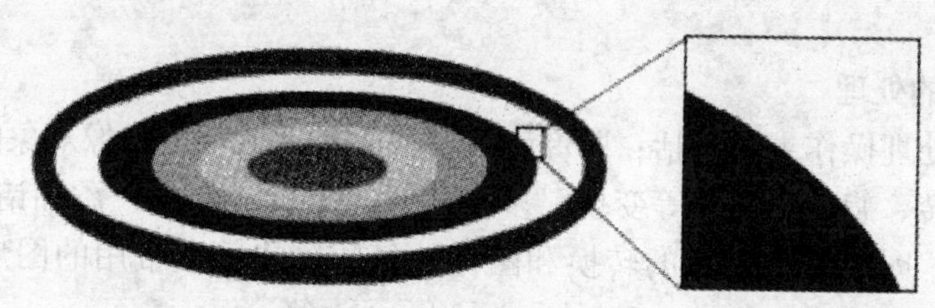

图6-10　原始的矢量图和放大后的局部

（2）位图及表示　位图图像由数字阵列信息组成，阵列中的各项数字用来描述构成图像的各个点（称为像素）的强度和颜色等信息。位图适合于表示含有大量细节（如明暗变化、多种颜色等）的画面，并可直接、快速地显示在屏幕上。

位图的质量主要是由图像的分辨率和色彩模式决定。

1）分辨率。分辨率有屏幕分辨率和图像分辨率之分。屏幕分辨率是指显示屏幕上水平与垂直方向的像素个数。屏幕分辨率与显示模式有关，如标准VGA图形卡的最高分辨率为640×480，即水平有640个像素，垂直有480个像素。图像分辨率是指图像水平和垂直方向的像素个数。在屏幕分辨率一定的情况下，图像分辨率越高，显示的图像越大，图像占用的存储空间越多。由于位图是由许多像素组成的，所以放大后表示图像内容和颜色的像素数量没有增加，于是图片会出现马赛克现象。如图6-11所示，左边是原始的位图，右边是其放大后的局部。

图6-11　原始的位图和放大后的局部

2）色彩模式。在多媒体计算机系统中，图像的颜色是用若干位二进制数表示的，被称为图像的颜色深度。计算机中有多种表示色彩的方式，其主要区别就是图像颜色深度不同。常常根据颜色深度来划分图像的色彩模式。例如，黑白图像的颜色深度为1，只能表示出两种色彩，即黑和白。常见的图像色彩模式有：

① Black White。即黑白图，图像颜色深度为1，可表示黑和白两种色彩。

② GrayScale。即灰度图，图像颜色深度为8，以256个灰度级的形式表示图像的层次变化。

③ RGBColor。即8色图，图像颜色深度为3，利用三基色组合可产生8种颜色。

④ Indexed 16-Color。即索引16色图，图像颜色深度为4，通过建立调色板，可以任选16种颜色供图像使用，而调色板中的颜色根据不同的图像可以进行改变。

⑤ Indexed 256-Color。即索引256色图，图像颜色深度为8，与索引16-Color的区别在于调色板的颜色数，Indexed 256-Color可任选256种颜色供图像使用。

⑥ RGB True Color。即真彩色图，图像颜色深度为24，可表示多达16772216种颜色，其像素的色彩数由3个字节组成，分别代表R（红）、G（绿）和B（蓝）三色值，由于这个颜色数接近人眼能识别的颜色数，通常把这种图像数据类型称为真彩色。

可见，图像颜色深度越高，图像的色彩就越丰富，但同样大小的图像所占用的空间也越大。

2. 静态图像的处理

静态图像的处理操作主要包括：图像颜色模式的变换，部分图像对象的选择，进行大小缩放、剪切、翻转、旋转、扭曲等变换，多幅图像的编辑、合成，添加诸如马赛克、模糊、水印等特殊效果，图像文件格式的转换和图像的打印输出等。常用的图形图像处理软件有Photoshop、PhotoDraw、CorelDraw、Freehand、Illustrate等。

3. 动态图像的数字化和存储

动态图像包括视频和动画。多媒体计算机系统中通过视频卡把视频信息输入到计算机中。

视频卡是所有用于视频信号输入输出的接口功能卡的总称。DV卡和视频采集卡是目前常用于获取视频信息的设备。DV卡通常就是1394卡，它可以将DV摄像机或录像带中记录的数字视频信号用数字方式直接输入计算机中，是目前高质量而且廉价的视频信号数字化设备。视频采集卡主要由视频信号采集模块、音频信号采集模块和总线接口模块组成。视频信号采集模块的主要任务是将模拟视频信号转换成数字视频信号并送到计算机中。音频信号采集模块完成对音频信息的采样和量化。总线接口模块用来实现对视频、音频信息采集的控制，并将采样、量化后的数字信息存储到计算机中。

4. 视频信息和动画的处理

视频信息的处理包括视频画面的剪辑、合成、叠加、转换和配音等。由于数字视频的编辑与模拟视频的编辑有许多共同的特点，因此也借用了大量的相关概念。常用的处理软件有Ulead Video Editor、Adobe Premiere、Storm Edit等。

动画效果主要是依赖于人的视觉暂留特征而实现的。当多幅具有一定差异的图片连续不断地依次显现在眼前，人眼便感觉画面具有活动的效果。传统的动画是制作在透明胶片上的，先由艺术大师制作一系列画面中的部分关键帧，然后由一些助手制作关键帧之间的画面。将动画的每一个动作都先画在透明胶片上，以便能叠加到背景图上。最后将这些透明胶片分别放在背景图上进行拍照，形成最终的电影胶片。

利用计算机可以建立动画中关键帧的画面，并由计算机产生中间过渡帧，从而方便地获得动画效果。动画处理软件有许多种，最为常用的是3DS MAX和Flash。

6.3.3 多媒体数据压缩技术

多媒体技术最令人注目的地方是它能实时、动态、高质量地处理声音和运动的图像，这些过程的实现需要处理的数据量相当大。由于数据压缩技术的成熟，使得多媒体技术得以迅速地发展和普及。

1. 多媒体数据压缩的必要性

多媒体数据压缩技术是计算机多媒体的关键技术。计算机多媒体系统需要具有综合处理声、文、图数据的能力，能面向三维图形、立体声、真彩色高保真全屏幕运动画面，能实时处理大量数字化视频、音频信息。这些操作对计算机的处理、存储、传输能力都有较高的要求。

多媒体信息的特点之一就是数据量非常庞大。例如，1min的声音信号，用11.02kHz的频率采样，每个采样数据用8位二进制位存储，则数据量约为660KB；一帧A4幅面的图片，用12点/mm的分辨率采样，每个像素用24位二进制位存储彩色信号，数据量约为25MB；一幅中等分辨率（640×480）的彩色图像的数据量约为7.37MB/帧。

随着信息时代的到来，网络已渐渐走进人们的生活中。通过网络，人们可以看到或听到几万公里以外的信息，包括录像、各种影片、动画、声音和文字。网络数据的传输速率要远远低于硬盘和CD-ROM的数据传输速率。所以要实现网络多媒体数据的传输，实现网络多媒体，数据不进行压缩是不可能实现的。

数据压缩是一种数据处理的方法，它的作用是将一个文件的数据容量减小，而又基本保持原来文件的内容。数据压缩的目的就是减少信息存储的空间，缩短信息传输的时间。当需要使用这些信息时，需要通过压缩的反过程——解压缩将信息还原。研究结果表明，选用合适的数据压缩技术，有可能将原始文字量数据压缩1/2左右；语音数据量压缩到原来的1/21～1/10；图像数据量压缩到原来的1/2～1/60。

2. 数据压缩的种类

（1）无损压缩　无损压缩是利用数据统计特性进行的压缩处理，压缩效率不高。无损压缩是一种可逆压缩，即经过压缩后可以将原来文件中包含的信息完全保存。例如，常用的压缩软件WinZip和WinRAR就是基于无损压缩原理设计的，因此可以用来压缩任何类型的文件。

显然，无损压缩是最理想的，因为不丢失任何信息，然而它只能得到适中的压缩比。

（2）有损压缩　经过压缩后不能将原来的文件信息完全保留的压缩，称为有损压缩，它是不可逆压缩方式。有损压缩是以损失原文件中某些信息为代价来换取较高的压缩比，其损失的信息多数是对视觉和听觉感知不重要的信息，基本不影响信息的表达。例如，电视和收音机所接受到的电视信号和广播信号与从发射台发出时相比，实际上都不同程度地发生了损失，但都不影响收看、收听和使用。

3. 数据压缩的主要指标

数据压缩的主要指标包括以下三个方面：

（1）压缩比　压缩比即压缩前后的数据量之比，如果文件的大小为1MB，经过压缩处理后变成0.5MB，那么压缩比为2:1。高的压缩比是数据压缩的根本目的，无论从哪个角度看，在同样压缩效果的前提下，数据压缩得越小越好。

（2）压缩和解压缩的时间　数据的压缩和解压缩是通过一系列数学运算实现的。其计算方法的好坏直接关系到压缩和解压缩所需时间。但是，压缩速度和解压缩速度是衡量压缩系统性能的两个独立指标。其中解压缩的速度比压缩速度更重要，因为压缩只有一次，是生产多媒体产品时进行的。而解压缩则要面对用户，有更多的使用者。

（3）解压缩后信息恢复的质量

1）对于文本等文件，特别是程序文件，是不允许在压缩和解压缩过程中丢失信息的。因此需要采用无损压缩，不存在压缩后恢复质量的问题。

2）对于音频和视频，经过数据压缩后允许部分信息的丢失。在这种情况下，信息经解压缩后不可能完全恢复，压缩和解压缩质量就不能不考虑。因此，是否具有好的恢复质量是数据压缩的另一个重要指标。

好的恢复质量和高的压缩比是一对矛盾。高的压缩比是以牺牲好的恢复质量为代价的。无损压缩的压缩比通常较小，是因为一般用于无损压缩的文件数据量较小。对于图像和声音文件，特别是活动图像和视频影像，数据量特别大，希望压缩比也要尽量大。

6.3.4 多媒体信息的压缩方法和标准

多媒体信息的压缩主要是指对音频、静态和动态图像等多媒体信息的压缩。

1. 音频信息的压缩和MPEG标准

音频信号能够被压缩和编码的依据有两个，一是声音信号存在着数据冗余；二是利用人的听觉特性来降低编码率。人的听觉具有一个强音能抑制一个同时存在的弱音现象，这样就可以抑制与信号同时存在的量化噪声。音频信号的压缩编码方式可分为波形编码、参数编码和混合编码等几种。

（1）波形编码　波形编码是基于音频数据的统计特性进行编码，其目标是重建语音波形，保持原波形的形状。它的算法简单，易于实现，可获得高质量的语音。常见的三种波形编码方法为：脉冲编码调制、差分脉冲编码调制及自适应差分编码调制。

（2）参数编码　通过建立声音信号的产生模型，将声音信号用模型参数来表示，再对参数进行编码，在声音播放时根据参数重建声音信号。参数编码法算法复杂，计算量大，压缩比高。

（3）混合编码　混合编码是把波形编码的高质量和参数编码的低数据率结合在一起，可以取得较好的效果。

音频信号的压缩方法分为有损压缩和无损压缩。常见的无损压缩有Huffman编码和行程编码；常见的有损压缩方法是波形编码中的脉冲编码调制方法，Windows中的Wave文件便使用该方法。

MPEG音频标准是由三种音频编码和压缩组成，称为MPEG音频层-1（MPEG Layer 1）、MPEG音频层-2（MPEG Layer 2）和MPEG音频层-3（MPEG Layer 3）。随着层数的增加，压缩算法的复杂性也增大。MPEG音频标准达到的压缩比分别为：

MPEG Layer 1：　4:1

MPEG Layer 2：　6:1～8:1

MPEG Layer 3： 10:1～12:1

MP3是MPEG Layer 3的缩写，是一种具有最高压缩比的波形音频文件的压缩标准，利用该技术可以使压缩比达到12:1，同时还保持较高质量的音响效果。例如，一首容量为30MB的CD音乐，压缩成MP3格式后仅为2MB多。平均起来，1min的歌曲可以转换为1MB的MP3音乐文档，一张650MB的CD可以录制600多分钟的MP3音乐。

MP3采用的是有损压缩技术，但由于它利用人耳听觉系统的主观特性，压缩比的取得来自去掉人耳感觉不到的信息细节，也就是说，对正常的人耳而言感觉不到失真。经MP3压缩的音频必须经过解压还原才能播放，因而MP3的音质取决于还原技术、音响系统以及听者的主观感受。由于MP3的高性能，使得资源宝贵的互联网也用其进行音频文件的传输，大大丰富了网络音乐、视频会议等网上新兴多媒体应用。MP3音乐光盘以及支持MP3的专用播放机和VCD产品也相继在市场推出。

2. 静态图像的压缩和JPEG标准

图像在计算机中是以数据的形式表现，这些数据具有相关性，因而可以使用大幅压缩的方法进行压缩，其压缩的效率取决于图像数据的相关性。

（1）图像压缩的概念　图像数据的相关性首先表现在相邻平面区域的像素点有相近的亮度和颜色值。假如一幅照片是蓝天、白云、海滩和站立的人，那么照片上天空部分是蓝色和白色，海滩部分大多是黄色的，当然这里会有很多细微的亮度色调的变化，但总的来说具有比较高的相关性。照片中人的部分相对来说可能复杂一点，但也是具有相关性的。例如，人脸和人的衣服总是表现为比较相近的色调，正是这些相关性使图像的压缩有了可能。

（2）静态图像的JPEG国际标准　多媒体技术中数据压缩的方法很多，不同的压缩方法需要用相应的解压缩软件才能正确还原。因此应当有一个通用的压缩标准。

JPEG（the Joint Photographic Experts Group）是由国际标准化组织（ISO）和国际电报电话咨询委员会（CCITT）联合制定的，是适用于彩色和单色多灰度或连续静止数字图像的压缩的国际标准。它是目前为止用于摄影图像的最好的压缩方法，主要应用于摄影图像的存储和显示。

JPEG包括空间方式的无损压缩和基于离散余弦变换（DCT）和哈夫曼（Huffman）编码的压缩两部分。空间方式是以二维空间差分脉冲编码调制为基础的空间预测法，它的压缩率低，但可以处理较大范围的像素，解压缩后可以完全复原。DCT包含量化过程，解压缩是非可逆的，但可以利用较少的比特数获得相当好的图像质量。当压缩比为20:1～40:1时，人眼基本上看不出失真。

JPEG在审议图像压缩的标准化方案时，委员会接纳了更多的具有不同要求的应用，从而拓宽了标准的应用范围，使得JPEG标准能支持多种色彩空间和大范围空间分辨率的各类图像。JPEG标准是从12个方案中，经过几轮测试和评价，最后选定ADCT作为静态图像压缩的标准化算法。

3. 动态图像的压缩及MPEG标准

全屏幕活动视频图像是多媒体技术最终要达到的目标之一。实现这一目标的关键是对动态图像进行有效地压缩，因而制定统一的视频压缩技术标准变得十分重要。标准化可以使各生产厂家的产品相互兼容，超大规模集成电路批量生产才有可能性。

（1）动态图像信息中的冗余　动态图像是由一系列静态图像构成的，所以对静态图像的压缩同样适用于对动态图像的压缩。在表示动态信息的数据中，实际上主要存在着两种类型的冗余数据：时间冗余和空间冗余。例如，视频中包含了大量的图像序列，图像序列中两幅相邻的图像之间有着较高的相关，表现为时间冗余，而相应的声音数据中也存在着类似的时间冗余；同一幅图像中，规则物体和规则背景的表面物理特性具有相关性，这些相关性的光成像结果在数字化图像中就表现为数据冗余，这是一种空间冗余。由此可见，动态图像中相邻帧之间的相关性表现在以下几个方面：

1）动态图像以每秒25帧播放，在如此短的时间内，画面通常不会有大的变化。

2）在画面中变化的只是运动的部分，静止的部分往往占有较大的面积。

3）即使是运动的部分，也多为简单的平移。

这种帧与帧之间存在的相关性，为进一步的压缩提供了可能。

（2）动态图像压缩的基本思路　考虑到帧与帧之间存在相关性，一个很自然的想法是，将相邻的画面相减。例如，将第1帧记做A，第2帧记做B，定义$B'=B-A$。这里两帧相减是将后一帧画面B中的每一个点的像素值减去前一帧画面A中相应点的像素值，称为差异帧。同样可将第三帧记做C，$C'=C-B$。以此类推，B'和C'可看作是一帧帧图像，压缩后的动态图像文件用A、B'、C'等来描述。

由于相邻帧大多数点的像素值可能相同，再用静态图像的压缩方法压缩，可以得到相当大的压缩比。用差异帧代替原来的帧，以揭示帧间的相关性，这是动态图像压缩的基本出发点。

（3）动态图像的MPEG标准　MPEG（Moving Picture Experts Group）标准是ISO/IEC（国际标准化组织和国际电工技术委员会）的第11172号标准草案，是一种动态图像的压缩标准。其方法是先利用动态预测及差分编码方式去除相邻两张图像的相关性（因为对于动态图像而言，除了正在移动的物体附近，其余的像素几乎是不变的），利用相邻两张甚至多张来预测像素可能移动的方向与亮度值，再记录其差值，将这些差值利用转码或分频式编码将高低频分离，然后用一般量化或向量量化的方式摄取一些画质而提高压缩比，最后再经过一个可变长度的不失真压缩得到最少位数的结果，这种结果可以得到50:1到100:1的压缩比。

MPEG分成两个不同的规范，即MPEG-1和MPEG-2。MPEG-1的数据传输速率为1~1.5Mbit/s，是为有限带宽传输设计的，可实现普通电视质量（VHS，320×240）的全动态图像和CD质量立体声伴音的压缩。MPEG-2的数据传输速率为10Mbit/s，用于高带宽传输，实现对30帧/s的720×572分辨率的视频信号进行压缩或更高清晰度的视频影像压缩。

6.4 多媒体文件格式

在计算机中存储的音频、视频等多媒体信息是以不同的文件格式存放的。在对某种多媒体信息进行处理时需要对存储该信息的文件格式的特点有所了解，以便更好地应用针对性强的软件对其进行处理。

6.4.1 音频文件格式

计算机中存储声音数字化信息的文件格式主要有WAV、MP3、VOC文件；存储合成音乐信息的文件格式主要有 MIDI、MOD、RMI 文件。

1. WAV 文件格式

WAV 文件是一种波形文件，是 Microsoft 公司和 IBM 公司共同开发的音频文件格式，它来源于对声音模拟波形的采样。用不同的采样频率对声音的模拟波形进行采样，可以得到一系列离散的采样点，以不同的量化位数把这些采样点的值转换成二进制数，然后存储在磁盘上，就产生了 WAV 文件。WAV 文件的扩展名是“.wav”。有关声音采样方面的内容可参考本章的第三节。

WAV 文件主要用于自然声音的保存与重放，其特点是声音层次丰富、表现力强、声音还原性好。当使用足够高的采样频率时，其音质非常好，但是这种格式的文件的数据量比较大。

2. MIDI 文件格式

MIDI 是乐器数字接口的英文缩写方式，它规定了计算机音乐程序、电子合成器和其他电子设备之间交换信息与控制信号的方法。

MIDI 文件的生成不对音乐进行采样，而是将 MIDI 设备发出的每个音符记录成为一个数字，通过各种音调的混合及合成器发音来输出。MIDI 文件的扩展名是“.mid”，这种文件多用于计算机声音的重放与处理。

3. RMI 文件格式

RMI 文件是 Microsoft 公司的 MIDI 文件格式。

4. MP3 文件格式

MP3 压缩音频文件是将 WAV 文件以 MPEG3 标准进行压缩而得到的。压缩后的数据存储量只有原来的 1/10 ~ 1/12，而音质不变。这一技术使得一张碟片就可容纳十几个小时的音乐节目，相当于原来的十几张 CD 唱片。

MP3 格式的音频文件在保持音质近乎完美的情况下，文件的数据量非常小，并且播放的设备也比较多。

5. MOD 文件格式

MOD 文件格式也是一种比较受欢迎的 MIDI 文件格式。为确保一个 MIDI 文件在所有系统中听起来一致，MOD 文件在其内部自带了一个波形表，因此，该种文件通常比 MIDI 文件大。

6.4.2 数字图像文件格式

为了适应不同应用的需要，在数字图像的编辑过程中，图像可能会以不同的文件格式进行存储。例如，Windows 中画图工具所制作的图像多以 BMP 格式存储；从网上下载的图像多为 GIF 和 JPG 格式。不同的图像文件格式具有不同的存储特征，对其的处理也有不同的方法。具体的图像处理软件往往可以识别和使用这些图像文件，并可以在这些图像文件格式之间进行转换。

1. PCX 文件格式

PCX 是微机上使用最广泛的图像文件格式之一，绝大多数的图像编辑软件都支持这种格式，由各种扫描仪扫描得到的图像几乎都能存储为 PCX 格式。PCX 格式使用游程长度编码（RLE）方法，可将一连串重复的图像数据进行缩减，只存储一个重复的次数和被重复的数据，可节省30%左右的空间。PCX文件格式适合一般软件使用，压缩和解压缩的速度都比较快。PCX文件格式支持黑白图像、灰度图像、16位色图像、256位色图像和真彩色图像。

2. BMP格式

BMP是Bit Mapped的缩写，是Microsoft公司为Windows自行发展的一种图像文件格式。在Windows环境中，画面的滚动、窗口打开或恢复，均是在绘图模式下运作，因此选择的图像文件格式必须能应付高速度的操作要求，不能有太多的计算过程。为了真实地将屏幕内容存储在文件内，避免解压缩时浪费时间，就有了BMP的诞生。

多数的图形图像软件，特别是在Windows环境下运行的软件，都支持这种文件格式。BMP文件有压缩和非压缩之分，一般作为图像的BMP文件都是不压缩的。BMP文件格式支持黑白图像、16位色图像、256位色图像和真彩色图像。

3. GIF文件格式

GIF是Graphics Interchange Format的缩写，全称是图形交换格式，是一种可缩放的压缩格式，最初是CampuServe机构为了允许用户联机交换图片而开发的。由于GIF文件支持动画和透明，所以被广泛应用在网页中，现在已经成为Web上大多数图像的标准格式。由于GIF格式最多只能显示256种颜色，所以一般用于主要包含纯色的图像，如插图、图标、按钮、草图等，而不太适用于照片一类的图像。

4. TIF文件格式

TIFF是Tagged Image File Format的缩写，简称TIF，是由Aldus和Microsoft公司合作开发的，最初用于扫描仪和桌面出版业，是工业标准格式，支持所有图像类型。TIF是一种包容性十分强大的图像文件格式，可以包含许多种不同类型的图像，甚至可以在一个图像文件内放置一个以上的图像，所以这种格式是许多图像应用软件（如CoreDraw、PageMaker、Photoshop等）所支持的主要文件格式之一。

5. JPG文件格式

JPEG文件格式简称JPG格式，是一种可缩放的静态图像文件的存储格式。JPG是将每个图像分割为许多8×8像素大小的方块，再针对每个小方块做压缩的操作，经过复杂的压缩过程，所产生出来的图像文件可以达到30∶1的压缩比，虽然付出的代价是某些程度的失真，属于有损压缩，但这种失真是人类肉眼所无法察觉的。JPG格式图像是目前所有格式中压缩率最高的一种，被广泛应用于网络图像的传输上。

JPG文件格式可以支持真彩色图像，通常用于存储自然风景照、人和动物的各种彩色照片、大型图像等。

6. PSD文件格式

PSD文件格式是Photoshop软件生成的格式，它包括层、通道、路径以及图像的颜色模式等信息，而且同时支持所有这些信息的也只有PSD格式。

当图像以PSD格式保存时，会自动对文件进行压缩，使文件的长度较小。但由于保存了较多的层和通道信息，所以通常还是显得较其他格式的文件大些。

7. WMF文件格式

WMF（Windows Metafile Format）文件格式是Windows中很多程序所支持的图形格式，如Microsoft Office的剪辑库中有许多WMF格式的图像，但Windows以外的程序对这种格式的支持比较有限。WMF 是一种矢量图形格式，但它既可以联结矢量图，也可以联结位图。

6.4.3 数字视频文件格式

1. AVI 文件格式

AVI 文件是目前比较流行的视频文件格式，称为音频-视频交错（Audio-Vidio Interleaved）。它采用 Intel 公司的 Indeo 视频有损压缩技术将视频信息和音频信息混合交错地存储在同一文件中，从而解决了视频和音频同步的问题。

AVI 实际上包括两个功能，一个是视频捕获功能，另一个是视频编辑、播放功能，但是目前的许多软件中只包含播放功能。AVI 文件格式是许多视频处理软件都支持的文件格式。

2. MOV 文件格式

MOV 文件格式是 Apple 公司的 Quick Time 视频处理软件所选用的视频文件格式。与 AVI 文件格式相同，MOV 文件也采用 Intel 公司的 Indeo 视频有损压缩技术，以及视频信息与音频信息混排技术。MOV 文件的质量比 AVI 文件要好。

3. MPG 文件格式

MPG 文件格式通常用于视频的压缩，其压缩的速度非常快，而解压缩的速度几乎可以达到实时的效果。目前在市面上的产品大多将 MPEG 的压缩/解压缩操作做成硬件式配卡的形式。MPEG 文件压缩比在 50:1 ~200:1 之间。

4. DAT 文件格式

DAT 是 Video CD 或 Karaoke CD 数据文件的扩展名，也是基于 MPEG 压缩方法的一种文件格式。当计算机中安装了诸如“超级解霸”之类的 VCD 播放软件时，便可以播放这种格式的文件了。

5. SWF 文件格式

SWF（Shock Wave Flash）文件格式是利用 Macromedia 公司的动画制作软件 Flash 制作的动画的输出格式。由于在安装了相应的免费插件后，在 Internet Explorer 浏览器中便可以播放这种格式的动画，而且这种格式的动画文件所占用的存储空间比较小，还可以带有一定的交互性，所以，近年来在 Internet 上越来越受欢迎。

6. DIR 文件格式

DIR 是 Macromedia 公司使用的 Director 多媒体制作工具产生的视频文件格式。

6.5 多媒体信息处理与制作工具

由于多媒体集成了声音、图像、图形、动画等特征，并且具有强大的可交互性，使得个人计算机发挥了空前的潜力，所以越来越多的人希望能够自己制作多媒体产品。为了适应这种需求，许多软件开发商相继推出了各种各样的多媒体信息处理和制作工具。

6.5.1 多媒体信息处理与制作工具的功能与特性

多媒体信息处理和制作工具的功能是把多媒体信息集成为一个结构完整的多媒体应用程序。随着信息技术的发展，多媒体制作工具越来越大众化，用户只需将欲处理的内容分别按文本、声音、图像、动画等不同类型的格式进行存储，然后再用制作工具中的按钮、菜单等交互方式将其进行系统整合，便可以完成产品的制作。一般来说，多媒体制作工具应该具备以下几个功能和特性。

1. 编程环境

多媒体制作工具除了要具备一般编程工具所具有的功能外，还应该具有将不同媒体信息编入程序、时间控制、调试以及动态文件输入输出的能力。

2. 强大的超文本功能

随着网络技术的发展，超文本技术的应用越来越广泛，它是基于网络节点和连接数据库实现信息的非线性组织，从而使用户能够快速灵活地检索和查询信息，其中数据节点可以包含文本、图形、音频、视频以及其他媒体信息。在一般情况下，制作工具都提供超级链接的功能，即实现从一个静态对象跳转到另一个相关的操作对象进行编程的能力。

3. 动画的制作与演播

多媒体制作工具最基本的要求是通过程序控制对象的移动，从而制作出简单的动画，并且能够改变操作对象的方向和速度以及控制对象显现的清晰程度等。制作多媒体的最终目的是播放，因此，制作软件还应该具备兼容外部制作的动画，并且能够将各个素材进行系统地有机整合，从而进行同步的信息播放的能力。

4. 友好的交互界面

多媒体制作工具应该具有可视程度高、界面友好、易学易用的特征，使用户操作简便、便于编辑修改，使其在掌握了基本操作技能后，可以独立进行多媒体软件的设计与开发。

5. 支持多种媒体数据输入与输出

用户在多媒体应用软件的制作过程中，往往需要引入各种媒体数据，因此就要求多媒体编辑软件要具有多种媒体数据输入与输出的能力。例如，输入音频数据时，可以从磁盘、CD或数据库中直接引入数据，并且还要支持多种格式的声音素材（如WAV文件、MIDI文件等）。

6. 良好的扩充性

多媒体硬件的发展非常迅速，因此多媒体制作工具应该具有较强的兼容性和扩充性，并且能够提供一个开放的系统，便于用户的二次开发和扩充。

6.5.2 多媒体信息处理与制作工具的分类

多媒体信息处理与制作工具的数量繁多，要从众多软件中选择自己需要的软件并非易事。如果能够了解这些软件的分类方法，了解每个类别的特点和其中的几种常用软件，读者就能够根据自己的兴趣或工作学习的需要，有目的地选择了。

多媒体信息处理与制作工具分类的方法有很多，主要有以下几种。

1. 根据软件来源分类

根据软件来源分类，可分为与系统软件或外设硬件捆绑销售的各种软件以及单独购买的软件，如Windows自带的基本的多媒体工具（画图、CD播放器、录音机等），是最容易得到的多媒体处理工具。

除了系统自带的工具外，若希望有更强的多媒体处理能力，就需要单独购买相关的多媒体工具软件。软件的价格根据其功能和用户对象不同而不同，范围大致从几十元到上千元不等。

2. 根据用户分类

根据用户分类，可分为家用或商用及专业多媒体处理工具两类。

家庭用户和一般商业用户一般不会整天使用这个工具，而且希望花费较少的学习时间就能完成任务。因此，这类软件主要强调使用者的参与性。一般地，软件的操作界面简单易学，并能引起使用者的兴趣，如 Adobe Photo Deluxe 软件。

专业软件是为从事某一行业的专业人员设计的。这类软件更多地强调软件功能的强大，强调操作人员对最终效果的精确控制。通常专业软件具有功能强大、有多个独立控制窗口、操作逻辑清晰等特点。例如，现在流行的平面图形图像处理软件 Photoshop 就属于专业软件。

3. 按处理对象的艺术特征分类

按处理对象的艺术特征分类，可分为图像处理类、矢量插图类、音频播放及处理类、视频播放及处理类、平面动画类、三维动画类和网页设计类等几种。

（1）图像处理类　图像处理软件的主要特点是以照片或其他光栅图像为基础进行拼贴、组合、调整色彩、质感等编辑，通常也带有一些笔工具，供用户绘图使用。这类软件主要是用来调整图像，或对已有图像进行二次创作。这类软件是多媒体技术在计算机艺术领域中应用最多的。市场上常见的软件产品有 Adobe Photoshop、Macromedia Fireworks、Corel Photo House、Adobe Photo Deluxe、Microsoft　PhotoDraw 等。

（2）矢量插图类　基于矢量图形技术的绘图软件有很多，如 Auto CAD 等工程制图软件；还有一类是图形艺术创作软件。这类用于设计和制作图形的软件较常用的有 FreeHand、Illustrator、CorelDraw 等。

（3）音频播放及处理类　音频处理类的软件可以分为音频制作软件和基于 MIDI 技术的作曲软件两大类。

目前流行的典型音频制作工具有 CoolEdit、GoldWave、Windows 中的录音机等。典型的 MIDI 作曲程序有："音乐大师"、既有 MIDI 编辑能力又有音频处理功能的 CakeWalk 等。此外还有大量的可以播放 MIDI 程序的播放器软件，如 Windows Media Player 等。

（4）视频播放及处理类　最常见的视频播放类软件有 Windows Media Player、Quick Time、超级解霸等。现在，绝大多数播放器软件都能播放多种格式的媒体文件。

视频编辑类软件的功能是对视频节目进行剪辑、合成并进行后期配音，从而实现在计算机中对节目的编辑。较为常见的视频编辑软件有 Adobe Premiere、Storm Edit、贝尔 FreeEdit-DV、Ulead Video Studio、MGI VideoWave 等。

（5）平面动画类　平面动画类软件目前最流行的是 Flash，此外还有 GIF Animator、AnimatorPro 等。

（6）三维动画类　这里的三维是指在计算机中建立出一系列物体的三维空间数学模型。有了这些模型，就可以在计算机中任意旋转该物体，让它动起来。

三维动画类的软件中比较常用的有 3D Studio MAX、3D Studio Wiz、Soft lmage、Bryce、Maya、Solid Works、Alias、ProEngineer 等。在三维类软件中，每种软件与相应的用途联系非常紧密，这种专业性要比二维软件要明显得多。

（7）网页设计类　随着计算机网络技术的成熟和发展，针对网页设计的多媒体工具大量涌现。常见的网页设计工具有 Dreamweaver、FrontPage 等。

6.5.3 几种流行的多媒体制作工具简介

1. Adobe Photoshop

Adobe Photoshop是图像处理软件领域最著名的软件，是专业平面设计师首选的图像处理软件。Photoshop提供的强大功能足以让创作者充分表达设计创意，进行艺术创作。读者可通过以下特点介绍，对Photoshop的功能全貌有一个初步的认识。

（1）Photoshop的功能

1）支持大量的图像格式。Photoshop可以支持绝大部分的图像文件格式，包括BMP、PCX、TIF、JPG（JPEG）、GIF等，并且它本身还提供了PSD和PDD两种专用的文件格式，用来保存图像创作中所有的数据。它还是一个图像文件格式转换器，可以将一种图像文件格式转换为其他格式的图像。

2）绘图功能。Photoshop提供了丰富的绘图工具。遮光和加光工具可以有选择地改变图像的曝光程度，海绵工具可以选择性地加减色彩的饱和度，另外还提供了诸如喷枪、画笔、文字工具组，并可以随意地设置画笔的模式、压力、边缘等参数，以控制其绘制效果。

3）选取功能。在Photoshop中，可以利用魔术棒，在图像内按照颜色选取某一个区域；利用选取工具，按矩形、椭圆形、多边形等形状选取某一个区域；利用套索工具，手工选择一些无规则、外形复杂的区域。

4）调整颜色。用户可以通过多种途径查看或者调整图像的色度、饱和度和亮度。

5）图像变形。用户可以旋转、拉伸、倾斜图像，并根据需要改变图像的分辨率和大小。

6）支持层的概念。Photoshop是最早提出图层概念的软件。运用图层功能，它可以将一幅复杂的图像分解成独立存在的若干层，并且对每层进行单独处理而不会影响到其他层，这样就使图像的处理过程更加灵活、容易控制。

7）提供通道和屏蔽功能。Photoshop提供了两种通道：颜色通道用来储存图像的颜色信息，Alpha通道用来储存和评比图像中特定的选择区域。

8）丰富的滤镜功能。Photoshop最有特色的功能之一就是它提供了大量的滤镜。运用滤镜可以得到很多特殊的效果，原本需要很多步骤才能完成的工作在Photoshop中只需简单的几步即可完成。Adobe公司也在不断地推出新的滤镜，用户可以下载并在Photoshop中使用。

（2）Photoshop用户界面　当在Windows环境下，双击Photoshop图标进入Photoshop操作环境时，将会出现如图6-12所示的窗口。窗口主要由菜单栏、工具箱、工具属性栏、浮动面板、状态栏和工作区几部分组成。

1）菜单栏。菜单栏包含了Photoshop中所有的下拉菜单，共包括文件、编辑、图像、图层、选择、滤镜、视图、窗口和帮助9项。

2）工具箱。工具箱中包含了Photoshop所有的绘图工具，把鼠标停在某个工具图标上时，Photoshop将会自动给出该工具的名称。需要注意的是，某些图标的右下角有一个黑色的小三角形标记，标识该工具是一个工具组，当单击该工具时，会出现一个下拉菜单，标明该工具组具体包含哪些工具。图6-13所示为Photoshop工具箱中全部工具组的内容，读者在实际操作时可以参照。

图 6-12 Photoshop 主窗口

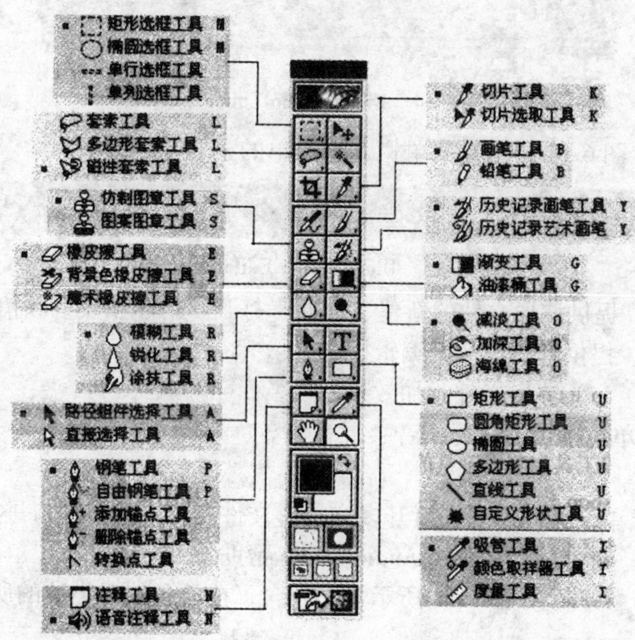

图 6-13 Photoshop 的工具箱

3）工具属性栏。工具属性栏位于菜单栏下方，它提供当前所使用工具的有关信息及其相关属性设置。当选择不同的工具时，工具属性栏随之改变。

4）浮动面板。浮动面板主要包括导航器、信息、颜色、色板、样式、图层、历史记录、动作、通道、路径、字符、段落等面板，这些面板以及工具箱、工具属性栏都可以通过菜单栏中的“窗口”菜单来使其隐藏或者显示。

5）状态栏。状态栏位于窗口的底部，用来显示当前打开图像的一些信息，如文档大小、文档配置文件、当前工具等。

6）工作区。工作区主要指当前 Photoshop 所打开的图像窗口。

2. Ulead Audio Editor

Ulead Audio Editor 是一种操作简便的声音编辑软件，提供了丰富的编辑功能：录音，混音，编辑单声道、立体声道、8 位或 16 位声音互转；还提供了多种多样的声音特效：回音、反转、渐出平滑等。下面对 Ulead Audio Editor 的操作界面进行简单介绍。

（1）主界面　启动 Ulead Audio Editor 后，就进入它的工作环境中，图 6-14 所示是其主界面。该工作环境由菜单栏、工具栏、工作区域、状态栏等组成。

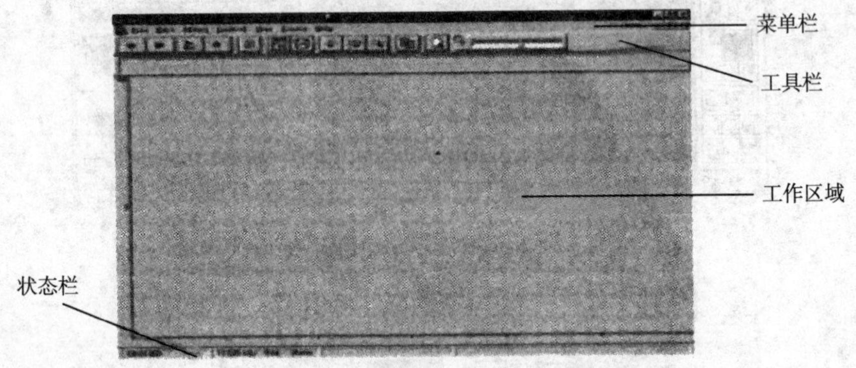

图 6-14　Ulead Audio Editor 主界面

（2）菜单栏　图 6-15 所示是菜单栏，各菜单的主要功能如下：

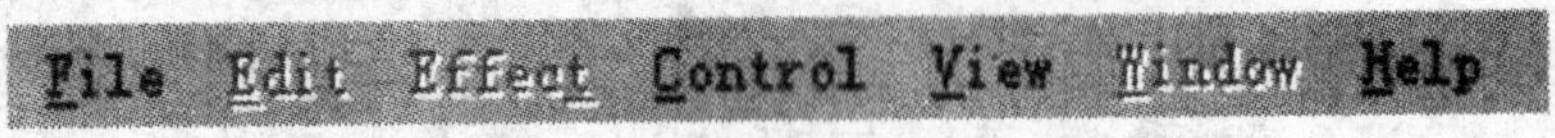

File　Edit　Effect　Control　View　Window　Help

图 6-15　Ulead Audio Editor 的菜单栏

1）File 菜单。提供波形文件的新建、存储、打开、打印以及音频信号设置等功能。

2）Edit 菜单。提供音频波形的编辑操作。

3）Effects 菜单。为波形文件添加效果。

4）Control 菜单。可以播放、录音、混音等。

5）View 菜单。改变工作环境。

6）Window 菜单。允许用户在打开多个波形文件后，对编辑窗口进行编排。

7）Help 菜单。提供使用 Ulead Audio Editor 帮助。

（3）工具栏　工具栏如图 6-16 所示，它包含了播放和编辑声波的所有按钮。

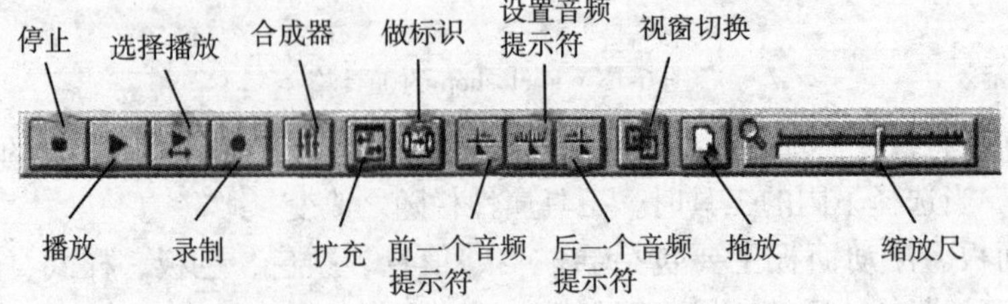

图 6-16　Ulead Audio Editor 的工具栏

本章小结

现代多媒体计算机技术的发展是人类20世纪最伟大的发明之一，它提供了一条把科学和艺术结合起来的道路。它将音乐、声音等组合起来，创造出无比神奇的效果，给人们带来感官上的享受。

本章讨论了多媒体技术领域的一些基础知识，包括多媒体及多媒体技术的概念和特点、多媒体计算机系统的组成、多媒体信息的数字化和压缩的原理和方法、多媒体信息的不同文件格式，以及从音频、视频等方面着手简要介绍了当今市场上比较流行的一些多媒体应用软件的特点和分类。

思 考 题

6-1 什么是多媒体？什么是多媒体技术？多媒体有哪些关键技术？

6-2 简述多媒体技术的应用，最好能结合实际，举出实例。

6-3 简述多媒体计算机系统的组成。与传统计算机系统相比，多媒体计算机系统有什么特点？

6-4 举例说明多媒体技术中数据压缩的重要性。

6-5 简述多媒体计算机获取声音的方法。

6-6 MPEG和JPEG两种压缩方法有哪些相同点？有哪些不同点？

6-7 什么是MP3音频文件？这种格式的文件有什么特点？列举两个常用的MP3播放软件。

6-8 常用的图形图像处理软件有哪些？

6-9 列出几个你所熟悉的音频、静态图像和视频文件格式。

6-10 说说你对多媒体、多媒体技术、多媒体应用的理解和体会。

第 7 章　计算机网络与安全技术

计算机网络技术是当今计算机科学中最为热门的发展方向。随着 21 世纪的到来，网络技术已经渗透到社会的各个领域，社会的发展与进步也越来越离不开计算机网络。Internet 技术的应用，更是给人们的生活方式和思维方式带来了极大的冲击。计算机网络是一个复杂的系统，是计算机技术和通信技术相互渗透、共同发展的产物。本章主要介绍计算机网络中的一些基本概念、原理等，同时介绍 Internet 的基本应用，最后介绍计算机网络安全的威胁和计算机病毒的防范措施。

7.1　计算机网络概述

信息社会化是计算机网络技术发展的必然。人们通过计算机网络来获取、存储、传输各种信息，并将它们广泛运用到工作、生活等各项活动中。互联网是信息传播的主要途径，它已经日益深入到国民经济各个部门和社会生活的各个方面，成为人们日常生活中必不可少的交流工具，学习和掌握计算机网络的基础知识和实用技术将为今后的学习和工作打下牢固的基础。

7.1.1　计算机网络的概念

计算机网络，是指将地理位置不同的具有独立功能的多台计算机及其外部设备，通过通信线路连接起来，在网络操作系统、网络管理软件及网络通信协议的管理和协调下，实现资源共享和信息传递的计算机系统。

计算机网络，通俗地讲就是由多台计算机（或其他计算机网络设备）通过传输介质和软件物理（或逻辑）连接在一起组成的。总的来说，计算机网络的组成基本上包括：计算机、网络操作系统、传输介质（可以是有形的，也可以是无形的，如无线网络的传输介质就是空气）以及相应的应用软件 4 部分。具体可以从以下几方面来理解：

1）两台或两台以上的计算机相互连接起来才能构成网络。网络中的各个计算机具有独立功能，既可以联网工作，也可以脱离网络独立工作。

2）计算机之间的通信需遵循某些约定和规则，即网络协议。网络协议是计算机网络工作的基础。

3）网络中的计算机之间相互进行通信，还需要有一条通道以及必要的通信设备。通道是指网络传输介质；通信设备是指在计算机与通信线路之间按照一定通信协议传输数据的设备。

4）计算机网络的主要目的是实现资源共享，使用户能够共享网络中的所有硬件、软件和数据资源。

7.1.2　计算机网络的功能

为什么要把多台计算机连接成一个计算机网络？计算机网络主要为用户提供了哪些功

能？计算机网络的功能可以概括为以下4个方面：

（1）资源共享　资源包括硬件、软件和数据。硬件包括各种处理器、存储设备、输入/输出设备等，可以通过计算机网络实现这些硬件的共享，如打印机、处理器和硬盘空间等；软件包括操作系统、应用软件和驱动程序等，可以通过计算机网络实现这些软件的共享，如多用户的网络操作系统、应用程序服务器；数据包括用户文件、计算机配置文件、数据文件等，可以通过计算机网络实现这些数据的共享，如通过网络邻居复制文件、通过网络数据库共享资源，使计算机系统发挥最大的作用，同时节省成本、提高效率。

（2）数据传输　这里的数据指的是数字、文字、声音、图像、视频信号等媒体所存储的信息的计算机表示。在计算机世界里，一切事物都可以用0和1这两个数字表示出来。计算机网络使得各种媒体信息通过一条通信线路从甲地传送到乙地。数据传输是计算机网络各种功能的基础，有了数据传输，才会有资源共享，才会有其他的各种功能。

（3）协调负载　在有多台计算机的环境中，这些计算机需要处理的任务可能不同，经常有忙闲不均的现象。有了计算机网络，可以通过网络调度来协调工作，把“忙”的计算机的部分工作交给“闲”的计算机去做。还可以把庞大的科学计算或信息处理题目交给几台联网的计算机协调配合来完成。分布式信息处理、分布式数据库等应用只有依靠计算机网络才能实现协调负载，提高效率。在有些科研领域，只有借助计算机网络的协调负载才能使得一些计算处理任务繁重的工作能够完成。

（4）提供服务　有了计算机网络，才有了现在风靡全球的电子邮件、网上电话、网络会议、电子商务等，它们给人们的生活、学习和娱乐带来了极大的方便。有了网络，使得实时控制系统有了备用和安全保证，使得军事设施在遭到敌方打击时指挥系统保持畅通无阻。最大的计算机网络——互联网就是冷战时期的产物，用它能够解决可靠性问题，并为计算机用户带来很大的便利。网络新技术层出不穷，不断有新的服务使人们从中受益。

以上介绍的是计算机网络的一般功能，只是一个描述性的介绍。所有计算机网络的功能都会是以上4种功能中的一种或几种。具体的计算机网络可能各有不同的功能，要实现具体功能读者还需查阅相关书籍。

7.1.3　计算机网络分类

虽然网络类型的划分标准各种各样，但是从地理范围划分是一种大家都认可的通用网络划分标准。按照这种标准可以把网络划分为局域网、城域网、广域网和互联网4种类型。下面简要介绍这几种计算机网络。

（1）局域网（Local Area Network，LAN）　局域网是最常见、应用最广的一种网络。现在局域网随着整个计算机网络技术的发展和提高得到充分的应用和普及，几乎每个单位都有自己的局域网，有的甚至在家庭中建立起自己的小型局域网。所谓局域网，就是指在局部地区范围内的网络，它所覆盖的地区范围较小。局域网在计算机数量配置上没有太多的限制，少的可以只有两台，多的可达几百台。一般来说，在企业局域网中，工作站的数量在几十台到200台之间。局域网涉及的地理距离，一般来说可以是几米至10km，一般位于若干建筑物或一个单位内。

局域网的特点是：连接范围小、用户数少、配置容易、连接速率高。目前局域网最快的速率是10GB以太网。IEEE的802标准委员会定义了多种主要的局域网：以太网（Ethernet)、令牌环网（Token Ring)、光纤分布式接口网络（FDDI)、异步传输模式网（ATM）以及最新的无线局域网（WLAN)。

（2）城域网（Metropolitan Area Network，MAN） 城域网一般来说是在一个城市，但不在同一地理范围内的计算机互联。这种网络的连接距离可以在10～100km，它采用的是IEEE802.6标准。城域网与局域网相比扩展的距离更长，连接的计算机数量更多，在地理范围上可以说是局域网的延伸。在一个大型城市或都市地区，一个城域网通常连接着多个局域网，如连接政府机构、医院、电信部门、各公司企业的局域网等。由于光纤连接的引入，使城域网中高速的局域网互联成为可能。

（3）广域网（Wide Area Network，WAN） 广域网也称为远程网，所覆盖的范围比城域网更广。它一般是在不同城市之间的局域网或者城域网互联，地理范围可从几百公里到几千公里。因为距离较远，信息衰减比较严重，所以这种网络一般要租用专线，通过接口信息处理协议和线路连接起来，构成网状结构，解决循径问题。城域网因为所连接的用户多，总出口带宽有限，所以用户的终端连接速率一般较低，通常为4～100MB。目前，中国联通、中国电信等主流的网络服务提供商都提供这种广域网接入服务。

（4）互联网（Internet） 在互联网应用如此发达的今天，它已经成为我们每天都要打交道的一种网络，无论从地理范围，还是从网络规模来讲都是最大的一种网络。从地理范围来说，它可以是全球计算机的互联。互联网最大的特点就是不定性，整个网络的计算机数量每时每刻随着人们的接入和断开在不断地变化。当计算机接入互联网时，就算是互联网的一部分，但一旦断开与互联网的连接，便不再属于互联网了。但它的优点也是非常明显的，就是信息量大、传播广，无论我们身处何地，只要能上互联网，就可以对任何可以的联网用户发送信息。因为互联网的复杂性，所以其实现的技术也非常复杂，这一点可以通过后面要介绍的几种互联网接入设备详细地了解。

上面介绍了网络按地理范围划分的几种分类。其实在现实生活中还有很多种分类，如按通信介质可分为有线网和无线网；按网络拓扑结构可分为总线型网络、星形网络、环形网络和树形网络等；按传输带宽可分为基带网和宽带网等，不再一一详细介绍。

7.2 数据通信基础

数据通信技术是构成现代计算机网络的重要基石之一。随着计算机网络的发展，计算机技术与数据通信技术融为一体，密不可分。数据通信系统一般由数据传输设备、传输控制设备和传输控制规程及通信软件组成。这里简单介绍一些有关数据通信的基本知识，以便于更好地理解计算机网络。

7.2.1 数据通信的基本概念

为了使读者对数据通信有一个概括的了解，首先介绍一下和数据通信相关的基本概念。

（1）数据通信 是指依照通信协议，利用路由数据传输技术在两个功能单元之间传递数据信息。

（2）数据 指被传输的二进制代码。

（3）信息 是数字、字母和符号的组合。信息的载体可以包含语音、音乐、图形图像、文字和数据等多种媒体。信息在传递过程中通常用二进制代码表示（如ASCII码）。

（4）信号　是数据在传输过程中的表示形式，有模拟信号和数字信号两种。在通信系统中，数据以模拟信号（波形连续变换的电信号）或数字信号（离散信号）的形式由一端传输到另一端。

（5）模拟通信系统　指传输模拟信号的系统。

（6）数字通信系统　指传输数字信号的系统。

（7）数字信号编码　是将二进制数字数据用两个不同的电平值或电压极性来表示，形成矩形脉冲电信号。常用的数字信号编码如图7-1所示，常用的方法有：

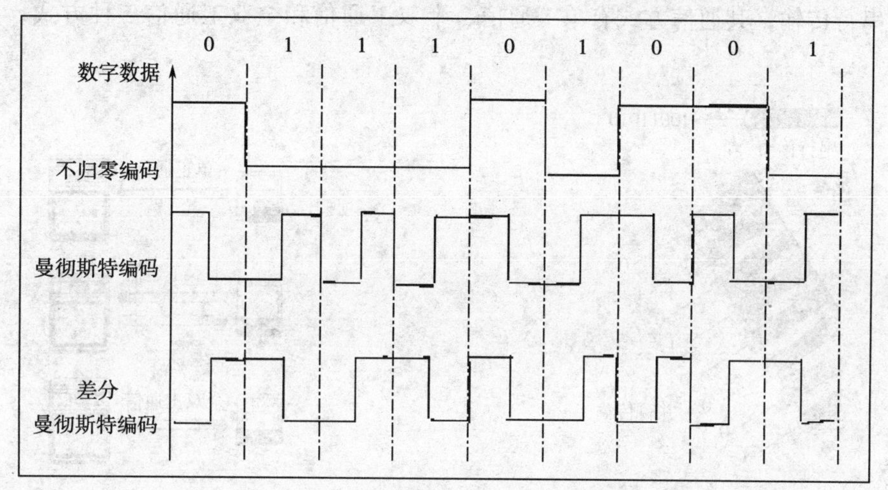

图7-1　常用的数字信号编码

1）不归零编码。信号电平一次反转代表0，电平不变化表示1，并且在表示完一个码元后，电压不需要回到0。

2）曼彻斯特（Manchester）编码。将每个码元分为前后两个相等的部分，当前半部分为高电平、后半部分为低电平时代表1，反之代表0。

3）差分曼彻斯特编码。差分曼彻斯特编码是对曼彻斯特编码的改进。其特点是码元中间的电平跳变仅作为时钟，用于信号传输的同步。用每个码元开始边界是否发生跳变来决定值（与前一码元后半部分电平相比较），有跳变为0，无跳变为1。

（8）基带与宽带　所谓基带，就是电信号所固有的基本频率。简单来说，基带就是将全部介质带宽分配给一个单独的信道，直接用两种不同的电压来表示数字信号0与1。当传输系统直接传输基带信号时，则称之为基带传输。

宽带是指比音频带宽更宽的频带，它包括了大部分电磁波频谱。使用这种宽频带进行信息传输的系统，称为宽带传输系统。宽带传输数据速率为0～400Mbit/s，常用的是5～100Mbit/s。

7.2.2　数据传输方式

1. 并行传输与串行传输

在数据通信中，数据以什么方式传输，关系到通信设备的选择。数据传输的方式可分为并行传输与串行传输两种。

并行传输是以字符为单位一个字节一个字节地传送，即在多条线路上同时传输一组比特位，如图7-2所示。在单位时间内并行传输传送的信息量比串行传输提高了几倍，但它需要多条传输线路，传输设备的费用也就相应提高，所以并行传输适于近距离传输。

串行传输就是以比特（bit）为单位，按照字符所包含的比特位的顺序，一位接一位地传送，到达目的地后，通信接收装置将串行比特流还原成字符，如图7-2所示。串行传输虽然速度较慢，但在发送端和接收端之间只需要一根传输线，因而造价便宜，适用于长距离传输数据。在计算机网络中普遍采用串行传输方式。

对于串行传输，其通信方式有单工通信、半双工通信和全双工通信三种方式，如图7-3所示。

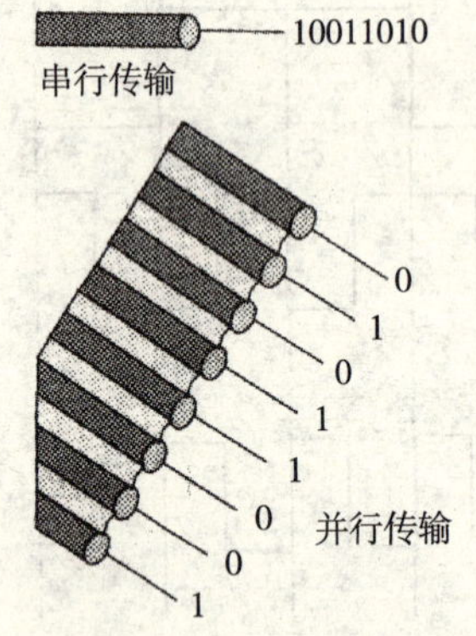

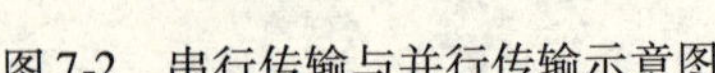

图7-2 串行传输与并行传输示意图

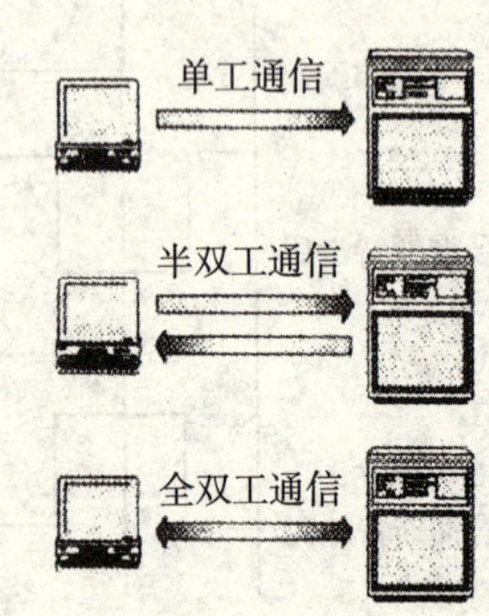

图7-3 串行传输通信方式示意图

（1）单工通信 发送端负责发出信息，接收端接收信息，信息流是单方向且不能改变，适用于一些简单的通信。例如，显示器、打印机的工作过程，无线电广播等都属于此类通信方式。

（2）半双工通信 通信双方都可以发送和接收信息，但不能同时双向进行。例如，双向无线电对讲设备，可以发送信息，也可以接收信息，但必须轮流进行。

（3）全双工通信 通信双方可同时收、发信息，双向传送。

在计算机内部的数据通信通常以并行传输方式进行。用于并行传输的数据线叫做总线，总线的位数取决于并行的数据位。例如，能并行传输32位的数据线就叫做32位总线。计算机之间的通信通常使用全双工方式。

2. 数据同步技术

（1）异步传输 异步传输是以字符为单位的数据传输。在每个发送的字符前加入一个起始位，后面插入一个（或两个）停止位，以便接收设备将自己的内部时钟与发送端的计时设置同步。起始位的编码值为0，停止位的编码值为1。当没有数据发送时，发送器就连续发出停止码1，接收器根据从1至0的跳变来识别一个新字符的开始。

异步传输要附加发送起止位，所以传输效率有所损失。但是由于每个字符是独立的，故可以以不同的速率发送，因而叫异步传输。

（2）同步传输 同步传输是以数据块为单位的数据传输。在每一个数据块的开始处和结束处各附加一个或多个特殊的字符或比特序列，用于标记数据块。这些组合称为帧。接收端接收到同步脉冲序列后，根据同步脉冲来确定数据的起始与终止，从而实现发送端信号和接收端信号同步的目的。

7.2.3　数据交换技术与差错控制

1. 数据交换技术

交换是网络中实现数据传输的一种手段。数据从信源到信宿的传输过程中，采用的交换技术可分为线路交换和存储转发交换两大类。常使用以下三种交换方法：

（1）线路交换　线路交换是一种直接交换方式。在数据传输期间，发送点与接收点之间构成一条实际连接的专用物理线路。线路交换的通信过程分为线路建立、数据传输和线路释放三个阶段。在数据传输的全部时间内用户始终占用端到端的通路，数据传输速度快，但线路利用率较低。

（2）报文交换　在通信技术中，将需要传输的整块数据加上控制信息后称为报文。报文主要包括报文的正文信息、收发控制信息（包括数据地址信息）等，报文长度不固定。

（3）分组交换　分组交换也称为包交换，它是现代计算机网络的技术基础。当一个主机向另一个主机发送数据时，首先将需要发送的数据划分成一个个平均大小且保持不变的小组作为传送的基本单位，在每一个数据段前加上收发控制信息，就构成了一个分组。每个分组都携带一些相关的目的地址信息和分组序号（报文中不用分组序号），系统根据分组中的目的地址信息，利用网络系统中数据传输的路径算法选择路由，确定分组的下一个节点并将数据发送到所确定的节点，分组数据被一步步传下去，直至目的计算机。到达目的地的分组数据，再根据分组序号被重新装配起来。

2. 通信服务形式

在计算机网络中，进行数据交换的通信服务形式可分为面向连接通信服务和无连接通信服务两种。

（1）面向连接通信服务　面向连接通信服务的整个过程可分为建立连接、数据传输和释放连接三个阶段。它的特点是所有的数据在一次连接中完成交换。可以借用日常生活中打电话的过程来说明面向连接通信服务。用户拨号过程为建立连接，电话可能拨通，也可能遇到忙音拨不通，若电话拨通则从主叫端到被叫端建立了一条物理通路，这个过程称为通信双方的握手。当电话接通后可开始通话，通话过程就是数据传输，通话结束后必须挂机。用户挂断电话的动作就是取消连接，释放这条物理通路。在面向连接通信服务中，到达目的站点的数据与发送时的顺序保持一致，这如同通话过程中按所讲的语句的先后顺序被对方听到一样。

面向连接通信服务和线路交换的许多特性很相似，因此面向连接服务在网络层中又被称为虚电路服务。

（2）无连接通信服务　无连接通信服务是指在两个实体间进行通信时，不需要事先建立好一个连接，即发送端和接收端的两个实体不需要同时处于活跃状态。当发送端的实体在发送时，它必须进入活跃状态。这时，接收端的实体不一定是活跃的。只有当接收端的实体正在进行接收时，它才必须是活跃的。

无连接通信服务只要在每一个发送的分组中携带完整的目的站点的地址信息，便可由分组独立地选择路由。在无连接通信时，由于每个分组独立地选择路由，所面临的网络状态和路由选择的策略不同，因此不能保证所有分组按发送顺序交付给目的站点的主机。这如同一群人分乘几辆出租车要到同一目的地，行驶路径由驾驶员自行决定，可能先发车的那辆车比后出发的出租车晚到。在分组传送过程中同样存在先发送的分组晚到的现象，故在目的节点机上需要根据分组号重新装配数据。

无连接服务的优点是灵活方便、迅速，但它不能防止报文的丢失、重复。

3. 差错控制

差错控制的核心是差错控制编码。差错控制编码的基本思想是通过对信息序列的某种变换，使原来彼此独立、没有相关性的信息码元序列产生相关性，接收端据此来检查和纠正传输序列中的差错。差错控制编码分检错码和纠错码两种。检错码是能够自动发现错误的编码；纠错码是既能够发现错误，又能自动纠正错误的编码。

检错码采用的基本策略只是在要发送的数据块上附加足够的冗余位，使接收端能够知道有错误发生，但不知道是什么样的差错，然后接收端发出重发请求，让发送端重发该数据块。纠错码采用的策略是在要发送的数据块上附加足够的冗余信息，使接收端能够推导出所发送的字符。在大多数情况下，采用检错码加重发可获得更高的效率。常用的检错码有奇偶校验码和循环冗余校验码。

（1）奇偶校验码　奇偶校验码以字符为单位进行校验。在发送的数据后加一位校验码，该位的取值根据所采用的校验方法由原始数据中1的个数的奇偶性决定。例如，传输的数据为1101001，采用偶校验，附加位为0，则发送的数据为11010010；采用奇校验，附加位为1，则发送的数据为11010011。接收方只要根据校验方法即可知道接收的数据是否有错。

（2）循环冗余校验（CRC）码　CRC采用多项式方法编码，把发送的数据看做一个多项式 $f(x)$ 的系数，在发送端用收发双方预先约定的生成多项式 $g(x)$ 去除 $f(x)$，得到余数多项式，将余数多项式系数加到发送的数据之后发送到接收端。在接收端用同样的生成多项式 $g(x)$ 去除接收到的数据多项式 $f(x)$，得到计算余数多项式。若计算余数多项式与传送余数多项式相同，则表示传输无误；否则表示传输有误，由发送端重发数据，直到正确为止。

7.3 计算机网络的组成

无论什么样的计算机网络，组成网络的基本拓扑结构、硬件和网络操作系统基本是一样的。因此，下面从计算机网络的拓扑结构、计算机网络的硬件组成和计算机网络操作系统等几方面介绍计算机网络的组成。

7.3.1 计算机网络的拓扑结构

拓扑结构是指一个网络的通信链路和节点的集合排列或物理布局。在计算机网络中，抛开网络中的具体设备，把工作站、服务器等网络单元抽象为“点”，把网络中的电缆等通信介质抽象为“线”，计算机网络结构就抽象为点和线组成的几何图形，人们称之为网络拓扑结构。

计算机网络的拓扑结构根据其几何形状可分为星形、总线型和环形结构，以及由以上三种类型的拓扑结构所衍生出来的混合型结构。

（1）星形拓扑结构　星形拓扑结构是指网络中所有节点都连接在一个中央集线设备上。

所有数据的传送以及信息的交换和管理都通过中央集线设备来实现。星形拓扑结构如图7-4所示。

在一个星形网络中，任何单根缆线只连接两个设备，如一个工作站和一个集线器。因此，若某段缆线出现问题，最多影响连接它的两个节点。其连接方式直接决定了它的优缺点。

星形拓扑结构的优点：

1）结构简单，连接方便，管理和维护都相对容易，而且扩展性强。

2）网络延迟时间较小，传输误差低。

3）在同一网段内支持多种传输介质，除非中心节点发生故障，否则网络不会轻易瘫痪。因此，星形拓扑结构是目前应用最广泛的一种网络拓扑结构。

星形拓扑结构的缺点：

1）安装和维护的费用较高。

2）共享资源的能力较差。

3）通信线路利用率不高。

4）对中心节点要求相当高，一旦中心节点出现故障，则整个网络将瘫痪。

（2）总线型拓扑结构　总线型拓扑结构采用单根传输线作为传输介质，所有的站点都通过相应的硬件接口直接连接到传输介质上，即总线。任何一个站点发送的信号都可以沿着传输介质传播，而且能被其他所有站点接受。总线型拓扑结构如图7-5所示。

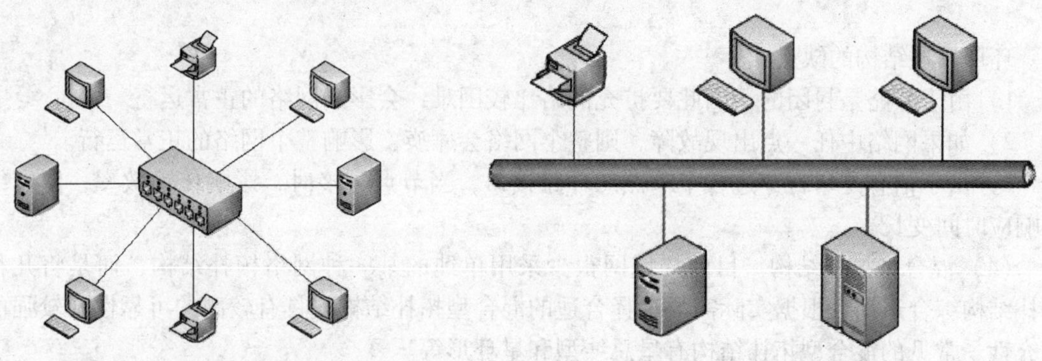

图7-4　星形拓扑结构　　图7-5　总线型拓扑结构

在总线型拓扑结构中，连接的线缆称为总线，终结器表示物理终点。当数据在总线上传输时，各节点在接收信息时都进行地址检查，看是否与自己的站点地址相符，若相符则接收该信息，当信号到达网络终点时终点器将结束信号。在总线型拓扑结构网络中，如果接入的计算机数量较多，那么网络速度会明显下降。

总线型拓扑结构的优点：

1）结构简单，组网容易，网络扩展方便。

2）线缆长度短，易于布线和维护。

3）传输速率高，可达1～100Mbit/s。

4）多个节点共用一条传输信道，信道利用率高。

总线型拓扑结构的缺点：

1）故障检测需要在网络中的各个站点上进行。

2）在扩展总线的干线长度时，需重新配置中继器、剪裁线缆、调整终端器等。

3）一个节点出现故障可能导致整个网络不通，因此可靠性不高。

（3）环形拓扑结构　环形拓扑结构是由连接成封闭回路的网络节点组成的，每一个节点与它左右相邻的节点连接。环形拓扑结构如图7-6所示。

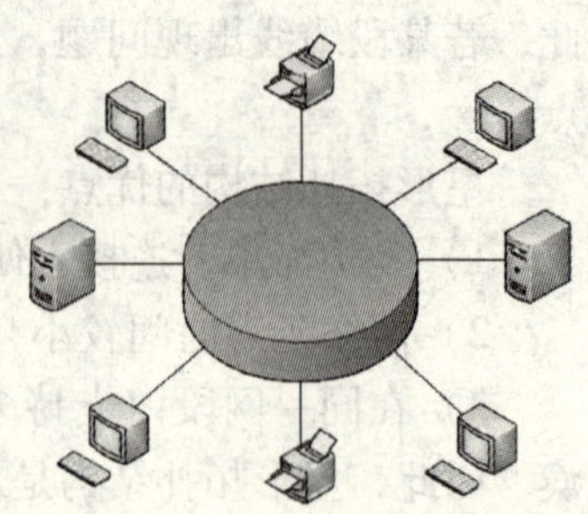

图7-6　环形网络拓扑结构

在环形网络中传递着一个叫做令牌的特殊信息包，只有得到令牌的工作站才可以发送信息。当发送信息的工作站获得令牌后，就发送信息包。信息包在环网中“流走”一圈，当信息包经过目标站时，目标站根据信息信息包中的目标地址判断自己是否为接收站，如果是就把信息复制到自己的接收缓冲区中。最后，发送站点将发送的信息包回收，释放令牌信息包，让其他站点发送信息。

环形拓扑结构的优点：

1）线缆长度短，节约费用。

2）数据流在网络中是沿着固定方向流动的，两个节点之间仅有唯一的通道，大大简化了路径选择的控制。

3）环形网络中的每个节点都拥有相同的访问权，所以在整个网络中数据不会出现冲突。

环形拓扑结构的缺点：

1）由于环路是封闭的，因此要扩充网络比较困难，会影响网络的正常运行。

2）如果网络中任一点出现故障，则整个网络会瘫痪，影响整个网络的正常运行。

3）由于信息是串行穿过各个节点的环路接口，当节点过多时，影响传输效率，使网络的响应时间变长。

（4）混合型拓扑结构　目前局域网很少采用单纯的某一种网络拓扑结构，而是将几种拓扑结构综合运用。根据实际需要选择合适的混合型拓扑结构，具有较高的可靠性和较强的扩充性。常见的混合型拓扑结构有星总线型和星环形等。

1）星总线型。星总线型拓扑结构是将星形拓扑和总线型拓扑结合起来的一种拓扑结构，即网络的主干线采用总线型拓扑结构，而在非主干线上采用星形拓扑结构，通过集线器将其结合起来。在这种网络拓扑结构中，只要主干线不出现故障，任何一个节点出现故障都不会影响网络的正常运行。

2）星环形。星环形拓扑结构是星形拓扑结构与环形拓扑结构混合而成的。这种网络结构布局与星形网络很相似，但是中央集线器采取了环形方式，外层集线器可以连接内部集线器，从而有效地扩展了内总环的循环范围。采用星环形拓扑结构，还可以将环中的任意一个节点和整个网络剥离开，从而方便故障的诊断和隔离。

7.3.2　计算机网络硬件组成

计算机网络是由两个或多个计算机通过特定通信模式连接起来的一组计算机，完整的计算机网络系统是由网络硬件系统和网络软件系统组成的。

组成计算机网络的硬件一般有：①网络服务器；②网络工作站；③网络适配器，又称为网络接口卡或网卡；④连接线，学名“传输介质”或“传输媒体”，主要是电缆或双绞线，还有不常用的光纤。如果要扩展局域网的规模，就需要增加通信连接设备，如调制解调器、集线器、交换机和路由器等。把这些硬件连接起来，再安装上专门用来支持网络运行的软件，包括系统软件和应用软件，那么一个能够满足工作或生活需求的计算机网络也就建成了。下面分别介绍计算机网络的各主要硬件。

1. “服务提供者”——服务器

服务器（Server）是一台高性能的计算机，用于网络管理、运行应用程序、处理各网络工作站成员的信息请示等，并连接一些外部设备，如打印机、CD-ROM、调制解调器等。根据其作用的不同分为文件服务器、应用程序服务器和数据库服务器等。Internet 网管中心就有 WWW 服务器、FTP 服务器等各类服务器。

广义上的服务器是指向其他计算机上的客户端程序提供某种特定服务的计算机或是软件包。这一名称可能指某种特定的程序，如 WWW 服务器，也可能指用于运行程序的计算机。一台单独的服务器上可以同时有多个服务器软件包在运行，也就是说，它们可以向网络上的客户提供多种不同的服务。

2. “坐享其成者”——工作站

工作站（Workstation）也称客户机，由服务器进行管理和提供服务的、连入网络的任何计算机都属于工作站，其性能一般低于服务器。个人计算机接入 Internet 后，在获取 Internet 服务的同时，其本身就成为一台 Internet 上的工作站。网络工作站需要运行网络操作系统的客户端软件。

3. “计算机的哨卡”——网卡

网卡也称网络适配器、网络接口卡（Network Interface Card，NIC），在局域网中用于将用户计算机与网络相连，大多数局域网采用以太（Ethernet）网卡，如 NE2000 网卡、PCM-CIA 卡等。

网卡的工作原理与调制解调器的工作原理类似，只不过在网卡中输入和输出的都是数字信号，传送速度比调制解调器快得多。

网卡的接口有三种规格：粗同轴电缆接口（AUI 接口）、细同轴电缆接口（BNC 接口）和无屏蔽双绞线接口（RJ-45 接口）。一般的网卡仅有一种接口，但也有两种甚至三种接口的，称为二合一或三合一卡。网卡接口旁边的红、绿小灯是网卡的工作指示灯，红灯亮时表示正在发送或接收数据，绿灯亮则表示网络连接正常，否则就不正常。值得说明的是，倘若连接两台计算机的线路长度大于规定长度（双绞线为 100m，细电缆为 185m），即使连接正常，绿灯也不会亮。

4. “信号的加油站”——中继器和集线器

要扩展局域网的规模，就需要用通信线缆连接更远的计算机设备，但当信号在线缆中传输时会受到干扰，产生衰减。如果信号衰减到一定的程度，信号将不能被识别，计算机之间就不能通信了。因此，必须使信号保持原样进行传播才有意义。

中继器（Repeater）用于连接同类型的两个局域网或延伸一个局域网。当安装一个局域网而物理距离又超过了线路的规定长度时，就可以用中继器进行延伸；中继器也可以收到一个网络的信号后将其放大发送到另一个网络，从而起到连接两个局域网的作用。

集线器又称为HUB，是一种集中完成多台设备连接的专用设备，提供检错能力和网络管理等功能。HUB有三种类型：对被传送数据不做任何添加的Passive HUB，称为被动集线器；能再生信号、监测数据通信的Active HUB，称为主动集线器；能提供网络管理功能的Intelligent HUB，称为智能集线器。

5. "网络间的关卡"——网桥、路由器和网关

网桥（Bridge）也是用来连接网络分支的，但网桥多了一个"过滤帧"的功能。一个网络的物理连线距离虽然在规定范围内，但由于负荷很重，可以用网桥把一个网络分割成两个网络。这是因为网桥会检查帧的源地址和目的地址，如果这两个地址都在网桥的同一半，那么这个帧就不会发送到网桥的另一半，这就可以降低整个网络的通信负荷，这个功能就叫做"过滤帧"。

假如需要连接两种不同类型的局域网，那就要使用路由器（Router）了，它可以连接遵守不同网络协议的网络。路由器能识别数据的目的地址所在的网络，并能从多条路径中选择最佳的路径发送数据。如果两个网络不仅网络协议不同，而且硬件和数据结构都大相径庭，那么就得使用网关（Gateway）了。不过，这两个硬件在一般的局域网中几乎是派不上用场的。

6. "信号传输的道路"——传输媒体

网络电缆用于网络设备之间的通信连接。常用的网络电缆有双绞线、细同轴电缆、粗同轴电缆、光缆等。此外，计算机网络还使用无线传输媒体（包括微波、红外线和激光）、卫星线路等传输媒体。

7. "坚强的后盾"——不间断电源

不间断电源（Uninterruptible Power System）英文名称的缩写是UPS，它伴随着计算机的诞生而出现，是计算机常用的外部设备之一。实际上，UPS是一种含有储能装置，并以逆变器为主要组成部分的恒压恒额的不间断电源。

UPS在其发展初期，仅被视为一种备用电源。后来，由于电压浪涌、电压尖峰、电压瞬变、电压跌落、持续过电压或者欠电压甚至电压中断等电网质量问题，使计算机等设备的电子系统受到干扰，造成敏感元器件受损、信息丢失、磁盘程序被破坏等严重后果，给人们带来巨大的经济损失。因此，UPS日益受到重视，并逐渐发展成一种具备稳压、稳频、滤波、抗电磁和射频干扰、防电压浪涌等功能的电力保护系统。目前在市场上可以购买到种类繁多的UPS电源设备，其输出功率从500VA到3000kVA不等。

配备UPS的主要目的是防止由于突然停电而导致计算机丢失信息和破坏硬盘，但有些设备工作时并不害怕突然停电，如打印机等。为了节省UPS的能源，打印机可以考虑不必经过UPS。如果是网络系统，可考虑UPS只供电给主机（或者服务器）及其有关设备。这样可保证UPS既能够用到最重要的设备上，又能节省投资。

7.3.3 计算机网络操作系统

网络操作系统（Network Operating System，NOS）是网络的心脏和灵魂，是向网络计算机提供服务的特殊的操作系统。它在计算机操作系统下工作，使计算机操作系统增加了网络操作所需的能力。例如，当在LAN上使用字处理程序时，用户PC操作系统的行为就像在没有构成LAN时一样，这正是LAN操作系统软件管理了用户对字处理程序的访问。网络操作系统运行在称为服务器的计算机上，并由联网的计算机用户共享，这类用户称为客户。

网络操作系统是运行在工作站上的单用户操作系统或多用户操作系统，由于提供的服务类型不同而有差别。一般情况下，网络操作系统是以使网络相关特性达到最佳为目的的，如共享数据文件、软件应用，以及共享硬盘、打印机、调制解调器、扫描仪和传真机等。一般计算机的操作系统，其目的是让用户与系统及在此操作系统上运行的各种应用之间的交互作用达到最佳。

网络操作系统的功能及特点如下：

1）允许在不同的硬件平台上安装和使用，能够支持各种网络协议和网络服务。

2）提供必要的网络连接支持，能够连接两个不同的网络。

3）提供多用户协同工作的支持，具有多种网络设置、管理的工具软件，能够方便地完成网络的管理。

4）具有很高的安全性，能够进行系统安全性保护和各类用户的存取权限控制。

下面介绍几个常见的网络操作系统。

（1）Microsoft Windows NT4. 0/2000/2003　微软公司的这三种网络操作系统主要面向应用处理领域，特别适合于客户机/服务器模式，目前在数据库服务器、部门级服务器、企业级服务器、信息服务器等应用场合上广泛使用。由于它们和微软公司的 Windows98/2000/XP 一脉相承，加上操作方便，安全性、可靠性也在不断增强，所以这三种操作系统所占市场份额相对较大。

（2）UNIX　UNIX 适合于大型服务器操作系统。UNIX 在本质上可以有效地支持多任务和多用户工作，适合在 RISC 等高性能平台上运行。由于 UNIX 提供了最完善的 TCP/IP 支持，稳定性和安全性较高，所以目前互联网中较大型的服务器的操作系统基本都是采用 UNIX。现在风头正劲的 Linux 就是 UNIX 的一种。

（3）Novell Netware　Novell Netware 的文件服务与目录服务功能相当出色，所以在 Novell 公司推出 Netware 3. XX 版本以后，就占领了大部分以文件服务和打印服务为主的服务器市场。但由于微软公司的 NT 系列的性能不断增强，现在 Novell Netware 的影响力有所下降。

7.4　计算机网络体系结构和网络协议

计算机网络是各类终端设备通过通信线路连接起来的一个复杂的系统，在这个系统中，由于计算机型号不一、终端类型各异，并且连接方式、同步方式、通信方式及线路类型等都有可能不一样，这就给网络通信带来一定的困难。要做到各设备之间有条不紊地交换数据，所有设备必须遵守共同的规则，这些规则明确地规定了数据交换时的格式和时序。这些为进行网络中数据交换而建立的规则、标准或约定，就称为网络协议。

一个完整的网络需要一系列网络协议构成一套完整的网络协议集，大多数网络在设计时，是将网络划分为若干个相互联系而又各自独立的层次，然后针对每个层次及每个层次间的关系制定相应的协议。这样可以减少协议设计的复杂性。像这样的计算机网络层次结构模型及各层协议的集合称为计算机网络体系结构。

层次结构中每一层都是建立在前一层基础上的，低层为高层提供服务，上一层在实现本层功能时会充分利用下一层提供的服务。但各层之间又是相对独立的，高层无需知道低层是如何实现的，仅需知道低层通过层间接口所提供的服务即可。当任何一层因技术进步发生变化时，只要接口保持不变，其他各层都不会受到影响。当某层提供的服务不再需要时，甚至可以将这一层取消。

网络技术在发展过程中曾出现过多种网络体系结构，没有统一的网络体系结构标准，不能适应信息社会日益发展的需要。若要实现更大范围的信息交换与共享，把不同体系结构的计算机网络互联起来将十分困难。因而计算机网络的发展在客观上提出了网络体系结构标准化的需求。

在此背景下，国际标准化组织（International Standards Organization，ISO）在1979年正式颁布了一个称为开放系统互连基本参考模型（Open Systems Interconnection/Reference Module，OSI/RM）的国际网络体系结构标准，这是一个定义连接异构计算机的标准体系结构。

7.4.1 ISO/OSI参考模型

OSI参考模型是一个描述网络层次结构的模型，它最大的特点是：不同厂家的网络产品，只要遵照这个参考模型，就可以实现互联。也就是说，任何遵循OSI标准的系统，只要物理上连接起来，它们之间就可以互相通信。OSI参考模型定义了开放系统的层次结构和各层所提供的服务。它的一个成功之处在于，清晰地分开了服务、接口和协议这三个容易混淆的概念：服务描述了每一层的功能，接口定义了某层提供的服务如何被高层访问，而协议是每一层功能的实现方法。OSI将网络划分为7个层次，如图7-7所示。

应用层（Application Layer）
表示层（Presentation Layer）
会话层（Session Layer）
传输层（Transport Layer）
网络层（Network Layer）
数据链路层（Data Link Layer）
物理层（Physical Layer）

图7-7 OSI参考模型

下面分别简要说明各层的功能和主要内容。

（1）物理层 物理层是OSI模型的最低层，其主要功能是实现物理链路上相邻节点之间的信息传输。该层将比特级的信息一位一位地从一个系统经物理通道送往另一个系统，实现两个系统间的物理通信。在OSI模型中，只有物理层通信是真正的通信，其他各层均为虚拟通信。物理层实际上是设备之间的物理接口，它提供物理硬件的连接。OSI参考模型中并未定义实际的物理层协议，具体的物理层协议有EIA组织指定的RS-232C协议、CCITT的X.21协议等。

（2）数据链路层 数据链路层的主要功能是在物理层提供的服务的基础上，在相邻节点之间提供点对点的简单可靠的通信链路，传输数据以帧为单位，同时它还负责数据链路的流量控制和差错控制。

发送方把数据分组，加上报头和报尾，形成一个数据帧作为链路上的数据单元来传送。报头含有控制信息；报尾装有循环冗余校验码，可以进行数据帧在传输过程中的差错校验。接收端发现有错误时，给发送端发出错误信号，发送端重发原来的数据帧。当由于信息干扰或其他原因发送端没有及时得到接收端的响应时，发送端也会重发原来的数据帧。

数据链路层为上一层提供的主要服务是差错检测和控制。数据链路协议有BSC、HDLC及X.25帧协议等。

（3）网络层 网络层的主要功能是完成网络中主机间的数据分组（对数据按固定大小进行划分，划分后形成的一组数据称数据包或分组）传输，其关键问题是使用数据链路层的服务，将每一个分组从发送端传输到接收端。具体任务是进行路由选择、拥塞控制和网络互联。网络协议主要是确定节点与通信子网接口的标准，以及路径选择及流量控制等问题。

（4）传输层 传输层为主机间提供端对端的传送服务，使主机隔离开通信子网的具体特性，为不同进程的数据交换提供可靠的传送手段。传输层的基本功能是从它的上一层（会话层）接收数据，在必要时将它们划成较小的单元，传递给它的下一层（网络层），并确保到达对方的各段信息正确无误。传输层使会话层不受网络层技术变化的影响，为双方主机间通信提供了透明的数据通道。传输层协议的大小及复杂程度与网络层的质量有关。无论网络层提供何种服务，传输层都保证数据的传送是无差错的、按顺序的、无丢失或重复的。此外，传输层还可以根据上层用户提出的传输连接请求，为其建立具有数据分流或线路复用功能的一条或多条网络连接。

从本层起向上各层均称为“高层”。高层协议均为端到端协议，它们所使用的数据单位统称为报文。

（5）会话层 会话层的功能是在不同的计算机之间提供会话进程的通信。例如，建立、管理和拆除会话进程，进行会话连接管理、会话数据交换，提供同步与活动等。会话层是OSI七层模型中最“薄”的一层，功能很少，在有些网络中甚至省略了这一层。

（6）表示层 表示层的主要功能是处理通信进程之间交换数据的表示方法，包括代码转换、文件格式变换、信息格式变换、终端特性转换、数据的压缩/再现、数据的加密/解密等。在不同的计算机中，用户使用的数据可能有不同的表示方法，如人名、日期和货币单位等。为了便于信息的相互理解，需要定义一种抽象的数据语法来表示各种数据类型和数据结构，并以某种编码形式来传送。表示层即负责这种抽象数据表示与实际数据表示之间的变换工作。表示层以下各层关心的是可靠传送数据的问题，而表示层关心的是它传送的信息的语法及语义问题。

（7）应用层 应用层也称为用户层，是OSI参考模型的最高层，直接面向用户，主要作用是负责管理应用程序之间的通信。应用层为用户提供最直接的服务，包括虚拟终端、文件传输、事务处理、电子邮件、网络管理等。应用层还为用户提供网络服务所需的应用协议，较普遍的如文件传送、存取和管理协议、虚拟终端协议、电子邮件协议、网络管理以及其他通用及专用协议等。

OSI参考模型研究的初衷是希望为网络体系结构与协议的发展提供一个国际标准，但事实上这一目标并没有达到。而Internet的飞速发展使Internet所遵循的TCP/IP参考模型得到了广泛的应用，成为事实上的网络体系结构标准。TCP/IP参考模型也是一个开放模型，能很好地适应世界范围内数据通信的需要。

7.4.2 TCP/IP

1. TCP

Internet是全球性的计算机网络，其中运行着众多不同规模、不同类型的网络，各个网络中的计算机从大型机到微型机多种多样，这些计算机运行在不同的操作系统下，使用不同的软件。在这样一个复杂的系统中，如何保证Internet能够正常工作？不同网络之间如何能准确通信呢？这就像世界上有很多国家，各个国家的人说各自的语言，那么世界上任意两个人要怎样做才能互相沟通呢？设想，如果全世界的人都能说同一种语言（即世界语），那问题不就解决了吗？Internet 也有自己的“世界语”，那就是 TCP/IP。

TCP/IP 是 Internet 所使用的基本通信协议，TCP（Transmission Control Protocol）是传输控制协议，IP（Internet Protocol）是网间协议。TCP/IP 是一个 Internet 协议簇，并不单单指 TCP 和 IP，实际上它包括上百个各种功能的协议，如远程登录、文件传输和电子邮件等，而 TCP 和 IP 是保证数据完整传输的两个基本的重要协议，其中 TCP 用于在应用程序之间传递数据，IP 用于在主机之间传送数据。

TCP/IP 分为以下 4 层：

（1）网络接口层　负责接收从互联网层提交来的数据包，并将数据包通过物理网络发送出去，或者从物理网络上接收物理帧，抽出数据包，递交给互联网层。

（2）互联网层　负责相邻计算机间的数据传送，主要是处理来自传输层的数据发送请求，处理输入数据包，处理网络的流量控制、路径拥塞等问题。

（3）传输层　提供端到端的通信，解决不同应用程序的识别问题，提供可靠传输。

（4）应用层　向用户提供常用的应用程序，如文件传输、电子邮件、远程登录等。

2. IP 地址

（1）IP 地址的概念　接入 Internet 的计算机如同接入电话网的电话，每台计算机应有一个由授权机构分配的唯一号码标识，这个标识就是 IP 地址。IP 地址是 Internet 上主机地址的数字形式，每个 IP 地址由 4 个整数组成，每两个整数之间用点隔开，如 202.112.10.65。IP 地址的每一个整数都不能大于 256。

IP 地址由两部分组成：网络地址和收信主机（指网络中的计算机主机或通信设备，如路由器或网关等）地址。同一物理网络上的所有主机用同一个网络地址标识一个特定的网络，类似邮政系统中的邮政编码；收信主机地址则可标识出一个网络中某一特定主机，类似邮政系统中的街道和门牌号。将两者有机地结合起来就能准确地找到连接在互联网上的某一台计算机。

（2）IP 地址的等级与分类　根据网络规模和应用的不同，互联网委员会将 IP 地址分为 A、B、C、D、E 5 类，每类地址规定了网络地址、收信主机地址各使用多少位，也就定义了可能有的网络数目和每个网络中可能有的收信主机数。在以上 5 类 IP 地址中，A 类地址的最高位为 0，B 类地址的最高位为 10，C 类地址的最高位为 110，D 类地址的最高位为 1110，是保留的 IP 地址；E 类地址的最高位为 1111，是科研机构的 IP 地址。

下面介绍常用的 A、B、C 类地址。

1）A 类地址（见表 7-1）。高 8 位代表网络号，后 3 个 8 位代表主机号。IP 地址范围为 1.0.0.1 ~ 126.255.255.254。A 类地址的有效网络数为 126 个，每个网络能容纳 16777214 台主机。A 类地址用来支持超大规模网络。

2）B 类地址（见表 7-2）。前 2 个 8 位代表网络号，后 2 个 8 位代表主机号。IP 地址范围为 128.0.0.1 ~ 191.255.255.254。B 类地址的有效网络数为 16384 个，每个网络能容纳 65534 台主机。B 类地址用来支持大中型网络。

表 7-1　A 类地址

1 位	7 位	24 位
0	网络地址	主机地址

表 7-2　B 类地址

2 位	14 位	16 位
10	网络地址	主机地址

3）C类地址（见表7-3）。前3个8位代表网络号，低8位代表主机号，IP地址范围为192. 0. 0. 1 ~223. 255. 255. 254。C类地址的有效网络数为2097154，每个网络仅能容纳254台主机。C类地址一般用来支持小型网络。

表7-3 C类地址

3位	21位	8位
110	网络地址	主机地址

IP地址由国际组织按级别统一分配，用户在申请入网时可以获取相应的IP地址。

近年来，IPV4地址耗尽问题引起了越来越多的关注。根据最近预测，全球IPV4地址将在2010年前后分配完毕，届时互联网地址指派机构（IANA）将没有新的IPV4地址空间分配给5个地区性互联网注册机构（RIR）。随后RIR的地址池空间也会逐渐缩小以致枯竭，这标志着全球可用的IPV4地址资源将最终耗尽。

自20世纪80年代后期，研究人员就开始注意到了IPV4地址空间可能短缺这个问题，并提出了临时性应对方案。目前已有的补救方法包括：利用可变长子网掩码（VLSM）技术提高IP地址的利用率；重新回收利用分配出去但未被使用的IP地址；使用私有IP地址转换技术NAT节省公用地址的使用。以上方法并不能增加地址总数量，只能延缓IPV4地址耗尽的速度。因此，并不能从根本上解决IPV4地址耗尽的问题。

目前，向基于IPV6技术的下一代互联网过渡是解决IPV4地址耗尽问题的根本途径，已经成为国内外广泛的共识。因此，在7. 4. 3节将介绍IPV6的基础知识。

3. 域名管理系统

Internet由成千上万台计算机互联而成，为使网络上每台主机实现互访，Internet定义了IP地址作为每台主机的唯一标识。但数字IP地址不容易记忆，为了使IP地址便于用户的使用和记忆，同时也易于维护和管理，互联网建立了一种字符型主机命名机制，即域名管理系统（Domain Name System，DNS）。

DNS采用分层的命名方法，对网络上的每台计算机赋予一个直观的唯一性标识名，即域名。域名的结构为

计算机名 . 组织机构名 . 网络名 . 最高层域名

其中，最高层域名代表建立网络的部门、机构或网络所隶属的国家、地区。常见的最高层域名有com（商业系统）、edu（教育机构）、org（非盈利性组织机构）、gov（政府部门）、net（网络信息中心）、cn（中国）、uk（英国）等。

一般情况下，一个域名对应一个IP地址，这是域名与IP地址的一对一关系。但并不是每一个IP地址都有一个域名与之对应，对于不需要他人访问的计算机可以只有IP地址而没有域名；也有一个IP地址对应几个域名的情况。例如，"瑞得在线"网站主页的IP地址为168. 160. 233. 10，它有提供不同服务的3个域名，分别是www. r01. cn. net、www. r01. com. cn和www. readchina. com，使用IP地址和3个域名中的任何一个都可以找到该主页。

7. 4. 3 下一代互联网协议——IPV6技术

目前使用的第二代互联网IPV4技术，核心技术属于美国。它的最大问题是网络地址资源有限，从理论上讲，可编址1600万个网络、40亿台主机。但采用A、B、C三类编址方式

后，可用的网络地址和主机地址的数目大打折扣，以至目前的IP地址近乎枯竭。其中北美占有3/4，约30亿个，而人口最多的亚洲只有不到4亿个，中国只有3000多万个，只相当于美国麻省理工学院的数量。地址不足，严重地制约了我国及其他国家互联网的应用和发展。一方面是地址资源数量的限制，另一方面是随着电子技术及网络技术的发展，计算机网络将进入人们的日常生活，可能身边的每一样东西都需要连入全球互联网。在这样的环境下，IPV6应运而生。单从数字上来说，IPV6所拥有的地址容量是IPV4的约8×10^{28}倍，达到$2^{128}-1$个。这不但解决了网络地址资源数量的问题，同时也为除计算机外的设备连入互联网在数量限制上扫清了障碍。

1. 什么是IPV6

IPV6（Internet Protocol Version 6，互联网协议版本6）是网络层协议的第二代标准协议，也被称为IPNG（IP Next Generation，下一代互联网），它是IETF（Internet Engineering Task Force，Internet工程任务组）设计的一套规范，是IPV4的升级版本。IPV6和IPV4之间最显著的区别为：IP地址的长度从32bit增加到128bit。

如果说IPV4实现的只是人机对话，而IPV6则扩展到任意事物之间的对话，它不仅可以为人类服务，还将服务于众多硬件设备，如家用电器、传感器、远程照相机、汽车等，将是无时不在、无处不在地深入社会每个角落的真正的宽带网。而且它所带来的经济效益将非常巨大。

2. IPV6的特点与优势

（1）简化的报头和灵活的扩展　IPV6对数据报头作了简化，以减少处理器开销并节省网络带宽。通过将IPV4报文头中的某些字段裁减或移入到扩展报文头，减小了IPV6基本报文头的长度。IPV6使用固定长度的基本报文头，从而简化了转发设备对IPV6报文的处理，提高了转发效率。尽管IPV6地址长度是IPV4地址长度的4倍，但IPV6基本报文头的长度只有40B，为IPV4报文头长度（不包括选项字段）的2倍。图7-8为IPV4和IPV6基本报文格式的比较。

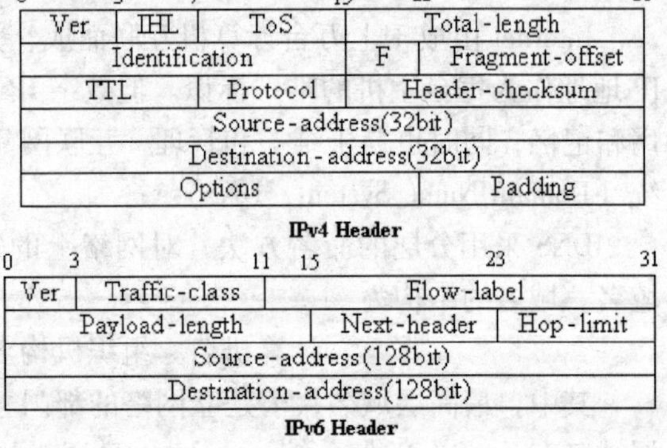

图7-8　IPV4和IPV6基本报文头格式比较

与此同时，IPV6还定义了多种扩展报头，这使得IPV6变得极其灵活，能提供对多种应用的强力支持，同时又为以后支持新的应用提供了可能。

（2）层次化的地址结构　IPV6将现有的IP地址长度扩大了4倍，由当前IPV4的32bit扩充到128bit，以支持大规模数量的网络节点。这样IPV6的地址总数就大约有3.4×10E38个。平均到地球表面上来说，每平方米将获得6.5×10E23个地址。IPV6支持更多级别的地址层次，IPV6的设计者把IPV6的地址空间按照不同的地址前缀来划分，并采用了层次化的地址结构，以利于骨干网路由器对数据包的快速转发。

（3）即插即用的联网方式　IPV6把自动将IP地址分配给用户的功能作为标准功能。只要计算机一连接上网络便可以自动设定地址。它有两个优点，一是最终用户不用再花费精力进行地址设定，二是可以大大减轻网络管理者的负担。IPV6有两种自动设定功能，一种是和 IPV4 自动设定功能一样的名为“全状态自动设定”的功能，另一种是“无状态自动设定”功能。

（4）网络层的认证与加密　安全问题始终是与 Internet 相关的一个重要话题。由于在 IP 设计之初没有考虑安全性，因而在早期的 Internet 上时常发生诸如企业或机构网络遭到攻击、机密数据被窃取等事件。为了加强 Internet 的安全性，从 1995 年开始，IETF 着手研究制定了一套用于保护 IP 通信的 IP 安全（IPSec）协议。IPSec 协议是 IPV4 的一个可选扩展协议，是 IPV6 的一个必须组成部分。

作为 IPV6 的一个组成部分，IPSec 协议是一个网络层协议。它只负责其下层的网络安全，并不负责其上层应用的安全，如 Web、电子邮件和文件传输等。也就是说，验证一个 Web 会话，依然需要使用 SSL 协议。不过，TCP/IPV6 协议簇中的协议可以从 IPSec 中受益。例如，用于 IPV6 的 OSPFv6 路由协议就去掉了用于 IPV4 的 OSPF 中的认证机制。

作为 IPSec 协议的一项重要应用，IPV6 集成了虚拟专用网（VPN）的功能，使用 IPV6 可以更容易地实现更为安全可靠的虚拟专用网。

（5）服务质量的满足　基于 IPV4 的 Internet 在设计之初，只有一种简单的服务质量，即采用“尽最大努力”（Best Effort）传输，从原理上讲服务质量是无保证的。文本传输、静态图像传输等对服务质量并无要求。但随着网上多媒体业务的增加，如 IP 电话、VOD、电视会议等实时应用，对传输延时和延时抖动均有严格的要求。

IPV6 数据包的格式包含一个 8bit 的业务流类别（Class）和一个新的 20bit 的流标签（Flow Label）。最早在 RFC1883 中定义了 4bit 的优先级字段，可以区分 16 个不同的优先级。后来在 RFC2460 中改为 8bit 的类别字段。其数值及如何使用还没有定义，目的是允许发送业务流的源节点和转发业务流的路由器在数据包上加上标记，并进行除默认处理之外的不同处理。一般来说，在所选择的链路上，可以根据开销、带宽、延时或其他特性对数据包进行特殊的处理。

一个流是以某种方式相关的一系列信息包，IP 层必须以相关的方式对待它们。决定信息包属于同一流的参数包括源地址、目的地址、服务质量、身份认证及安全性。IPV6 中流的概念的引入仍然是在无连接协议的基础上的，一个流可以包含几个 TCP 连接，一个流的目的地址可以是单个节点也可以是一组节点。IPV6 的中间节点接收到一个信息包时，通过验证其流标签，就可以判断它属于哪个流，然后就可以知道信息包的服务质量需求，进行快速的转发。

（6）对移动通信更好的支持　未来移动通信与互联网的结合将是网络发展的大趋势之一。移动互联网将成为人们日常生活的一部分，改变着人们生活的方方面面。据权威机构预测，到 2005 年，全球将有 14 亿移动电话用户，其中 10 亿为移动互联网用户。移动互联网不仅仅是移动接入互联网，它还提供一系列以移动性为核心的多种增值业务，如查询本地化设计信息、远程控制工具、无限互动游戏、购物付款等。

移动 IPV6 的设计汲取了移动 IPV4 的设计经验，并且利用了 IPV6 许多新的特征，所以提供了比移动 IPV4 更多、更好的优势。移动 IPV6 成为 IPV6 协议不可分割的一部分。

3. IPV4 到 IPV6 的过渡技术

在 IPV4 向 IPV6 平滑过渡过程中有三个问题需要注意：一是如何充分利用现有的 IPV4 资源，节约成本并保护原使用者的利益；二是在实现网络设备互联互通的同时实现信息高效无缝传递；三是IPV4向IPV6的实现应该是逐步的和渐进的，而且尽可能地简便。目前主要有三种解决过渡问题的基本技术：双协议栈、隧道技术和NAT-PT（地址/协议转换）。

（1）IPV4/IPV6双协议栈（Dualstack） 双协议栈（以下简称为“双栈”）技术是指在终端设备和网络节点上既安装IPV4又安装IPV6的协议栈，从而实现使用IPV4或IPV6的节点间的信息互通。支持IPV4/IPV6双栈的路由器，作为核心层边缘设备支持向IPV6的平滑过渡。一个典型的IPV4/IPV6双协议栈结构如图7-9所示。在以太网中，数据报头的协议字段分别用值0x86dd和00x0800来区分所采用的是IPV6还是IPV4。

双栈方式的工作机制可以简单描述为：链路层解析出接收到的数据包的数据段，拆开并检查包头。如果IPV4/IPV6包头中的第一个字段，即IP包的版本号是4，该包就由IPV4的协议栈来处理；如果版本号是6，则由IPV6的协议栈处理。

IPV4/IPV6双协议栈的工作过程如图7-10所示。

IPV6 Applications	IPV4 Applications
Socket API	
TCP/UDP V4	TCP/UDP V4
IPV4	IPV6
Data Link Layer	
Physical Layer	

图7-9 IPV4/IPV6双协议栈结构

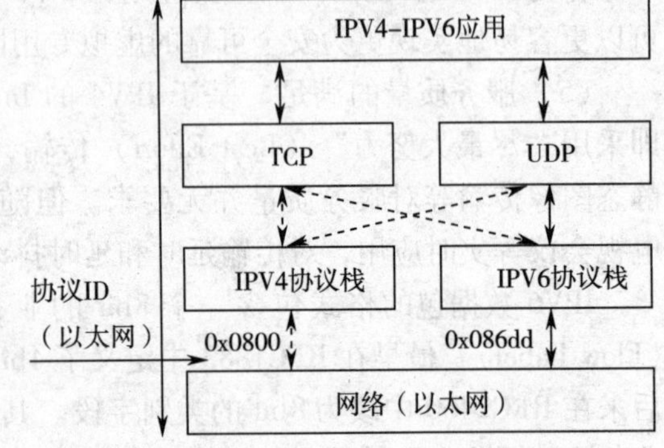

图7-10 支持IPV4和IPV6的双协议栈应用

双栈机制是使IPV6节点与IPV4节点兼容的最直接的方式，互通性好，易于理解。但是双协议栈的使用将增加内存开销和CPU占用率，降低设备的性能，也不能解决地址紧缺问题。同时由于需要双路由基础设施，这种方式反而增加了网络的复杂度。

（2）隧道（Tunneling）技术 随着IPV6网络的发展，出现了许多局部的IPV6网络。为了实现这些孤立的IPV6网络之间的互通，便采用了隧道技术。隧道技术是在IPV6网络与IPV4网络间的隧道入口处，由路由器将IPV6的数据分组封装到IPV4分组中。IPV4分组的源地址和目的地址分别是隧道入口和出口的IPV4地址。在隧道的出口处拆封IPV4分组，并剥离出IPV6数据包。

隧道技术的优点在于隧道的透明性，IPV6主机之间的通信可以忽略隧道的存在，隧道只起到物理通道的作用。在IPV6发展初期，隧道技术穿越现存IPV4互联网实现了IPV6孤岛间的互通，从而逐步扩大了IPV6的实现范围，因而是IPV4向IPV6过渡初期最易于采用的技术。

（3）NAT-PT 目前最有名的地址翻译机制NAT-PT（Network Address Translation-Protocol Translation）分为静态NAT-PT和动态NAT-PT两种。NAT-PT的使用基于这样一个基本假设：当且仅当无其他本地IPV6或IPV6 to IPV4隧道可用时考虑使用该技术。它是SIIT（Stateless IP/ICMP Translation Algorithm）协议转换技术和IPV4网络中动态地址翻译（NAT）技术的结合与改进。该技术适用于过渡的初始阶段，使得基于双协议栈的主机能够运行IPV4与IPV6

应用程序互相通信。该机制要求主机必须是双栈的，同时要在协议栈中插入3个特殊的扩展模块：域名解析服务器、IPV4/IPV6地址映射器和IPV4/IPV6翻译器。一个典型的NAT-PT系统如图7-11所示。

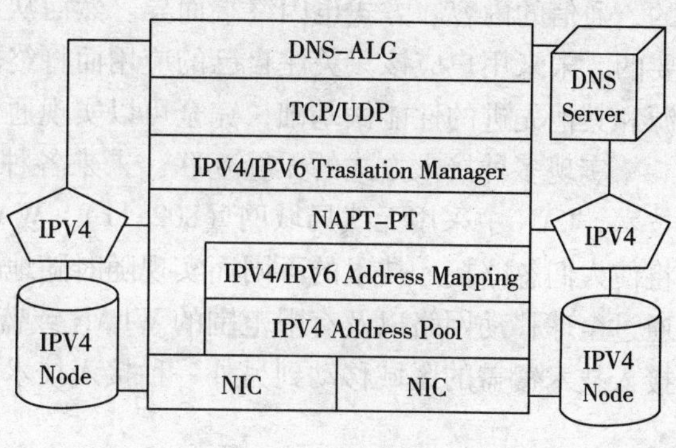

图7-11 NAT-PT系统

4. IPV6的几种典型应用

从语音、数据到视频，从对现有网络应用更卓越的支持与改善，到IPV6独具特色的创新业务，IPV6带给人们的全方位、高品质的应用与服务前景是美妙而广阔的。以下简单介绍几种IPV6的应用。

（1）视频应用　IPV6对于视频应用的意义在于：解决了地址容量问题，优化了地址结构，提高了选路效率和数据吞吐量，能适应视频通信大信息量传输的需要。IPV6还加强了组播功能，实现基于组播、具有网络性能保障的视频会议、高清晰度数字电视、VOD视频点播、网络视频监控应用。这是只有高带宽、高性能的下一代互联网才能支持的典型应用，具有交互协同技术特性。IPV6对于IPV4的最大革新之处在于它对于服务质量的考虑，对各种多媒体信息根据紧急性和服务类别确定数据包的优先级。此外，IPV6采用必选的IPSec，很好地保证了网络的安全性。

（2）移动智能终端应用　传统的移动通信技术主要是为了支撑话音业务，虽然随着用户需求的提出和技术的发展，目前已经有了基于WAP或GPRS提供IP业务的蜂窝电话产品，但是现有的技术远远无法满足未来通信的需要。第三代移动通信采用分组交换的设备来代替电路交换设备，IP业务将是第三代移动通信业务中的重要组成部分。

由于IP的诸多优点和全球IP浪潮的影响，3G演变为全IP的趋势越来越明显。作为移动通信的核心，3G为了满足始终在线的需求，需要很大的地址空间，只有IPV6才能满足这种需求。3GPP RAN WG3已经要求，对于Iu、Iub以及Iur接口，如果要提供IP传输，则UTRAN节点必须支持IPV6，对IPV4的支持则是可选的。

3G的发展方向是一个全IP的分组网络，3G业务以数据和互联网业务为主，在3G网络上将承载着实时话音、移动多媒体、移动电子商务等多种业务，因此在计费、漫游、应用、终端等方面会更加复杂。IPV6是实现这些服务的关键。如果说3G的发展推动了IPV6的发展和标准化，那么IPV6协议的诸多优越特性则为3G网络的发展奠定了坚实的基础，IPV6有庞大的地址空间、对移动性有良好的支持、有服务质量的保证机制、安全性和地址自动分配机制等。3GPP将IPV6作为3G必须遵循的标准，国内外很多通信厂商正致力于构建基于IPV6的全IP的3G核心网（All-IP Core）。

（3）无线网络应用　最近，无线网络WLAN在我国的部分地区渐成亮点，随着网络技术和业务的发展，人们将会提出多种接入方式无缝互联的要求，即忽略蓝牙、无线局域网和广域网（GSM/CDMA）之间的技术差异，使得在不同网络环境下用户的连接和所使用的业务不会中断，真正实现不间断的连接。采用移动IPV6将使这一目标的实现更加容易。

实现用户通信的同一性：目前一个人拥有多个不同类型的终端（如手机、PDA、笔记本计算机等）的现象已不鲜见，这些终端普遍都有上网功能，但这些终端的上网是互不相干的，通信的内容、方式也因终端而异。然而从用户的角度来看，实现通信的同一性是至关重要的，未来用户应该只关注自己的应用而将终端淡化成一种手段，而以 IPV6 大量的地址资源和其他先进的性能做基础，完全可以实现通信的同一性。

实现多种接入方式的无缝互联：未来各种接入网技术仍然共存，如在 PAN 中采用蓝牙技术、LAN 中采用无线局域网（802.11）、WAN 中采用 WCDMA/GSM 等，而无线技术最终将使人们忽略接入技术的不同而实现随时随地的网络连接，用户能够使用一种多模的终端来通过全球移动网络以及有限范围的 WLAN 或蓝牙系统来接入 IP 网络或互联网，用户从某种接入技术覆盖的区域移动到另外一种接入技术覆盖的区域时仍然能够保持不间断的连接。

7.5 Internet 应用

Internet 中文译名为互联网、国际互联网，它是由遍布全世界的各种各样的网络组成的松散结合的全球网，是世界上发展速度最快、应用最广泛和最大的公共计算机信息网络系统，它提供了数万种服务，被世界各国计算机信息界称为未来信息高速公路的雏形。

7.5.1 Internet 的起源和发展

Internet 的出现，与计算机的问世一样，最初都是源于军事需求、用于军事目的。1962 年 10 月，美国国防部高级研究计划局 ARPA 成立科研组，开始了研制大型网络的计划，这个网络被命名为 ARPAnet。1969 年 12 月初步建成这个试验性网络，并开始投入使用。1972 年，ARPAnet 在首届计算机后台通信国际会议上首次与公众见面，并验证了分组交换技术的可行性，由此，ARPAnet 成为现代计算机网络诞生的标志。

ARPAnet 在计算机技术上的一大突出贡献是 TCP/IP 协议簇的开发和使用。ARPAnet 采用分布式控制技术和分组交换技术，其早期的通信协议为 NCP；到 1980 年发展成为 TCP/IP，1983 年美国军方将其确定为网络协议标准，这一协议沿用至今，成为 Internet/Intranet 的网络协议标准。

由这两个网络互联构成的网际网络则被称为 DARPA Internet，后简称为 Internet，这就是 Internet 最早的起源。

1986 年，美国国家科学基金会 NSF（National Science Foundation）投入大量资金，建立了一个连接普林顿、匹茨堡、康奈尔等 6 所大学的超级计算中心的网络。为了使全国的科学家、工程师能够共享这些超级计算机设施，NSF 建立了自己的基于 TCP/IP 的计算机网络 NSFnet。NSF 在全国建立了按地区划分的计算机局域网，并将这些地区网络和超级计算中心相连，最后将各超级计算中心互联起来。1990 年 NSFnet 彻底取代了 ARPAnet 而成为互联网的主干网。

从 20 世纪 90 年代初开始，Internet 进入了全盛的发展时期，发展速度最快的是欧美地区。Internet 在我国的发展大致可分为 3 个阶段。

第一阶段为 1987～1993 年，这一阶段是电子邮件使用阶段。在这个阶段中，我国的一些大学和科研机构通过与国外大学和科研机构的合作，通过拨号 X.25 连通了 Internet 电子邮件系统。1987 年 9 月 20 日 22 点 55 分，北京计算机应用研究所向世界发出了第一封电子邮件，标志着中国开始进入 Internet。

第二阶段为1994～1995年，这一阶段是教育科研网发展阶段。我国通过TCP/IP连接，实现了Internet的全部功能。由中国科学院及北京大学、清华大学的校园网组成的NCFC（The National Computing and Networking Facility of China）以高速光缆和路由器实现与主干网的连接，于1994年4月正式开通了中国与国际Internet的专线连接，设立了中国最高域名（CN）服务器，实现了网上全部功能。1995年，我国还建成中国教育和科研网CERNET。百所联网与百校联网形成我国学术界联网的高潮。

第三阶段为1995年至今，这一阶段是我国的网络建设进入大规模发展的阶段。到1996年初，我国的互联网已形成了由中国科技网（CSTNET）、中国教育科研网（CERNET）、中国互联网（CHINANET）、中国金桥信息网（CHINAGBNET）组成的四大主流体系，它们也是1996年国家允许的拥有国际出口的互联网。其中前两个网络主要面向科研和教育机构，后两个网络是以经营为目的，属于商业性的网络。这里，国际出口是指互联网络与国际互联网连接的端口及通信线路。目前，中国拥有国际出口的互联网已由四家发展成九大互联网，即中国科技网、中国教育和科研计算网、中国公用计算机互联网、中国金桥信息网、中国联通互联网、中国网通互联网、中国国际经济贸易互联网、中国移动互联网和中国长城互联网。

7.5.2 连接Internet

Internet丰富的资源吸引着每个人，要想利用这些资源，首先要将用户的计算机连入Internet。由于拥有的环境不同、要求不同，所以采用的接入方式也不同。近几年来，随着信息业务的快速增长，特别是Internet的迅猛发展，人们对传输速率提出了越来越高的要求，网络接入技术也因此得到了迅速的发展，并且呈现出多样化的特征。一般用户对接入Internet的基本要求是：有很高的传输速率（即带宽），以便支持多媒体通信；接通速度快；上网费用低，通信质量高。

下面介绍几种常见的接入Internet的方式。

（1）拨号连接　几乎所有的ISP都提供这种服务。用户利用已有的电话网，通过电话拨号程序将计算机连接到ISP的一台主计算机上，成为该主机的一台仿真终端，经由ISP的主机访问Internet。

以这种方式上网时，用户需要用拨号程序的拨号功能通过调制解调器（Modem）拨通ISP一端的Modem，然后根据提示输入个人账号和口令。通过账号和口令检查后，用户的计算机就是远程主机的一台终端了。

（2）通过DDN专线方式入网　DDN（Digital Data Network）即数字数据网，它是利用数字传输通道（光纤、数字微波、卫星）和数字交叉复用设备组成的数字数据传输网，用户通过相对固定不变的通信线路接入Internet。专线入网与拨号入网的最大区别是专线用户与Internet之间保持着永久的、高速的通信连接，专线用户可以随时访问Internet。该方式适用于大公司、科研机构等拥有自己的局域网的用户。DDN专线入网是一个复杂的、成本昂贵的方式，一般将整个局域网连入Internet，此时，局域网内的任何一台工作站都配有独立的IP地址，或者通过代理服务器都可以访问Internet。

（3）通过代理服务器入网　代理服务器是提供对Internet资源共享的计算机软件系统，其主要功能是允许多个用户通过一个类似的网络相互连接，同时访问Internet。代理服务器的广域网端口接入Internet，局域网端口与局域网相连，局域网上运行TCP/IP。当局域网内的其他计算机有访问Internet资源和服务请求时，这些请求被提交给代理服务器，由代理服务器将请求送到Internet上并把取回的信息送给该计算机，从而完成为局域网中的计算机的代理服务。这种代理服务是同时实现的，即局域网中的每台计算机都可以同时通过代理服务器访问Internet，它们共享代理服务器的一个IP地址和同一账号。

（4）通过ISDN专线方式入网　ISDN是综合业务数据网（Integrated Services Digital Network）的缩写。ISDN是电话网和数字网相结合演化出来的一种网络，它可以实现计算机之间的数字连接，提供包括话音和非语音在内的多种业务。ISDN分为窄带ISDN（N-ISDN）与宽带ISDN（B-ISDN），目前通过改造电话线路而得到的就是窄带ISDN，因此一般用户到电信部门申请的都是N-ISDN。使用N-ISDN，用户只需用一条电话线，通过一组标准多用途的用户/网络接口，就可以将多种业务接入该网，并按统一的规则进行通信。

通过ISDN接入Internet既可以用于局域网，也可以用于独立的计算机。对于单独的计算机入网，需要一块ISDN网卡和一台ISDN数字式Modem。对于局域网连入Internet，则需要ISDN接口的路由器。ISDN的速度能满足一般用户的要求。

（5）通过XDSL专线方式入网　近年来，Internet以惊人的速度发展，各种新业务对传输速率提出了越来越高的要求。例如，多媒体应用常常要求全屏动态图像。而ISDN和DDN不能达到这一要求，于是数字用户线路XDSL（Digital Subscriber Line）技术应运而生。

XDSL技术是一种点对点的宽带接入技术，利用现有电话网线路提供高速数据传输手段。“X”代表不同类型的数字用户线路技术。XDSL技术中的HDSL技术和ADSL技术是比较成熟的技术，并且已经得到广泛的应用。

光纤用户网是实现接入Internet的数字化、宽带化的发展方向，但由于市话铜线已与大部分Internet用户相连接，现有市话铜线网的用户数目十分庞大，全部更换为光纤成本过高，因此在今后的十几年甚至几十年内仍将继续使用现有的市话线路。XDSL技术能利用全球现有的超过7亿条的市话铜线传输信号，而无需修改任何现有协约和网络结构。这对电信公司来说，无疑是为用户提供更多、更好的服务的最好选择。

（6）通过卫星接入Internet　目前，世界上约有300万使用卫星接入Internet的用户，多数集中在欧美、日本等发达国家。这种入网用户上行采用调制解调器或其他方式经过互联网接入系统，向网络操作中心发出服务请求，下行有卫星高速向用户提供所需服务。卫星互联网接入的特点是：传输绕过拥挤的公众电信网络，直接通过卫星链路访问Internet；卫星不对称线路方案可使ISP根据业务需求租用所需转发器的容量；经济高效；更适用于局域网等。

7.5.3 访问万维网

WWW为用户提供了一个可以轻松驾驭的图形化用户界面——Web页，以查阅Internet上的信息。WWW就是以这些Web页及它们之间的链接为基础，构成了一个庞大的信息网。

WWW正在逐步改变全球用户的通信方式。这种新的大众传媒比以往的任何一种通信媒体速度都要快，因而受到人们的普遍欢迎。在过去几年中，WWW飞速增长，融入了大量的信息，从商品报价到就业机会、从电子公告牌到新闻、电影预告、文学评论以及娱乐。不管是微不足道的小事，还是关系全球的大事，都可以在Web上找到。

浏览器是专门用于定位和访问Internet信息的应用程序或工具。目前比较常用的浏览器软件是 Internet Explorer（IE）和 Netscape 两种。由于 IE 浏览器是内置于 Windows 操作系统中的，所以用户大多使用 IE 作为浏览器软件。

1. IE 浏览器的启动与窗口结构

下面以 Internet Explorer 7.0 为例介绍如何通过 IE 上网。启动 Internet Explorer 7.0 的方法有多种，常用的方法为：单击任务栏“快速启动”中的浏览器图标或者双击桌面上的浏览器图标 Internet Explorer。启动 IE 后，窗口结构如图 7-12 所示。

图 7-12　Internet Explorer 7.0 的窗口结构

Internet Explorer 7.0 的窗口由标题栏、菜单栏、常用工具栏、地址栏、链接工具栏、浏览窗口、状态栏等组成。

（1）标题栏　标题栏位于窗口的顶部，它的左上角显示了当前所打开的 Web 页面的标题或名称。标题栏的右边是窗口控制按钮，用来控制窗口的大小。

（2）菜单栏　菜单栏集中了 Internet Explorer 7.0 提供的所有命令，包括“文件”、“编辑”、“查看”、“收藏夹”、“工具”和“帮助”6 个菜单。用户可以利用这些菜单完成查找信息、保存网页、收藏站点、脱机浏览等操作。

（3）工具栏　工具栏为管理浏览器提供了一系列功能和命令。Internet Explorer 7.0 的工具栏列出了用户在浏览网页时所需要的最常用的工具按钮，如“后退”、“前进”、“刷新”、“主页”、“搜索”、“收藏夹”、“媒体”、“邮件”等。一般来说，这些按钮的功能也可以通过菜单中的相应命令实现。

（4）地址栏　地址栏显示出目前访问的 Web 页的地址（常称为网址）。若用户要访问新的 Web 站点，可直接在此栏的空白处输入地址，在输入完后按“Enter”键即可。也可以打开地址栏的下拉列表框，在列表框中显示了浏览器曾经浏览过的 Web 页，直接选择这些曾经访问过的地址亦可方便地打开相应的网页。

（5）链接工具栏　链接工具栏位于地址栏的右边或下方（用户可以拖动它的位置）。Internet Explorer 7.0 自带了“Windows”、“免费的 Hot Mail”和“自定义链接”3 个 Web 页的链接。用户可以通过链接来直接访问相应的 Web 页，也可向链接工具栏中添加新的链接。

用户还可以把自己经常访问的站点放到链接工具栏上。以便以后方便地使用。

主窗口中显示打开的 Web 页的信息。若 Web 页太大，无法在窗口中完全显示，用户可以使用主窗口旁边和下边的滚动条浏览 Web 页的其他部分。

（6）状态栏　状态栏显示了 Internet Explorer 7.0 当前状态的信息，如当前正在打开的 Web 页、进度如何等。通过状态栏，用户可以查看到 Web 页的打开过程。

2. 浏览 Web 信息

地址栏是输入和显示网页地址的地方。用户只要在地址栏的文本框中输入要访问的 Web 站点的地址，输入完成后按回车键即可。例如，用户要访问中文雅虎（yahoo）网站，可以按如下方法操作：

1）打开 Internet Explorer 7.0 窗口，在地址栏中输入 yahoo 网站的网址：www.yahoo.com.cn。

2）按“Enter”键，则可以打开中文雅虎的主页，如图 7-13 所示。

3）在该网页中有许多超级链接，单击这些超级链接，可以访问相关的链接信息。

4）如果以前访问过这个 Web 站点，“自动完成”功能将自动打开地址栏下拉列表框，给出匹配地址的建议，找到匹配的地址后，按“Enter”键。

5）为了提高浏览效率，可以同时打开多个浏览窗口，这样就可以在一个窗口中浏览网页，在另一个或多个窗口中下载其他网页。

图 7-13　中文雅虎网站的主页

3. 快速浏览 Web 信息

Internet Explorer 7.0 的工具栏上有多个方便用户操作的按钮。使用这些按钮，可以比较快速、方便地浏览 Web 页面。Internet Explorer 7.0 工具栏上常用的按钮有：

（1）“后退”按钮和“前进”按钮　单击工具栏上的“后退”按钮，则返回到在此之前显示的网页，通常是最近的那一页；单击工具栏上的“前进”按钮，则转到下一页。如果在此之前没有使用“后退”按钮，则“前进”按钮将处于非激活状态，不能使用。

（2）“停止”按钮　在加载某个网页时，如果要中止加载该网页，这时可以单击工具栏上的“停止”按钮，取消加载网页的操作。

（3）“刷新”按钮　保存在本地硬盘上的网页，如果长时间没有到该 Web 站上访问，其内容可能已经过时，单击“刷新”按钮，可以连接到 Internet，并下载最新内容。

（4）“主页”按钮　主页是某个 Web 站点的起始页，单击“主页”按钮将返回到默认的起始页。起始页是打开浏览器时开始浏览的那一页。

（5）“收藏”按钮　通过将 Web 页添加到“收藏夹”列表，可以让浏览器保存想再次访问的网页。也可以使用“收藏夹”列表返回到任何一个网页。单击“收藏”菜单中的“添加到收藏夹”命令，可以添加网页，以便日后阅览。

4. 重新访问曾经访问过的 Web 页

用户经常会重复访问某一个或某几个站点，在这种情况下，不必每次访问时都输入网站的地址，可以通过下面的方法，直接打开该地址和网页。

（1）通过地址栏下拉表　地址栏下拉列表中保存了最近访问过的站点地址。单击地址栏右端的下拉列表框，打开地址列表，如图 7-14 所示。在地址列表中选择需要打开的地址。

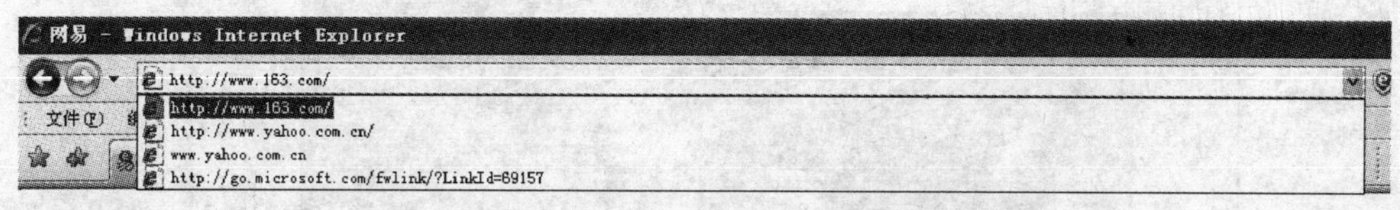

图 7-14　通过地址栏下拉表访问曾经访问过的 Web 页

（2）通过历史记录　历史记录中保存了用户曾经访问过的所有站点和网页。在工具栏上单击“历史”按钮，窗口左端将出现浏览器栏，包含用户几天或几周前访问过的 Web 站点的链接。图 7-15 所示为显示的历史记录中保存的 Web 页。再次单击“历史”按钮可以隐藏浏览器栏。

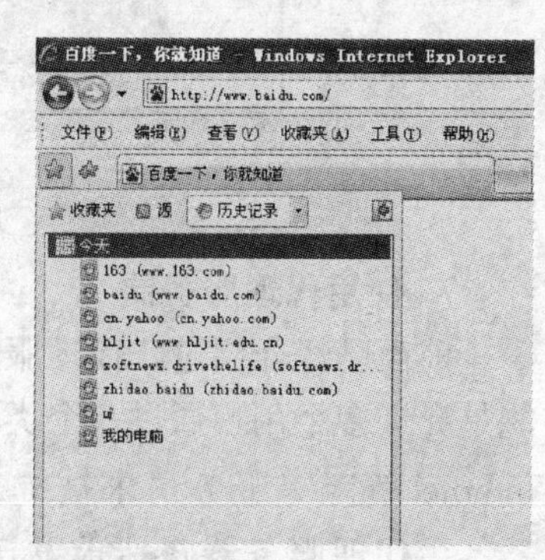

图 7-15　通过历史记录访问曾经访问过的 Web 网页

5. 保存 Web 网页的信息

用户浏览网页时，会发现很多有用的信息，希望将它们保存下来以便日后参考。IE 提供保存整个 Web 网页或保存其中的部分内容（如文本、图形等）的功能。信息保存后，可以在其他文档中使用，也可以通过电子邮件将 Web 网页或指向该页的链接，发送给其他能够访问 Web 网页的人，同他们共享这些信息，还可以将 Web 网页打印出来。

保存 Web 网页信息的具体操作步骤为：

（1）将当前页保存在计算机上　在“文件”菜单上，单击“另存为”命令，打开“保存 Web 网页”对话框。选择用于保存网页的文件夹，在“文件名”文本框中输入网页的名称，然后单击“保存”按钮即可。

（2）将信息从 Web 网页复制到文档　选定要复制的信息，在“编辑”菜单上，单击“复制”；若需复制整页的文本，可单击“编辑”菜单中的“全选”命令。转换到需要编辑信息的应用程序（如 Word）中，单击放置这些信息的位置，在该文档的“编辑”菜单（如 Word）中，单击“粘贴”命令，即完成了 Web 网页的复制。

6. 脱机浏览 Web 网页

通过脱机浏览，不必连接到 Internet 就可以查看 Web 网页。当连接到 Internet 并处于联机状态时，通过频道和预订功能可以获得最新内容并下载到本机上，从而充分利用脱机浏览功能。以后，无论在何时何地，都可以脱机查看 Web 网页。

要脱机浏览 Web 网页，可以在“文件”菜单上单击“脱机工作”命令。脱机浏览时，在该菜单项前有一个对号“√”，在网页的标题栏上会显示有“脱机工作”字样，如图 7-16 所示。

注意：如果选择脱机工作，那么，Internet Explorer 将始终以脱机方式启动，这时将不执行“拨号网络”，直到再次单击“脱机工作”，清除其标记。

图 7-16 脱机浏览 Web 网页时的窗口

7. 使用代理服务器

前面已经介绍过，代理服务器是提供对 Internet 资源共享的计算机软件系统，其主要功能是允许多个用户通过一个类似的网络相互连接同时访问 Internet。局域网内的计算机访问 Internet 资源等服务请求被提交给代理服务器，由代理服务器将请求发送到 Internet 并把取回的信息送给该计算机，从而完成为局域网中的计算机的代理服务。通过代理服务器浏览的操作步骤是：

1）单击“工具”菜单中的“Internet 选项”命令，打开“Internet 选项”对话框，如图 7-17 所示。

2）单击“连接”选项卡，在随即打开的对话框中单击“局域网设置”按钮，打开“局域网（LAN）设置”对话框。

3）在“代理服务器”选项区第一个复选框中打“√”，然后单击“确定”按钮，即可使用代理服务器浏览网页，如图 7-18 所示。

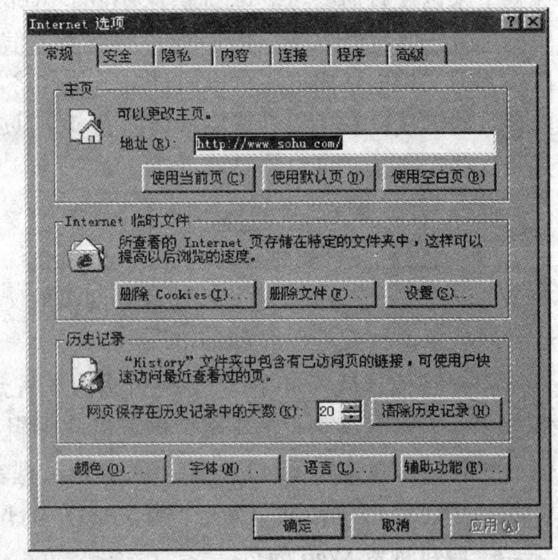

图 7-17 “Internet 选项”对话框

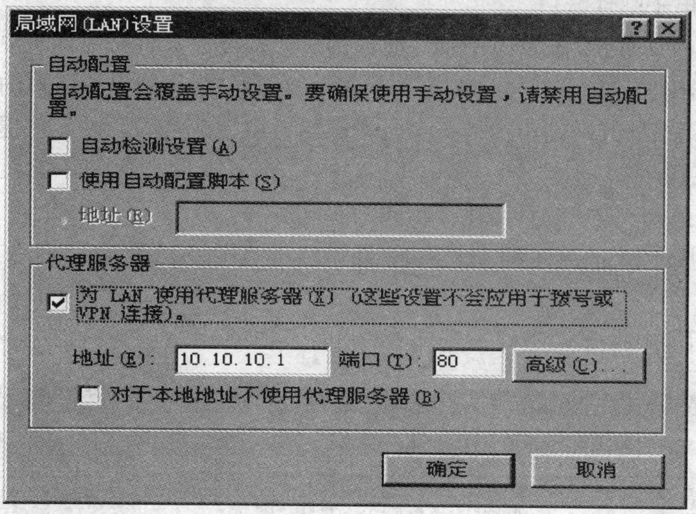

局域网(LAN)设置
自动配置
自动配置会覆盖手动设置。要确保使用手动设置，请禁用自动配置。
自动检测设置(A)
使用自动配置脚本(S)
地址(R)
代理服务器
为 LAN 使用代理服务器(X)(这些设置不会应用于拨号或 VPN 连接)。
地址(E): 10.10.10.1 端口(T): 80 高级(C)...
对于本地地址不使用代理服务器(B)
确定 取消

图 7-18 “局域网（LAN）设置”对话框

7.5.4 邮箱的使用

Outlook Express 内置于 Internet Explorer 7.0 中，包括邮件和新闻（News）两个部分。用户可以使用 Outlook Express 管理多邮件和新闻账户，也能方便地查看、浏览、回复和发送邮件。

用户有多种方法启动 Outlook Express。可以双击桌面上的“Outlook Express”图标，或者单击 Windows 任务栏上的图标，或者在 Internet Explorer 窗口的“工具”菜单中选择“邮件和新闻”的相应项，都可以进入 Outlook Express 主窗口；也可以选择菜单“开始”→“程序”→“Outlook Express”命令，系统会自动打开 Outlook Express 主窗口，如图 7-19 所示。

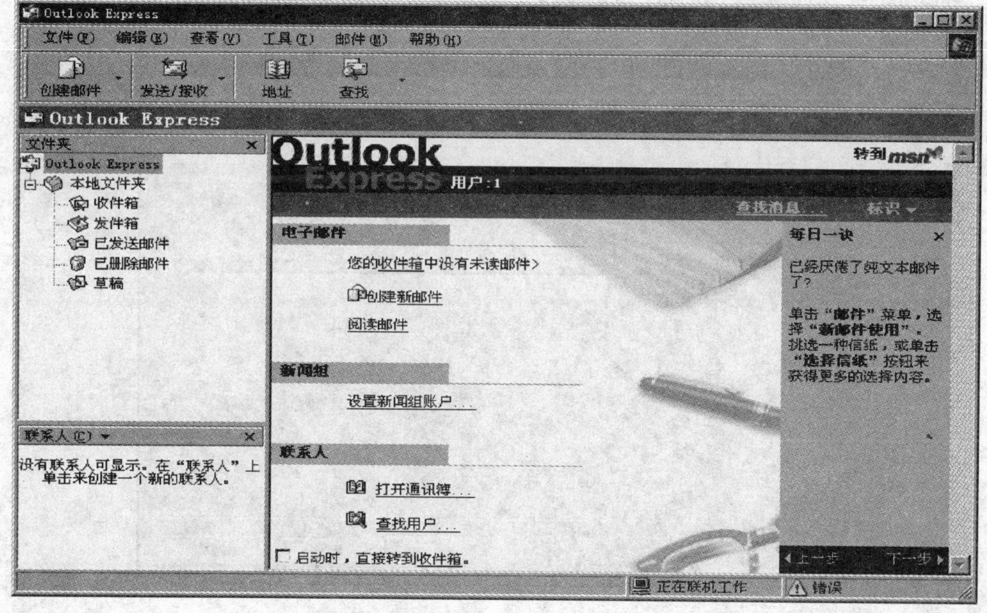

图 7-19 Outlook Express 的启动窗口

1. 设置用户电子邮件账户

在使用 Outlook Express 收发电子邮件前，用户必须要设置电子邮件账户，只有这样才能建立与邮件服务器的连接。在 Outlook Express 中，有专门为用户设置账户的设置向导。用户需要先在提供邮箱服务的网站中申请一个电子邮箱，申请成功后，网站将提示用户邮箱的接受和发送邮件服务器名。

设置个人电子邮件账户的具体操作步骤为：

1）打开 Outlook Express 主窗口，选择菜单“工具”→“账户”命令，打开“Internet 账户”对话框。

2）在该对话框中打开“邮件”选项卡，如图 7-20 所示。

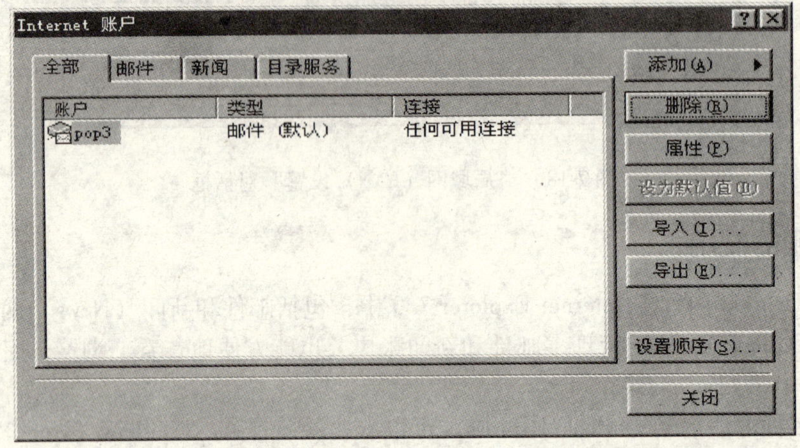

图 7-20 “Internet 账户”对话框中的“邮件”选项卡

3）在“邮件”选项卡中单击“添加”按钮，在随后弹出的菜单中选择“邮件”命令，打开“Internet 连接向导”对话框，如图 7-21 所示。

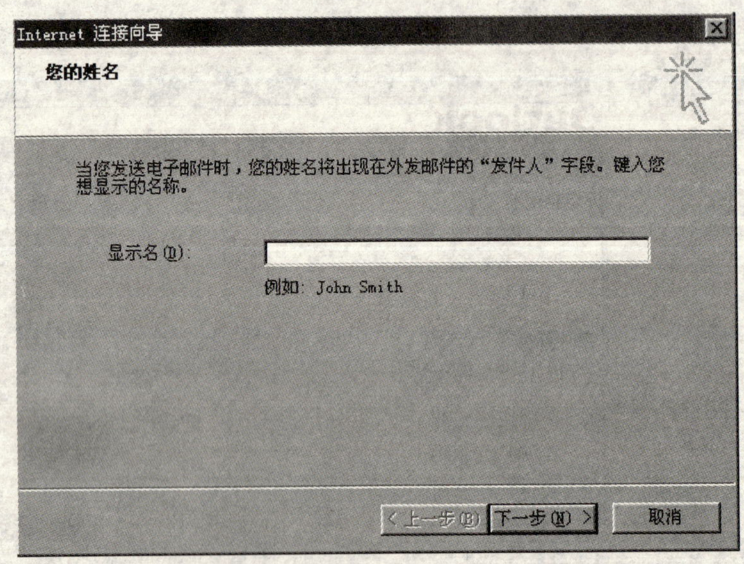

图 7-21 “Internet 连接向导”对话框

4）在“Internet 连接向导”对话框的“显示名”文本框中，输入用户所取的名称，这个名称在发邮件时将显示在“发件人”字段中。单击“下一步”按钮，打开“Internet 电子邮件”对话框，如图 7-22 所示。

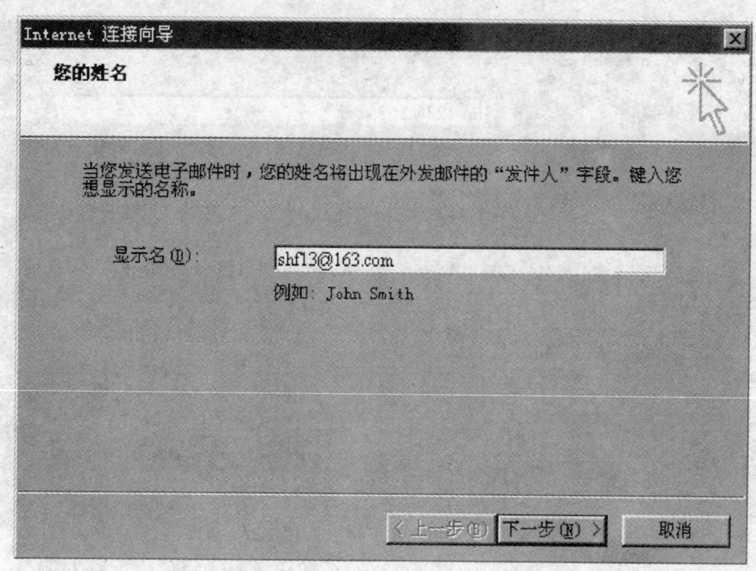

图 7-22 Internet 电子邮件对话框

5）在该对话框的“电子邮件地址”文本框中输入用户的电子邮件地址，然后单击“下一步”按钮，打开“电子邮件服务器名”对话框，如图 7-23 所示。

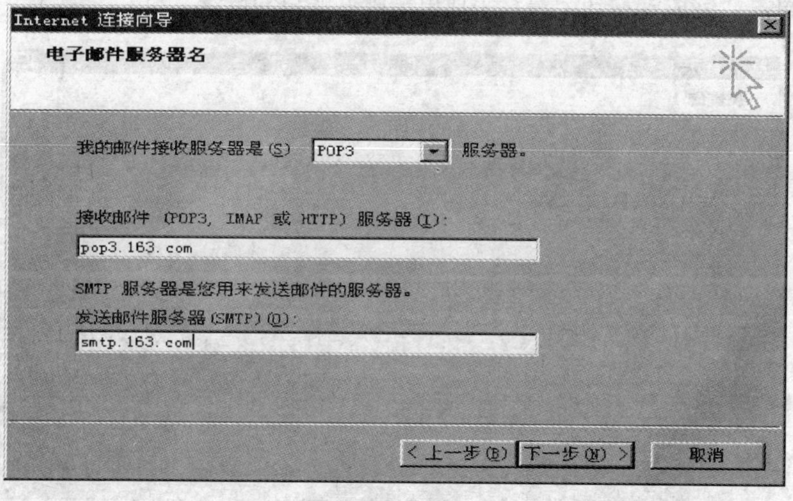

图 7-23 “电子邮件服务器名”对话框

6）在“接收邮件（POP3，IMAP 或 HTTP）服务器”文本框中输入接收邮件的服务器（如 pop3. 163. com），在“发送邮件服务器（SMTP）”文本框中输入发送邮件的服务器（如 smtp. 163. com）。然后单击“下一步”按钮，打开“Internet Mail 登录”对话框，如图 7-24 所示。

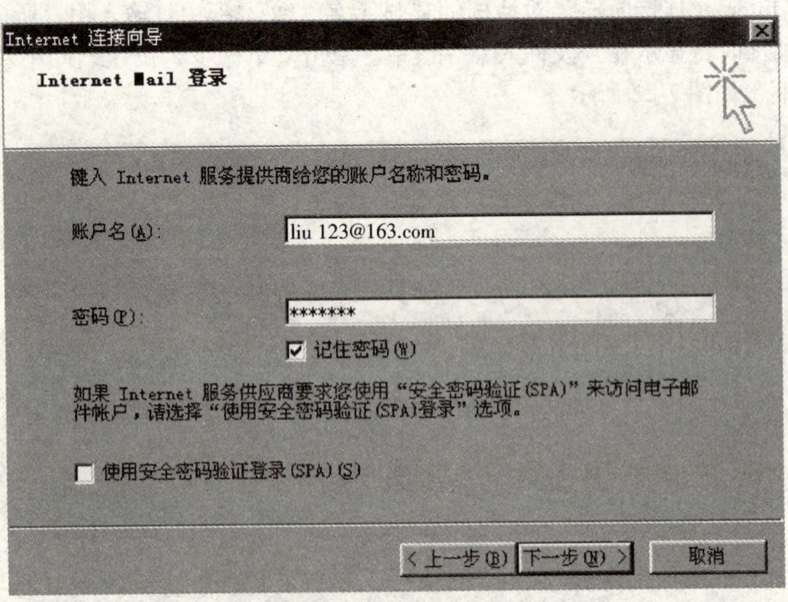

图 7-24 "Internet Mail" 登录 对话框

7）在对话框的"账户名"文本框中输入邮件服务商提供的电子邮件账户名（即用户在提供邮箱服务的网站中申请的电子邮箱账户名，如 liu123@ 163. com），在"密码"文本框中输入相应密码。

8）单击"下一步"按钮，打开"祝贺您"对话框，提示用户已经设置好账户。如图 7-25 所示。单击"完成"按钮，最终完成电子邮件账户的设置。

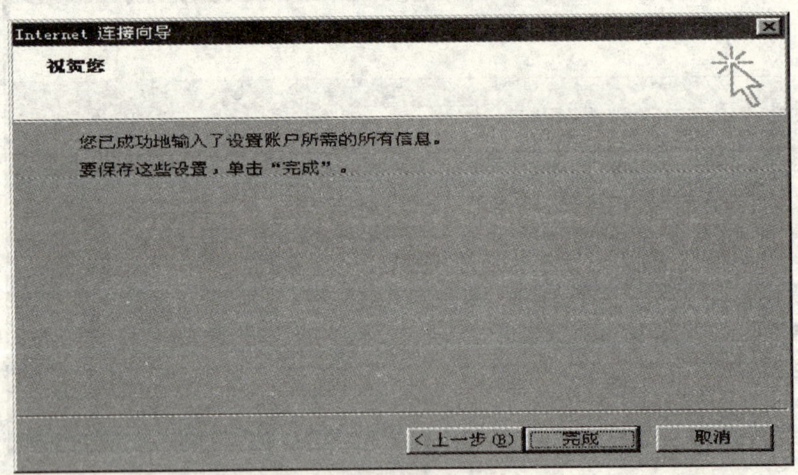

图 7-25 "祝贺您" 对话框

2. 创建和发送邮件

在 Outlook Express 中创建和发送邮件的具体操作步骤为：

1）打开 Outlook Express 主窗口，选择菜单"文件"→"新建"→"邮件"命令，或单击工具栏中的"创建邮件"按钮，打开"新邮件"对话框，如图 7-26 所示。

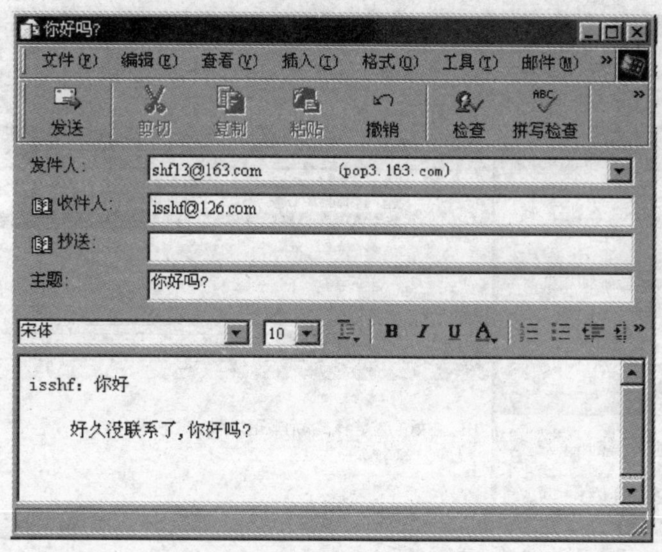

图 7-26 “新邮件”对话框

2）在对话框的“收件人”文本框中输入收件人的电子邮件地址；若要将一个邮件同时发送给多人，可将他们各自的电子邮件地址用逗号或分号隔开后填写在收件人地址中。

3）在“主题”文本框中输入邮件的主题。

4）在邮件的正文区域部分输入邮件的正文。

5）单击工具栏中的“发送”按钮，即完成了邮件的发送任务。

3. 接收和阅读邮件

用户通过 Outlook Express 连接到邮件服务器时，可以接收并阅读邮件，也可将收到的邮件保存后脱机阅读。

接收和阅读电子邮件的具体操作步骤为：

1）启动 Outlook Express，使其连接到 Internet 上。

2）单击工具栏中的“发送/接收”按钮，Outlook Express 将自动与邮件服务器连接，并从中接收新邮件。

3）接收完毕后，单击“收件箱”文件夹，所有新邮件会出现在右窗格中，其下半部分是预览窗口，用户可以通过单击某个邮件的名称而预览该邮件的内容，如图 7-27 所示。若用户双击某邮件名，即可打开该邮件的单独窗口，在该窗口上半部分显示的是发件人、收件人、发送时间、邮件主题等，在窗口下半部分的文本框中则显示了邮件的正文。用户可以在此窗口中阅读、打印、另存或删除该邮件。

4. 回复和转发邮件

用户阅读完邮件后，可以通过 Outlook Express 回复该邮件；也可以将邮件转发给其他人。

回复邮件可以在阅读完成后直接进行。选择要回复的邮件，在 Outlook Express 窗口中单击工具栏中的“答复”按钮，打开回复邮件窗口，如图 7-28 所示。

可以看到，“收件人”文本框中显示了收件人的电子邮件地址，邮件的主题是 Re 字样。用户可以在邮件正文区域输入需要回复的邮件内容，然后单击“发送”按钮，即可将该邮件回复给对方。

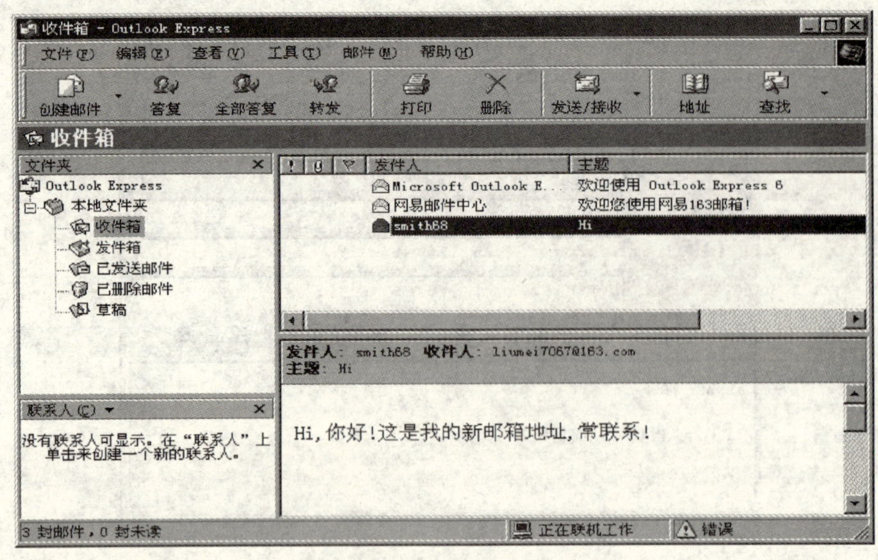

图 7-27 “收件箱”窗口

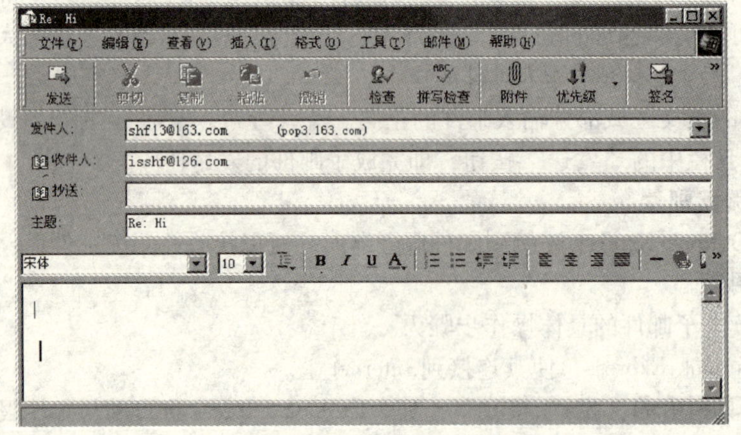

图 7-28 回复邮件窗口

如用户需要转发某邮件，则需在 Outlook Express“收件箱”窗口中选择需要转发的邮件，然后单击工具栏中的“转发”按钮，即可打开该邮件的转发窗口。在该窗口中，主题栏显示有 Fw 字样。用户需在“收件人”文本框中输入要转发的收件人的电子邮件地址，然后单击工具栏中的“发送”按钮，即完成了邮件的转发，如图 7-29 所示。

5. 邮件附件

有时发送的电子邮件需要附带有其他类型的一些文件作为附件。例如，将一份长达几十页的 Word 文档通过 Zip 等压缩软件压缩后，作为附件发送到某一邮箱中，以加快传输的速度。也有时需要一次发送多个文件，而用户并不希望这些文件作为邮件的正文发送，在这种情况下，也可以将多个文件分别作为附件发送。一般地，附件的个数可多达 10 个。

发送带有附件的电子邮件的具体操作步骤为：

1）打开 Outlook Express 主窗口，按照图 7-26 所示的方法填写收件人地址和邮件主题，

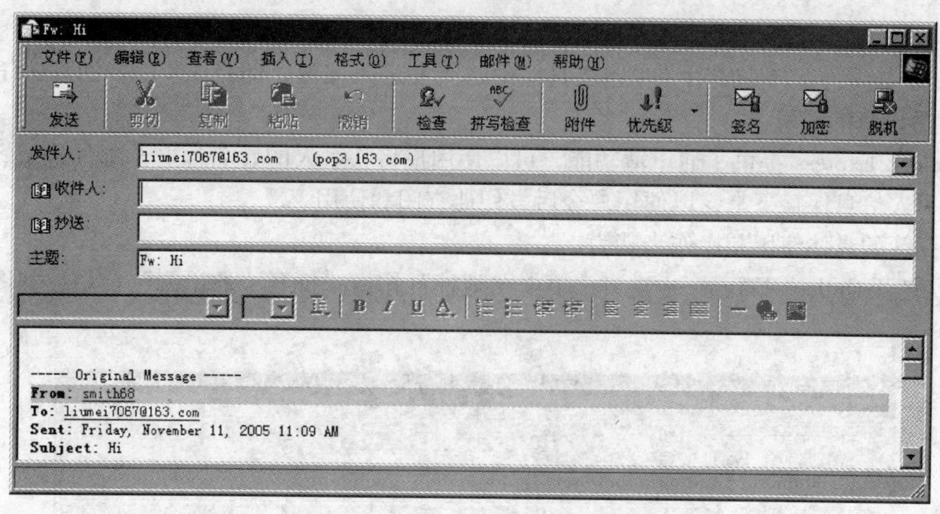

图 7-29 邮件的转发窗口

并完成邮件的正文部分。

2）单击“附件”按钮，打开“插入附件”对话框中，如图 7-30 所示。

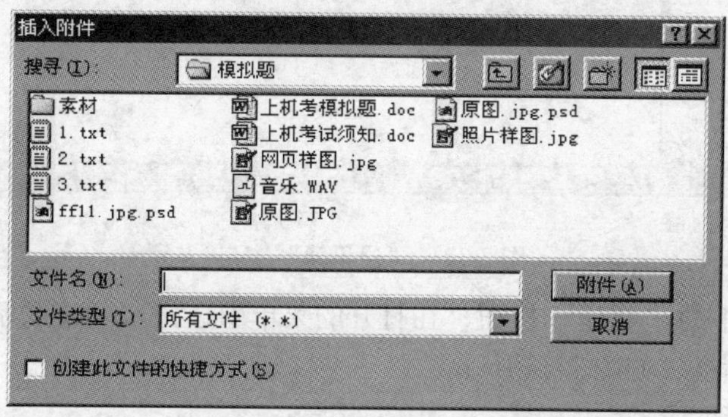

图 7-30 “插入附件”对话框

选择需要作为附件发送的文件后，单击该对话框中的“附件”按钮。此时窗口中将多出一个“附件”栏，其中显示有插入的附件，如图 7-31 所示。

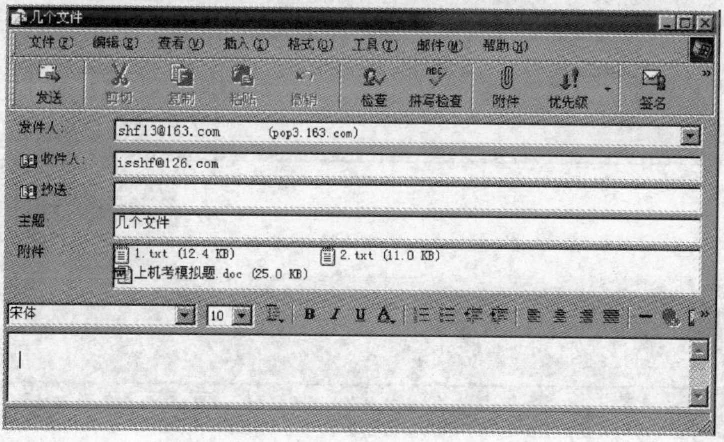

图 7-31 发送带有附件的邮件窗口

3）若需要发送多个附件，可重复执行上述操作。

4）全部附件选择完成后，单击工具栏中的“发送”按钮，即完成了邮件的发送任务。

6. 通讯簿的使用

Outlook Express 提供了通讯簿功能，可以使用户将联系人的姓名、电子邮件地址、通讯地址等个人信息保存下来，以便用户今后方便地查阅和使用。

通讯簿的具体使用和操作步骤为：

1）打开 Outlook Express 主窗口，单击“地址”按钮，打开“通讯簿”窗口，如图 7-32 所示。

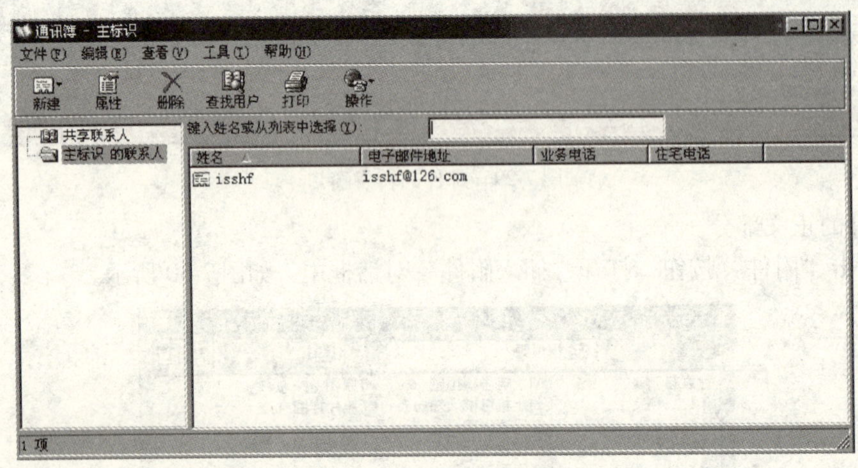

图 7-32 “通讯簿”窗口

2）单击工具栏中的“新建”按钮，在打开的菜单中选择“新建联系人”命令，打开联系人的“属性”对话框，如图 7-33 所示。

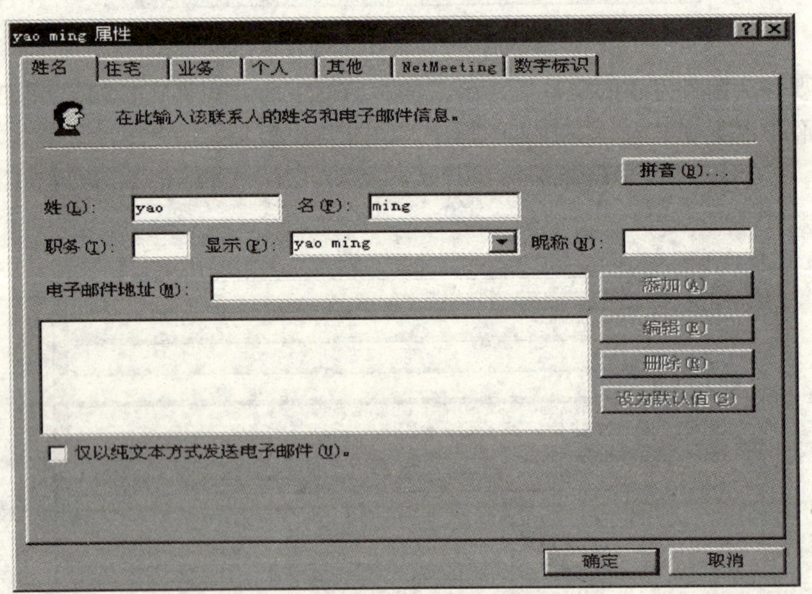

图 7-33 联系人“属性”对话框

3）在对话框中输入要添加的联系人的各项信息。单击“确定”按钮，即完成新建联系人的工作。

如果需要更改联系人的信息，可在“通讯簿”窗口中双击要更改的联系人地址，在随即打开的窗口中进行修改即可。

如果需要给通讯簿中的某联系人发送电子邮件，可在写邮件的窗口中单击“收件人”按钮，在随即打开的对话框中选择联系人的地址即可，而不必手动输入。

7.6 计算机网络安全

由于计算机网络具有开放性、互联性、连接方式的多样性及终端分布的不均匀性，再加上计算机网络具有难以克服的自身脆弱性和人为的疏忽，导致了网络环境下的计算机系统存在很多安全问题。国家计算机网络信息安全管理中心有关人士指出，网络与信息安全已成为我国互联网健康发展必须面对的严重问题。

7.6.1 计算机网络安全的威胁

1. 网络安全的定义

可以从不同的角度对网络安全作出不同的定义。

网络安全从其本质上讲就是网络上的信息安全，指网络系统的硬件、软件及数据受到保护，不遭受偶然的或者恶意的破坏、更改、泄露，系统连续、可靠、正常地运行，网络服务不中断。

从用户的角度，希望涉及个人隐私和商业利益的信息在网络上传输时受到机密性、完整性和真实性的保护，避免其他人或对手利用窃听、冒充、篡改、抵赖等手段对自己的利益和隐私造成损害和侵犯。同时用户希望自己的信息保存在某个计算机系统上时，不受其他非法用户的非授权访问和破坏。

从网络运营商和管理者的角度来说，希望对本地网络信息的访问、读写等操作受到保护和控制，避免出现病毒、非法存取、拒绝服务和网络资源的非法占用和非法控制等威胁，制止和防御网络“黑客”的攻击。

2. 计算机网络面临的安全威胁

由于网络的开放性和安全性本身即是一对固有矛盾，无法从根本上予以调和，再加上基于网络的诸多已知和未知的人为与技术方面的安全隐患，网络很难实现自身的根本安全。目前，计算机信息系统的安全威胁主要来自于以下几类：

（1）软件漏洞　每一个操作系统或网络软件的出现都不可能是无缺陷和漏洞的。这就使用户的计算机处于危险的境地，一旦连接入网，将成为众矢之的。

（2）配置不当　安全配置不当会造成安全漏洞。例如，防火墙软件的配置如果不正确，那么它根本不起作用。对特定的网络应用程序，当它启动时，就打开了一系列的安全缺口，许多与该软件捆绑在一起的应用软件也会被启用。除非用户禁止该程序或对其进行正确配置，否则安全隐患始终存在。

（3）安全意识不强　用户口令选择不慎，或将自己的账号随意转借他人或与他人共享等都会对网络安全带来威胁。

（4）病毒　目前数据安全的头号大敌是计算机病毒，它是病毒编制者在计算机程序中插入的破坏计算机功能或数据，影响计算机软件、硬件的正常运行并且能够自我复制的一组计算机指令或程序代码。计算机病毒具有传染性、寄生性、隐蔽性、触发性、破坏性等特点。因此，提高对病毒的防范刻不容缓。

（5）黑客　对于计算机数据安全构成威胁的还有计算机黑客（Hacker）。计算机黑客利用系统中的安全漏洞非法进入他人计算机系统，其危害性非常大。从某种意义上讲，黑客对信息安全的危害甚至比一般的计算机病毒更为严重。

（6）内部威胁　上网单位由于对内部威胁认识不足，所采取的安全防范措施不当，导致内部网络安全事故逐年上升。不论是有意的还是偶然的，内部威胁将继续是一个最大的安全威胁。如果网络的安全策略是未知的或不能执行的，用户诸如登录不安全的网站、单击电子邮件中的恶意链接或者不对敏感数据加密等行为都将继续不知不觉地扮演着安全炸弹的角色。而随着人员的移动性越来越强，利用未加密的移动设备使用网络也大大增加“暴露”的风险，给犯罪分子留下可乘之机。另外，一机两用甚至多用情况普遍，计算机在内外网之间频繁切换使用，许多用户将在Internet网上使用过的计算机在未经许可的情况下擅自接入内部局域网络使用，造成病毒的传入和信息的泄密。公安部调查结果显示，攻击或病毒传播源来自内部人员的比例同比增加了21%，涉及外部人员的同比减少了18%，说明联网单位绝大部分都是出于防御外部网络攻击的考虑，导致来自内部的威胁同时呈上升态势。然而，内部威胁通常会造成致命后果。

（7）网络犯罪　网络犯罪是非常容易操作的，不受时间、地点、条件限制的网络诈骗、网络战简单易施、隐蔽性强，能以较低的成本获得较高的效益。再加上网络空间的虚拟性、异地性等特征，在一定程度上刺激了犯罪的增长。尤其是受到全球经济危机的影响，网络犯罪成倍增长，除了给社会造成负面影响外，造成的经济损失巨大。追踪匿名网络犯罪分子的踪迹非常困难，网络犯罪已成为严重的全球性威胁。据有关方面统计，现在每天因全球网络犯罪导致资金流失高达数百亿、甚至上千亿美元。

3. 计算机网络安全防范策略

网络安全是一个相对概念，不存在绝对安全，所以必须未雨绸缪、居安思危；安全威胁是一个动态过程，不可能根除威胁，所以唯有积极防御、有效应对才能减少威胁。应对网络安全威胁则需要不断提升防范的技术和管理水平，这是网络复杂性对确保网络安全提出的客观要求。

下面只介绍一些简单实用的防范策略，这是安全的必要条件，而不是充分条件。

（1）主动防御技术防范病毒入侵　病毒活动越来越猖獗，对系统的危害也变得越来越严重。用户一般都是使用杀毒软件来防御病毒的侵入，但现在每年会增加千万个未知病毒、新病毒，病毒库已经落后了。因此，靠主动防御对付未知病毒、新病毒是必然的。实际上，不管什么样的病毒，当其侵入系统后，总是使用各种手段对系统进行渗透和破坏操作。所以，对病毒的行为进行准确判断，并抢在其行为发生之前就对其进行拦截，对于病毒的防御就显得非常重要，这就是病毒的主动防御技术。

（2）应用防火墙和免疫墙　防火墙和免疫墙同属于保护网络本身不被侵入和破坏的安全设备，但二者所起的作用却是不同的。众所周知，防火墙的作用是通过在内网和外网之间、专网与公网之间的边界上构造一个保护屏障，保护内部网免受非法用户的侵入。而免疫墙则是由网关、服务器、计算机终端和免疫协议一整套的硬软件组成，对内网进行安全防范和管理的方案，承担来自内部攻击的防御和保护。防火墙是用在有服务器提供对外信息服务，或者安装了内部信息系统、储存了重要敏感信息的场合。而免疫墙是管理内网的，如上网掉线、卡滞、带宽无法管理等问题。由此可见，在企业网络安全领域，防火墙和免疫墙各负其责，对于一个信息化程度较高的上网单位，来自外网和内网的侵入及攻击都要予以解决，所以防火墙和免疫墙缺一不可。

（3）安装系统补丁程序　随着各种漏洞不断地被曝光、不断地被黑客利用，因此堵住漏洞要比与安全相关的其他任何策略更有助于确保网络安全。及时地安装补丁程序是很好的维护网络安全的方法。对于系统本身的漏洞，可以安装软件补丁；另外网络管理员还需要做好漏洞防护工作，保护好管理员账户，只有做到这两个基本点才能让网络更加安全。

（4）加强网络安全管理　网络安全管理是指对所有计算机网络应用体系中各个方面的安全技术和产品进行统一的管理和协调，进而从整体上提高整个计算机网络的防御入侵、抵抗攻击的能力体系。考察一个内部网是否安全，不仅要看其技术手段，而更重要的是看对该网络所采取的综合措施；不光看重物理设备，更要看中人员的素质等因素，主要是看重管理，“安全源于管理，向管理要安全”。

（5）网络实名　互联网的一个特点是大多数用户都是匿名的，解决网络犯罪的问题，关键就是要消除互联网上的匿名因素。在互联网上，只能允许可以信任的用户在网络中畅游。如果要打造这一步，每一个用户都需要有一个自己的 ID。一旦犯罪分子或者嫌疑犯登录互联网的时候，他的数据就会自动连接到网络服务提供商，这样就可以迅速地辨识出哪些人是有害的、潜在的犯罪分子。

（6）用户要提高安全防范意识和责任观念　安全隐患是个社会问题，不仅仅是安全人员、技术人员和管理人员的问题，同时也是每个用户的问题。但是，只要我们提高安全意识和责任观念，注意安全，很多网络安全问题也是可以防范的。要注意养成良好的上网习惯，不登录和浏览来历不明的网站；养成到官方站点和可信站点下载程序的习惯；不轻易安装不知用途的软件；不轻易执行附件中的 EXE 和 COM 等可执行程序；使用一些带网页木马拦截功能的安全辅助工具等。

7.6.2 计算机病毒的防范措施

随着计算机广泛应用于人们工作和生活中的各个领域，计算机除了给人们带来方便和效率之外，还隐藏着许多不安全因素，计算机病毒就是其中之一。各种计算机病毒的产生和全球性蔓延已经给计算机系统的安全造成了巨大的威胁和损害，造成计算机资源的破坏和社会性的灾难。因此，计算机的相关从业人员不但要熟练掌握计算机软硬件知识，同时也应加深对计算机病毒的了解，掌握一些必要的计算机病毒的防范措施。

1. 计算机病毒的定义及特点

计算机病毒是一组通过复制自身来感染其他软件的程序。当程序运行时，嵌入的病毒也随之运行并感染其他程序。一些病毒不带有恶意攻击性编码，但更多的病毒携带毒码，一旦被事先设定好的环境激发，即可感染和破坏。自 20 世纪 80 年代莫里斯编制第一个“蠕虫”病毒程序至今，世界上已出现了多种不同类型的病毒。

归纳起来，计算机病毒有以下特点：

（1）攻击隐蔽性强　病毒可以无声无息地感染计算机系统而不被察觉，待发现时，往往已造成严重后果。

（2）繁殖能力强　计算机一旦染毒，可以很快“发病”。目前的三维病毒还会产生很多变种。

（3）传染途径广　可通过软盘、有线和无线网络、硬件设备等多渠道自动侵入计算机中，并不断蔓延。

（4）潜伏期长　病毒可以长期潜伏在计算机系统而不发作，待满足一定条件后，就激发破坏。

（5）破坏力大　计算机病毒一旦发作，轻则干扰系统的正常运行，重则破坏磁盘数据、删除文件，导致整个计算机系统的瘫痪。

（6）针对性强　计算机病毒的效能可以准确地加以设计，满足不同环境和时机的要求。

2. 计算机病毒技术分析

长期以来，人们设计计算机的目标主要是追求处理功能的提高和生产成本的降低，而对于安全问题则重视不够。计算机系统的各个组成部分、接口界面、各个层次的相互转换，都存在着不少漏洞和薄弱环节。硬件设计缺乏整体安全性考虑，软件方面也更易存在隐患和潜在威胁。对计算机系统的测试，目前尚缺乏自动化检测工具和系统软件的完整检验手段，计算机系统的脆弱性，为计算机病毒的产生和传播提供了可乘之机；全球万维网使“地球一村化”，为计算机病毒创造了实施的空间；新的计算机技术在电子系统中不断应用，为计算机病毒的实现提供了客观条件。国外专家认为，分布式数字处理、可重编程嵌入计算机、网络化通信、计算机标准化、软件标准化、标准的格式、标准的数据链路等都使得计算机病毒侵入成为可能。

实施计算机病毒入侵的核心技术是解决病毒的有效注入。其攻击目标是对方的各种系统，以及从计算机主机到各式各样的传感器、网桥等，以使他们的计算机在关键时刻受到诱骗或崩溃，无法发挥作用。从国外技术研究现状来看，病毒注入方法主要有以下几种：

（1）无线电方式　主要是通过无线电把病毒码发射到对方电子系统中。此方式是计算机病毒注入的最佳方式，同时技术难度也最大。可能的途径有：①直接向对方电子系统的无线电接收器或设备发射，使接收器对其进行处理并把病毒传染到目标机上；②冒充合法无线传输数据，根据得到的或使用标准的无线电传输协议和数据格式，发射病毒码，使之能够混在合法传输信号中，进入接收器，进而进入网络；③寻找对方系统保护最薄弱的地方进行病毒注放，通过对方未保护的数据链路，将病毒传染到被保护的链路或目标中。

（2）“固化”式方法　即把病毒事先存放在硬件和软件中，然后把此硬件和软件直接或间接交付给对方，使病毒直接传染给对方电子系统，在需要时将其激活，达到攻击目的。这种攻击方法十分隐蔽，即使芯片或组件被彻底检查，也很难保证其没有其他特殊功能。目前，我国很多计算机组件依赖进口，因此，很容易受到芯片的攻击。

（3）后门攻击方式　后门，是计算机安全系统中的一个小洞，由软件设计师或维护人发明，允许知道其存在的人绕过正常安全防护措施进入系统。攻击后门的形式有许多种，如控制电磁脉冲可将病毒注入目标系统。计算机入侵者就常通过后门进行攻击，如曾经普遍使用的 Windows98 系统就存在这样的后门。

（4）数据控制链侵入方式　随着互联网技术的广泛应用，使计算机病毒通过计算机系统的数据控制链侵入成为可能。使用远程修改技术，可以很容易地改变数据控制链的正常路径。

除上述方式外，还可以通过其他多种方式注入病毒，不再一一介绍。

3. 计算机病毒的防范措施

（1）安装杀毒软件　选择一款知名度较高的杀毒软件，国产的如瑞星、金山毒霸、KV3000等，国外的如诺顿、趋势等均可。在计算机上安装杀毒软件之后，必须设置为开机后自动打开病毒实时监控功能，定期使用查病毒软件扫描系统，定期升级或设置为自动升级杀毒软件。

（2）关闭病毒经常攻击端口　有些病毒只是攻击计算机的特定端口，因此只要在计算机上关闭其攻击的端口便可将病毒拒之门外，常见的病毒攻击端口有23、135、445、139、3389等。

（3）使用的国内知名的搜索引擎搜索下载资源　如果要打开陌生网页，可以在百度等知名搜索引擎中输入其首页地址，这样可以在一定程度上防止中病毒或木马程序。因为这些知名的搜索引擎有检测网站首页是否有木马程序的功能。

（4）阻止异常程序的开机自动启动　目前流行的病毒往往会在开机时自动运行。计算机中毒以后单击“开始”→“运行”，输入msconfig命令，会出现一个系统配置实用程序。单击最右面的“启动”，然后根据实际情况（记住必须有一个画上对号的ctfmon. exe，这是输入法程序，否则系统无法启动）选择开机启动程序。如果认为哪个是病毒程序，可以把前面的对号取消，重新启动即可。

（5）及时安装系统补丁　黑客等往往都是利用工具扫描对方系统漏洞，进而进行攻击或安放木马。安装补丁在很大程度上可以减少中毒概率。下载360安全卫士且完成安装后，会自动评估用户目前系统的安全性。如果系统不安全，会自动提示用户修复，用户可修复安装补丁。这个程序是自动完成的，只需要单击选择“全部”，然后修复即可。

（6）不要轻易打开陌生网站　尽管目前的杀毒软件和木马扫描软件越来越好，但是很多新型病毒在一定时间内并未被杀毒软件发现。所以为了上网安全，最好不要去打开一些陌生的网站，导致链接到病毒页面。

本章小结

本章从计算机网络的概念入手，首先介绍了计算机网络的概念、功能和分类；由于计算机网络中主要应用的是数据通信技术，本章介绍了数据通信的基本概念、数据的传输方式和数据交换技术与差错控制；接下来在讲授局域网的几种常见的拓扑结构的基础上，对其拓扑结构硬件组成、网络互联设备和网络操作系统做了一些介绍；在计算机网络的体系结构和网络协议中，着重讲述了ISO/OSI参考模型，介绍了目前应用最为广泛的TCP/IP和下一代互联网协议。

计算机网络技术的飞速发展，使得Internet的应用迅速普及。本章介绍了Internet的基本知识和技术，包括Internet的起源和发展、几种常见的接入Internet的方式、Internet Explorer 7.0的基本使用方法和利用Outlook Express收发和管理电子邮件的方法等。

本章最后介绍了计算机网络安全的威胁和病毒的防范措施。

思 考 题

7-1 什么是计算机网络？

7-2 计算机网络具有哪些功能？

7-3 常见的计算机网络拓扑结构有哪几种？各有何特点？

7-4 什么是 OSI 参考模型？各层的主要功能是什么？

7-5 常用的计算机网络操作系统有哪些？

7-6 什么是 IPV6 技术？

7-7 简述 IPV6 的典型应用。

7-8 举例说明几种 Internet 接入技术。

7-9 如何使用 Internet Explorer 浏览网页？

7-10 如何使用 Outlook Express 编辑、发送、接收、转发邮件？

7-11 计算机网络的主要安全威胁有哪些？

7-12 计算机网络的防范措施有哪几种？

第 8 章　常用工具软件的应用

正确地使用工具软件能够有效地提高计算机工作效率、稳定计算机工作状态、合理管理计算机资源、充分发挥计算机功能。本章介绍常用工具软件的使用方法，内容涉及下载工具、压缩工具、翻译工具、即时通信工具、多媒体工具、安全防护工具和系统优化工具等几个方面。本章介绍的软件在官方网站上都可以得到，部分软件属于付费软件，可以从官方网站获得试用版，在试用期结束后请自觉支持正版。

8.1　下载工具

在第 7 章中介绍了计算机网络的基础知识。构建计算机网络的目的之一就是实现资源共享，那么如何在浩瀚的计算机网络中下载我们需要的资源呢？常用的下载工具有迅雷、BitComet、网际快车等。本节将以最常见的下载工具迅雷和 BitComet 为例，介绍网络资源的下载方法，并对主流的下载技术进行比较和介绍。

8.1.1　迅雷

迅雷使用的多资源超线程技术，能够将网络上存在的服务器和计算机资源进行有效的整合，构成独特的迅雷网络，通过迅雷网络各种数据文件能够以最快的速度进行传递。多资源超线程技术还具有互联网下载负载均衡功能，在不降低用户体验的前提下，迅雷网络可以对服务器资源进行均衡，有效降低了服务器负载。

迅雷的主要功能如下：

1）多资源超线程技术，显著提升下载速度。

2）功能强大的任务管理功能，可以选择不同的任务管理模式。

3）智能磁盘缓存技术，有效防止了高速下载时对硬盘的损伤。

4）智能的信息提示系统，根据用户的操作提供相关的提示和操作建议。

5）独有的错误诊断功能，帮助用户解决下载失败的问题。

6）病毒防护功能，可以和杀毒软件配合保证下载文件的安全性。

7）自动检测新版本，提示用户及时升级。

8）提供多种皮肤，用户可以根据自己的喜好进行选择。

9）可以限制下载速度，避免影响其他网络程序。

10）支持多种语言。

11）独有的文件校验功能，保证下载文件的完整性。

12）完善的代理设置，允许不同的连接使用不同的代理。

13）详尽的资源信息和连接信息，帮助用户更好地了解下载状态。

14）FTP 资源探测器，配合迅雷使用，可以更方便地下载 FTP 上的文件。

15）导入/导出下载列表，可以方便地和朋友分享下载列表。

16）丰富的配置项，可以根据自己的需要进行个性化的设置。

使用“迅雷”下载资源的方法如下：

首先找到资源的下载地址，然后将鼠标放在下载地址上，单击右键，在弹出的快捷菜单中选择“使用迅雷下载”命令，如图8-1所示。

或者用鼠标右键单击下载地址，在弹出的快捷菜单中选择“属性”命令，然后复制“地址”栏里的地址，如图8-2所示。

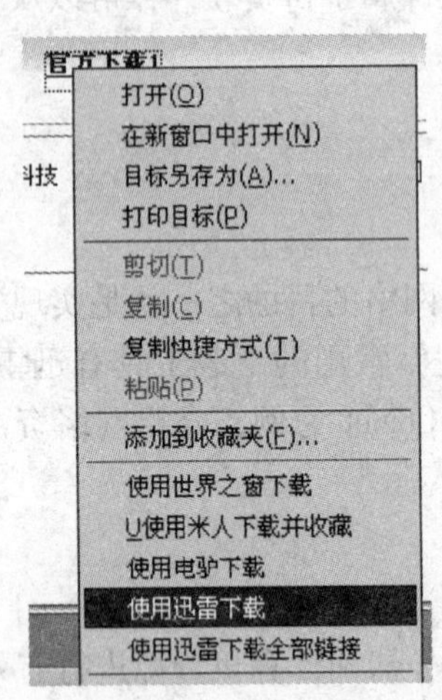

图8-1 用迅雷下载资源

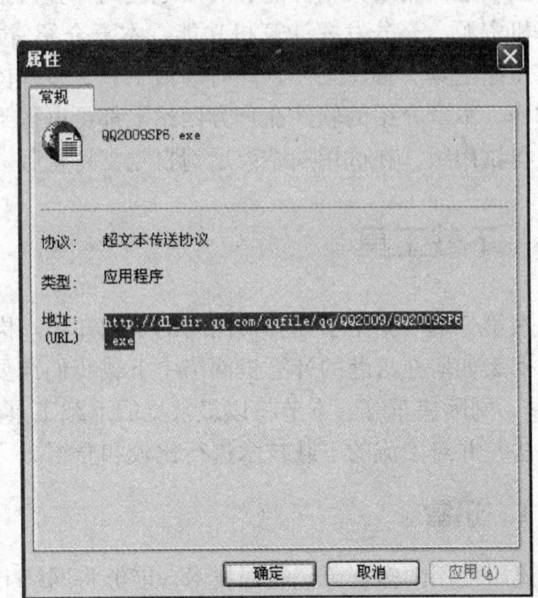

图8-2 复制资源地址

再打开“迅雷”软件，单击“新建”命令，打开“建立新的下载任务”对话框，如图8-3所示。

把刚才复制的下载地址粘贴到“网址（URL）”文本框中，单击“确定”按钮，就开始下载所需资源了。

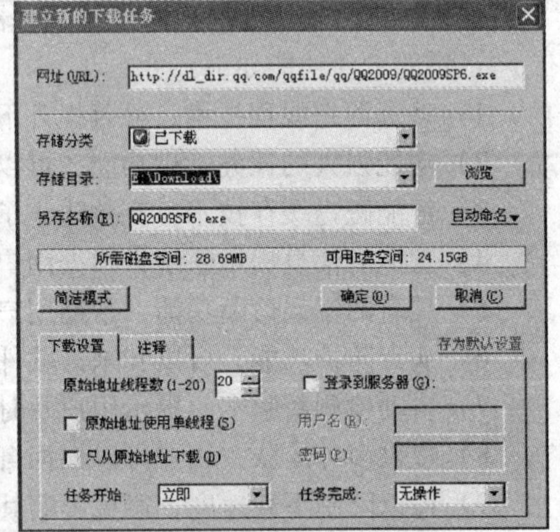

图8-3 迅雷新建下载链接

8.1.2 BitComet

BitTorrent（简称BT）是一个文件分发协议，通过URL识别内容，并且和网络无缝结合。它对比HTTP/FTP、MMS/RTSP流媒体协议等下载方式的优势在于：一个文件的下载者在下载的同时也在不断上传数据，使文件源（可以是服务器源也可以是个人源，一般特指第一个做种者或种子的第一发布者）可以在增加有限的负载的情况下支持大量下载者同时下载，所以BT等P2P传输方式也有“下载的人越多，下载的速度越快”的说法。BT的全名叫“BitTorrent”（被国内网友昵称为“变态下载”），是一种多点共享协议软件，是由美国一位名叫Bram Cohen的程序员开发出来的。

BitTorrent 的主要功能如下：

1）创新的跨协议下载，BT 任务可以从 P2SP 的种子下载，从而提高下载速度。

2）用户可以共享任务列表，也可以浏览下载其他人共享的任务。

3）在下载 MP3、RMVB、WMV 等视频文件过程中可以边下载边播放。

4）自动根据网络连接优化下载。

5）使用内存作为下载缓存，有效减小硬盘读写速度，延长其使用寿命。

6）续传做种均无需再次扫描文件。

7）突破网关，自动实现不同内网间的互联传输。

8）支持通过公用 DHT 网络，实现无 TrackerTorrent 文件下载。

9）兼容 Windows XP SP2 的 TCP/IP 限制，并对 tcpip. sys 补丁有调整选项。

使用 BitComet 下载资源的方法如下：

第一步：双击从 BT 网站下载的 Torrent 文件，BitComet 的 Torrent 文件图标如图 8-4 所示。

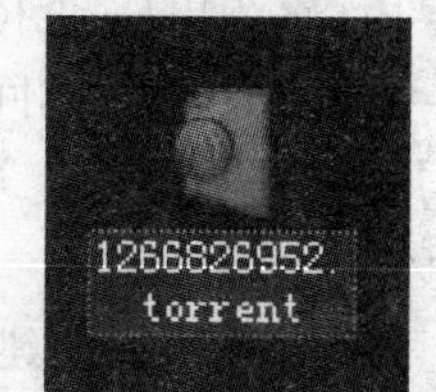

图 8-4 下载的 Torrent 文件

第二步：程序自动关联 Torrent 文件，打开 Bitcomet，出现下载对话框，如图 8-5 所示。

第三步：单击“浏览”按钮，选择文件存放的目录，如图 8-6 所示。

图 8-5 下载设置对话框

图 8-6 选择文件存放目录

第四步：如果是第一次下载直接使用默认设置即可。文件名前的复选框标识此文件是否被选择下载，如果不想下载某些文件，可以取消复选框前的勾选。

下载完毕后，如果其他人需要你补种，或你希望发布新的内容做种时，可以选择续种、做种选项，单击“确定”按钮即可。

8.1.3 下载技术的比较

1. 迅雷

迅雷本身不支持上传资源，它只是一个提供下载和自主上传的工具软件。简单地说，迅雷的资源取决于拥有资源网站的多少，只要有任何一个迅雷用户使用迅雷下载过资源，迅雷就能有所记录。如果所有用户能在更多的网站使用迅雷下载，那么迅雷拥有的网站资源就越来越多。

迅雷的缺点就是比较占用内存，迅雷配置中的“磁盘缓存”设置得越大，那么内存就会占得更多。

2. 网际快车

网际快车（FlashGet）诞生于1999年，是我国第一款也是唯一一款为世界219个国家的用户提供服务的软件。2004年，趋势媒体集团收购网际快车（FlashGet）客户端软件，网际快车信息技术有限公司随之创建。从此，FlashGet逐渐从单一客户端软件，逐渐发展成为集资源下载客户端、资源门户网站、资源搜索引擎、资源社区等多种服务在内的互联网资源分享平台。如今的网际快车（FlashGet）已经在全球拥有1.8亿固定用户，并成为中国软件在世界用户心中的一个符号。

下载软件最大的问题是速度，其次是下载后的管理。网际快车就是为解决这两个问题所编写的，通过把一个文件分成几个部分同时下载，可以成倍地提高速度，下载速度可以提高100%~500%。

FlashGet可以创建不限数目的类别，每个类别指定单独的文件目录，不同的类别保存到不同的目录中去。其强大的管理功能包括支持拖动、更名、添加描述、查找，文件名重复时可自动重命名等，而且下载前后均可轻松管理文件。其新版本中添加了镜像和自动镜像查找功能，使得下载速度再上一个台阶。

3. BT

BitTorrent专门为大容量文件的共享而设计。BT首先在上传者端把一个文件分成了很多部分，用户甲随机下载了其中的一些部分，而用户乙则随机下载了另外一些部分。这样甲的BT就会根据情况（根据与不同计算机之间的网络连接速度自动选择最快的一端）到乙的计算机上去下载乙已经下载好的部分，同样乙的BT就会根据情况到甲的计算机上去下载甲已经下载好的部分，这样不但减轻了服务器端的负荷，也加快了双方的下载速度。实际上每个用户在下载的同时，也作为源在上传（即其他人从你的计算机中下载该文件的某个部分）。这样就有效地利用了上行的带宽，也避免了传统的FTP下载方式所有用户都到服务器上下载同一个文件的拥堵问题。而且下载的人越多，实际上传的人也越多，其他用户下载的速度就越快，BT的优势就在这里体现出来。

和通常的FTP、HTTP下载不同，使用BT下载不需要指定服务器，虽然在BT里面还有服务器的概念，但下载的人并不需要关心服务器在哪里。只有发布原始共享文件的人才需要了解这个问题。提供BT的服务器称为Tracker，把文件用BT发布出来的人需要知道使用哪个服务器来为要发布的文件提供Tracker。由于不指定服务器，BitTorrent采用BT文件来确定下载源。BT文件扩展名为torrent，容量很小，通常是几十KB，这个文件里存放了对应的发布文件的描述信息、应该使用哪个Tracker（记录下载用户信息的服务器）、文件的校验信息等。BT客户端通过处理BT文件来找到下载源和进行相关的下载操作。

BT把提供完整文件档案的用户称为种子（Seed），把正在下载的用户称为客户（Client），某一个文件现在有多少种子、多少客户是可以看到的，只要有一个种子，就可以放心地下载。当然，种子越多、客户越多的文件下载起来的速度会越快。如果发现种子数为0，那么就不要去尝试了。通常来说，至少应该有一个种子，下载的人越多，通常做种子的人也会随之增加，下载速度也就越快。当下载完成后，如果没有选择关闭，其他人就可以从你这里继续下载。

综上所述，计算机中只要安装了这几个下载软件，就可以灵活运用不同的软件来查找、下载资源了。

8.2　文件压缩工具

随着计算机技术的不断发展，文件占用的空间越来越大，使得数据的保存和传输耗时过长且极为不便。通过对文件进行压缩和解压缩处理来解决这种矛盾就显得十分实用和必要。一般而言，压缩软件的工作过程是把一个或几个文件通过一定的算法压缩后存放在一个特定扩展名的管理文件中，以便于存储和交换。常用的数据压缩软件有 WinZip、WinRAR、WinACE、FastZip、TurboZIP、WinIMP、ZipMagic 等。下面介绍最常见的文件压缩工具 WinRAR。

8.2.1　WinRAR 的主界面

在桌面或“开始”菜单中选择打开 WinRAR，或者选择一个压缩文件双击打开（前提是 WinRAR 为默认的压缩文件打开程序），或者到 WinRAR 的安装目录，双击 winrar. exe 也可以打开 WinRAR 的主界面。WinRAR 的主界面如图 8-7 所示。

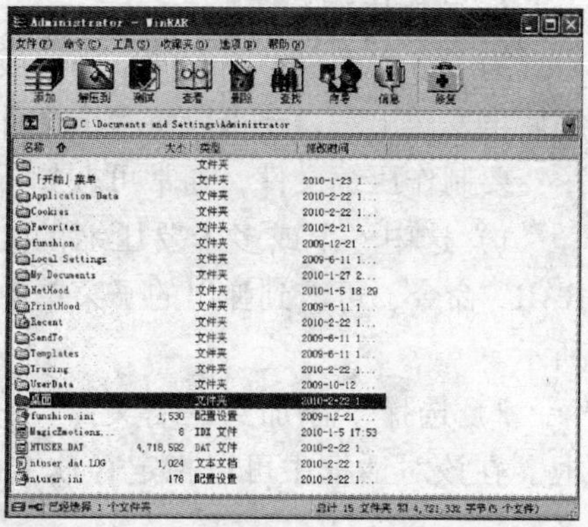

图 8-7　WinRAR 主界面

8.2.2　WinRAR 的使用方法

由于在安装 WinRAR 时，系统自动将 WinRAR 程序与 ZIP、CAB 等压缩格式进行了关联，因此，用户只要双击压缩文件，系统将自动启动 WinRAR 程序，同时列出压缩文件内容，如图 8-8 所示。

1. 解压缩文件

要解压缩文件，可单击工具栏中的“解压到”按钮，此时将打开图 8-9 所示“解压路径和选项”对话框。在该对话框中，用户可进行如下设置。

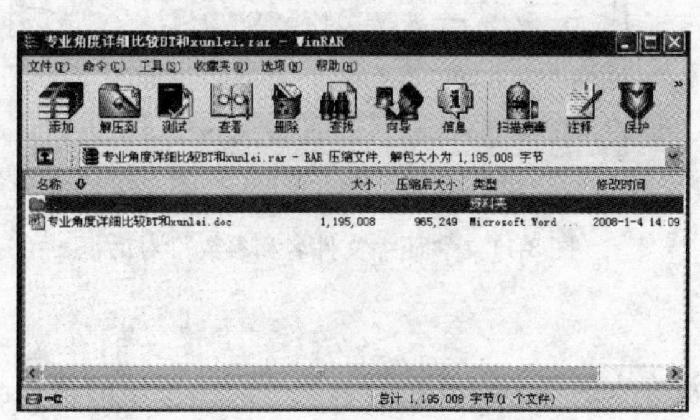

图 8-8　自动打开的 WinRAR 工作窗口

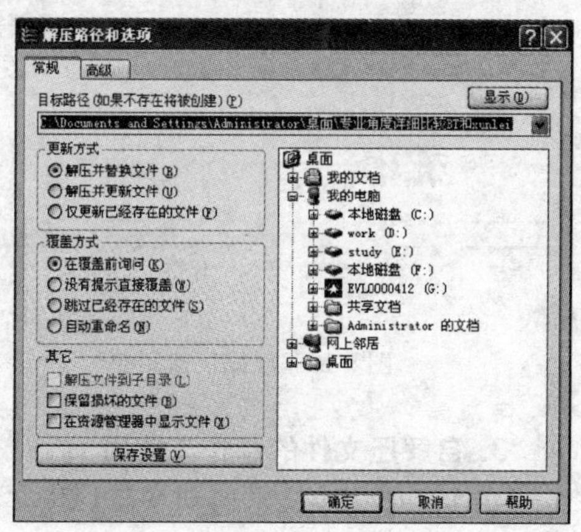

图 8-9　“解压路径和选项”对话框

1）在“目标路径”中显示了将要解压文件的路径。

2）在“更新方式”选项栏中可以选择“解压并替换文件”、“解压并更新文件”和“仅更新已存在的文件”选项。

3）在“覆盖方式”选项栏中可以选择“在覆盖前询问”、“没有提示直接覆盖”、“跳过已经存在的文件”和“自动重命名”选项。

4）在“文件夹/驱动器”列表区单击⊞按钮，可展开驱动器或文件夹列表，单击⊟按钮可收缩驱动器或文件夹列表，从而便于选择希望存放解压缩文件的文件夹。

5）设置结束后，单击“确定”按钮，即可开始解压缩文件。

此外，系统还可以利用如下方法进行文件解压缩：在待解压缩的文件上单击鼠标右键，在弹出的快捷菜单中选择“WinRAR”命令，从打开的子菜单中选择某种解压缩方式，对文件进行解压缩。

2. 制作压缩文件

为了节省磁盘上的存储空间，或者节省文件传输的时间和空间，可以把要上传的文件压缩后再发送出去，还可以将多个文件压缩成一个文件。

要制作压缩文件，通常可按如下操作步骤来进行。

1）选中一个或多个要压缩的文件，单击鼠标右键，在弹出的快捷菜单中单击“WinRAR”命令，可看到弹出的子菜单中有若干个以不同方式对文件进行压缩的命令，如图8-10所示。

2）选择“添加到压缩文件”命令，打开如图8-11所示“压缩文件名和参数”对话框。在该对话框中可以指定存放文件的文件夹，输入压缩文件的名称（不必带文件扩展名）。

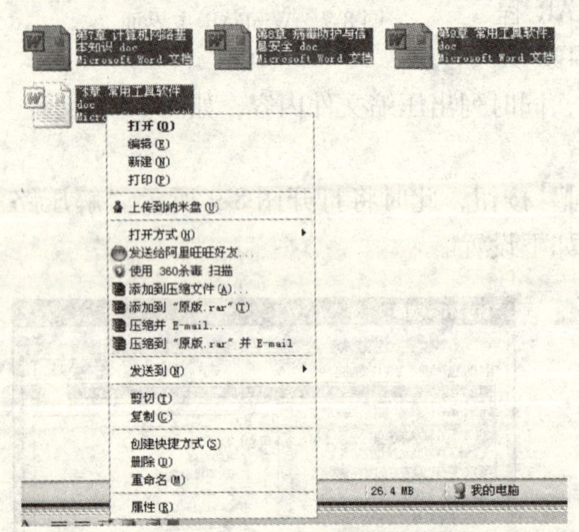

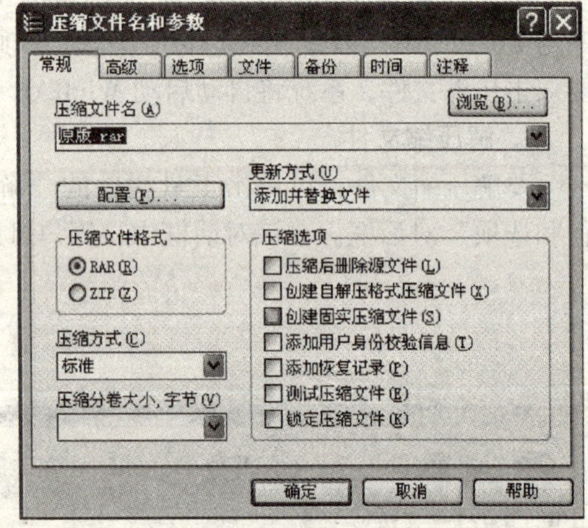

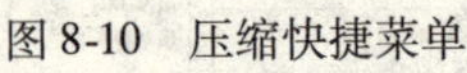
图8-10 压缩快捷菜单

图8-11 “压缩文件名和参数”对话框

3. 自解压文件的制作与使用

在实际应用中，常遇到WinRAR文件在没有安装WinRAR的计算机上无法使用的情形。通过WinRAR制作自解压包的功能，可以解决这个问题。方法如下：

1）右键单击压缩文件，在弹出的快捷菜单中选择“添加到压缩文件”命令，如图8-12所示。

2）在打开的“压缩文件名和参数”对话框“常规”选项卡“压缩选项”的“创建自解压格式压缩文件”前打“√”，单击“确定”按钮，系统将创建自解压文件。

4. 将文件增加到已有压缩文件内

WinRAR不仅允许一次压缩多个文件，还允许将一个或多个文件增加到一个已有的压缩文件中。操作步骤为：

1）双击某个压缩文件，打开WinRAR的主界面。

2）单击“添加”按钮，即可将选定的文件增加到该压缩文件中。

5. 压缩文件的加密和解密

使用WinRAR还可以对压缩文件中所包含的部分或全部文件进行加密，以增加文件的安全性。不过，该项操作只能在新建压缩文件或者向已有压缩文件中增加新文件时才能进行。其具体步骤如下：

1）新建压缩文件或者向已有压缩文件中增加新文件时，在WinRAR主界面中单击“高级”标签下的“设置密码”按钮，打开如图8-13所示的“带密码压缩”对话框。

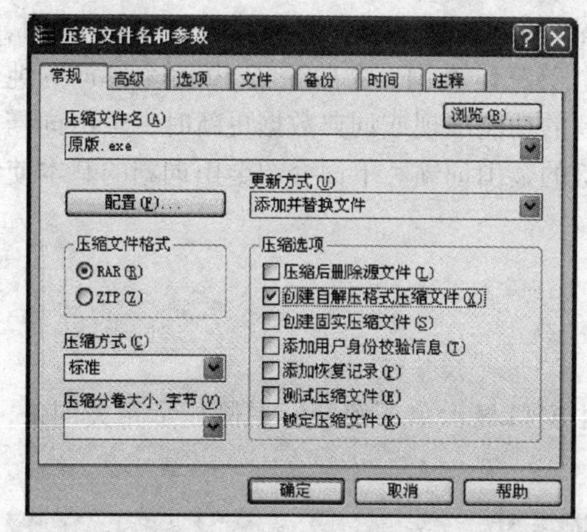

图8-12　建立自解压文件

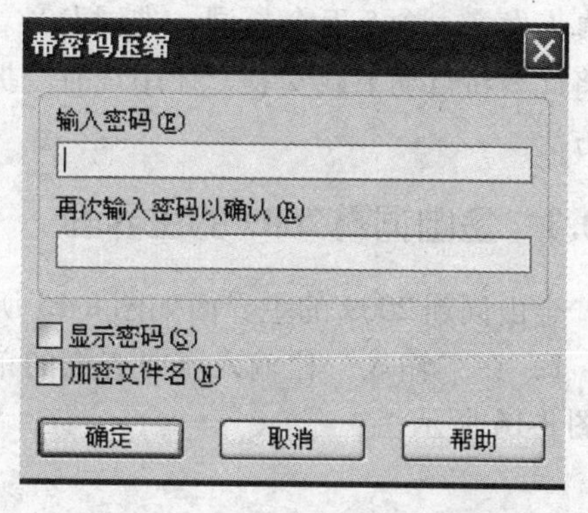

图8-13　“带密码压缩”对话框

2）在“输入密码”文本框内输入密码，在“再次输入密码以确认”文本框中再次输入密码。

3）单击“确定”按钮，关闭“密码”对话框。

要对已加密的压缩文件进行解压缩，必须知道压缩文件的密码，否则就无法完成解压缩。在解压缩过程中，当解压缩已被加密的文件时，将出现“密码”提示对话框。用户只有正确输入密码，才可将已加密的压缩文件解压缩。

6. 分割压缩文件

如果一个压缩文件很大，不便于传递或利用软盘携带，可以利用WinRAR的文件分割功能，将这个压缩文件分割成多个小文件。其具体操作步骤如下：

1）选中要压缩的所有文件。

2）右键单击所选中的文件，在弹出的快捷菜单中选择“添加到压缩文件”命令，如图8-14所示。

3）在打开的“压缩文件名和参数”对话框中左下角的“压缩分卷大小，字节”下拉菜单，可以分别以“1.44MB、98078KB、700MB、4481MB”为最小分割单位对所选的文件进行分割压缩。用户也可以通过自行输入单个文件的大小来指定每个分割文件的大小。

4）单击“确定”按钮即可实现分割压缩文件。

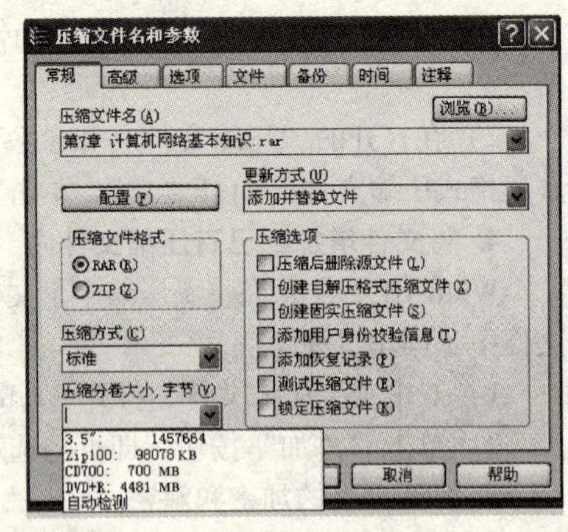

图8-14 分割压缩文件

8.3 英汉字典及翻译软件

翻译外文资料是我们学习和工作中经常要遇到的，利用计算机翻译软件可以快速、准确地进行各种翻译工作。其中金山词霸是最著名的翻译软件之一。金山词霸包括取词、查词、查句、全文翻译和网页翻译等功能；支持中、日、英三语查询，并收录了30万个单词的纯正真人发音，含5万个长词、难词发音。当有最新的功能出现或词典数据更新时，金山词霸可将此更新自动下载安装，让用户时刻拥有最新版的金山词霸。下面介绍金山词霸的基本使用方法。

8.3.1 金山词霸2009的主界面

金山词霸2009的主界面如图8-15所示。

1）在“输入”栏输入需要查询的单词后，主窗口显示单词解释，左侧显示相关词条，如图8-16所示。

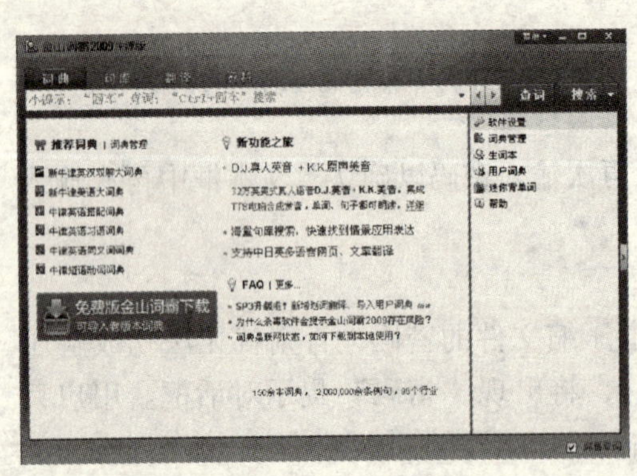

图8-15 金山词霸2009的主界面

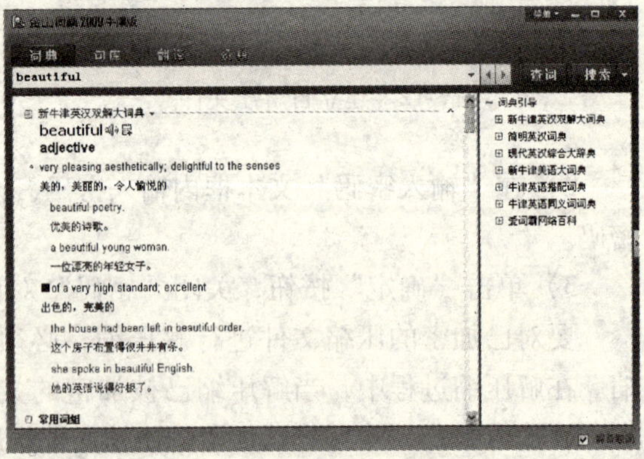

图8-16 查询单词后的窗口

2）主工具条有3个功能按钮，其中按钮为浏览前一词，按钮为浏览后一词。

3）状态栏还显示当前屏幕取词的方式，如图 8-17 所示。

屏幕取词

图 8-17　状态栏

8.3.2　使用金山词霸

1. 金山词霸 2009 的菜单

金山词霸的一般设置都需要通过菜单来完成，如图 8-18 所示。

（1）“设置”选项　单击此选项，弹出如图 8-19 所示对话框。这里包括“软件设置”、“词典管理”和“插件管理”三项。

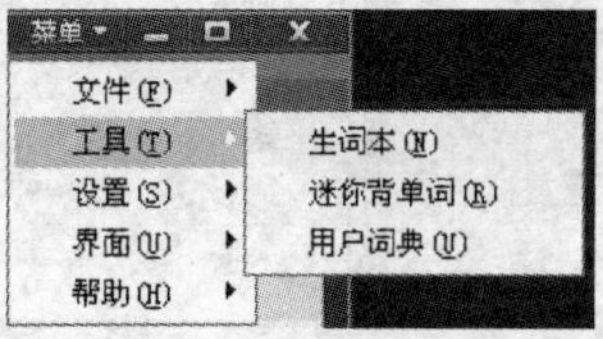

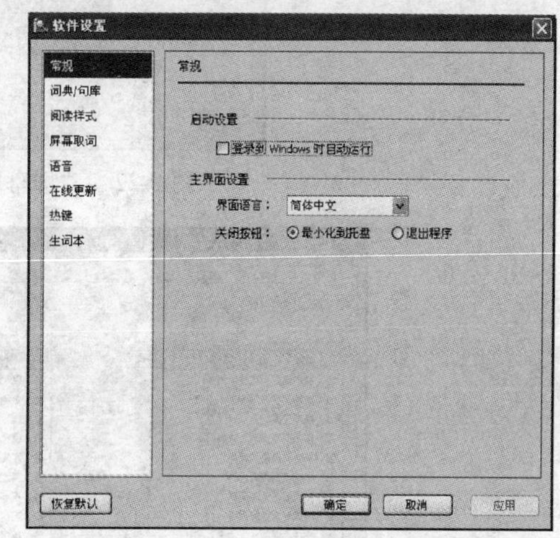

菜单　文件(F)　工具(T)　设置(S)　界面(U)　帮助(H)　生词本(N)　迷你背单词(R)　用户词典(U)

图 8-18　金山词霸 2009 主菜单

图 8-19　“软件设置”对话框

（2）屏幕取词　将鼠标置于陌生词上面，按热键就会浮出解释窗口，如图 8-20 所示。窗口中的按钮分别用于“查词典”、“复制解释”、“翻译当前句子”、“朗读”以及“加入生词本”。

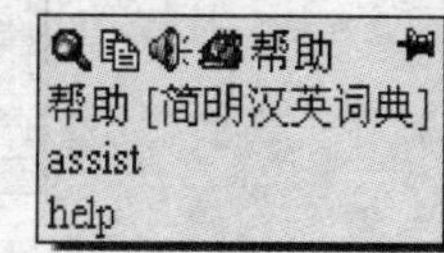

图 8-20　“屏幕取词”窗口

2. 系统选项设置

单击主菜单中的“设置”命令，弹出“设置”对话框。该对话框中有“界面设置”、“取词设置”、“词典设置”和“系统设置”4 个选项卡，单击切换可进行相应的设置。

（1）界面设置　单击切换到“界面设置”选项卡，在其中可以选定金山词霸 2009 的界面风格。待选的风格有默认、粉色、灰白、褐色派、土黄和土红等。可在对话框中预览选定的风格，如图 8-21 所示。

（2）取词设置　单击切换到“屏幕取词”选项卡，可在其中设置取词模式、取词延时以及其他一些选项，如图 8-22 所示。

（3）词典设置　单击切换到“词典管理”选项卡，在其中可设置各种词典，如图 8-23 所示。

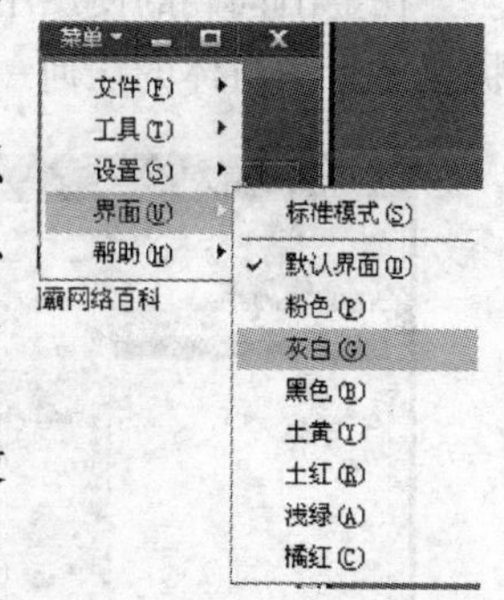

图 8-21　“界面方案”菜单项

3. 用户词典

通过主菜单“用户词典”按钮可以打开用户词典，用户可将自己理解的单词的新释义写入词典中，方便用户随时查看和修改定义以丰富自己的词库。“用户词典”窗口如图 8-24 所示。

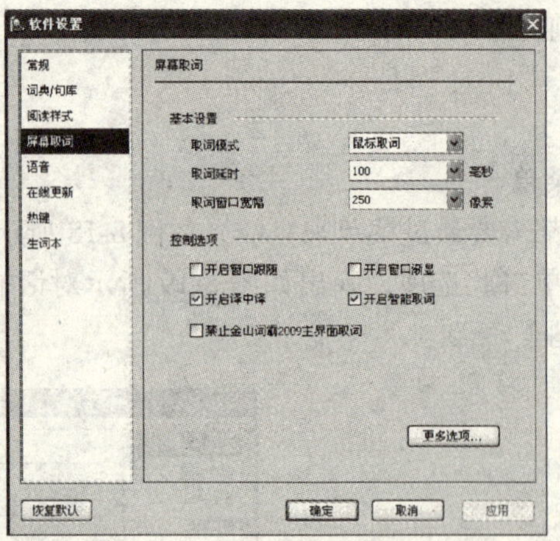

图 8-22 “屏幕取词”选项卡

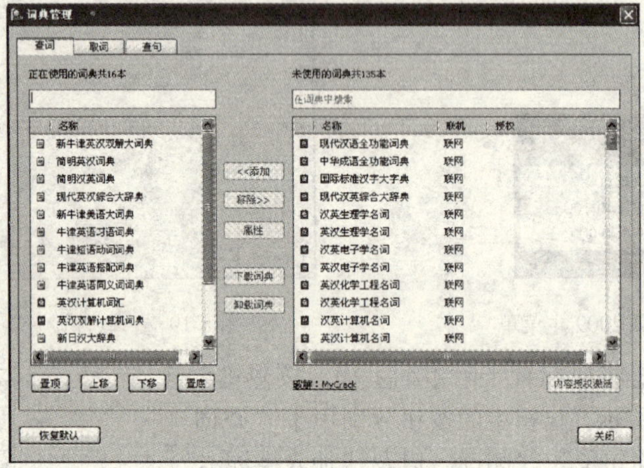

图 8-23 “词典管理”选项卡

4. 右键快捷菜单

在金山词霸的使用中，还可以通过右键快捷菜单对软件所有的功能进行操作。在查词典状态下，在窗体的任何一个位置单击鼠标右键，会立刻弹出快捷菜单，如图 8-25 所示。

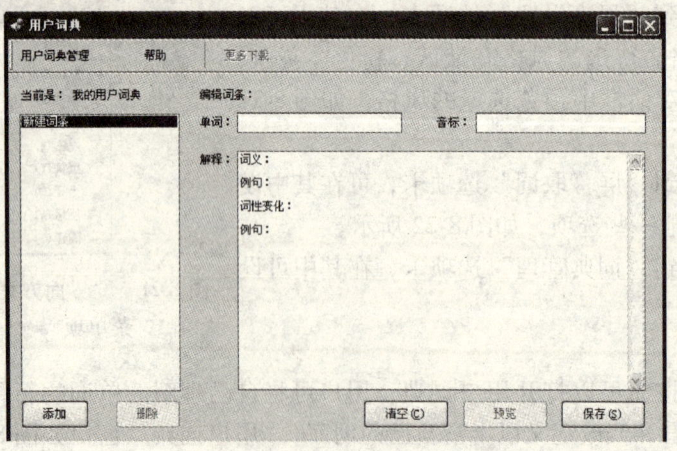

图 8-24 “用户词典”窗口

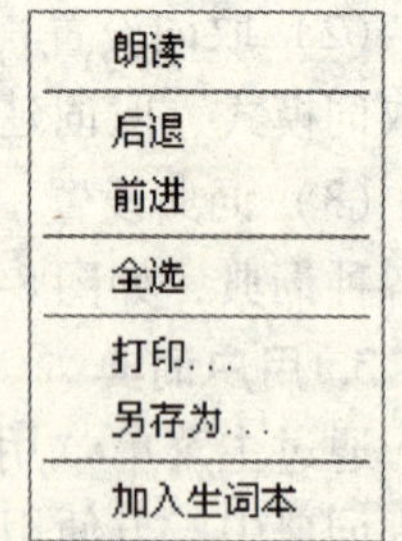

图 8-25 金山词霸右键菜单

8.4 即时通信工具

当前，人们的生活已经被即时通信工具悄然地改变着，现代人不仅仅通过传统的座机、手机电话、手机短信等方式进行沟通，而且利用无处不在的移动即时通信工具，随时随地地和世界任意一个角落的朋友聊天通话。掌握一两款即时通信软件，已成为人们生活中的必备技能。腾讯 QQ 和 MSN Messenger 都是常用的即时聊天工具，下面将以 MSN Messenger 为例介绍即时聊天工具的使用方法。

8.4.1 申请 MSN Messenger 账号

要想使用 MSN Messenger 聊天，必须首先获得一个 . Net Passport。. Net Passport 就是登录 MSN Messenger 的账户。对于拥有 Hotmail 或 MSN 邮箱账号的用户，可以直接使用 Hotmail 或 MSN 的邮箱账号作为 . Net Passport。若没有，则需要申请一个 Hotmail 或者 MSN 邮箱账号。申请邮箱账号的方法不在此赘述，到相关网站或者 MSN 客户端按照提示操作即可。

8.4.2 在 MSN 中添加联系人

有了 MSN Messenger，就可以和世界各地的网友聊天了，但是首先必须添加联系人。添加联系人可采用如下方法：

1）选中“我想…”选项卡下面的“添加联系人”选项，弹出如图 8-26 所示的向导窗口，选中“使用电子邮件地址或登录名创建一个新的链接”单选按钮，单击“下一步”按钮。

2）在打开窗口中，输入联系人的 Hotmail 或 MSN 信箱地址，然后单击“下一步”按钮，如图 8-27 所示。在提示添加成功的窗口中，单击“完成”按钮即可。也可以发送邮件，如图 8-28 所示。

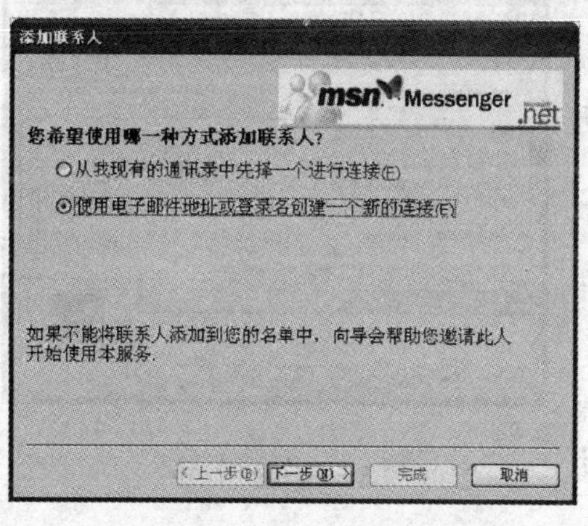

图 8-26 添加联系人对话框

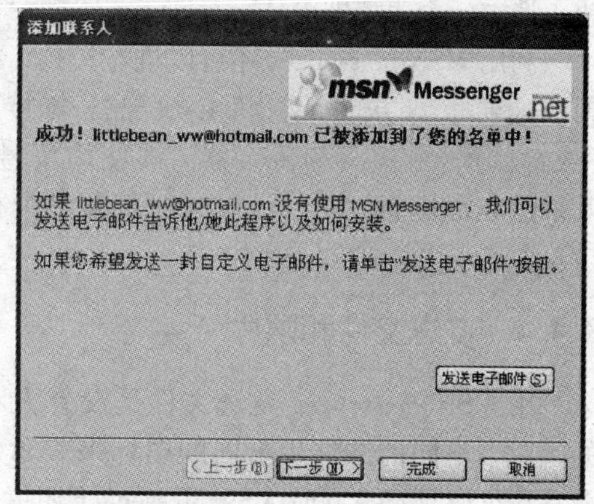

图 8-27 成功添加联系人

这时，可以看到联系人被添加到 MSN Messenger 主界面的窗口中，如图 8-29 所示。如果联系人上线，MSN Messenger 则会自动在屏幕右下角用一个小窗口提示，如图 8-30 所示。如果联系人不在线，则会被列在“没有联机”一栏。

图 8-28 发送邮件

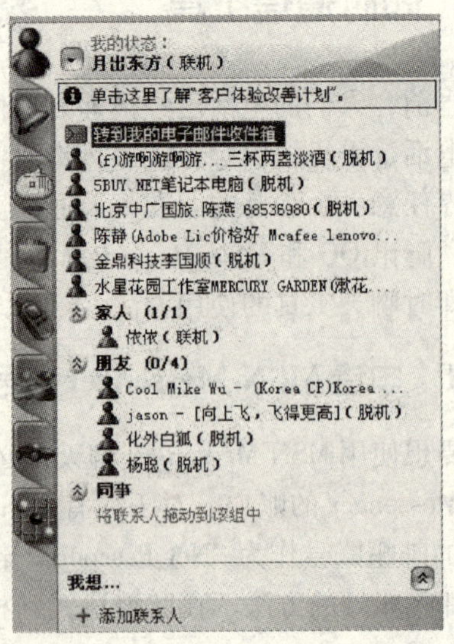

图 8-29 MSN Messenger 主界面

8.4.3 与联系人聊天

图 8-30 联系人登录上线提示对话框

若联系人在线上，那么就可以和联系人即时聊天。双击其图标可以打开双方的聊天对话框，如图 8-31 所示。在聊天窗口中，下面的子窗口是输入信息的地方，输入问候语，按“Enter”键或单击“发送”按钮，就可以把信息发送出去。若想输入“回车”符号，则需要按“Ctrl + Enter”组合键。MSN Messenger 提供了丰富的表情，可以让聊天气氛更加活泼，单击“表情”按钮，选中一个表情即可。

利用 MSN Messenger 还可以进行音频、视频聊天，这要求双方的计算机必须配备声卡、耳机（或音箱）、摄像头和传声器。即使用拨号上网，效果也非常理想，并且可以同时打开多个视频窗口。

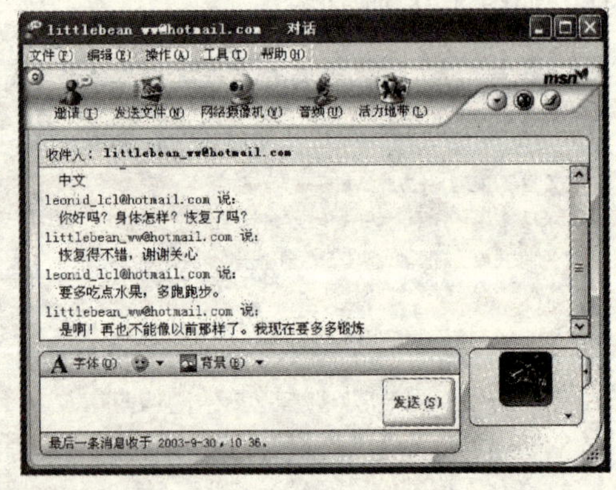

图 8-31 聊天对话框

8.4.4 发送文件和照片

用 MSN Messenger 发送文件是没有大小限制的，对于不同的文件用不同的图标来表示，对于图片还可以预览，同时 MSN Messenger 还提供了一个发送/接收文件的进度条。单击聊天窗口中的“发送文件”按钮，打开想要发送的文件，然后等待对方接收即可，如图 8-32 所示。

收件人：依依 <valeska@sohu.com>

月出东方 发送：

ZDS-Photoshop.exe (1805 KB)

等待 依依 接受

取消 (Alt+Q)

图 8-32 发送文件

8.5 多媒体软件

计算机已经深入到人们生活的每个角落，人们可以利用计算机来学习、工作和娱乐。所有这些都离不开多媒体软件的支持，多媒体软件将计算机更加丰富多彩的一面呈现在人们的面前。下面介绍常见的视频、音频和图像处理软件。

8.5.1 暴风影音视频播放工具

暴风影音是暴风网际公司推出的一款视频播放器，该播放器兼容大多数的视频和音频格式。连续获得《电脑报》、《电脑迷》、《电脑爱好者》等权威 IT 专业媒体评选的消费者最喜爱的互联网软件。

暴风影音提供和升级了系统对常见绝大多数影音文件和流的支持，包括 RealMedia、QuickTime、MPEG2、MPEG4（ASP/AVC）、VP3/6/7、Indeo、FLV 等流行视频格式；AC3、DTS、LPCM、AAC、OGG、MPC、APE、FLAC、TTA、WV 等流行音频格式；3GP、Matroska、MP4、OGM、PMP、XVD 等媒体封装及字幕支持等。配合 Windows Media Player 最新版本，可完成当前大多数流行影音文件、流媒体、影碟等的播放而无需其他任何专用软件。

1. 暴风影音的主要功能和特点

1）根据高清显卡型号推荐默认的播放方案。

2）播放过程中可快速切换高清方案。

3）所有高清分离器、渲染器、解码器都可以进行选择。

4）高清方案管理功能，设置、保存更多的方案，满足不同的播放需求。

5）支持 BW10、GEO、PVW2、KDM4 等新媒体类型的播放。

6）支持多音轨、多字幕的 TS 文件格式。

7）优化截图功能，支持图片预览。

8）画面垂直翻转、跳过片头/片尾智能设置，同时提供多套精致皮肤功能，可随意切换使用。

2. 暴风影音主界面介绍

暴风影音的主界面如图 8-33 所示。

（1）标题区　显示正在播放文件的文件名。

（2）系统按钮区　对系统进行使用设置。

1）换肤。选择切换播放器的不同皮肤。

2）主菜单。主菜单下的各项分类有助于用户更好地操作及设置播放器。

图 8-33　暴风影音主界面

3）始终/从不置顶。选择是否让暴风影音窗口前置。

4）最小化。将暴风影音最小化至任务栏。

5）最大化/恢复。将暴风影音最大化或恢复原来大小。

6）关闭。退出暴风影音。

（3）附加功能按钮区　完成扩展功能的设置。

1）小菜单。部分主要功能的选择。

2）其他。如广告、游戏、新闻等。

（4）播放列表　管理播放列表。

（5）状态提示栏　播放器状态变化的相关提示，显示当前播放时间和影片总长。

（6）控制栏　包括播放/暂停、停止、上一影片、下一影片、音量控制、全屏等最常用的功能按钮。

8.5.2　千千静听音乐播放工具

千千静听是一款完全免费的音乐播放软件，集播放、音效、转换、歌词等众多功能于一身。其小巧精致、操作简捷、功能强大的特点，深得用户喜爱，被网友评为中国十大优秀软件之一，并且成为目前国内最受欢迎的音乐播放软件。

千千静听默认的界面由4个窗口组成，分别是主控窗口、歌词秀窗口、播放列表窗口及均衡器窗口。5.2.0或以上版本增加了千千音乐窗窗口，可以通过主控窗口的音乐窗按钮控制开关，如图8-34所示。

千千静听的主要功能如下：

1）高精度音质，完美还原听觉，在线自动下载歌词，卡拉OK式同步显示。

2）软件小、运行快、支持众多插件，可自由编辑歌词。

3）自由转换MP3、WMA、APE、WAV等多种音频格式，批量修改歌曲标签信息。

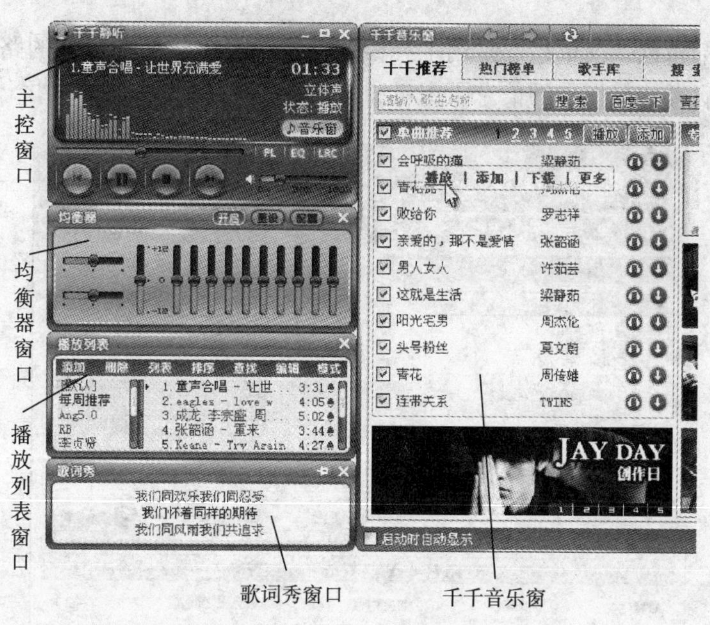

图 8-34　千千静听默认界面

4）个性化皮肤，多种视觉效果享受。

5）断网情况下优化已缓存歌曲的播放速度。

6）支持高级采样频率转换（SSRC）和多种速率输出方式，并具有强大的回放增益功能。

8.6　系统安全防护工具

在安装完计算机操作系统之后，首先应该安装保证系统安全方面的工具，主要涉及病毒、木马、黑客攻击以及流氓软件防护等方面。感染病毒和木马的常见方式，一是运行了被感染有病毒木马的程序；二是浏览网页、邮件时被利用浏览器漏洞，病毒木马被自动下载运行，这是目前最常见的两种感染方式。

要预防病毒、木马，首先要提高警惕，不轻易打开来历不明的可疑的文件、网站、邮件等，并且要及时为系统打上补丁，还要安装防火墙和可靠的杀毒软件，并及时升级病毒库。如果做好以上几点，基本上可以杜绝绝大多数的病毒、木马。最后，值得注意的是，不能过多依赖杀毒软件，因为病毒总是出现在杀毒软件升级之前的，靠杀毒软件来防范病毒，本身就处于被动的地位。要想有一个安全的网络环境，还是要首先提高自己的网络安全意识，对病毒做到预防为主、查杀为辅。

系统安全防护工具主要有瑞星杀毒软件、金山毒霸、卡巴斯基、360 安全卫士等。下面以瑞星杀毒软件和 360 安全卫士为例介绍计算机系统安全防护的方法。

8.6.1　瑞星杀毒软件

1. 瑞星杀毒软件主界面

双击“瑞星杀毒软件”图标，即可启动杀毒软件，启动完成后的用户界面如图 8-35

所示。

其界面包括标题栏、菜单栏、常用工具栏，以及一个树状结构显示的路径选择子窗口、用以显示信息和病毒情况报告的信息子窗口和杀病毒时提供情况显示的状态栏。

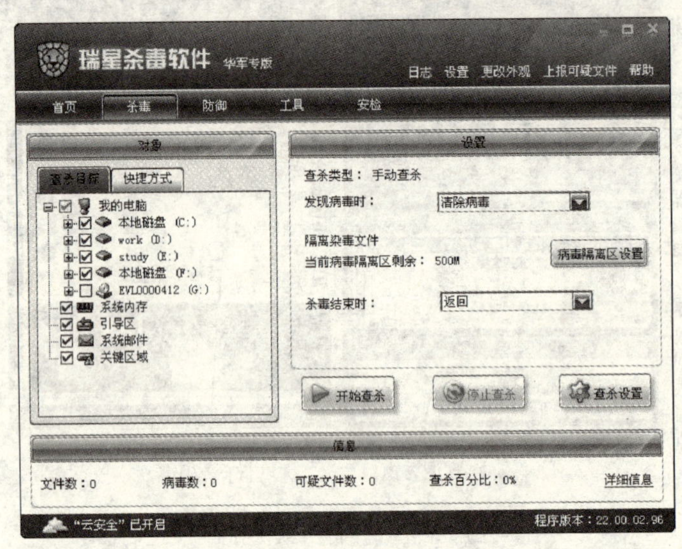

图 8-35 瑞星杀毒软件的用户界面

2. 瑞星杀毒软件的使用方法

（1）查杀病毒 瑞星杀毒软件可以查杀的对象包括内存、引导区、电子邮件、“我的电脑”窗口中的各个驱动器、软驱中的软盘、各个物理硬盘的逻辑分区以及光驱中的光盘。操作时首先在路径选择子窗口（见图 8-36）中选定要查杀的对象所在的路径，然后单击常用工具栏中的“开始杀毒”按钮，即可开始查杀病毒。例如，选择路径为“C:”，开始查杀病毒后情况如图 8-37 所示。

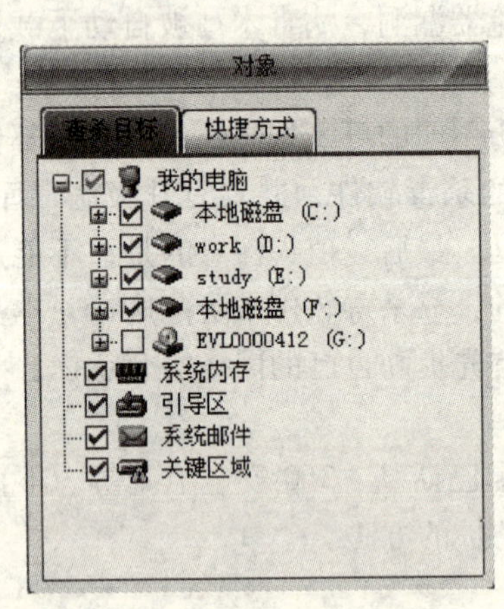

图 8-36 路径选择子窗口

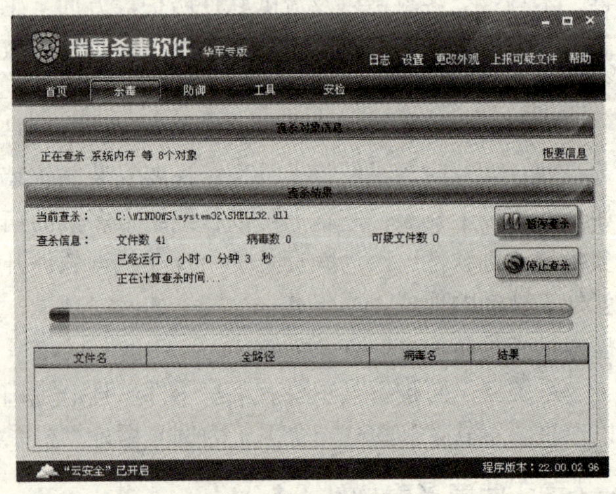

图 8-37 查杀病毒时的窗口

在查杀病毒的过程中用户可以单击“暂停”按钮暂停查杀病毒，暂停后还可单击“继续”按钮继续查杀病毒的工作。查杀病毒完成后，或由用户中途单击“停止按钮”中断后，将弹出如图8-38所示的“杀毒结束”对话框，在对话框中显示查杀病毒的情况，其中包括查文件有没有病毒、花费多少时间等信息。

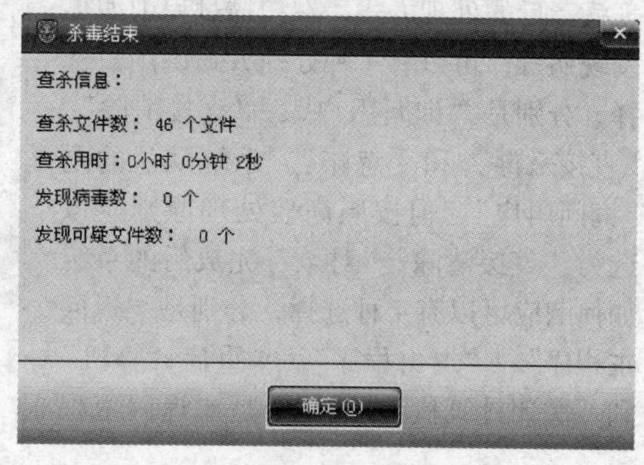

图8-38 “杀毒结束”对话框

如果系统在查毒时检测到病毒，默认情况下会打开“询问”对话框。在对话框中询问用户如何处理，可以单击“直接清除”按钮进行杀毒，也可以单击“删除文件”按钮直接删除有毒的文件，或单击“忽略”按钮，放过这个有毒的文件。需要注意的是，在该对话框下面有一个“下一次询问不再出现这个对话框，使用相同的回答”复选项，选中它就表示要求瑞星杀毒软件保留本次选择，以后再遇到病毒文件时，按记忆去处理，不再打开“询问”对话框。

在查毒结束时，瑞星杀毒软件用户界面的信息子窗口中有病毒情况报告，在“杀毒结束”对话框和瑞星杀毒软件状态栏中均有信息显示，如图8-37、图8-38所示。

(2) 病毒实时监控及邮件监控　默认情况下，系统启动时会自动启动瑞星病毒监控程序，在桌面右下角的任务栏中出现“绿伞”图标；如果没有随系统启动而启动，单击“开始”菜单，再打开“程序”→“瑞星杀毒”选项，选择“瑞星监控中心”命令即可启动该功能。

瑞星计算机监控中心包括文件监控、内存监控、邮件监控和网页监控。此项功能可以保护用户在打开陌生文件、收发电子邮件和浏览网页时查杀和截获病毒，从而全面地保护计算机系统不受病毒侵害。

当然也可以由用户在“监控程序”的“监控中心”窗口中设定是否要打开对某一项的监控，如图8-39所示。通过单击相应的命令实现打开或关闭对相应对象的监控。

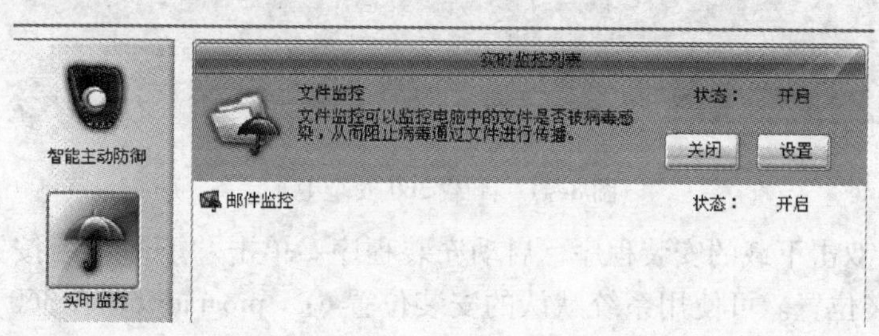

图8-39 “监控中心”窗口

3. 设置瑞星杀毒软件

单击瑞星杀毒软件用户界面的“设置”菜单，打开详细“设置”对话框，如图8-40所示。其中包括“手动扫描”、“快捷扫描”和“定制任务”等多个设置条目。通过该窗口用户可以自己对瑞星杀毒软件进行详细的设置。

在“手动扫描”选项中，可设置发现病毒后的处理方式。在扫描过程中如果发现病毒，可以有4种处理方式供用户选择，分别是“询问用户”、“直接清除”、“直接杀毒”和“忽略”。系统默认的是“询问用户”，但按照高效处理原则应该选为“直接清除”。对杀毒完成后的系统如何响应可以有4种选择，分别是“返回主程序”、“退出程序”、“重启计算机”和“关闭计算机”，默认的是“返回主程序”。

其他选项用户可以根据自己的需要完成设置。

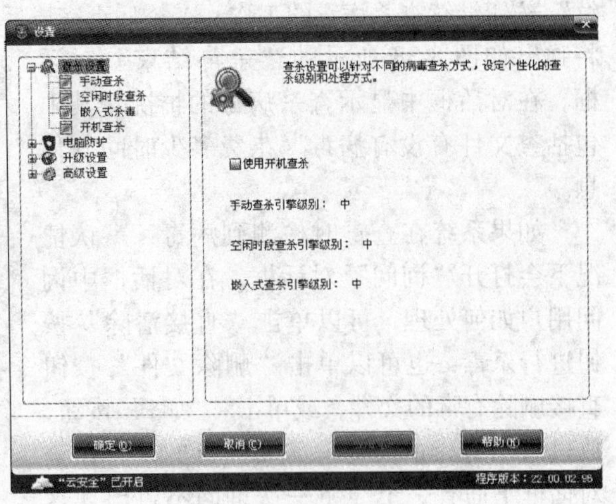

图8-40 瑞星设置窗口

8.6.2 360安全卫士

360安全卫士是国内最受欢迎的免费安全软件之一，它拥有查杀流行木马、清理恶评及系统插件，管理应用软件，系统实时保护，修复系统漏洞等数个强劲功能，同时还提供系统全面诊断，弹出插件免疫，清理使用痕迹以及系统还原等特定辅助功能，并且提供对系统的全面诊断报告，方便用户及时定位问题所在，真正为每一位用户提供全方位系统安全保护。

1. 360的安装与启动

（1）下载 要想使用360安全卫士，可到 http://www.360.cn 下载。单击页面上方“360安全卫士”选项，再单击“立即下载”按钮如图8-41所示。

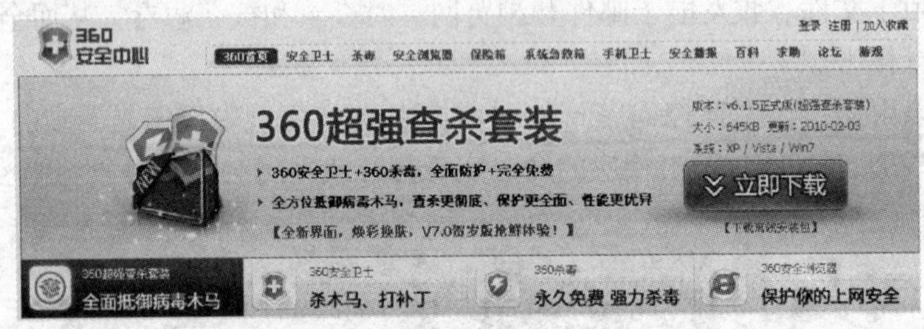

图8-41 下载360安全卫士

（2）安装 双击下载的安装程序，启动安装程序。单击“下一步”按钮，再单击“我接受”，选择安装位置。可使用系统默认的安装位置 c:\ program files \ 360 \ 360safe，直接单击“安装”按钮，程序会自动安装，最后单击“完成”按钮。

（3）设置 双击启动360安全卫士，单击右上角的“设置”选项，弹出“设置”对话框，在此对话框中对360进行设置。

1）设置升级方式。默认为自动升级（推荐），不用改变。勾选“使用P2P/P2S技术为升级程序加速”选项，如图8-42所示。

2）开机启动设置。默认勾选“开机时自动开启360实时保护”选项，可以抵御各种木马、病毒入侵，有效保护系统的安全。设置完成后，单击“确定”按钮保存设置，如图8-43所示。

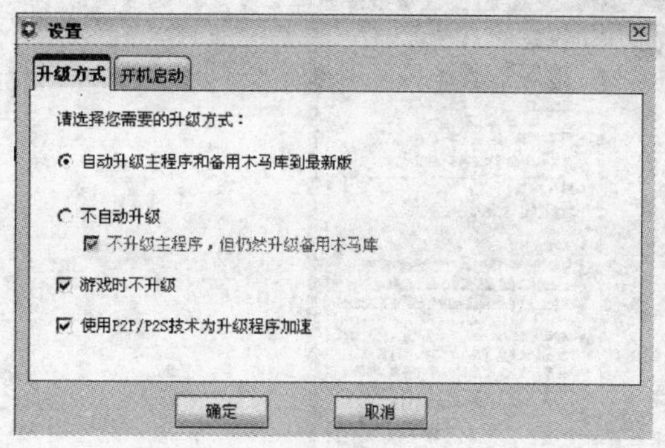

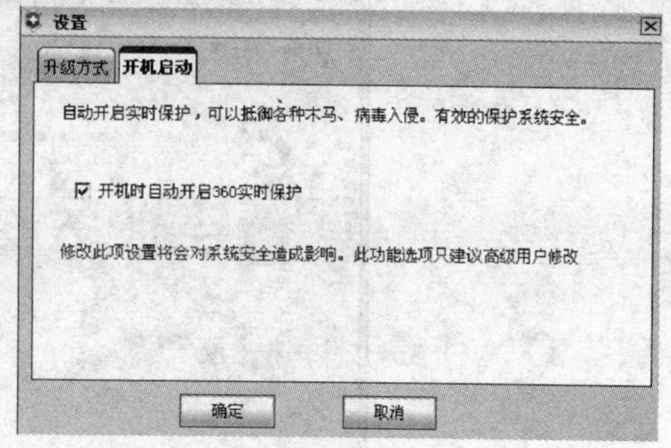

图8-42　设置360安全卫士的升级方式

图8-43　设置360安全卫士的开机启动方式

2. 使用方法

（1）计算机体检　360安全卫士的计算机体检可对计算机系统进行快速一键扫描，对木马病毒、系统漏洞、恶评插件等进行检查修复，全面解决潜在的安全风险，如图8-44所示。

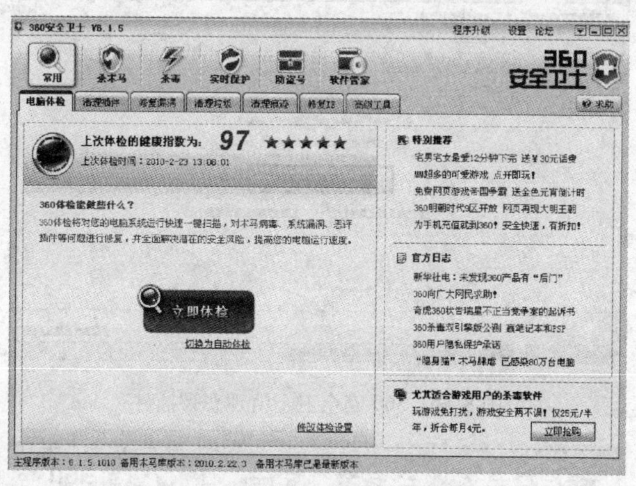

图8-44　360安全卫士的计算机体检

（2）查杀流行木马　从“快速扫描”、“全盘扫描”、“自定义扫描”中选择任一项，进行木马扫描，扫描完成后，若检查出有木马，选中后清除，如图8-45所示。

（3）清理恶评插件　单击“开始扫描”，360安全卫士将自动扫描系统中的插件，并根据用户的评价进行分类。扫描完成后，可以对恶评插件选中后清除。其他插件根据需要设置，如图8-46所示。

（4）修复系统漏洞　有了360安全卫士，无需开启可把Windows XP的“自动更新”就可以对计算机进行漏洞修复了，如图8-47所示。

（5）清理使用痕迹　如图8-48所示。

（6）管理应用软件　添加、删除、升级软件非常方便；需要什么软件，可到软件库中下载安装，如图8-49所示。

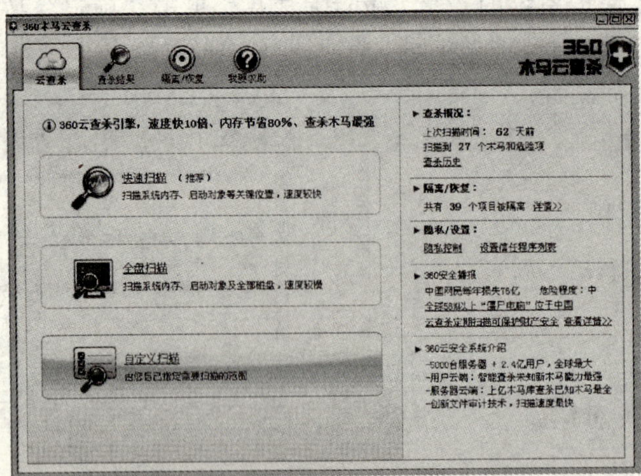

图 8-45　360 安全卫士的木马云查杀

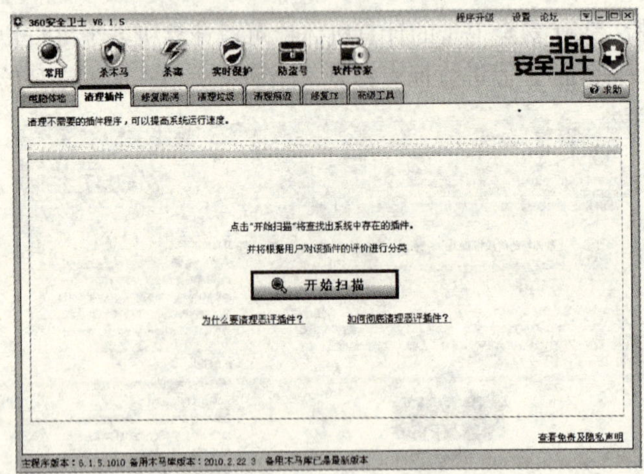

图 8-46　360 安全卫士清理恶评插件

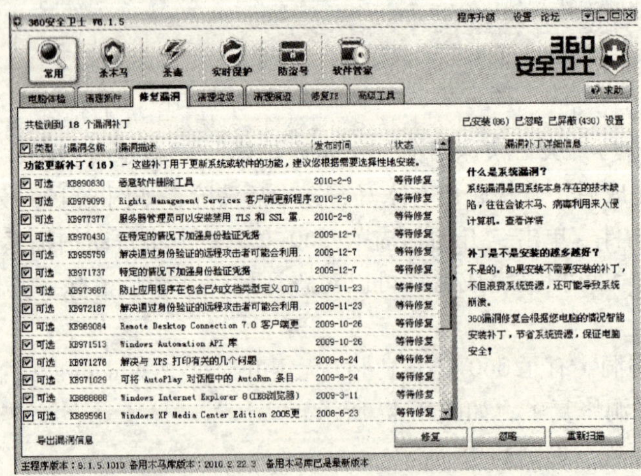

图 8-47　360 安全卫士修复系统漏洞

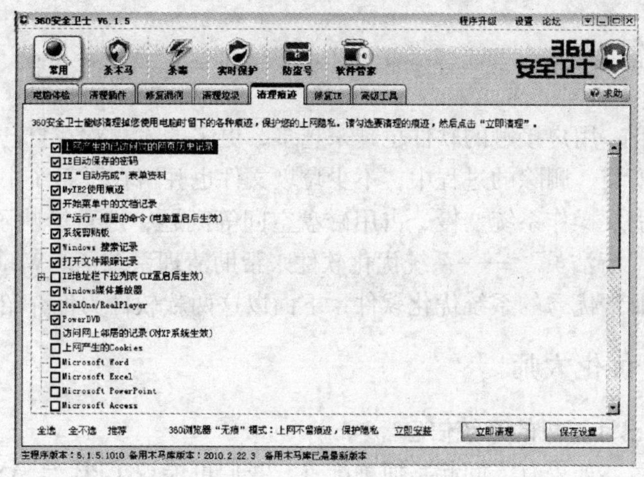

图 8-48　360 安全卫士清理使用痕迹

图 8-49　360 安全卫士的管理应用软件

（7）修复 IE　IE 修复为用户提供了快捷、安全的智能修复方式，帮助用户快速修复系统中存在的问题。选中要修复的项目，单击“立即修复”按钮即可。

（8）启动项状态　清理启动项可以提高 Windows 的启动速度。选中不需要随机启动的程序项，单击“禁用选中项”按钮。当需要时，可再次开启。

（9）系统服务状态　360 安全卫士可检测到系统的各个服务项。可以暂停或停止恶意服务项。方法是：单击服务项，出现详细信息，选择“暂停”或“停止”。需要时，可再次“开启”。

（10）系统进程状态　360 安全卫士自动检测当前正在运行的进程，并自动识别。可以停止无用或恶意软件的进程。选中后，单击“结束进程”按钮即可。这一点与 Windows 任务管理器类似。

8.7 系统优化工具

随着网络的普及，用户接触的软件也越来越多，更多的人喜欢在自己的计算机上安装各种软件来试用。在安装、删除的过程中，不少垃圾文件也驻留在了系统中，这些垃圾文件如果不及时清理，会引发操作系统变慢、占用磁盘空间等问题，严重影响了系统性能的发挥。这时，就需要请个“清洁员”——系统优化软件来帮助清理系统了。Windows 优化大师、超级兔子等软件都是非常优秀的系统优化软件，下面以这两款软件为例介绍系统优化的方法。

8.7.1 Windows 优化大师

1. 全面了解自己计算机的系统信息

计算机买回家后，如果有人问起是何种配置，我们可能说 CPU 是 AMD2800 +，内存是 2G 等，但 CPU 是 64 位还是 32 位呢？是 939 针的还是 754 针的呢？内存频率是 333MHz 还是 400MHz 呢？计算机的硬件是否配置合适，能否发挥最大的性能？这些问题对于计算机初学者来说都是一些非常高深的知识。不过只要安装了 Windows 优化大师，这些问题都会迎刃而解，无需专业知识，也可以掌握自己计算机的全部系统信息。

打开 Windows 优化大师，依次单击左侧的“系统检测”→“系统信息总览”选项，在这里可以看到计算机系统信息的大体情况，如 CPU 的型号、频率、内存大小、安装的何种操作系统等，如图 8-50 所示。

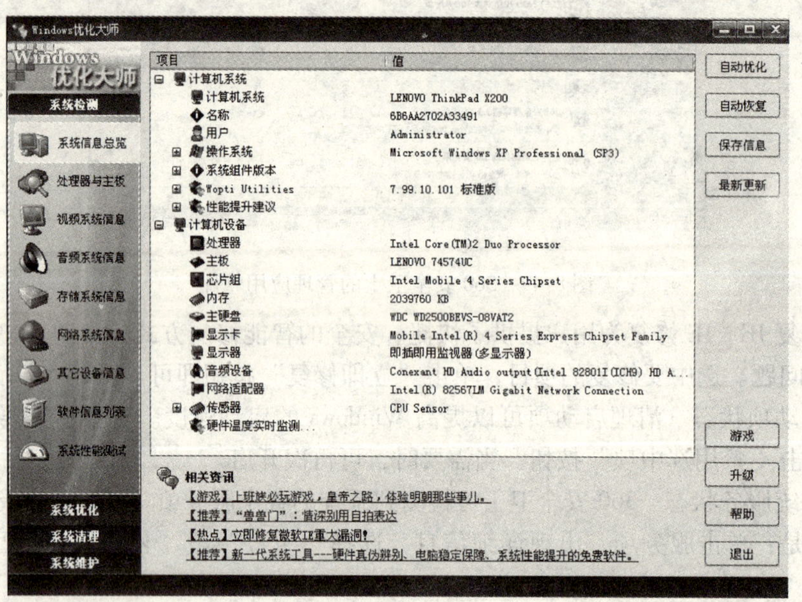

图 8-50 “系统信息总览”窗口

如果想进一步了解计算机配置情况，可以分别单击下面的“处理器与主板”、“视频系统信息”、“音频系统信息”、“存储系统信息”、“网络系统信息”、“其他设备信息”等相应的选项，在对应的窗口中会详细地显示出各种硬件的基本情况及其使用情况。其他选项不再一一介绍了。

计算机性能如何呢？配置是不是合理？哪方面尚存在欠缺？可以使用优化大师的系统性能测试功能来对计算机进行打分，同时与其他相近配置进行比较。单击“系统性能测试”选项，然后单击“测试”按钮，就可以对计算机进行全方位的测试。同时在新版本中还增加了对 OpenGL 与 DirectX 的测试模块。测试完成后，可以看一下评估结果，看自己的计算机能得多少分，如图 8-51 所示。

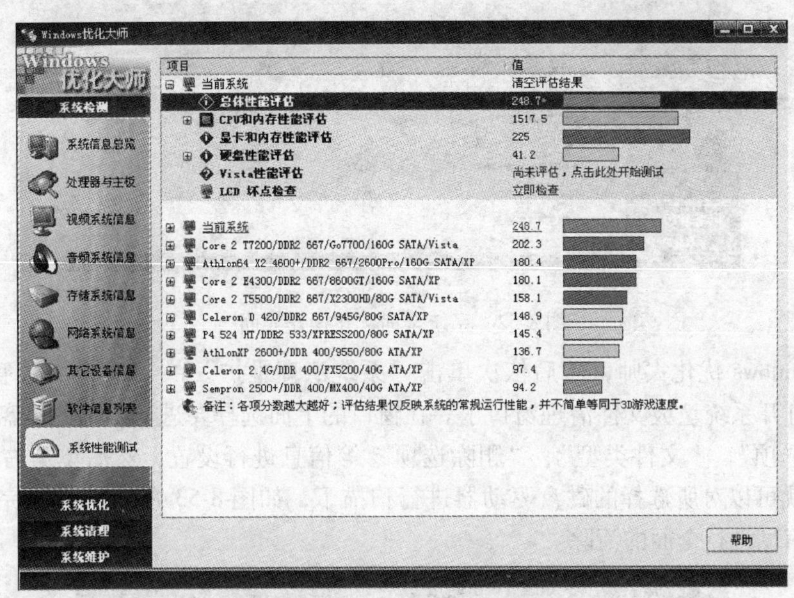

图 8-51 计算机性能测试操作界面

2. 全面优化系统

计算机使用一段时间以后，就会发现系统响应速度越来越慢。让计算机响应速度达到最快，相信是每一个用户最大的心愿。虽然报纸杂志上介绍过一些修改注册表、修改系统配置文件的方法，但这些方法通常是要手工进行修改，一不小心，会使系统瘫痪。而且这种设置太过复杂，会浪费大量的时间。使用 Windows 优化大师进行系统优化既简单又快捷。

打开 Windows 优化大师的主界面，然后单击“系统优化”选项，在这里进行“磁盘缓存优化”、“桌面菜单优化”、“文件系统优化”、“网络系统优化”、“开机速度优化”、“系统安全优化”等操作，只要单击相应的选项，然后根据实际情况，对其进行设置就可以了。软件设置非常简单，只需用鼠标选择或是取消设置选项前面的复选框就可以，如图 8-52 所示。同时软件具有强大的恢复功能，如果设置后发现效果不尽人意，可以单击每个窗口上的“恢复”按钮，就可以恢复到 Windows 默认设置，这样就能保证系统正常运行了。

3. 系统维护

计算机在运行过程中会产生一些垃圾文件，或是一些垃圾 DLL 链接文件，这也是导致系统速度变慢的重要原因，所以有必要对这些垃圾信息进行清理。在这里以清理系统垃圾文件为例进行说明。

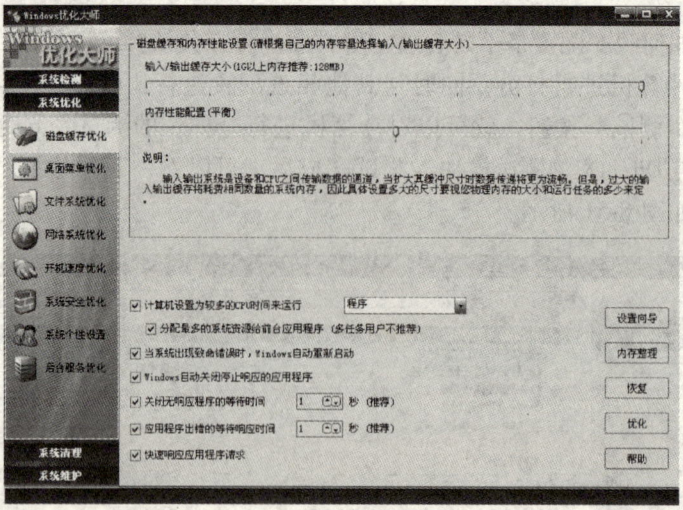

图 8-52 系统全面优化操作界面

打开 Windows 优化大师，然后依次单击“系统清理维护”→“磁盘文件管理”选项，这时就可以打开系统垃圾文件清理窗口了。在窗口的上面选择要进行扫描的磁盘驱动器，接着对“扫描选项”、“文件类型”、“删除选项”等信息进行设置，然后单击右上角的“扫描”按钮，就可以对所选择的磁盘驱动器进行扫描了，如图 8-53 所示。扫描完成后，可以把这些垃圾信息进行全面的清除。

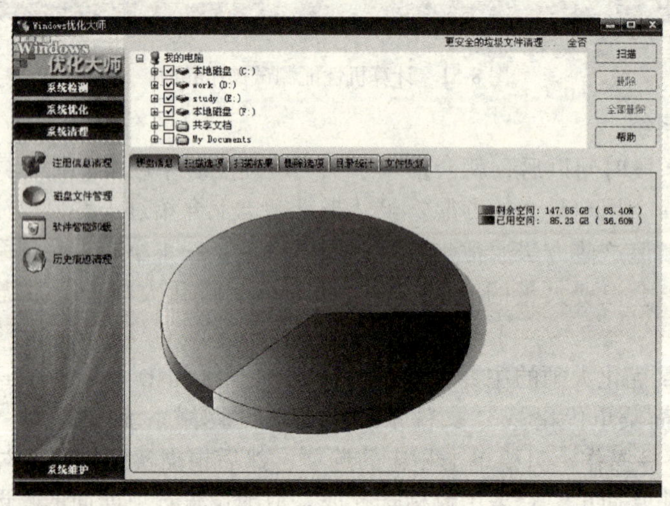

图 8-53 垃圾文件清理操作界面

4. 智能备份驱动程序

对计算机初学者来说，重装系统后，安装驱动程序是一件比较困难的事情，如果驱动光盘找不到了，更是一件非常麻烦的事情。所以，有必要在安装完驱动程序后对其进行备份。另外，也需要对系统文件与收藏夹进行备份，这样能够在系统遭受病毒破坏后，及时修复系统，使损失降到最低。

打开 Windows 优化大师，然后依次单击“系统维护”→“驱动智能备份”选项，就可以看到所有的驱动程序了，然后选择需要进行备份的驱动，单击“备份”按钮就可以了。如果以后需要进行恢复，只需单击“恢复”按钮，然后选择备份文件，就可以轻松地恢复所有的驱动，如图 8-54 所示。

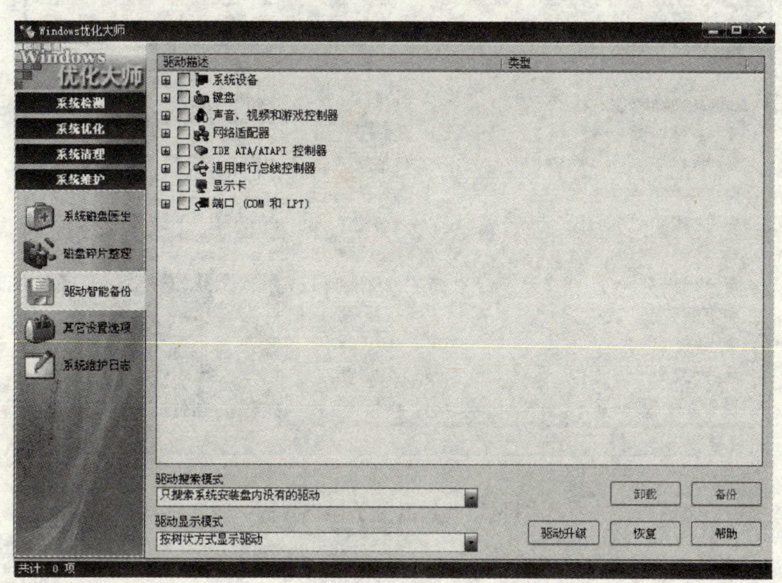

图 8-54　系统文件备份与恢复操作界面

Windows 优化大师除了上面介绍的功能外，还有其他一些功能，如系统磁盘医生、维护日志等，这些功能非常简单，在这里不再介绍了。从使用中可以看出，Windows 优化大师把复杂的设置变成简单的事情，在对系统进行优化的时候，只需单击鼠标就可以轻松完成，而不是面对繁杂的注册表键值。同时所有的设置都是可以恢复的，如发现设置错误，只需单击“恢复”按钮就能够轻松恢复到 Windows 的默认状态。

8.7.2　超级兔子软件设置

超级兔子软件集成多个实用小工具软件，是一个完整的系统维护工具。超级兔子共有 9 大组件，可以优化、设置系统大多数的选项，打造一个属于自己的 Windows 系统。超级兔子上网精灵具有 IE 修复、IE 保护、恶意程序检测及清除工能；可以清理大多数的文件、注册表中的垃圾文件，同时还具有强大的软件卸载功能，专业的卸载可以清理一个软件在计算机内的所有记录。

超级兔子系统检测可以诊断一台计算机系统的 CPU、显卡、硬盘的速度，由此检测计算机的稳定性及速度。超级兔子进程管理器具有网络、进程、窗口查看方式，同时超级兔子网站提供大多数进程的详细信息，是国内最大的进程库。超级兔子安全助手可以隐藏磁盘、加密文件。超级兔子系统备份是国内唯一能完整保存 Windows XP/2003/Vista 注册表的软件，彻底解决计算机系统方面的问题。超级兔子的操作界面如图 8-55 所示。

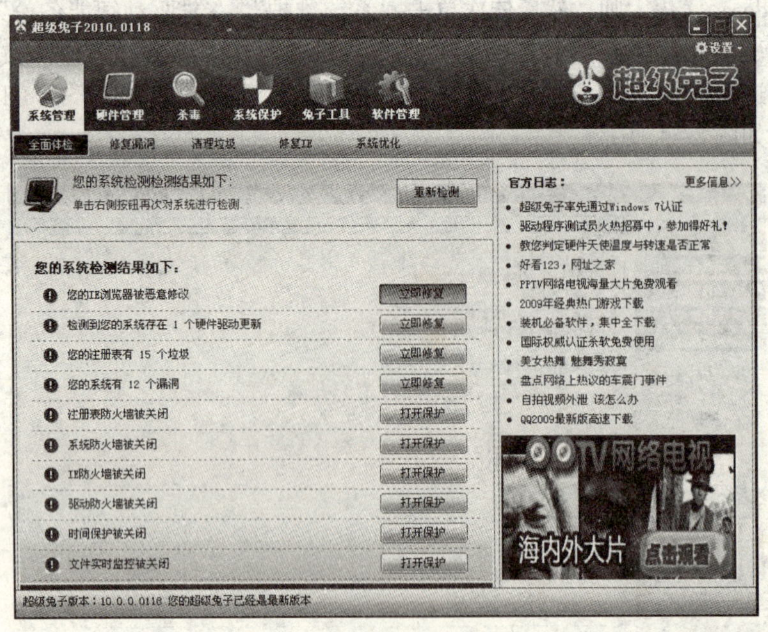

图 8-55 超级兔子操作界面

本章小结

在使用计算机处理事务的过程中，为了保证计算机能够正常、有效地工作，要做好计算机的日常管理和维护工作。同时，为了进一步发挥计算机的作用，扩充其功能来完成各种工作任务，需要使用一些功能强大、针对性强、短小实用的工具软件来保证各种任务的完成。本章所介绍的工具软件包含了下载工具、文件压缩工具、翻译软件、即时通信工具、多媒体软件、系统安全防护工具和系统优化工具等8个类别，这些都是当前使用较为广泛、较为流行的计算机程序软件，基本上能够满足用户在计算机应用中的各种需求。

通过本章的学习，能够对工具软件有一个初步的认识，为进一步学习相关的知识打下坚实的基础。

思考题

8-1 如何使用迅雷和 BitComet 下载网络资源？

8-2 如何使用 WinRAR 软件压缩文件？

8-3 如何申请 MSN Messenger 账号？

8-4 如何使用暴风影音播放多媒体文件？

8-5 简述瑞星杀毒软件的使用方法。

8-6 简述 360 安全卫士使用方法。

8-7 如何使用 Windows 优化大师清理系统垃圾？

参考文献

[1] 杨振山，龚沛曾．计算机文化基础［M］．北京：高等教育出版社，2001．
[2] 姚群，张月玲．21世纪计算机基础教程［M］．北京：北京邮电大学出版社，2003．
[3] 郭晔．大学计算机基础［M］．北京：中国铁道出版社，2005．
[4] 李秀，等．计算机文化基础［M］．5版．北京：清华大学出版社，2005．
[5] 赵子江，王丹，等．大学计算机基础［M］．北京：机械工业出版社，2005．
[6] 王诚君，杨全月．中文Office 2003培训教程［M］．北京：清华大学出版社，2004．
[7] 计算机职业教育联盟，张存生，黄飞．Office 2003三合一自动化办公教程与上机指导［M］．北京：清华大学出版社，2004．
[8] 周学广，刘艺．信息安全学［M］．北京：机械工业出版社，2003．
[9] 张宝剑．计算机安全与防护技术［M］．北京：机械工业出版社，2003．